SHUZI LUANSHENG

ZHINENG CHANXIAN JIDIAN YITIHUA SHEJI YU XUNI TIAOSHI (NX MCD+TIA Portal)

高长银 主编

数字孪生

智能产线机电一体化设计与虚拟调试

（NX MCD+TIA Portal）

化学工业出版社

·北京·

内容简介

本书以 SIEMENS NX12 MCD 中文版和 TIA Portal 15.1 为基础，以项目为主体，详细讲解了利用 NX 进行产品设计的方法和过程。全书遵照核心知识+ 综合案例+ 习题的编排结构，系统讲解基本机电对象、运动副和耦合副、传感器与执行器、仿真序列、信号适配器、虚拟调试等核心对象，并通过实例讲解如何应用 NX MCD 与 Portal 进行机电一体化产品设计。

本书结构合理，图文并茂，理论与实践相结合，注重知识和技能的融合，每个知识点后紧跟操作实例方便读者理解，每章设置综合实例对本章知识进行巩固，并提供理论习题与上机习题方便读者练习。本书可供工程技术人员学习参考，也可作为本科院校、高职高专等机电一体化、机械设计制造与自动化、机器人技术等专业的教材和参考书。

图书在版编目（CIP）数据

数字孪生：智能产线机电一体化设计与虚拟调试：NX MCD+TIA Portal / 高长银主编. -- 北京：化学工业出版社，2026. 3. -- ISBN 978-7-122-49905-9

Ⅰ. TP278

中国国家版本馆 CIP 数据核字第 2026ZP7837 号

责任编辑：王　烨　　文字编辑：李英涵
责任校对：王鹏飞　　装帧设计：刘丽华

出版发行：化学工业出版社
（北京市东城区青年湖南街 13 号　邮政编码 100011）
印　　装：三河市双峰印刷装订有限公司
787mm×1092mm　1/16　印张 20　字数 494 千字
2026 年 3 月北京第 1 版第 1 次印刷

购书咨询：010-64518888　　售后服务：010-64518899
网　　址：http://www.cip.com.cn
凡购买本书，如有缺损质量问题，本社销售中心负责调换。

定　　价：99.00 元

前言

机电概念设计（Mechatronics Concept Designer，MCD）是集机械、电气、自动化设计于一体的全新的机电设计解决方案，采用 NVIDIA PhysX 物理运算引擎，其特有的动力学仿真设计使仿真效果更加接近物理环境。NX MCD 能够支持特定机械运动和行为的三维模型，还支持制造系统 I/O 层级的仿真机制，同时支持传感器和执行器在内的运动和程序仿真。NX MCD 附有丰富的自动化接口，支持软件在环（SiL）和硬件在环（HiL）的虚拟调试。借助 MCD，设计人员创建机电一体化模型，对包含多体物理场以及通常存在于机电一体化产品中的自动化相关行为的概念进行 3D 建模和仿真，实现创新性的设计技术，加快了机械、电气、传感器和制动器以及运动等多学科协同。目前机电概念设计技术已经成为机电一体化、电气自动化、工业机器人、机械设计制造及其自动化专业的必修课程。

本书以 SIEMENS NX12 MCD 中文版和 TIA Portal 15.1 为基础，以项目为主体，按照核心知识+ 综合案例+ 习题的编排结构，系统讲解基本机电对象、运动副和耦合副、传感器与执行器、仿真序列、信号适配器、虚拟调试等核心对象，并通过实例讲解如何应用 NX MCD 与 Portal 进行机电一体化产品设计。具体内容安排如下：

第 1 章为机电概念设计概述，包括数字孪生技术简介、MCD 机电一体化概念设计简介和 MCD 机电概念设计用户界面。

第 2 章介绍了基本机电对象，包括刚体、碰撞体、对象源、对象收集器、对象变换器和发送器以及典型基本机电对象案例等。

第 3 章介绍了运动副和耦合副，包括固定副、铰链副、滑动副、柱面副、球副、螺旋副、平面副、点在线上副、线在线上副、齿轮副、齿轮齿条、机械凸轮副、电子凸轮以及典型运动副和耦合副案例等。

第 4 章介绍了传感器与执行器，包括传输面、速度控制、位置控制、碰撞传感器、距离传感器、位置传感器、通用传感器、限位开关以及典型传感器与执行器案例等。

第 5 章介绍了仿真序列与控制，包括仿真序列和显示更改器以及典型仿真序列案例等。

第 6 章介绍了 MCD 信号与信号适配器知识，包括显示更改器、符号表与信号、信号适配器以及典型信号适配器案例。

第 7 章介绍了 MCD 基于 S7-PLCSIM Advanced 软件在环虚拟调试，包括外部信号配置、信号映射以及典型虚拟调试案例等。

本书对案例制作过程进行视频讲解，同时还提供了所有实例的源文件，按章节放置，以便读者练习使用。读者可扫描书中二维码观看视频，扫描封底二维码下载素材文件。

本书面向 NX MCD 的中级、高级用户，具有较强的实用性，既供工程技术人员自学参考，也可作为本科院校、高职高专等机械类、自动化类、电气类相关专业学生的教材。

本书由高长银主编，赵亚利、胡浩胜、马伟伟、高誉瑄、贾建辉副主编，马龙梅、许丹、刘欣、张伟参编。本书编者均长期从事 NX MCD 教学以及研究的工作，具有丰富的经验。

由于时间有限，书中疏漏和不足之处，欢迎广大读者及业内人士予以批评指正。

编　者

目录

第1章

机电概念设计概述

1.1 数字孪生技术简介

数字孪生（Digital Twin），也被称为数字双胞胎、数字映射、数字镜像。机电一体化概念设计（NX MCD）是一种集机械、电气、自动化设计于一体的全新的机电设计解决方案，旨在填补机械与电气设计仿真之间的鸿沟。本章主要介绍数字孪生技术的起源和发展，以及NX MCD的特点和功能等。

1.1.1 数字孪生的定义

数字孪生是充分利用物理模型、传感器更新、运行历史等数据，集成多学科、多物理量、多尺度、多概率的仿真过程，在虚拟空间中完成映射，从而反映相对应的实体装备的全生命周期过程。简单来说，数字孪生就是在一个实体设备或系统的基础上，创造一个数字版的“克隆体”，如图1-1所示。

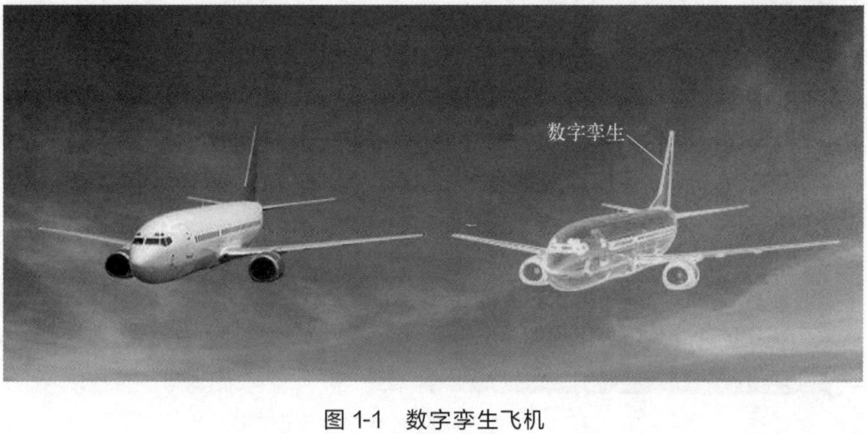

图1-1 数字孪生飞机

这个“克隆体”，也被称为“数字孪生体”，它被创建在信息化平台上，是虚拟的。相比CAD这种电脑上的设计图纸，数字孪生体最大的特点在于：它是对实体对象的动态仿真，也就是说数字孪生体是会“动”的。而且数字孪生体不是随便乱“动”，它“动”的依据来自本体的物理设计模型、本体上面传感器反馈的数据，以及本体运行的历史数据。换句话说，本体的实时状态，还有外界环境条件，都会复现到“孪生体”身上。

如果需要做系统设计改动，或者想要知道系统在特殊外部条件下的反应，工程师们可以在孪生体上进行“试验”。这样一来，既避免了对本体的影响，也可以提高效率、节约成本。理解数字孪生除了“会动”之外，还需要记住三个关键词，分别是“产品生命周期管理”、“实时/准实时”、“双向”。

☑ 产品生命周期管理（PLM）：数字孪生是源自工业界的概念。在工业制造领域，有一个词叫作“产品生命周期管理（PLM）”，全生命周期是指数字孪生可以贯穿产品的整个周期，包括设计、开发、制造、服务、维护乃至报废回收。它并不仅限于帮助企业把产品更好地造出来，还包括帮助用户更好地使用产品。

☑ 实时/准实时：是指本体和孪生体之间，可以建立全面的实时或准实时联系。两者并不是完全独立的，映射关系也具备一定的实时性。

☑ 双向：是指本体和孪生体之间的数据流动可以是双向的，并不是只能本体向孪生体输出数据，孪生体也可以向本体反馈信息。企业可以根据孪生体反馈的信息，对本体采取进一步的行动和干预。

1.1.2 数字孪生在工业制造领域中的应用

由于数字孪生起源于工业制造领域，所以工业制造也是数字孪生的主要应用场景。在产品研发的过程中，数字孪生可以虚拟构建产品数字化模型，对其进行仿真测试和验证。生产制造时，数字孪生可以模拟设备的运转，发现参数调整带来的变化。如图1-2所示。

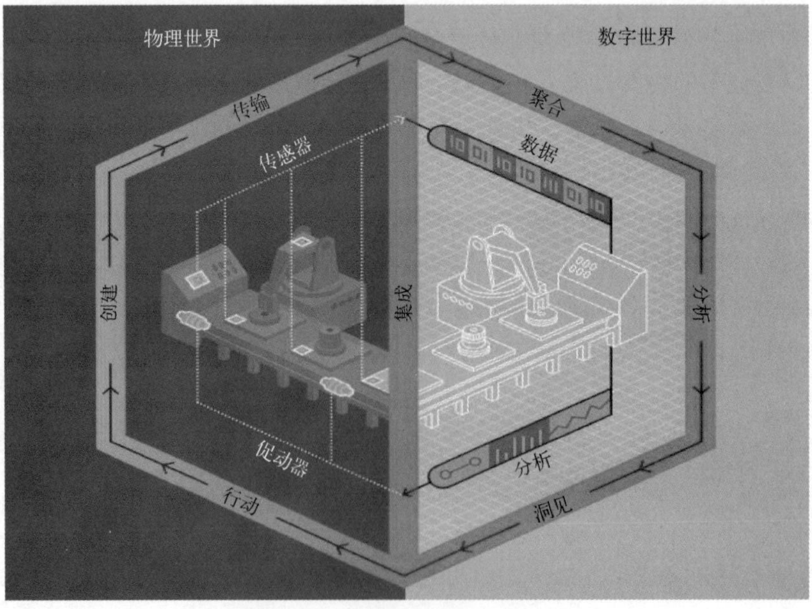

图1-2 生产流程数字孪生模型

数字孪生能够有效提升产品的可靠性和可用性，同时降低产品研发的制造风险。产品维护阶段，数字孪生也能发挥重要作用。通过对运行数据进行连续采集和智能分析，数字孪生技术可以预测维护工作的最佳时间点，也可以提供维护周期的参考依据。数字孪生体也可以提供故障点和故障概率的参考。数字孪生给工业制造带来了显而易见的效率提升和成本下降，使得近乎所有的工业巨头趋之若鹜。以美国通用公司（简称 GE）为例，他们号称已经为每个引擎、每个涡轮、每台核磁共振设备创造了一个数字孪生体，如图 1-3 所示。

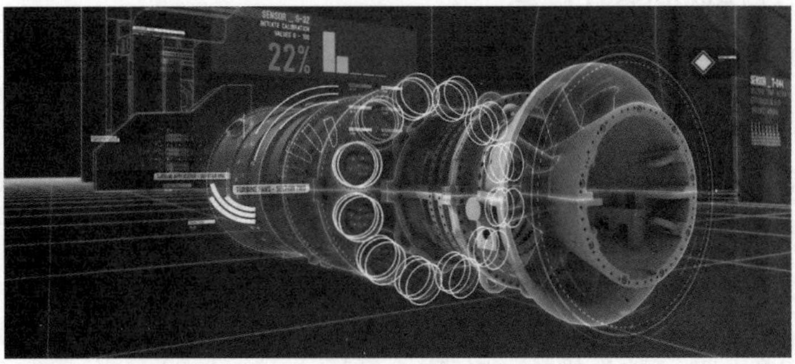

图 1-3　GE 数字孪生体

通过这些仿真的数字化模型，工程师们可以在虚拟空间调试、试验，让机器的运行效果达到最佳。国内的很多工业科技企业也在数字孪生技术上有所布局，其中包括树根科技、研华科技、软通动力等。

1.2　机电一体化概念设计简介

1.2.1　传统的产品设计研发方法

产品开发流程通常可划分为获取客户需求、概念设计、详细设计、试制以及产品定型等阶段。传统的产品设计方法需经历概念设计、机械设计、液压与气动设计、电气设计和软件设计后，才能进入设备调试环节。该过程涉及三维机械模型设计、电液气传动设计、传感执行选型设计、电气输入/输出（I/O）资源配置以及 PLC 编程等多个环节。如图 1-4 所示，此流程是串行流程。

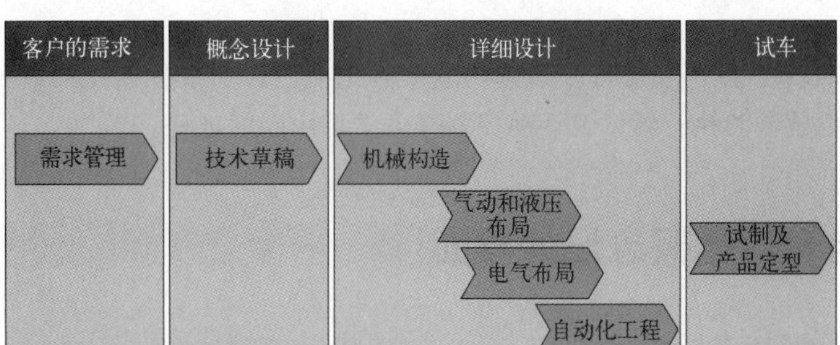

图 1-4　传统串行研发设计方法

传统的概念设计依赖于 Word 等文字处理软件形成技术草稿，该方法是串行流程，既不能与详细设计阶段并行开展，也不能将概念设计意图与实际产品功能精准对应。而在详细设计阶段产生的对概念设计的修正，更是无法更新到技术草稿中。若问题遗留至实物调试阶段再更改，则会耗费更多的研发时间和费用。其结果是，待产品定型后，原始的概念设计文档往往已不能准确表达最终的产品设计思路。

1.2.2 机电一体化概念设计方法

传统机电产品概念设计的主要缺点是领域太过单一，综合性不强。从客户需求角度讲，没有办法满足大部分客户的要求；从性能方面讲，有的过于偏重控制部分，有的比较偏重机械设计领域，没有考虑到融合设计问题。由于传统的设计软件缺少连接不同领域的“共同语言”，通常在机械设计完成前，电气设计和软件开发很难开始，因此开发出一种综合性的设计工具显得尤为必要。

西门子 NX MCD 是一种集机械、电气及自动化设计于一体的全新解决方案，如图 1-5 所示。它采用 NVIDIA PhysX 物理运算引擎，其特有的动力学仿真功能使仿真效果更加接近真实物理环境。NX MCD 不仅能够支持特定机械运动和行为的三维模型，还支持制造系统 I/O 层级的仿真机制，同时支持传感器和执行器在内的运动和程序仿真。此外，NX MCD 附有丰富的自动化接口，支持软件在环（SIL）和硬件在环（HIL）的虚拟调试。

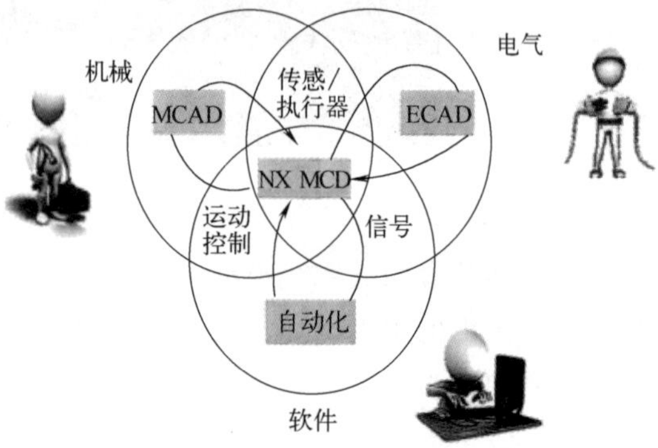

图 1-5　NX MCD 机电概念设计

NX MCD 具有以下特点：

☑ NX MCD 支持对机械产品设计进行功能建模及仿真调试，突出了机电一体化系统中机械的主体地位。

☑ 大大提高了物理现实与虚拟设计的融合速度，将总体开发时间缩短了 25%～30%。同时 NX MCD 可以实现功能设计方法，能够集成上游和下游工程领域，包括需求管理、机械设计、电气设计及软件自动化工程。

☑ NX MCD 能够对包含多物理场及机电一体化产品中常见的自动化相关行为的概念进行三维建模和仿真，从而能得到更加优质的概念产品。

借助 NX MCD，设计人员可以创建机电一体化模型，实现创新性的设计，加快了涉及机械、电气、传感器和执行器以及运动控制等多学科协同的进程。

1.3 机电一体化概念设计界面

在 NX 中实现机电一体化概念设计，首先要进入机电概念设计模块。本节将介绍进入该模块的方法以及相关的界面操作等。

1.3.1 启动机电概念设计模块

在 NX 中进入机电概念设计模块通常有两种方法：直接创建机电概念设计、从其他模块进入机电概念设计模块。

1.3.1.1 直接创建机电概念设计

启动 NX 后，单击【新建】按钮，弹出【新建】对话框，选择【机电概念设计】选项卡，可选择“常规设置”（系统自动创建一个名称为 Floor、尺寸为 1000×1000×2.5 的碰撞体）或“空白”（空白的工作界面），单击【确定】按钮即可进入，如图 1-6 所示。

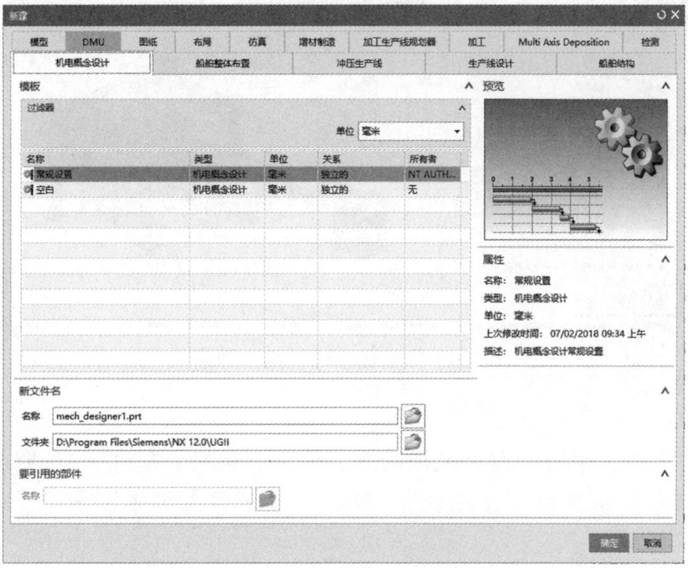

图 1-6 【新建】对话框

1.3.1.2 从其他模块进入机电概念设计模块

启动 NX 完成设计建模后，新建文件，单击【应用模块】选项卡中【更多】下的【机电概念设计】按钮，如图 1-7 所示。

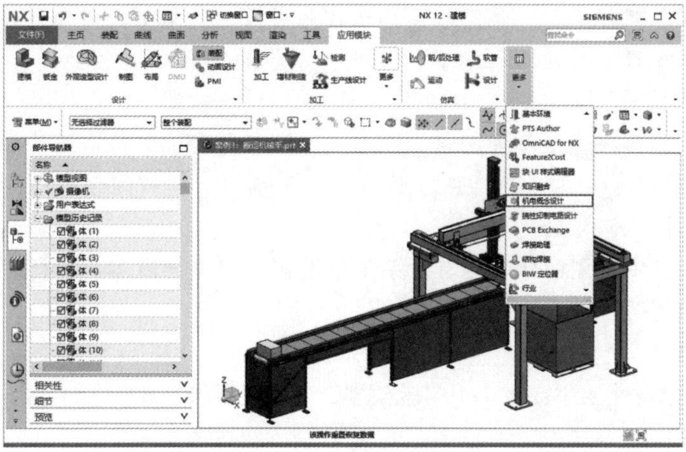

图 1-7 【应用模块】选项卡

1.3.2 机电概念设计用户界面

NX 机电概念设计用户界面友好，符合 Windows 系统操作风格，主要由标题栏、功能区、绘图区、坐标系图标、命令提示行、状态栏和资源导航器等部分组成，如图 1-8 所示。

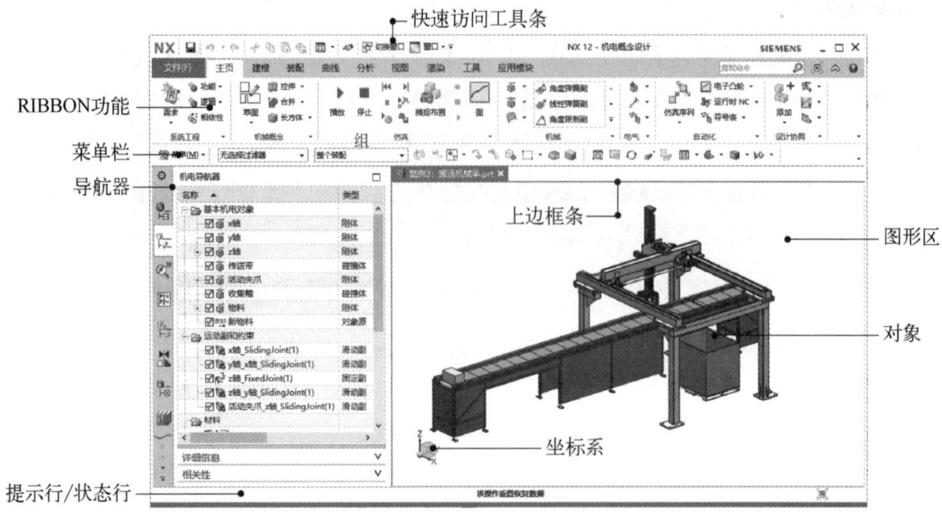

图 1-8 机电概念设计用户界面

1.3.2.1 功能区

功能区共计 7 个组：系统工程、机械概念、仿真、机械、电气、自动化、设计协同。

☑ 系统工程：提供从机电概念设计至 Teamcenter 需求模型、功能模型和逻辑模型的链接。

☑ 机械概念：用于机械零部件的三维建模。

☑ 仿真：用于控制仿真的播放、停止和调整时间标度，以及进行快照、运动干涉验证等操作。

☑ 机械：用于建立机电概念设计的操作指令，如赋予三维对象物理属性、运动属性以及运动副之间的耦合关系、约束关系等。

☑ 电气：用于创建传感器、仿真对象运动控制以及电气信号的传输与连接特性等。

☑ 自动化：用于设置自动运行的时间序列控制、运动外部信号的连接与控制以及虚拟调试等。

☑ 设计协同：包括一些组件装配相关命令，如凸轮曲线、载荷曲线的导出，以及 ECAD 的导入和导出等。

1.3.2.2 常用导航器

在机电概念设计中常用的导航器有：系统导航器、机电导航器、运行时察看器、运行时表达式、序列编辑器等。

1. 系统导航器

提供从机电概念设计至 Teamcenter 需求模型、功能模型和逻辑模型的链接，如图 1-9 所示。

2. 机电导航器

添加并显示模型几何体的特征信息，如图 1-10 所示。

3. 运行时察看器

添加并察看仿真过程中对象运行时的参数变化，如图 1-11 所示。

图 1-9　系统导航器

图 1-10　机电导航器

图 1-11　运行时察看器

4. 运行时表达式

添加并察看仿真过程中参与计算的表达式，如图 1-12 所示。

5. 序列编辑器

显示并察看基于时间或事件的仿真序列设置和运行情况，可对仿真序列进行顺序调整、链接等操作，如图 1-13 所示。

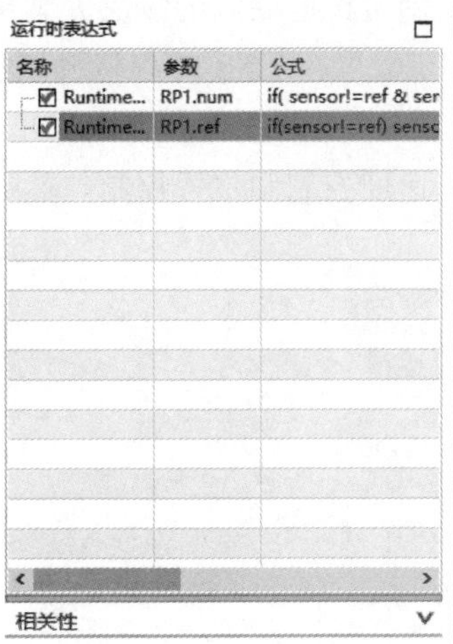

图 1-12　运行时表达式

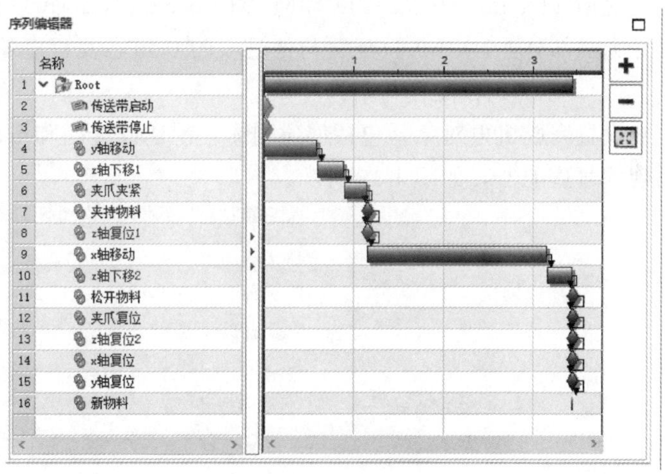

图 1-13　序列编辑器

1.4　航空发动机启停机电一体化设计入门案例

下面通过航空发动机启停例子来讲解 MCD 机电一体化概念设计的创建步骤和方法，主要是从总体了解本课程需要讲授的内容和知识点等。

1.4.1 航空发动机启停机电一体化设计案例分析

1.4.1.1 航空发动机启停机电一体化设计介绍

以启停航空发动机为例来讲解 NX MCD 机电一体化设计的创建操作方法和步骤，利用 S7-PLCSIM Advanced V2.0 软件建立虚拟 PLC，运行 NX MCD 中的“外部信号配置”的“PLCSIM Adv”内部接口，对 MCD 模型的输入输出信号进行调试，实现运动过程控制，如图 1-14 所示。

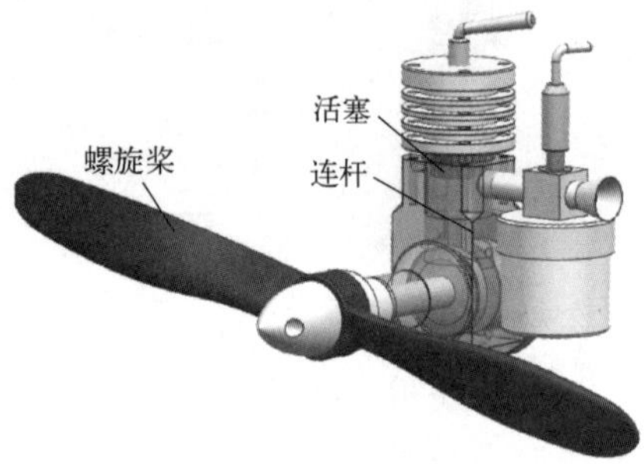

图 1-14 航空发动机模型

动作流程描述： 当按下启动按钮，螺旋桨运动带动连杆，连杆带动活塞上下往复运动；当按下停止按钮，螺旋桨停止，此后重复上述循环动作。

1.4.1.2 航空发动机启停机电一体化设计思路分析

使用 TIA Portal＋S7-PLCSIM Advanced＋NX MCD 航空发动机机电联调的解决方案主要分为三部分：NX MCD 配置与信号、PLC 组态及程序编写、PLC 与 NX MCD 虚拟调试。

（1）NX MCD 配置与信号

设置完成机电对象，包括创建刚体、创建铰链副和滑动副、速度控制和位置控制，然后创建信号适配器，如图 1-15 所示。

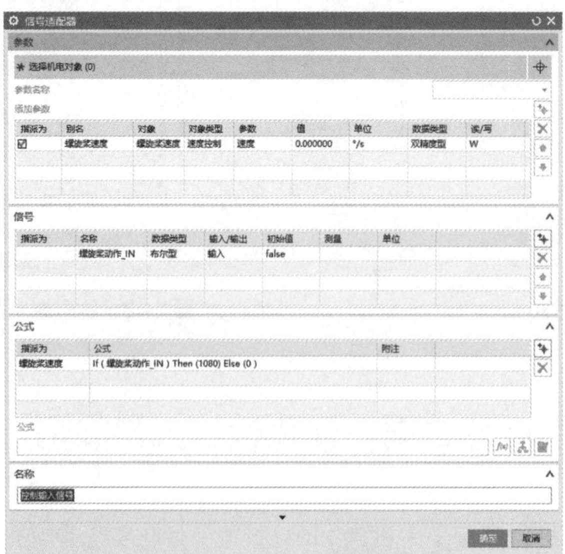

图 1-15 创建信号适配器

(2) 博途 TIA PLC 组态及程序编写

启动博途 Portal15.1，首先创建 PLC 变量，然后编写程序、进行编译并下载到 S7-PLCSIM Advanced 虚拟 PLC 中，如图 1-16 所示。

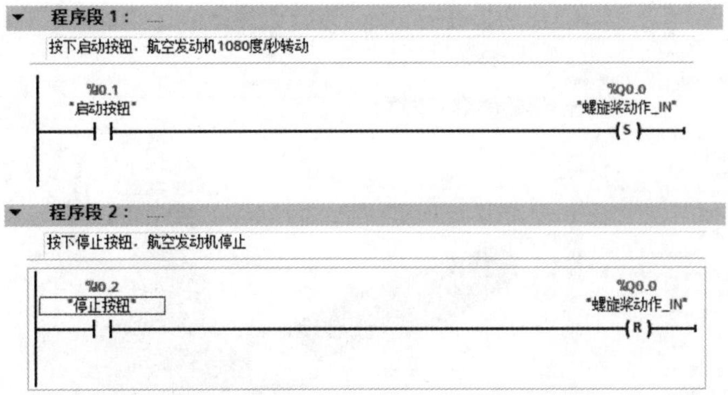

图 1-16　PLC 程序

(3) 博途 TIA PLC 与 NX MCD 虚拟调试

在 S7-PLCSIM Advanced 创建虚拟 PLC 并完成启动，然后在 NX MCD 中进行外部信号配置，完成信号映射，如图 1-17 所示。

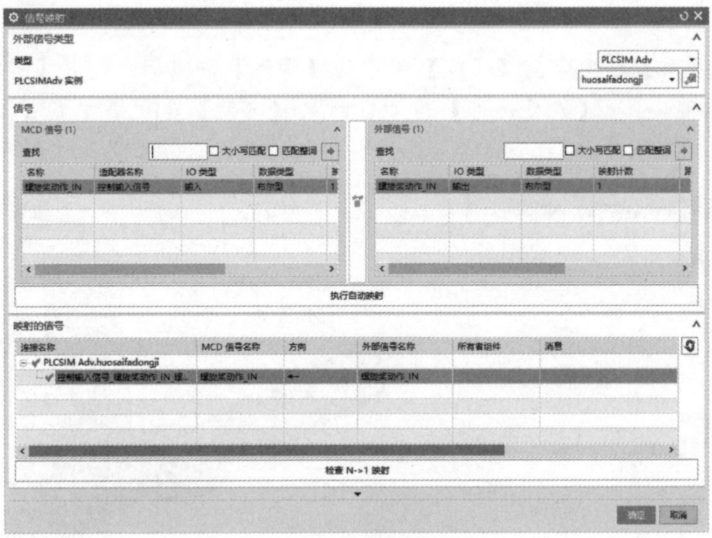

图 1-17　信号映射

1.4.2　航空发动机启停机电一体化设计过程

1-1

操作步骤

1.4.2.1　NX MCD 配置与信号

1. 启动机电概念设计

01　启动 NX 后，在功能区中单击【主页】选项卡【标准】组中的【打开】按钮，打开素材文件①“实例\第 1 章\入门案例：航空发动机实例”，如图 1-18 所示。

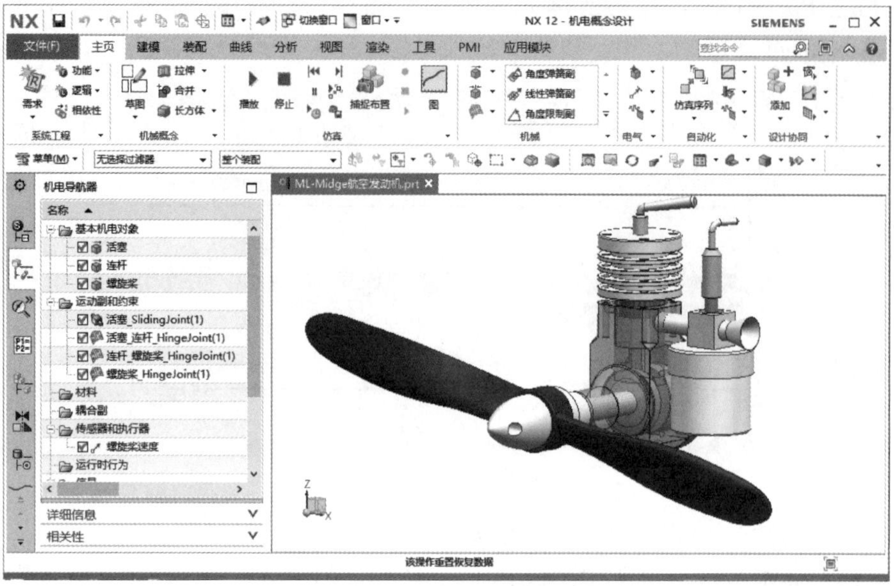

图 1-18　机电概念设计用户界面

2. **创建刚体**

02　单击【主页】选项卡上【机械】组中的【刚体】按钮，弹出【刚体】对话框，选择如图 1-19 所示的实体，【质量属性】为“自动”，【名称】为“螺旋桨”，单击【确定】按钮完成。

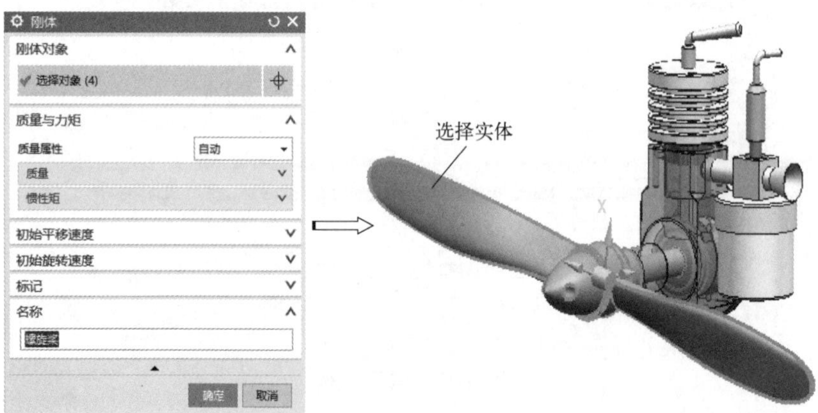

图 1-19　选择实体（1）

03　单击【主页】选项卡上【机械】组中的【刚体】按钮，弹出【刚体】对话框，选择如图 1-20 所示的实体，【质量属性】为“自动”，【名称】为“活塞”，单击【确定】按钮完成。

04　单击【主页】选项卡上【机械】组中的【刚体】按钮，弹出【刚体】对话框，选

① 本书实例素材文件请扫描封底二维码下载获取。

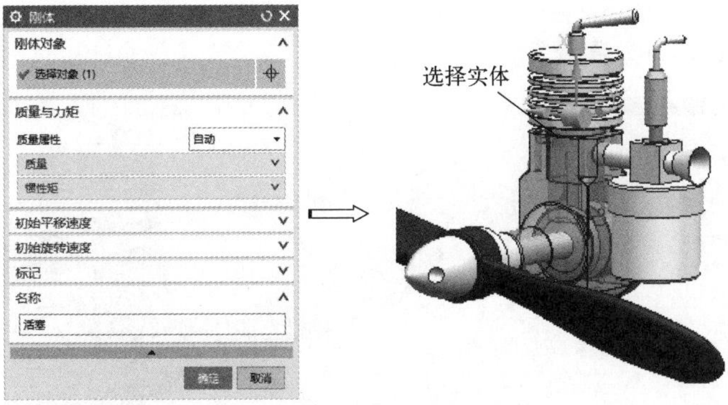

图 1-20　选择实体（2）

择如图 1-21 所示的实体，【质量属性】为“自动”，【名称】为“连杆”，单击【确定】按钮完成。

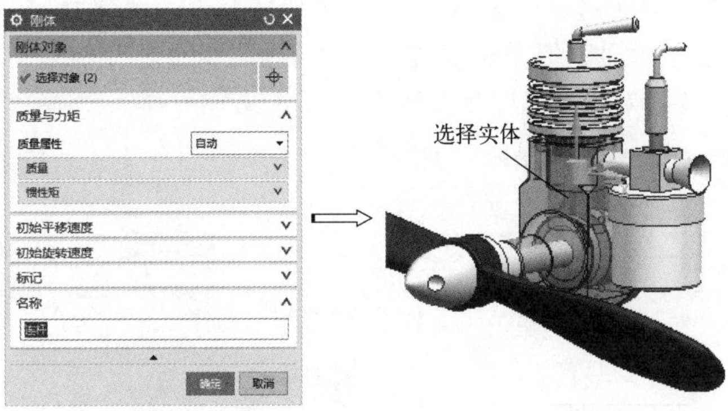

图 1-21　选择实体（3）

3. 创建运动副

05　创建滑动副。单击【主页】选项卡上【机械】组中的【滑动副】按钮，弹出【滑动副】对话框，选择如图 1-22 所示的连接件，选择如图 1-22 所示的方向作为轴矢量方向，单击【确定】按钮完成。

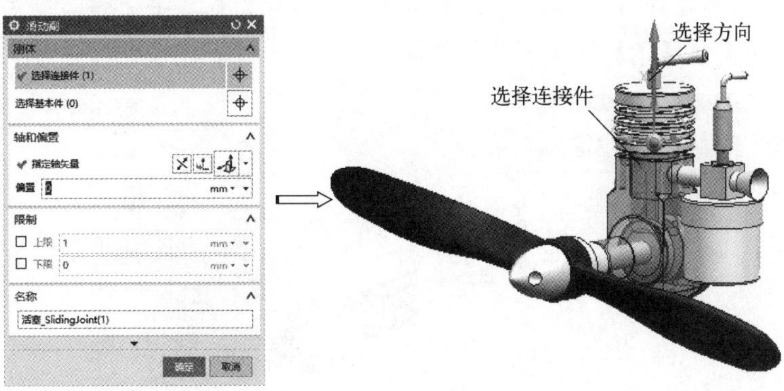

图 1-22　创建滑动副

06　创建铰链副。单击【主页】选项卡上【机械】组中的【铰链副】按钮，弹出

【铰链副】对话框，选择如图 1-23 所示的连接件，选择平面作为轴矢量方向，选择圆心作为锚点，单击【确定】按钮创建铰链副。

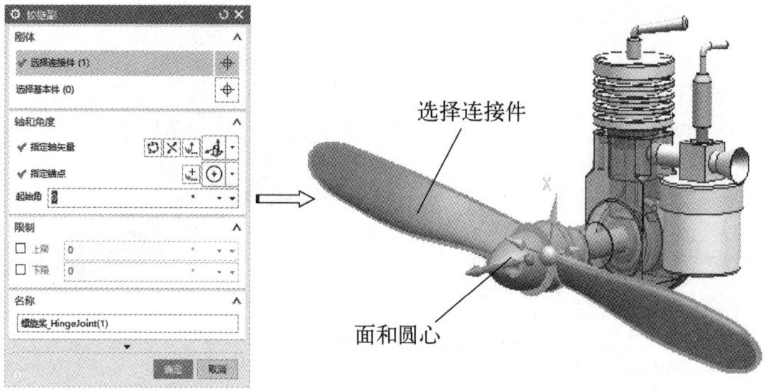

图 1-23　创建铰链副（1）

07　创建铰链副。单击【主页】选项卡上【机械】组中的【铰链副】按钮，弹出【铰链副】对话框，选择如图 1-24 所示的基本件与连接件，选择平面作为轴矢量方向，选择圆心作为锚点，单击【确定】按钮创建铰链副。

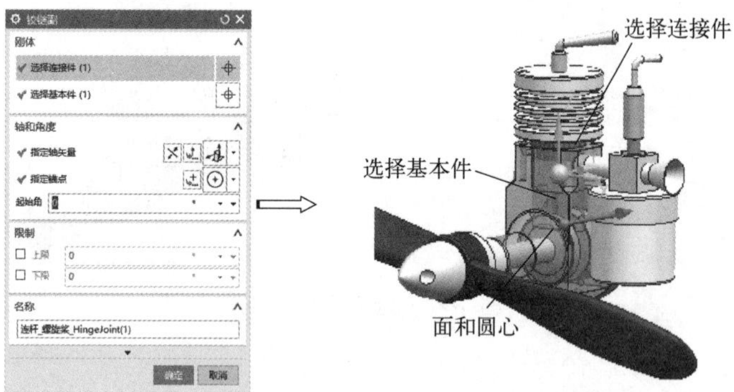

图 1-24　创建铰链副（2）

08　创建铰链副。单击【主页】选项卡上的【机械】组中的【铰链副】按钮，弹出【铰链副】对话框，选择如图 1-25 所示的基本件与连接件，选择平面作为轴矢量方向，选择圆心作为锚点，单击【确定】按钮创建铰链副。

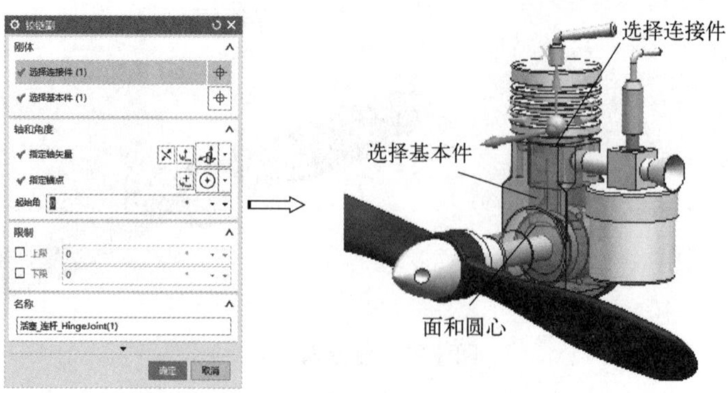

图 1-25　创建铰链副（3）

4. 创建速度控制

09 单击【主页】选项卡上【电气】组中的【速度控制】按钮，弹出【速度控制】对话框，选择如图 1-26 所示的旋转副，【速度】为 0，限制加速度 6000°/s^2，单击【确定】按钮完成。

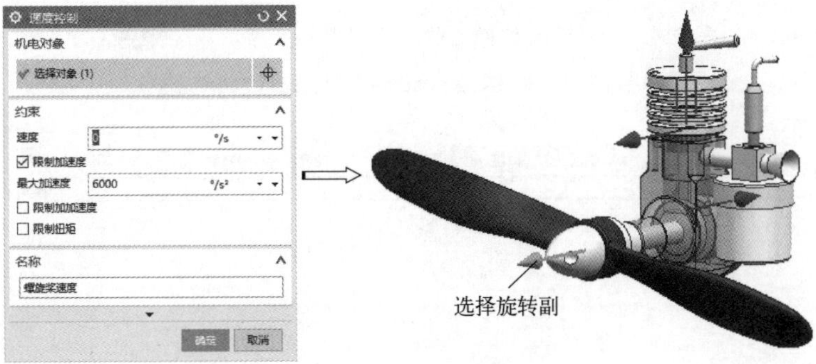

图 1-26 创建速度控制

5. 创建控制输入信号

技术要点：控制信号作为输入信号，通常由 PLC 输入到 MCD 之中，主要是 PLC 的线圈输出。

10 选择机电对象。单击【主页】选项卡上【电气】组中的【信号适配器】按钮，弹出【信号适配器】对话框，选择机电对象为“螺旋桨速度”，【参数名称】为“活动的”，单击【添加参数】按钮，【别名】为“螺旋桨速度”，如图 1-27 所示。

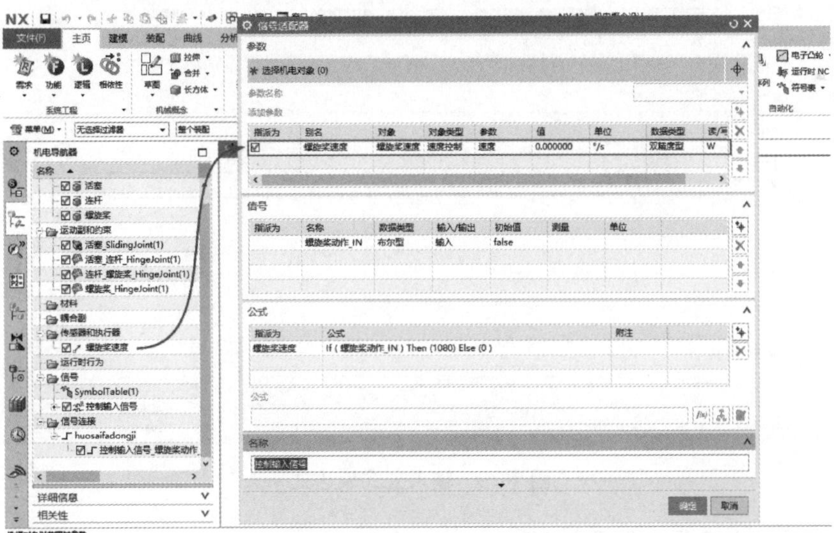

图 1-27 选择机电对象

11 添加输入信号。单击【信号】选项中的【添加】按钮，添加“螺旋桨动作_IN”输入信号，如图 1-28 所示。

12 添加公式。选中“螺旋桨速度”，勾选【指派为】框，把它输入到“公式”，输入公式表达式为：If (螺旋桨动作_IN)Then(1080)Else(0)，如图 1-29 所示。

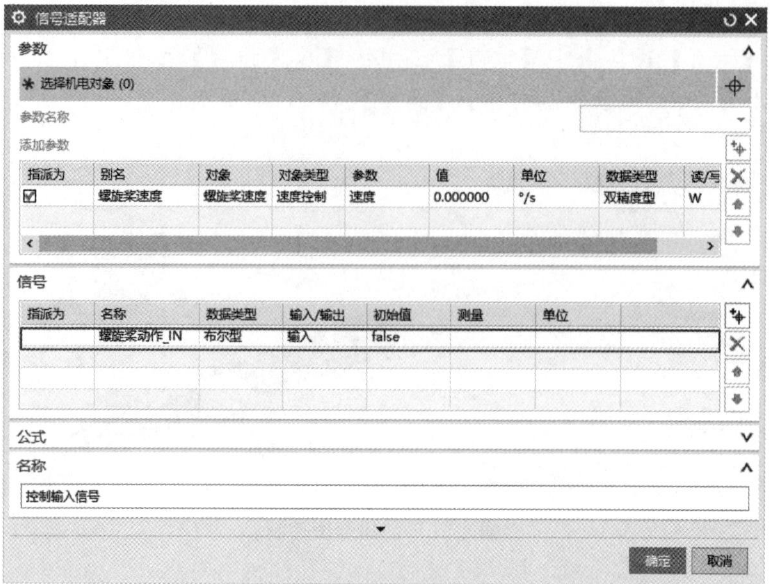

图 1-28　添加输入信号

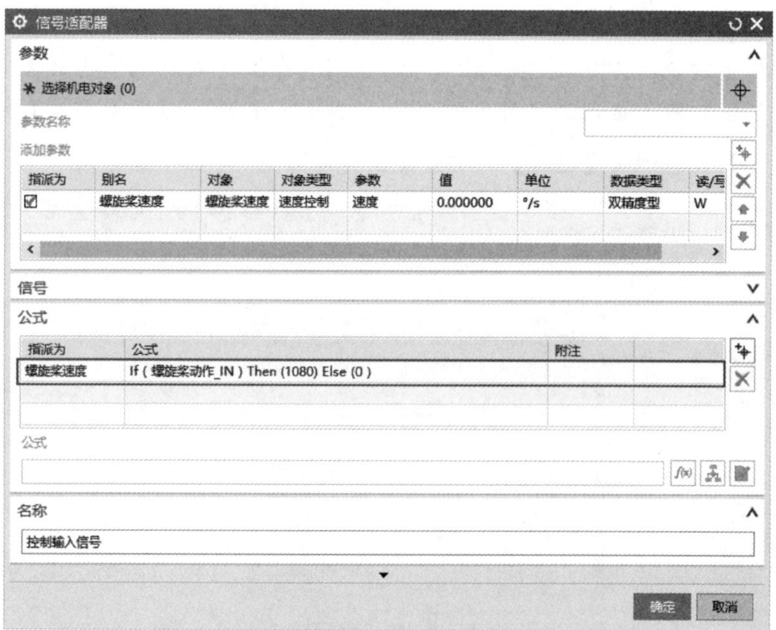

图 1-29　输入公式表达式

1.4.2.2　博途 TIA PLC 组态及程序编写

6. 启动 S7-PLCSIM Advanced 信号连接

13　以管理员身份启动 PLCSIM Advanced 程序，显示【Control Panel】界面，选择【Online Access】模式为“PLCSIM”，单击【Start Virtual S7-1500 PLC】左侧，【Instance name】为“huosaifadongji”（名称不能为中文，至少三个字符），【PLC type】为“Unspecified CPU 1500”，然后单击【Start】按钮即可启动虚拟 PLC，如图 1-30 所示。

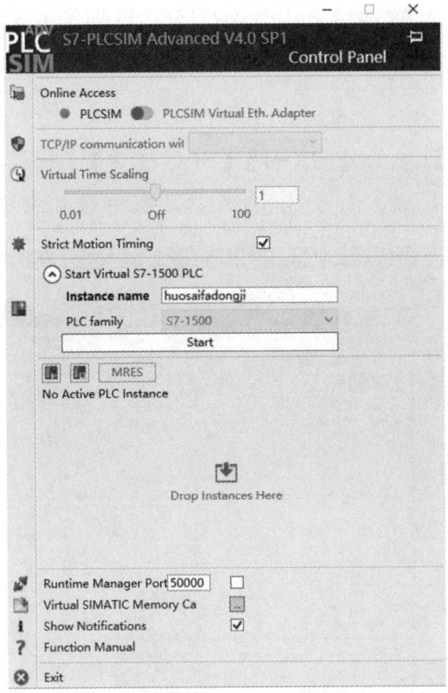

图 1-30　启动虚拟 PLC

技术要点：虚拟 PLC 成功启动后，PLC 显示黄灯，表示 PLC 上电并且处于 Stop 状态。

7. 启动 Portal 并下载 PLC 程序

（1）PLC 设备组态

14　启动 Portal 后，打开随书素材文件“实例\第 1 章\航空发动机案例\航空发动机.ap15_1”，如图 1-31 所示。

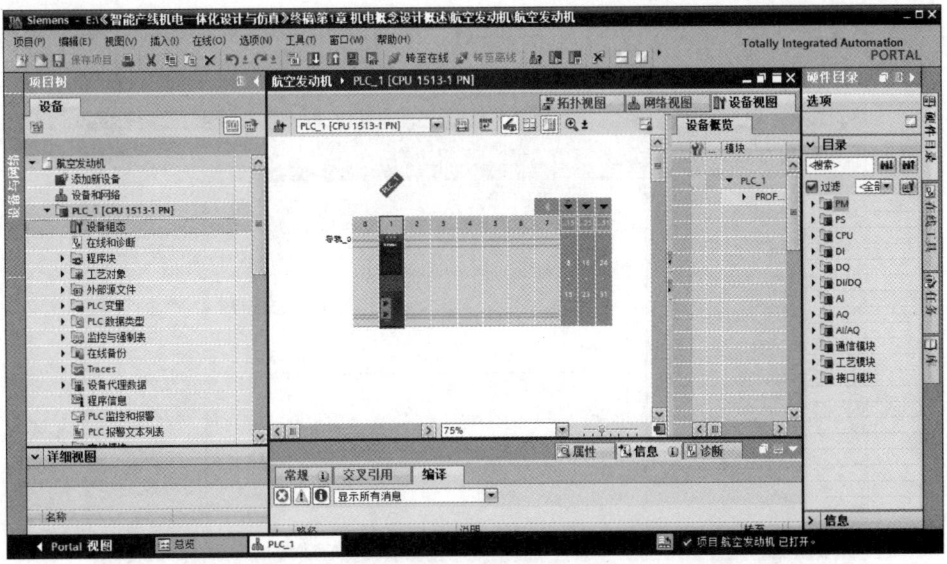

图 1-31　PLC 设备组态

技术要点：在 TIA Portal 软件中要添加 S7-1500 系列的 PLC，S7-1200 不支持 NX MCD 外部信号配置中的 PLCSIM Adv 仿真。

（2）PLC 变量

15 展开左侧【项目树】中的【PLC-1】|【PLC 变量】|【默认变量表】节点，显示默认变量表界面，设置相关 I/O 分配表，如图 1-32 所示，其参数如表 1-1 所示。

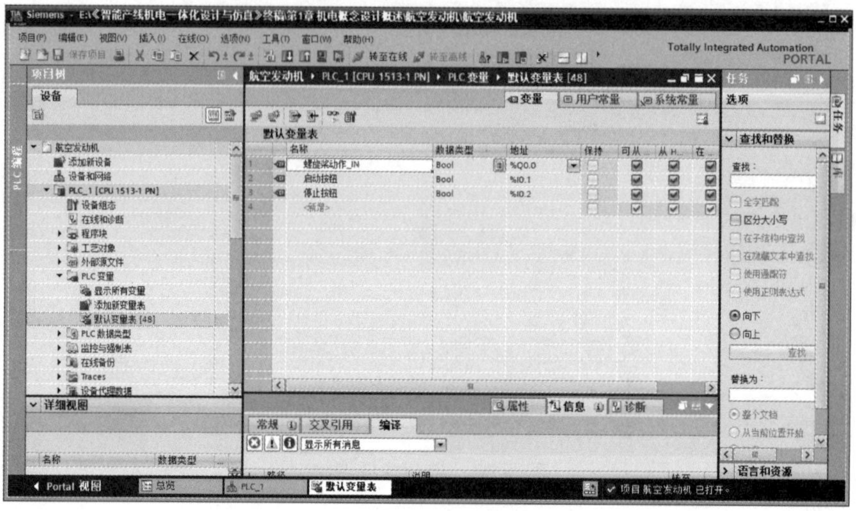

图 1-32 默认变量表

表 1-1 I/O 分配表

变量	类型	地址
螺旋桨动作_IN	Bool	%Q0.0
启动按钮	Bool	%I0.1
停止按钮	Bool	%I0.2

（3）PLC 程序

16 双击【项目树】窗口中的【程序块】|【Main】节点，打开程序块界面，编写 PLC 程序，如图 1-33～图 1-35 所示。

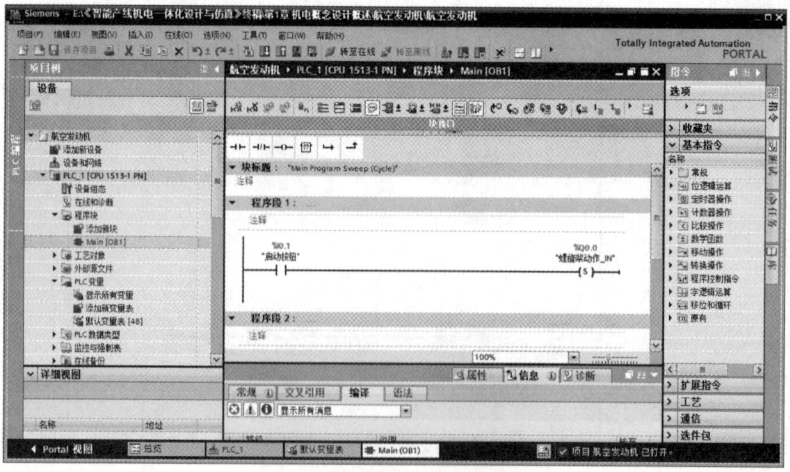

图 1-33 编写 PLC 程序

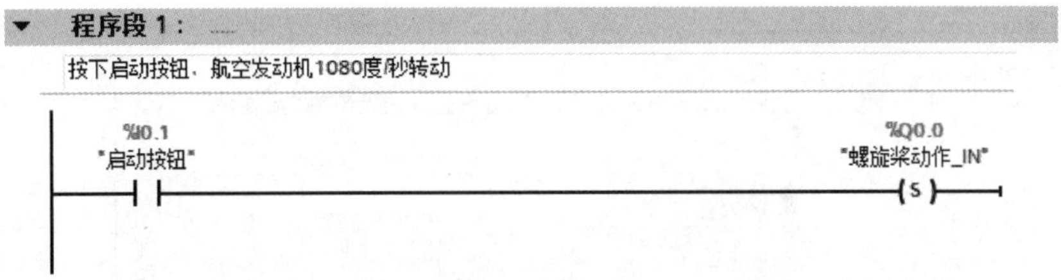

图 1-34　程序段 1：启动

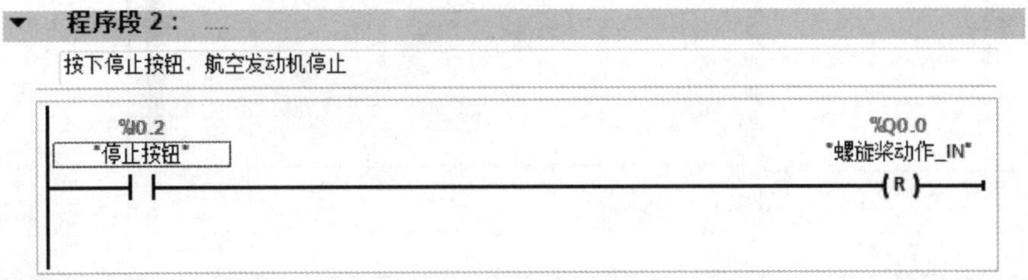

图 1-35　程序段 2：停止

（4）HMI 设备组态

17　添加设备，添加 HMI TP700 精智面板，如图 1-36 所示。

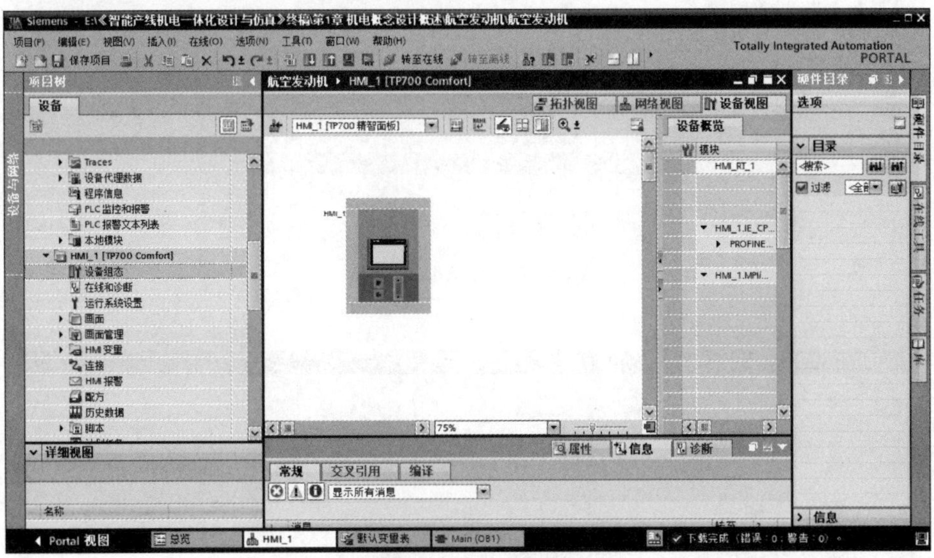

图 1-36　HMI 设备组态

18　添加 2 个按钮，并设置事件与 PLC 变量连接，如图 1-37 所示。

（5）编译下载

19　编译。单击主工具栏上的【编译】按钮，编译（可以理解为检查程序有没有错）一下程序，查看编译的结果，如图 1-38 所示。

20　下载。单击主工具栏上的【下载】按钮，系统弹出【下载预览】对话框，提示要把 TIA Portal 中的梯形图程序装载到 S7-PLCSIM V15.1 中，如图 1-39 所示。

21　单击【装载】按钮就可以进行程序的下载，显示【下载结果】对话框，选择【启动模块】，单击【完成】按钮即可将 PLC 程序下载到虚拟 PLC 之中，如图 1-40 所示。

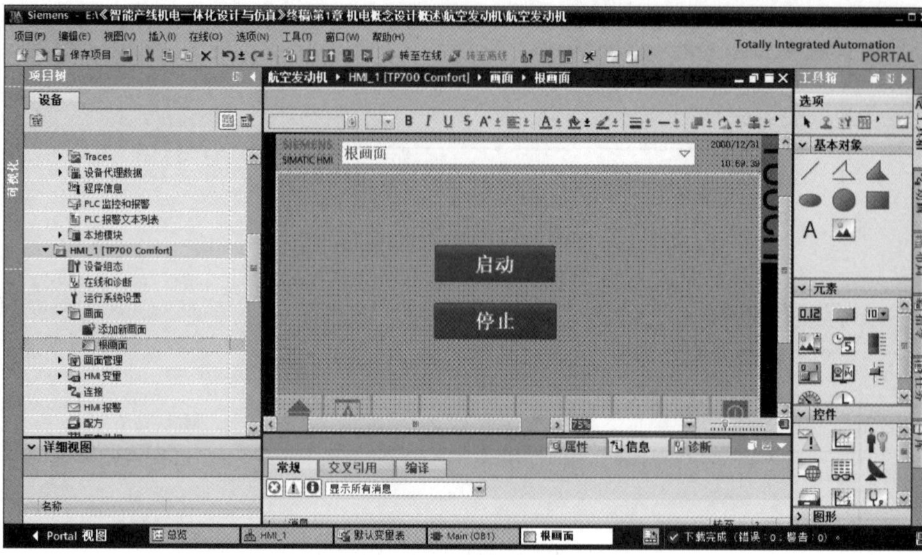

图 1-37　设置按钮

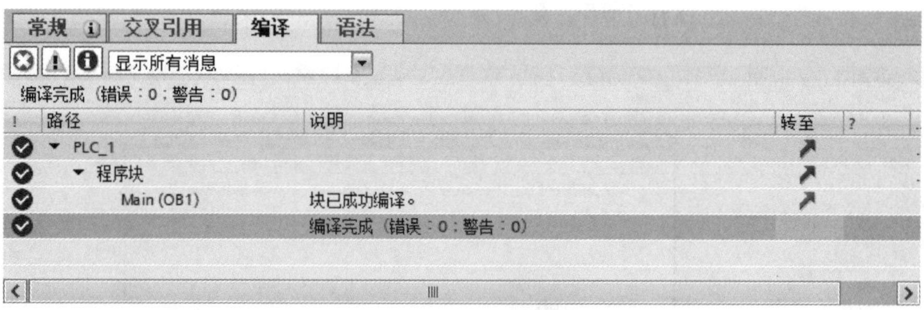

图 1-38　显示编译结果

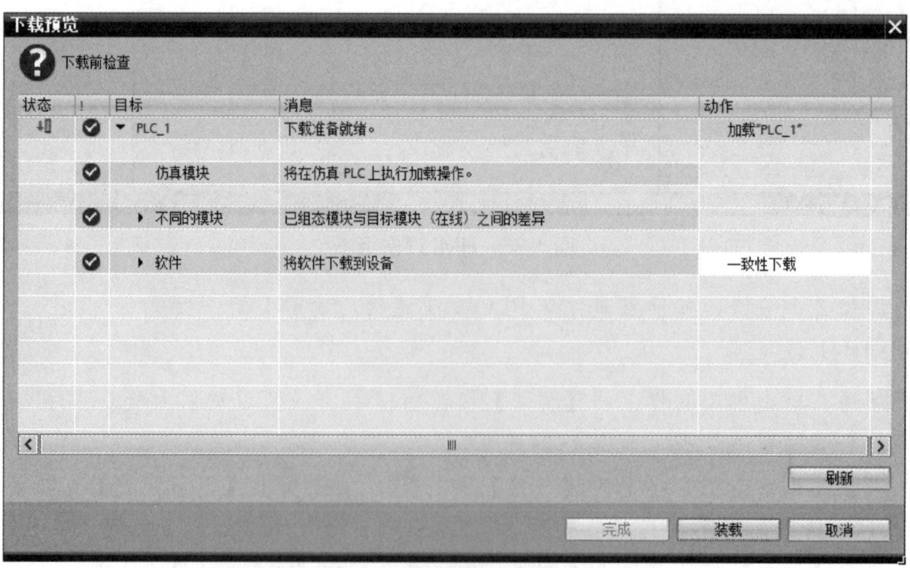

图 1-39　【下载预览】对话框

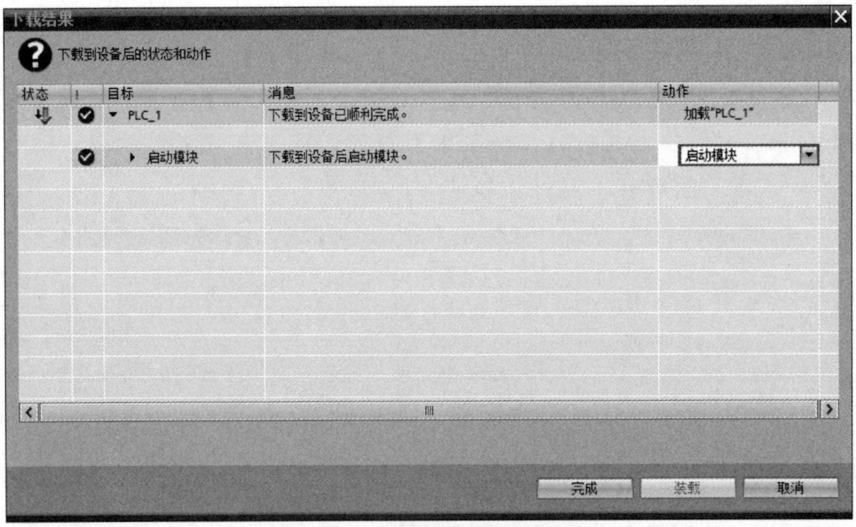

图 1-40 【下载结果】对话框

22 返回 PLCSIM Advanced 程序，PLC 显示绿灯，表示 PLC 程序已经成功下载到虚拟 PLC 中，PLC 处于 Run 状态。

1.4.2.3 博途 TIA PLC 与 NX MCD 虚拟调试

1. 外部信号配置

23 单击【主页】选项卡【自动化】组中的【外部信号配置】，弹出【外部信号配置】对话框，选择【PLCSIM Adv】选项卡，单击【刷新注册实例】按钮，【显示】选择“IOM”，勾选【全选】复选框，列表中显示所有 PLC 变量，单击【确定】按钮完成，如图 1-41 所示。

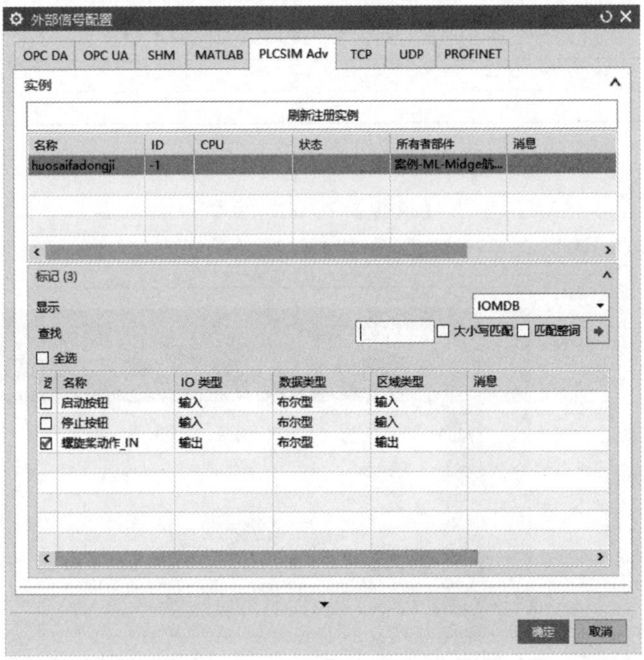

图 1-41 【外部信号配置】对话框

2. **信号映射**

24　单击【主页】选项卡【自动化】组中的【信号映射】，弹出【信号映射】对话框，【外部信号类型】为“PLCSIM Adv”，【PLCSIM Adv 实例】选择创建的虚拟 PLC，本例为“huosaifadongji”，单击【执行自动映射】按钮，即可完成自动映射，最后单击【确定】按钮完成，如图 1-42 所示。映射关系如表 1-2 所示。

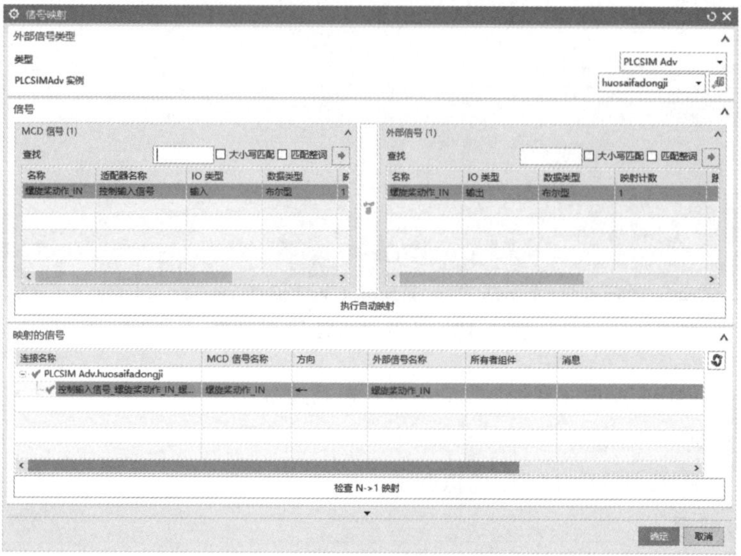

图 1-42　【信号映射】对话框

技术要点：如果名称相同，可直接执行【执行自动映射】，如果名称不同，则需要通过【信号映射】按钮一一对应进行信号映射。

表 1-2　MCD 信号与外部信号的映射关系表

MCD 信号	方向	外部信号
螺旋桨动作_IN	←	螺旋桨动作_IN

3. **仿真播放**

25　在 Portal 选中 HMI，单击【模拟】按钮，启动面板仿真，如图 1-43 所示。

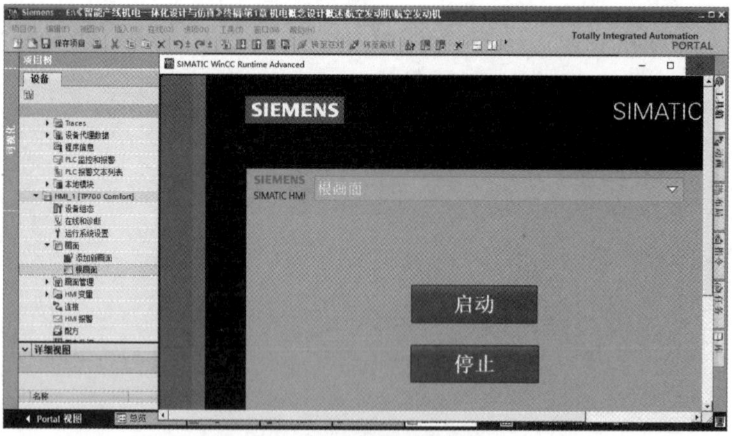

图 1-43　启动面板仿真

26　单击【主页】选项卡上的【仿真】组中的【播放】按钮▶，在图形区显示运动过程仿真，如图 1-44 所示。

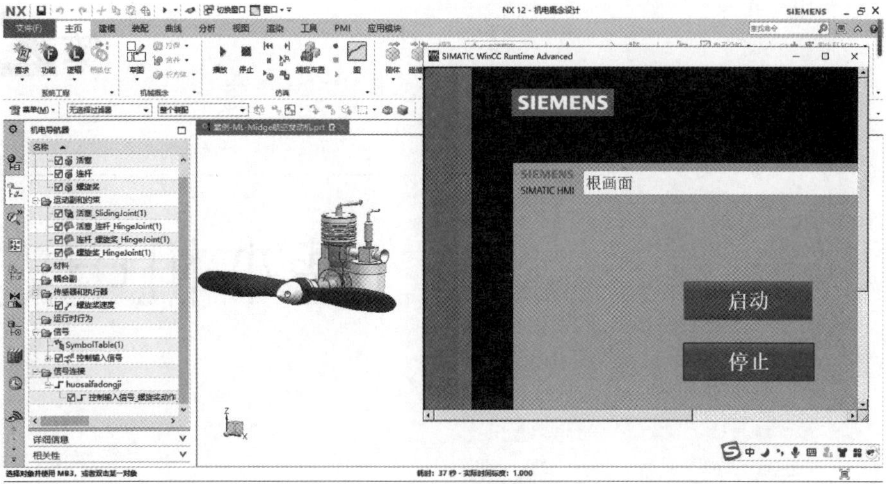

图 1-44　仿真播放

1.5　本章小结

本章介绍了数字孪生、机电一体化概念设计等基础知识。通过本章介绍，读者应了解到 NX MCD 是实现数字孪生的重要技术之一，可实现机械、电气、传感器和执行器以及运动控制等多学科的协同设计，从而加速产品设计流程。

第2章

基本机电对象

2.1 基本机电对象的核心知识

机电概念设计中的基本机电对象（Basic Physics）主要包括刚体（Rigid Body）、碰撞体（Collision Body）、传输面（Transport Surface）、对象源（Object Source）、碰撞传感器（Collision Sensor）、对象收集器（Object Sink）、对象变换器（Object Transformer）和发送器（Transmitter）等。

2.1.1 刚体

刚体通常是指在运动中或受力作用后，形状和大小不变，而且内部各点相对位置不变的物体。

单击【主页】选项卡上【机械】组中的【刚体】按钮，弹出【刚体】对话框，如图2-1所示，其参数含义如表2-1所示。

表 2-1 【刚体】 对话框选项参数含义

序号	参数名称		参数含义
1	刚体对象	选择对象	选择一个或者多个对象，所选择的对象将会生成一个刚体
2	质量与力矩	质量属性	自动：一般来说尽可能地设置为“自动”。设置为“自动”后 MCD 将会根据几何体材料属性自动计算质量和惯性矩 用户定义：需要用户手动输入相对应的参数
3		质心	选择一个点作为刚体的质心
4		指定对象的 CSYS	定义坐标系，此坐标系将作为计算惯性矩的依据
5		惯性矩	定义惯性矩矩阵的值
6		质量	作用在质心的质量
7	初始平移速度	平移速度	为刚体定义初始平移速度的大小
8	初始旋转速度	旋转速度	为刚体定义初始旋转速度的大小
9	标记		为刚体分一个标签，可在仿真时使用读写命令改变物理属性
10	名称		定义刚体的名称

2.1.2 碰撞体

碰撞体是物理组件的一种，它要与刚体一起添加到几何对象上才能触发碰撞。如果两个刚体撞在一起，除非两个对象都定义有碰撞体，物理引擎才会计算碰撞，否则没有定义碰撞体的刚体会彼此穿过。

单击【主页】选项卡上【机械】组中的【碰撞体】按钮，弹出【碰撞体】对话框，如图 2-2 所示，其参数含义如表 2-2 所示。

图 2-1 【刚体】 对话框

图 2-2 【碰撞体】 对话框

表 2-2 【碰撞体】 对话框相关选项参数含义

序号	参数名称		参数含义
1	碰撞体对象	选择对象	选择一个或多个几何体，将会根据所选择的所有几何体计算碰撞形状
2	形状	碰撞形状	碰撞形状的类型：方块、球、胶囊、凸多面体
3		形状属性	自动：默认形状属性，自动计算碰撞形状 用户自定义：要求用户输入自定义的参数
4		指定点	碰撞形状的几何中心点
5		指定 CSYS	为当前的碰撞形状指定 CSYS
6		碰撞形状尺寸	定义碰撞形状的尺寸，这些尺寸类型取决于碰撞形状类型
7	碰撞材料	使用默认材料	为碰撞体指定默认的碰撞材料，材料属性参数取决于静摩擦力、动摩擦力、恢复力等
8		新建材料	建立新的碰撞材料
9	类别		只有定义了相同作用类别中的两个或多个几何体才会发生碰撞，碰撞体类别为 0 时，表示能够与所有类别的碰撞体发生碰撞
10	碰撞设置		• 碰撞时高亮显示：强制碰撞形状在与应用了相同碰撞类别的其他几何体接触时高亮显示 • 碰撞时粘住：设置碰撞体在碰撞后附加到另一碰撞体
11	名称		定义碰撞体的名称

操作实例 1——刚体与碰撞体实例

如图 2-3 所示为两个方块刚体，要求方块 1 停留在平板上，方块 2 沿着斜板下滑产生碰撞效果。

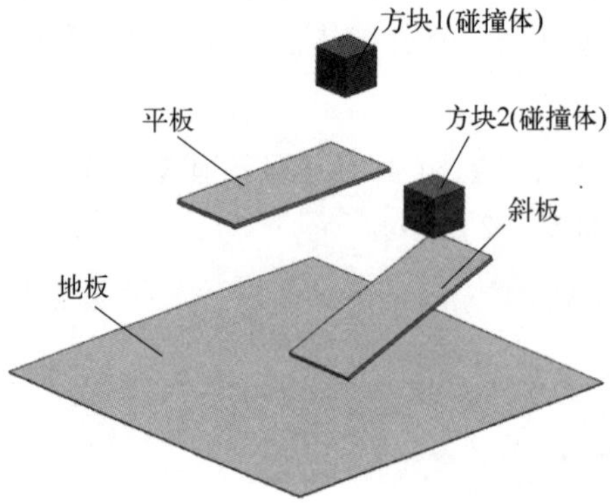

图 2-3 刚体与碰撞体实例

2-1

操作步骤

1. 打开文件

01 启动 NX 后，在功能区单击【主页】选项卡上【标准】组中的【打开】按钮，打开素材文件“实例\第 2 章\操作实例 1——刚体与碰撞体实例. prt”。

2. 创建刚体

02 单击【主页】选项卡上【机械】组中的【刚体】按钮，弹出【刚体】对话框，选择如图 2-4 所示的实体，【名称】选为“方块 1”，单击【确定】按钮完成。

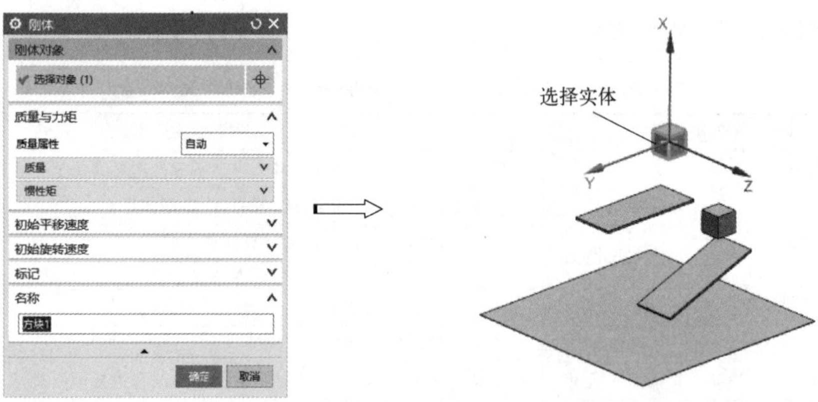

图 2-4 创建刚体（1）

03 单击【主页】选项卡上【机械】组中的【刚体】按钮，弹出【刚体】对话框，选择如图 2-5 所示的实体，【名称】选为“方块 2”，单击【确定】按钮完成。

3. 创建碰撞体

04 单击【主页】选项卡上【机械】组中的【碰撞体】按钮，弹出【碰撞体】对话框，选择如图 2-6 所示的实体，【碰撞形状】选为“方块”，【类别】设为“0”，【名称】为默

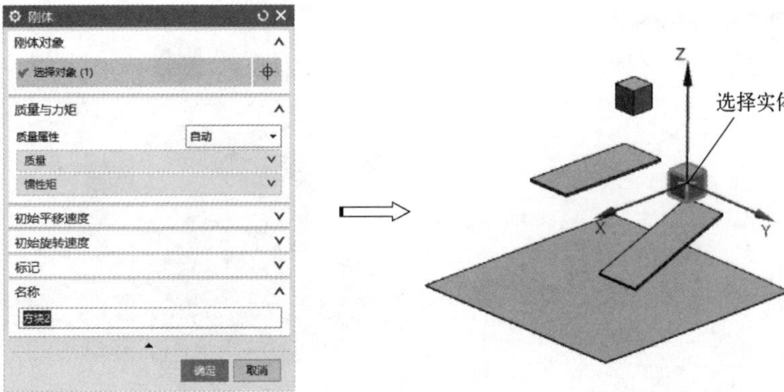

图 2-5　创建刚体（2）

认，单击【确定】按钮完成。

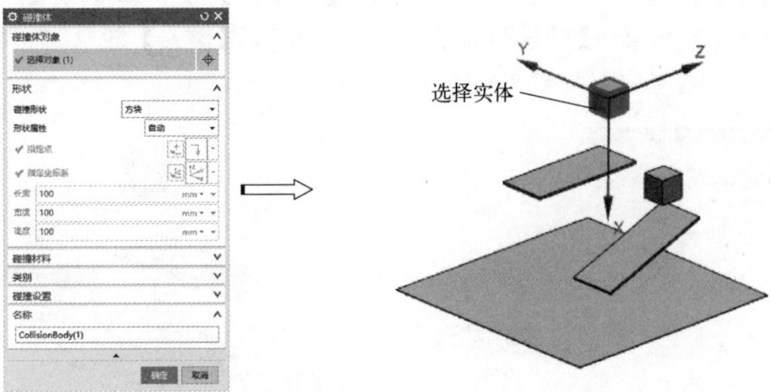

图 2-6　创建碰撞体（1）

05　单击【主页】选项卡上【机械】组中的【碰撞体】按钮，弹出【碰撞体】对话框，选择如图 2-7 所示的实体，【碰撞形状】选为“方块”，【类别】设为“0”，【名称】为默认，单击【确定】按钮完成。

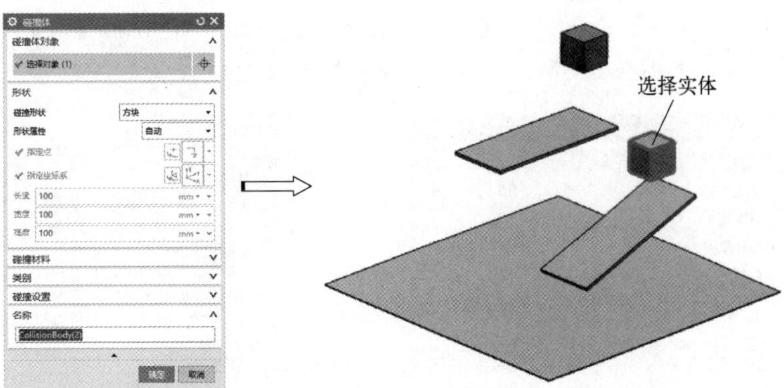

图 2-7　创建碰撞体（2）

06　单击【主页】选项卡上【机械】组中的【碰撞体】按钮，弹出【碰撞体】对话框，选择如图 2-8 所示的面，【碰撞形状】选为“方块”，【类别】设为“0”，【名称】选为“水平传送带”，单击【确定】按钮完成。

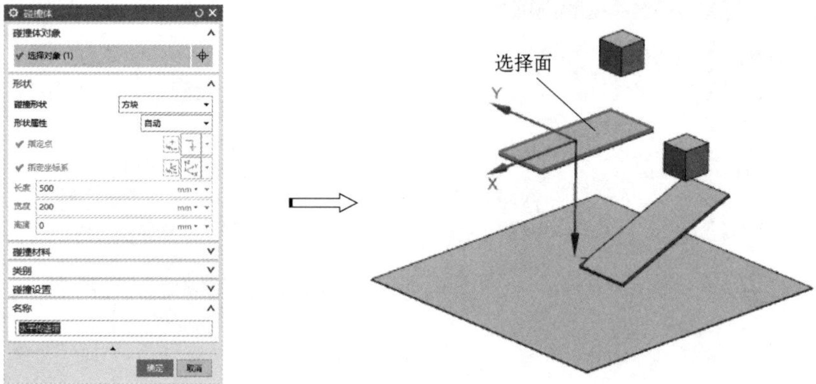

图 2-8　创建碰撞体（3）

07　单击【主页】选项卡上【机械】组中的【碰撞体】按钮，弹出【碰撞体】对话框，选择如图 2-9 所示的面，【碰撞形状】选为“方块”，【类别】设为“0”，【名称】选为“倾斜传送带”，单击【确定】按钮完成。

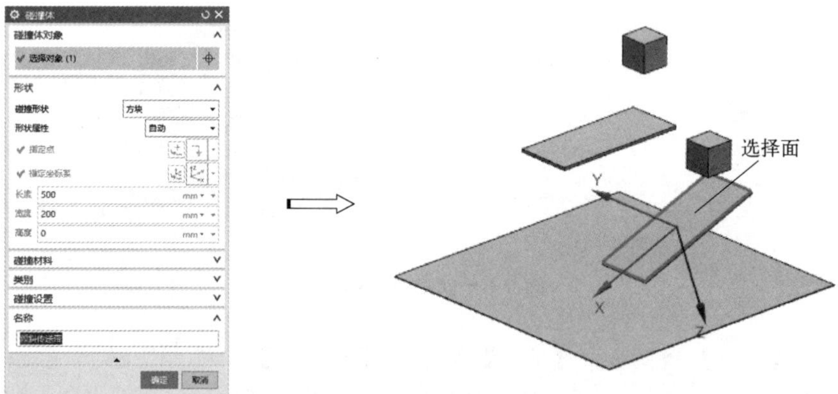

图 2-9　创建碰撞体（4）

08　单击【碰撞材料】选项中的【新建碰撞材料】按钮，弹出【碰撞材料】对话框，【动摩擦】设为 0.1，如图 2-10 所示。单击【确定】按钮完成。

图 2-10　修改碰撞材料

09　单击【主页】选项卡上【机械】组中的【碰撞体】按钮，弹出【碰撞体】对话框，选择如图 2-11 所示的面，【碰撞形状】选为“方块”，【类别】设为“0”，【名称】选为

“地板”，单击【确定】按钮完成。

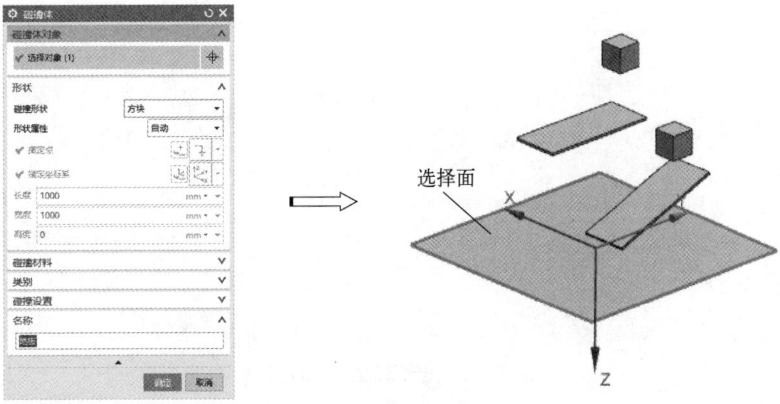

图 2-11 创建碰撞体（5）

2-2

4. 仿真播放

10 单击【主页】选项卡上【仿真】组中的【播放】按钮，在图形区显示运动过程的仿真。刚体在重力作用下滑落，如图 2-12 所示。

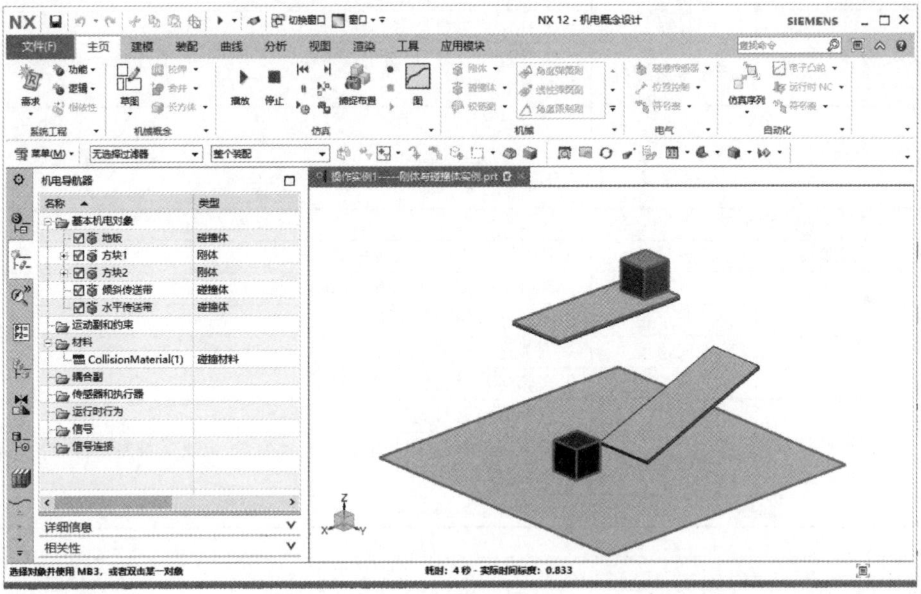

图 2-12 仿真播放

2.1.3 传输面

传输面是一种物理属性，也是将所选平面转化为“传送带”的一种机电执行器特征。一旦有其他物体放置在传输面上，此物体将会按照传输面指定的速度和方向移动到其他位置。传输面上的运动既可以是直线，也可以是圆弧。

单击【主页】选项卡上【机械】组中的【传输面】按钮，弹出【传输面】对话框，如图 2-13 所示，其参数含义如表 2-3 所示。

图 2-13 【传输面】对话框

表 2-3 【传输面】（直线）对话框选项参数含义

序号	参数名称		参数含义
1	传送带面	选择面	选择一个平面作为传输面
2	速度和位置	指定矢量	指定传输面的传输方向。单击反向改变方向向量的方向
3		平行	指定在传输方向上的速度大小
4		垂直	指定在垂直于传输方向上的速度大小
5	碰撞材料	材料	选择碰撞材料类型
		新建碰撞材料	新建碰撞材料，可指定以下属性参数（取决于材料）：静摩擦系数、动摩擦系数、恢复系数
6	名称		定义传输面的名称

表 2-4 【传输面】（圆）对话框选项参数含义

序号	参数名称		参数含义
1	传送带面	选择面	选择一个平面作为传输面
2	运动和位置	中心点	选择一个点作为圆弧运动的圆心
3		中间半径	圆弧运动的中间半径
4		中间速度	圆弧运动的中间速度
5		起始位置	圆弧运动起始位置的数据
6	碰撞材料	材料	选择碰撞材料类型
		新建碰撞材料	新建碰撞材料，可指定以下属性参数（取决于材料）：静摩擦系数、动摩擦系数、恢复系数
7	名称		定义传输面的名称

操作实例 2——传输面实例

如图 2-14 所示为物料沿传送带向左直线移动。

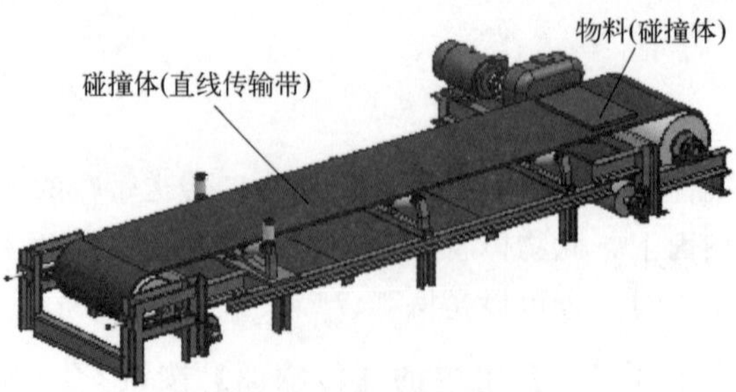

图 2-14 传输面实例

操作步骤

1. 打开文件

01　启动 NX 后，在功能区单击【主页】选项卡上【标准】组中的【打开】按钮，打开素材文件“实例\第 2 章\操作实例 2——传输面实例．prt”。　2-3

2. 创建传输面

02　单击【主页】选项卡上【机械】组中的【传输面】按钮，弹出【传输面】对话框，【运动类型】选为“直线”，【速度平行】设为 500mm/s，选择如图 2-15 所示的面和方向，单击【确定】按钮完成。

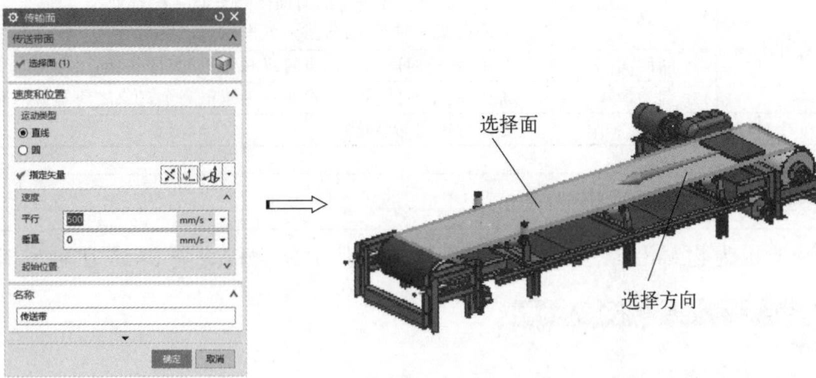

图 2-15　创建传输面

3. 仿真播放

03　单击【主页】选项卡上【仿真】组中的【播放】按钮，在图形区显示运动过程仿真。物料沿传送带向左移动到头后，在重力作用下下落，如图 2-16 所示。　2-4

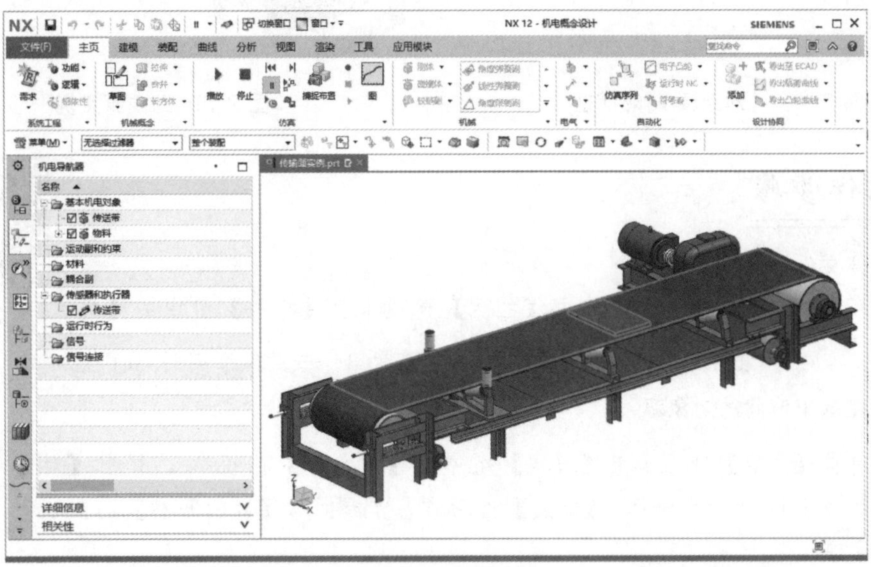

图 2-16　仿真播放

2.1.4 对象源

对象源用于在特定的时间间隔创建多个外表、属性相同的对象，特别适用于物料流案例，可以模拟物料的连续产生。

单击【主页】选项卡上【机械】组中的【对象源】按钮，弹出【对象源】对话框，如图 2-17 所示，其参数含义如表 2-5 所示。

表 2-5 【对象源】 对话框相关选项参数含义

序号	参数名称		参数含义
1	要复制的对象	选择对象	选择一个或多个几何体，所选择的几何体将会生成对象源
2	复制事件	触发	• 基于时间：在指定的时间间隔复制一次对象 • 每次激活时一次：每激活就发生一次复制
3		时间间隔	选择“基于时间”可用，设置复制对象的时间间隔
4		起始偏置	选择“基于时间”可用，设置在创建第一个对象之前等待的时间
5	名称		定义对象源的名称

操作实例 3——对象源实例

如图 2-18 所示为物料沿传送带向左直线移动，其中新物料每隔 2s 或在触发时出现。

图 2-17 【对象源】 对话框

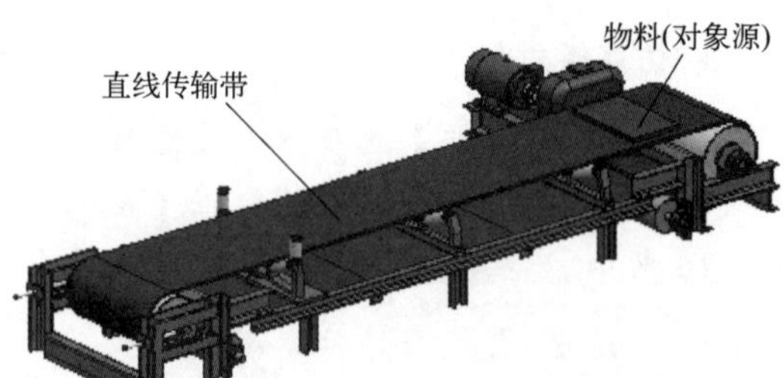

图 2-18 对象源实例

操作步骤

2-5

1. 打开文件

01 启动 NX 后，在功能区单击【主页】选项卡上【标准】组中的【打开】按钮，打开素材文件“实例\第 2 章\操作实例 3——对象源实例. prt”。

2. 创建基于时间的对象源

02 单击【主页】选项卡上【机械】组中的【对象源】按钮，弹出【对象源】对话框，选择如图 2-19 所示的刚体，【触发】选为“基于时间”，【时间间隔】设为 2s，单击【确定】按钮完成。

03 添加察看器。在【机电导航器】窗口里选中【ObjectSource】节点，单击鼠标右

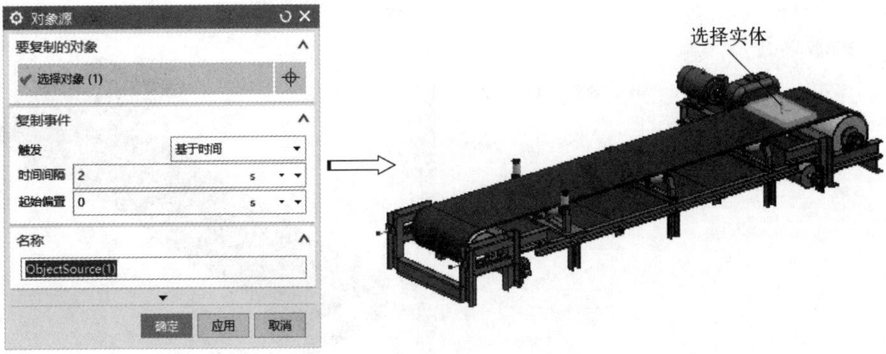

图 2-19　创建对象源

键，在弹出的快捷菜单中选择【添加到察看器】命令，如图 2-20 所示。

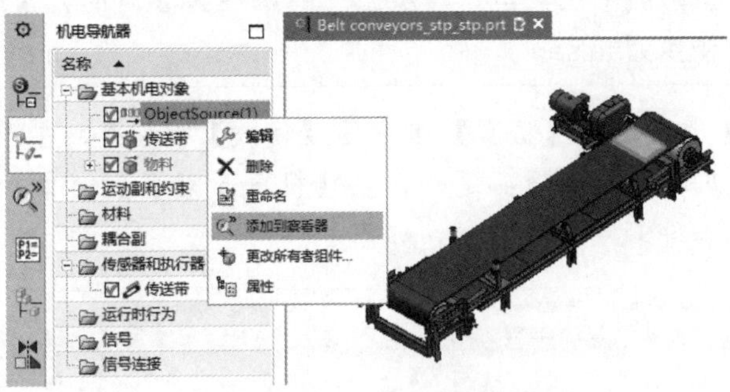

图 2-20　添加到察看器

04　在【运行时察看器】窗口中，可以看到该对象的属性为“true”，如图 2-21 所示。

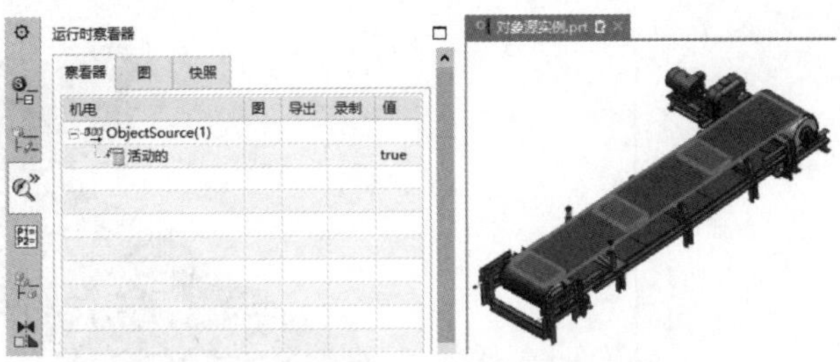

图 2-21　察看属性

技术要点：如果【触发】为“基于时间”，那么属性【活动的】的【值】就一直为“true”。

3. 每次激活时一次的对象源

05　在【机电导航器】双击【ObjectSource（1）】节点，弹出【对象源】对话框，【触发】为“每次激活时一次”，如图 2-22 所示。

06　在【运行时察看器】窗口中，可以看到该对象的属性只有在激活时为“true”，其他时候为“false”，如图 2-23 所示。

图 2-22　修改对象源触发

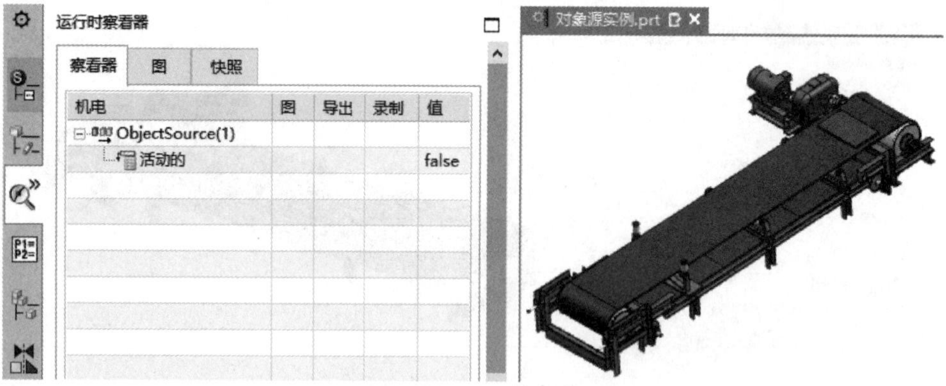

图 2-23　察看属性

> **技术要点：每次激活时一次：当“对象源”的属性为 true 时，代表对象源激活一次。此属性会在下一步自动变为 false。**

07　单击【主页】选项卡上【仿真】组中的【播放】按钮，在图形区显示运动过程仿真。方块沿着传输面运动，在【机电导航器】窗口中单击【ObjectSource(1)】节点出现一个新物料，如图 2-24 所示。

2-6

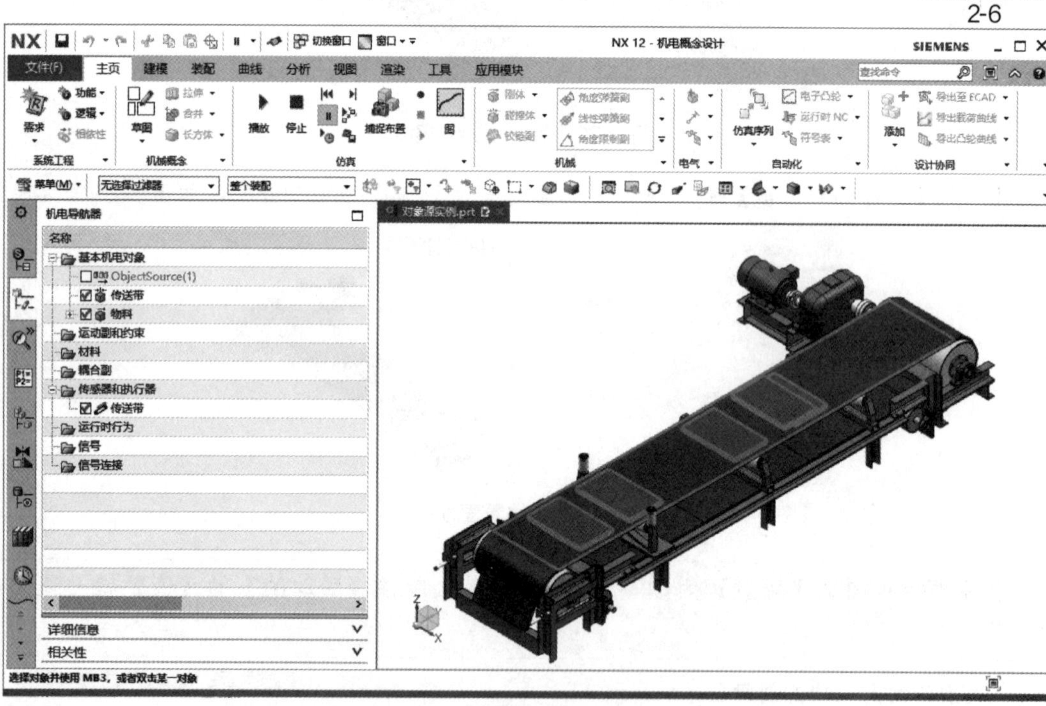

图 2-24　仿真播放

2.1.5　碰撞传感器

当发生碰撞时，传感器会输出一个信号，该信号可以用于触发某些操作，或控制执行机构的开始与停止。

单击【主页】选项卡上【电气】组中的【碰撞传感器】按钮，弹出【碰撞传感器】对话框，如图 2-25 所示，其参数含义如表 2-6 所示。

表 2-6 【碰撞传感器】对话框相关选项参数含义

序号	参数名称		参数含义
1	碰撞传感器对象	选择对象	选择几何体作为碰撞传感器对象
2	形状	碰撞形状	用于选择碰撞传感器周围检测区域的形状，碰撞形状的类型有：方块、球、直线
3		形状属性	• 自动：默认形状属性，自动计算碰撞形状 • 用户自定义：要求用户输入自定义的参数
4		指定点	碰撞形状的几何中心点
5		指定 CSYS	为当前的碰撞形状指定 CSYS
6		碰撞形状尺寸	定义碰撞形状的尺寸。这些尺寸类型取决于碰撞形状的类型
7	类别		碰撞传感器默认类别为 0 时，表示能够与所有类型的碰撞体发生碰撞。如果设置不同的碰撞类别，则碰撞传感器仅与碰撞类别为 0 和具有相同碰撞类别的碰撞体发生碰撞
8	碰撞时高亮显示		碰撞传感器被触发时高亮显示
9	名称		定义碰撞传感器的名称

技术要点：碰撞传感器和碰撞体属于同一个类别系统。只有定义了起作用的类别才会触发碰撞事件，利用类别将会减少计算几何体是否会发生碰撞的时间。

2.1.6 对象收集器

对象收集器与对象源作用相反，当对象源生成的对象与对象收集器发生碰撞时，则删除这个对象。

单击【主页】选项卡上【机械】组中的【对象收集器】按钮，弹出【对象收集器】对话框，如图 2-26 所示，其参数含义如表 2-7 所示。

图 2-25 【碰撞传感器】对话框

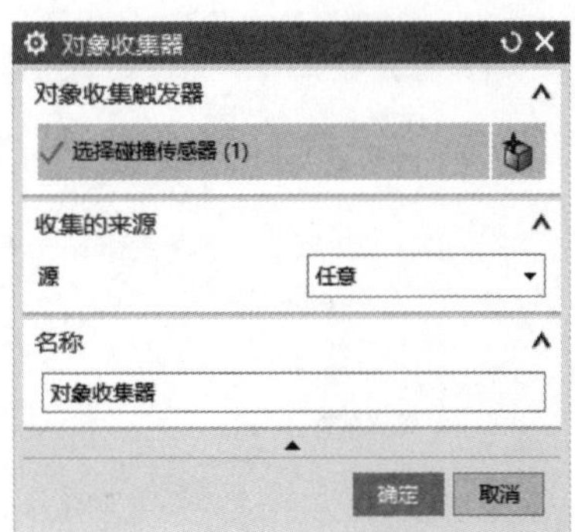

图 2-26 【对象收集器】对话框

表 2-7 【对象收集器】对话框相关参数含义

序号	参数名称		参数含义
1	对象收集触发器	选择碰撞传感器	选择一个碰撞传感器
2	收集的来源	源	• 任意：收集任何对象源生成的对象 • 仅选定的：只收集指定对象源生成的对象
3		选择对象源	只有选定的对象源生成的对象可以被这个对象收集器删除
4	名称		定义对象收集器的名称

操作实例 4——碰撞传感器与对象收集器实例

如图 2-27 所示为一个物料，要求方块沿传输带移动，收集到收集箱中，当收集箱收满时，物料消失。

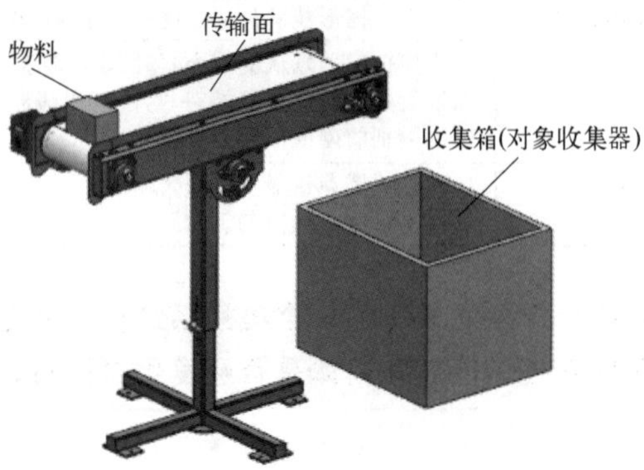

图 2-27 物料碰撞收集实例

2-7

操作步骤

1. 打开文件

01 启动 NX 后，在功能区单击【主页】选项卡上【标准】组中的【打开】按钮，打开素材文件"操作实例 4——碰撞传感器与对象收集器实例. prt"。

2. 定义碰撞传感器

02 单击【主页】选项卡上【电气】组中的【碰撞传感器】按钮，弹出【碰撞传感器】对话框，选择如图 2-28 所示的实体，单击【确定】按钮完成。

图 2-28 创建碰撞传感器

3. **创建对象收集器**

03 单击【主页】选项卡上【机械】组中的【对象收集器】按钮，弹出【对象源】对话框，选择如图 2-29 所示的碰撞传感器，单击【确定】按钮完成。

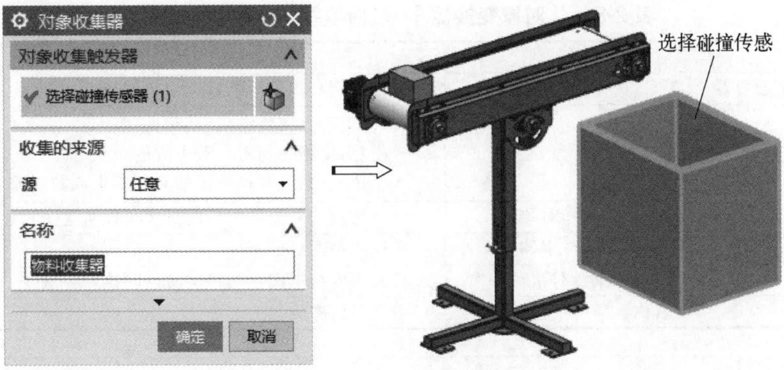

图 2-29 创建对象收集器

4. **仿真播放**

04 单击【主页】选项卡上【仿真】组中的【播放】按钮，在图形区显示运动过程仿真。当收集箱收集满时，可单击【机电导航器】窗口下的【ObjectSink（1）】节点，物料会自动消失，以达到物料收集的目标，如图 2-30 所示。

2-8

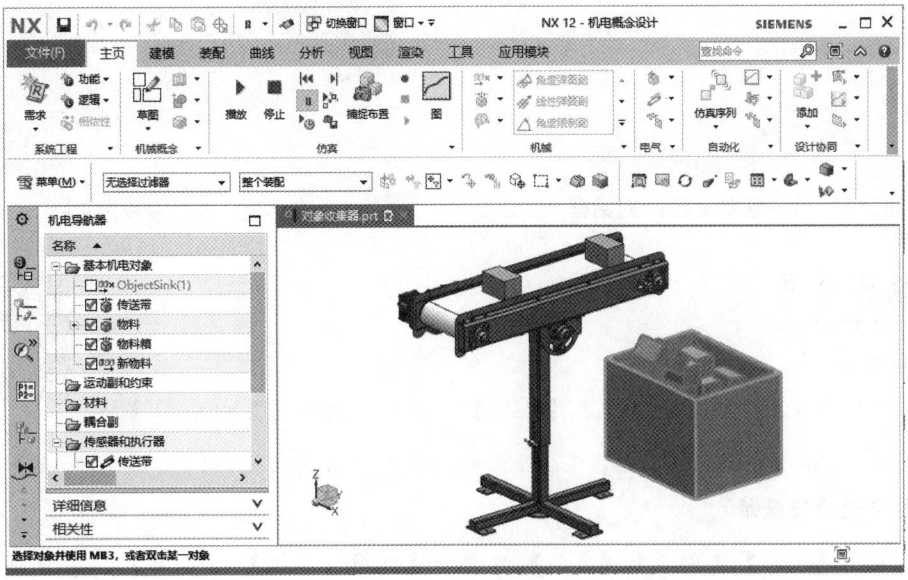

图 2-30 仿真播放

2.1.7 对象变换器

对象变换器可以将一个刚体变换为另一个刚体，通过碰撞传感器触发对象变换。在仿真过程中变换刚体可以更改其质量、惯性特性和复用几何体的物理模型，比如使用对象变换器可以在装配线的手动工作站上模拟零部件的更换。

单击【主页】选项卡上【机械】组中的【对象变换器】按钮，弹出【对象变换器】对话框，如图 2-31 所示，其参数含义如表 2-8 所示。

表 2-8 【对象变换器】对话框相关选项参数含义

序号	参数名称		参数含义
1	变换触发器	选择碰撞传感器	当检测到碰撞发生时启动对象变换
2	变换源	源	有“任意”和“仅选定的”两个选项： • 任意：变换任何对象源生成的对象 • 仅选定的：只变换指定的对象源生成的对象
3		选择对象	只有选定的对象源生成的对象可以被这个对象变换器改变
4	变换为	选择刚体	选择变换之后的刚体
5		每次激活时执行一次	将对象变换器设置为每次激活时执行一次
6	名称		定义对象变换器的名称

操作实例 5——对象变换器实例

如图 2-32 所示为方块刚体沿着传送带运动，在碰到碰撞传感器时方块变形。

图 2-31 【对象变换器】对话框

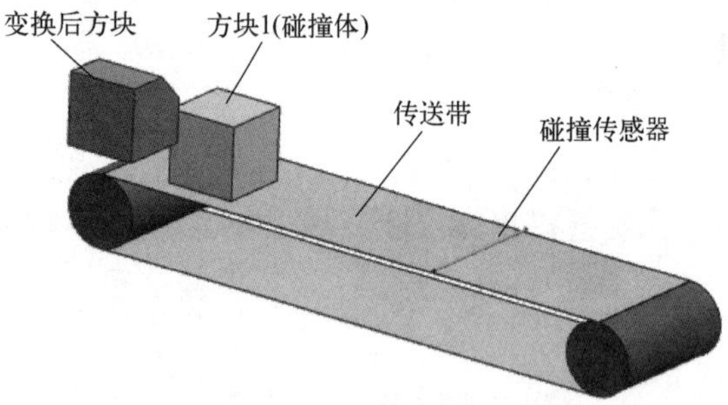

图 2-32 对象变换器实例

操作步骤

2-9

1. 打开文件

01 启动 NX 后，在功能区单击【主页】选项卡上【标准】组中的【打开】按钮，打开素材文件“操作实例 5——对象变换器实例. prt”。

2. 定义碰撞传感器

02 单击【主页】选项卡上【电气】组中的【碰撞传感器】按钮，弹出【碰撞传感器】对话框，选择如图 2-33 所示的实体，【碰撞形状】选为“圆柱”，单击【确定】按钮完成。

3. 创建对象变换器

03 单击【主页】选项卡上【机械】组中的【对象变换器】按钮，弹出【对象变换器】对话框，选择如图 2-34 所示的碰撞传感器，【变换为】中选择如图所示的刚体作为变换后刚体，单击【确定】按钮完成。

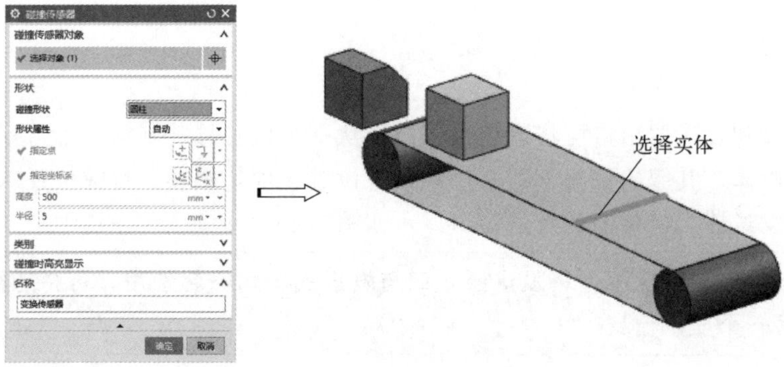

图 2-33　创建碰撞传感器

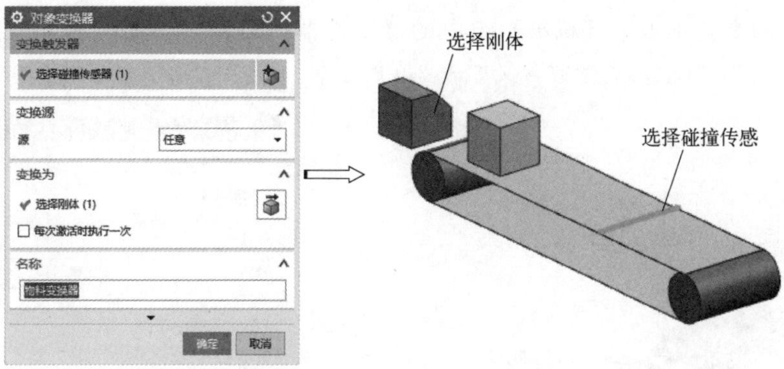

图 2-34　创建对象变换器

4. 仿真播放

04　单击【主页】选项卡上【仿真】组中的【播放】按钮▶，在图形区显示运动过程仿真。当物料碰到传感器时，其形状发生变化，如图 2-35 所示。

2-10

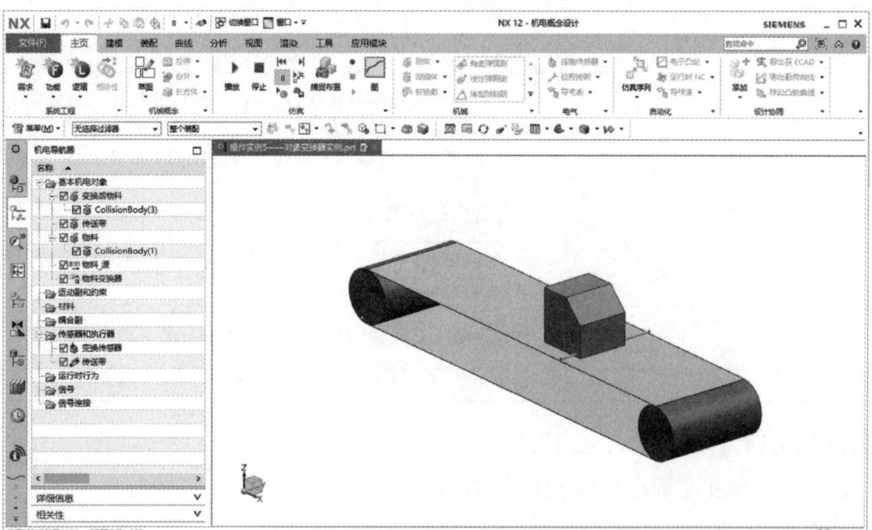

图 2-35　仿真播放

2.1.8 发送器

发送器入口和发送器出口可将运动的几何体从一个位置移动到另一个目标位置。运动体必须设置为碰撞体，其起始位置（即入口处）需设置碰撞传感器，目标位置（即出口处）用于将碰撞体从发送器入口传输到发送器出口，如图 2-36 所示。

技术要点：一般情况下，将发送器入口与发送器出口一起使用，可将碰撞体从一个显示窗口移到另一个显示窗口。

2.1.8.1 发送器入口（Transmitter Entry）

发送器入口用于将碰撞体发送至出口。

单击【主页】选项卡上【机械】组中的【发送器入口】按钮，弹出【发送器入口】对话框，如图 2-37 所示，其参数含义如表 2-9 所示。

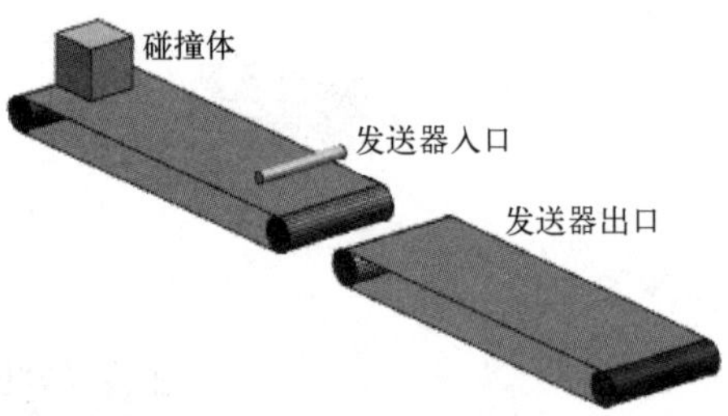

图 2-36 发送器

图 2-37 【发送器入口】对话框

表 2-9 【发送器入口】对话框相关选项参数含义

序号	参数名称		参数含义
1	发送器触发器	选择对象	选择碰撞传感器作为发送器检测和传输碰撞体的触发器
2	设置	候选	用于控制当碰撞体与碰撞传感器碰撞时，是检测和传输所有碰撞体，还是检测和传输指定的碰撞体。有“任意”和“仅选定的”两个选项： • 任意：检测和传输与碰撞传感器碰撞的所有碰撞体，发送任何触发碰撞传感器的对象 • 仅选定的：只发送指定触发碰撞传感器的对象
3		端口	指定将碰撞体传输到哪个发送器出口，发送器入口的端口号必须与发送器出口的端口号相匹配
4		每次激活时执行一次	将发送器入口设置为每次激活时执行一次
5	名称		用于定义发送器入口的名称

2.1.8.2 发送器出口（Transmitter Exit）

发送器出口用于通过端口接收检测到的物体。

单击【主页】选项卡上【机械】组中的【发送器出口】按钮，弹出【发送器出口】对话框，如图 2-38 所示，其参数含义如表 2-10 所示。

表 2-10 【发送器出口】对话框相关选项参数含义

序号	参数名称		参数含义
1	姿势	指定点	用于选择点作为发送器入口，以及发送的碰撞体出现的目标位置点
2		指定坐标系	指定传输对象的坐标系，如果未设置指定坐标，NX 将从选择对象的刚体中推断坐标系
3		选择参考	选择一个刚体作为传输对象的坐标系参考
4	设置	端口	设置与发送器入口对应的端口
5	名称		用于定义发送器出口的名称

操作实例 6——发送器实例

如图 2-39 所示，一个物料在上层传送带向左运动，运动到上层传送带终点时，发送到下层传送带，然后运动到下层传送带终点时，再发送到上层传送带。

图 2-38 【发送器出口】对话框

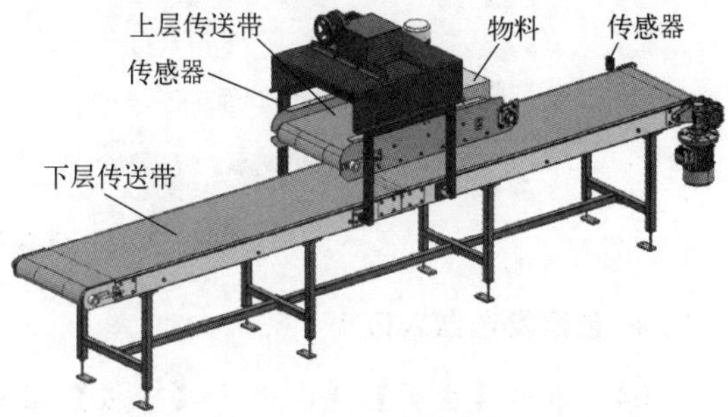

图 2-39 发送器模型

操作步骤

2-11

1. 打开文件

01 启动 NX 后，在功能区单击【主页】选项卡上【标准】组中的【打开】按钮，打开素材文件“操作实例 6——发送器实例. prt”。

2. 创建碰撞传感器 1

02 单击【主页】选项卡上【电气】组中的【碰撞传感器】按钮，弹出【碰撞传感器】对话框，选择如图 2-40 所示的实体，【碰撞形状】选为“直线”，指定点和坐标系如图所示，【长度】设为 240mm，单击【确定】按钮完成。

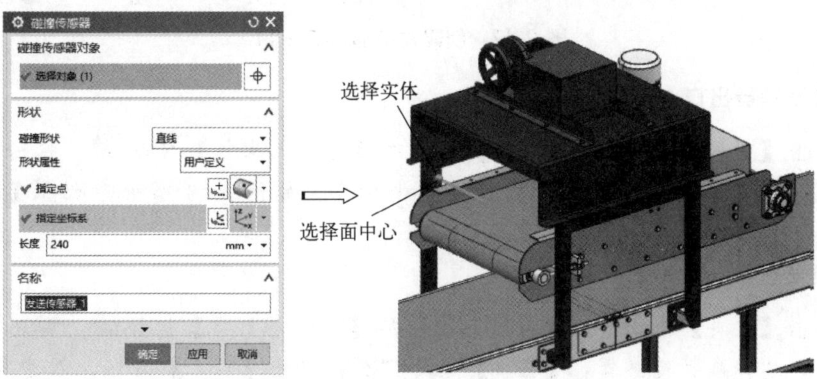

图 2-40 创建碰撞传感器（1）

3. 创建碰撞传感器 2

03　单击【主页】选项卡上【电气】组中的【碰撞传感器】按钮，弹出【碰撞传感器】对话框，选择如图 2-41 所示的实体，【碰撞形状】选为“直线”，指定点和坐标系如图所示，【长度】设为 240mm，单击【确定】按钮完成。

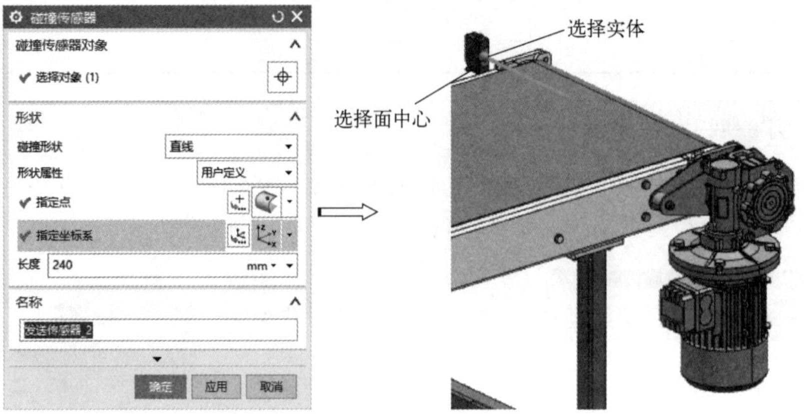

图 2-41　创建碰撞传感器（2）

4. 创建发送器入口 1

04　单击【主页】选项卡上【机械】组中的【发送器入口】按钮，弹出【发送器入口】对话框，选择碰撞传感器，【端口】设为“1”，单击【确定】按钮，创建发送器入口，如图 2-42 所示。

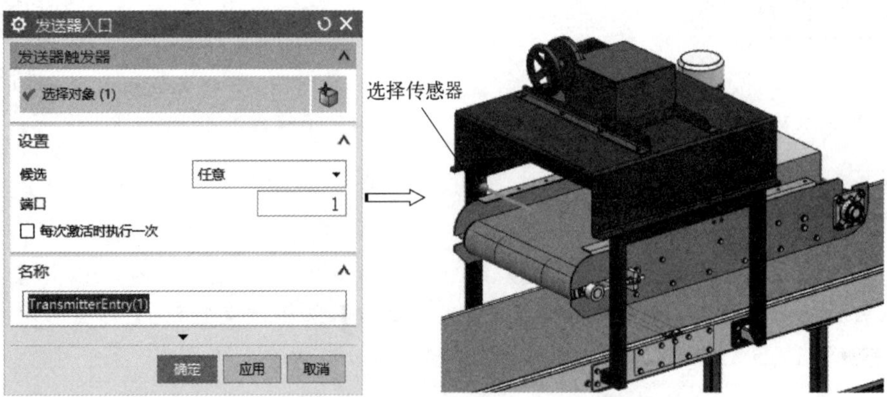

图 2-42　创建发送器入口（1）

5. 创建发送器出口 1

05　单击【主页】选项卡上【机械】组中的【发送器出口】按钮，弹出【发送器出口】对话框，【端口】设为“1”，指定点和坐标系，如图 2-43 所示。单击【确定】按钮完成。

6. 创建发送器入口 2

06　单击【主页】选项卡上【机械】组中的【发送器入口】按钮，弹出【发送器入口】对话框，选择碰撞传感器，【端口】设为“2”，单击【确定】按钮，创建发送器入口，如图 2-44 所示。

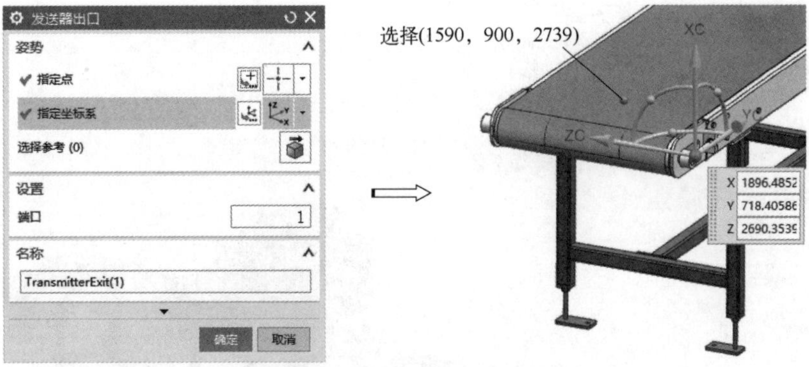

图 2-43　创建发送器出口（1）

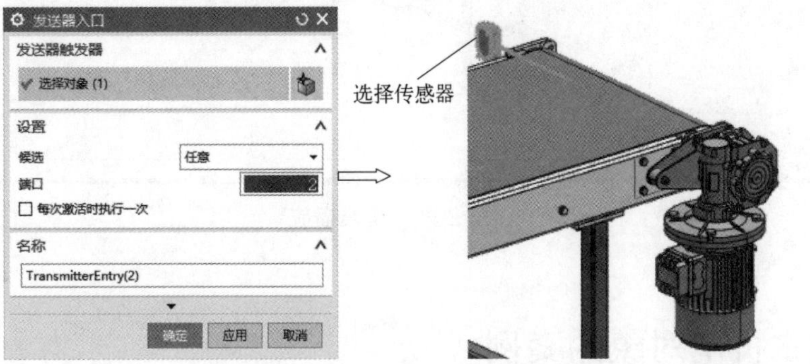

图 2-44　创建发送器入口（2）

7. 创建发送器出口 2

07　单击【主页】选项卡上【机械】组中的【发送器出口】按钮，弹出【发送器出口】对话框，【端口】设为“2”，指定点和坐标系，如图 2-45 所示。单击【确定】按钮完成。

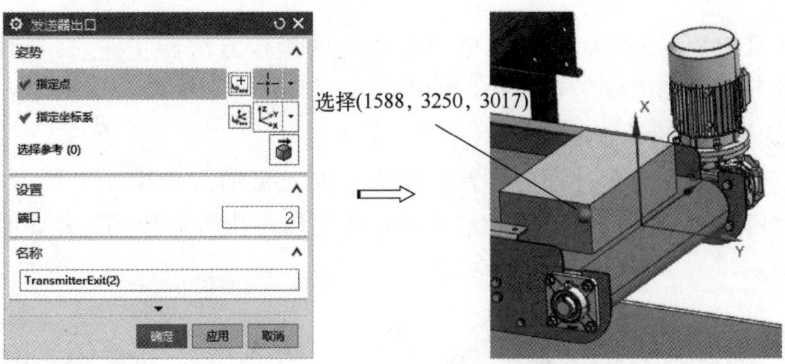

图 2-45　创建发送器出口（2）

8. 仿真播放

08　单击【主页】选项卡上【仿真】组中的【播放】按钮，在图形区显示运动过程仿真，如图 2-46 所示。

2-12

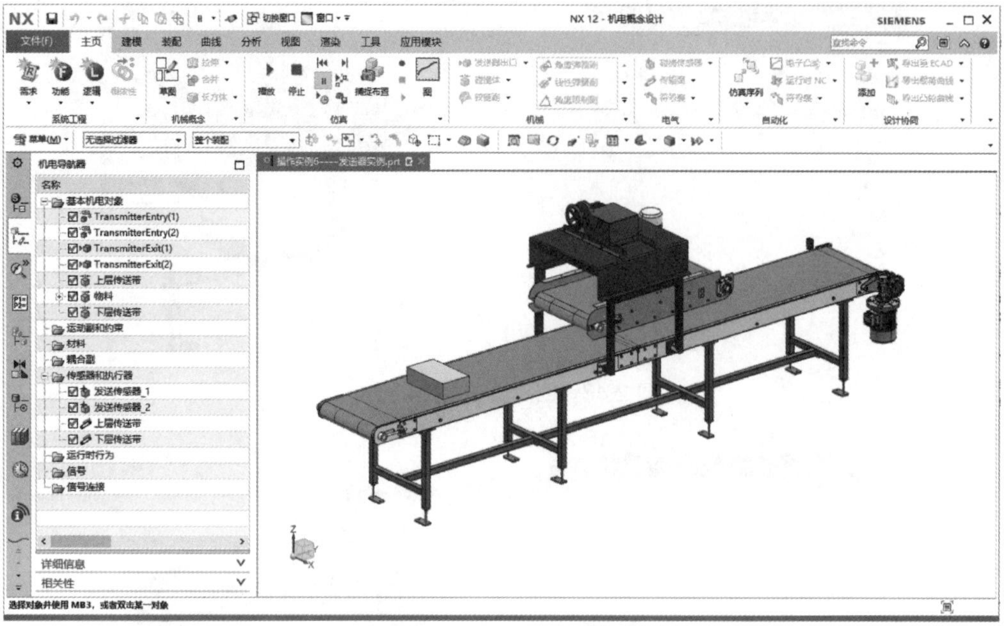

图 2-46　仿真播放

2.2　基本机电对象的案例

本节将通过三个例子来讲解 MCD 中基本机电对象的创建步骤和方法，包括圆弧传送机构、流水线激光打标机构和倾斜输送机构。

2.2.1　案例 1：圆弧传送机构

以圆弧传送机构为例来讲解基本机电对象创建的操作方法和步骤，包括刚体、碰撞体、传输面、对象源等，并模拟传送带传输，如图 2-47 所示。

2.2.1.1　圆弧传送机构的设计思路分析

创建基本机电对象的操作过程为：首先建立几何对象的三维模型，然后在 NX MCD 中设定这些几何体模型为基本机电对象，最后通过传感器与执行器使其运动，如图 2-48 所示。

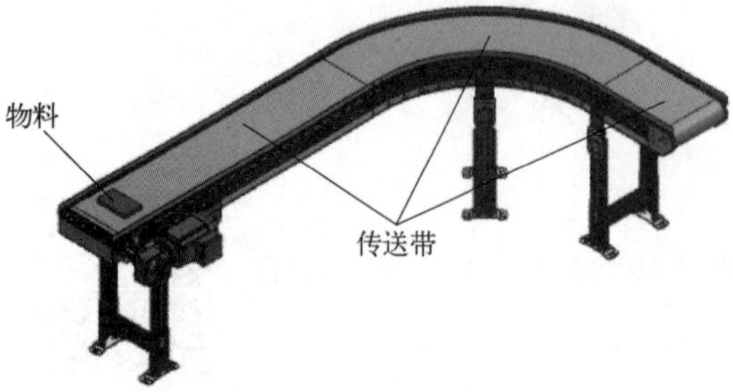

图 2-47　圆弧传送机构

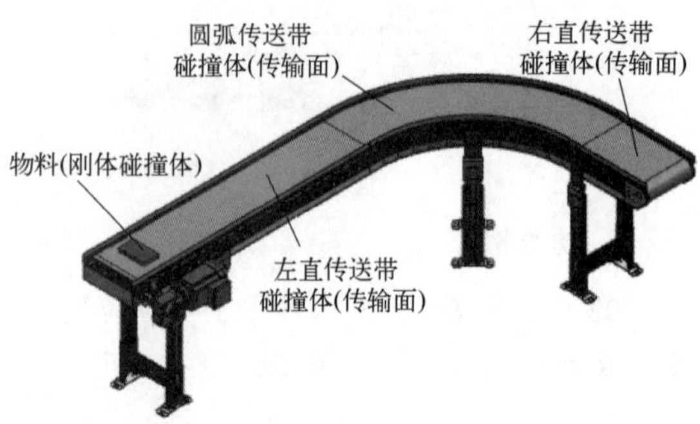

图 2-48　圆弧传送机构的设计分析

2.2.1.2 圆弧传送机构的操作过程

2-13

操作步骤

1. 启动机电概念设计用户界面

01 启动 NX 后，在功能区单击【主页】选项卡上【标准】组中的【打开】按钮，打开素材文件“实例\第 2 章\案例 1：圆弧输送机 . prt”，如图 2-49 所示。

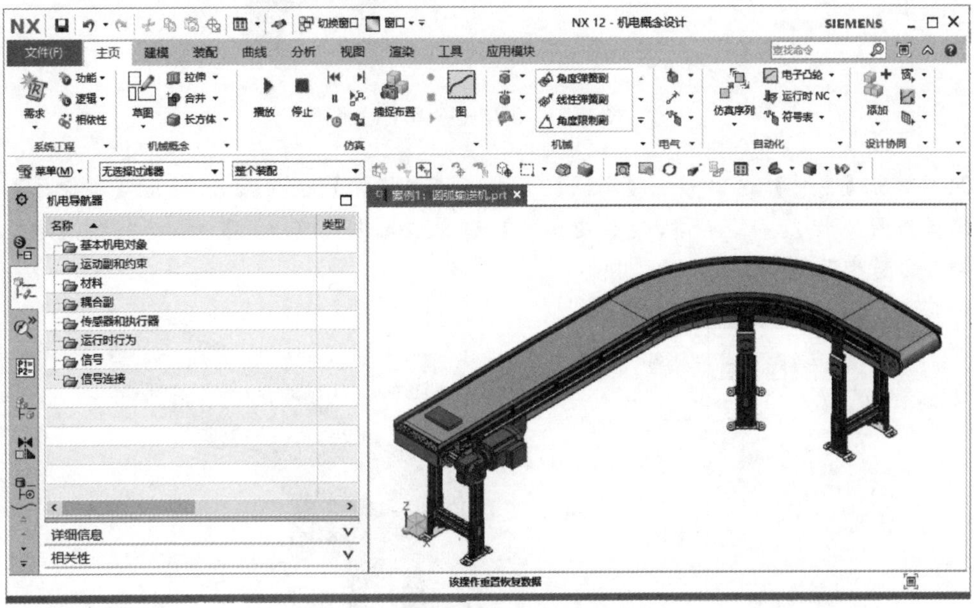

图 2-49 机电概念设计用户界面

2. 创建刚体

02 单击【主页】选项卡上【机械】组中的【刚体】按钮，弹出【刚体】对话框，选择如图 2-50 所示的实体，【名称】选为“物料”，单击【确定】按钮完成。

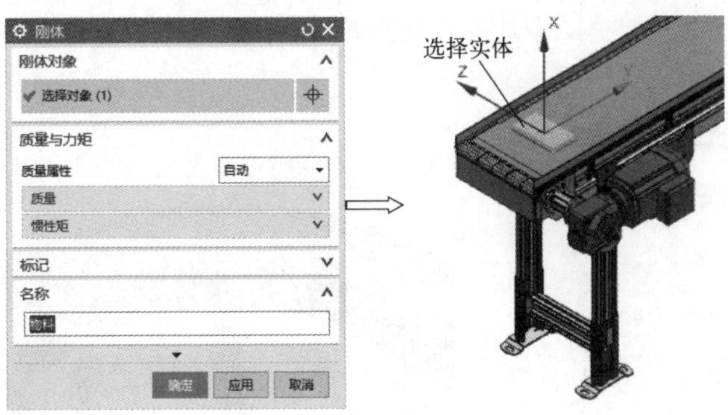

图 2-50 选择实体

3. 创建碰撞体

03 单击【主页】选项卡上【机械】组中的【碰撞体】按钮，弹出【碰撞体】对话框，选择如图 2-51 所示的实体，【碰撞形状】选为“方块”，【类别】设为“0”，【名称】为默认。

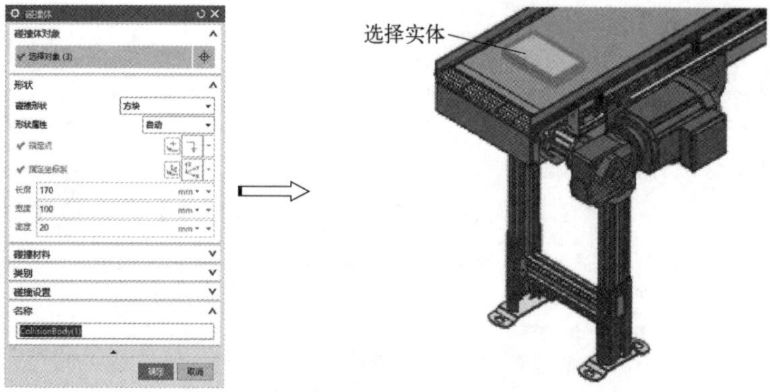

图 2-51 创建碰撞体（1）

04 单击【主页】选项卡上【机械】组中的【碰撞体】按钮，弹出【碰撞体】对话框，选择如图 2-52 所示的实体，【碰撞形状】选为“方块”，【类别】设为“0”，【名称】选为“左直传送带”。

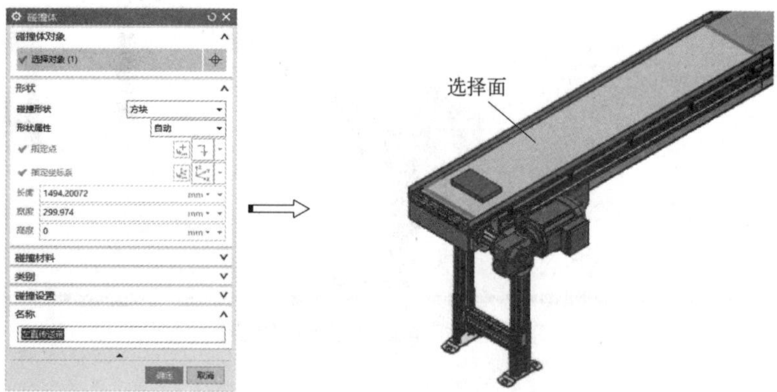

图 2-52 创建碰撞体（2）

05 单击【主页】选项卡上【机械】组中的【碰撞体】按钮，弹出【碰撞体】对话框，选择如图 2-53 所示的实体，【碰撞形状】选为“网格面”，【类别】设为“0”，【名称】选为“圆弧传送带”。

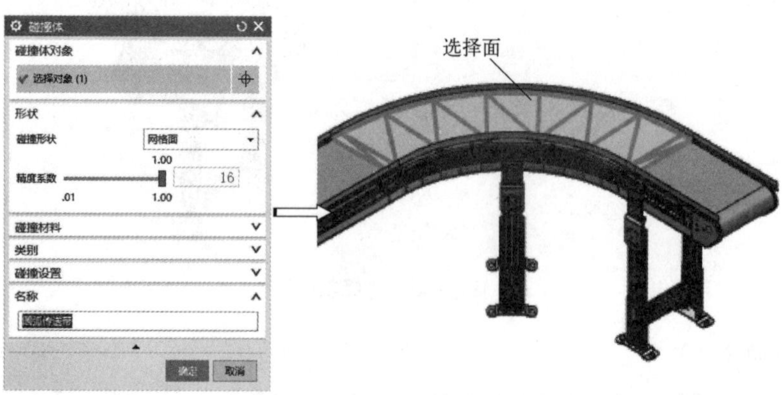

图 2-53 创建碰撞体（3）

06 单击【主页】选项卡上【机械】组中的【碰撞体】按钮，弹出【碰撞体】对话框，选择如图 2-54 所示的实体，【碰撞形状】选为“方块”，【类别】设为“0”，【名称】选为“圆弧传送带”。

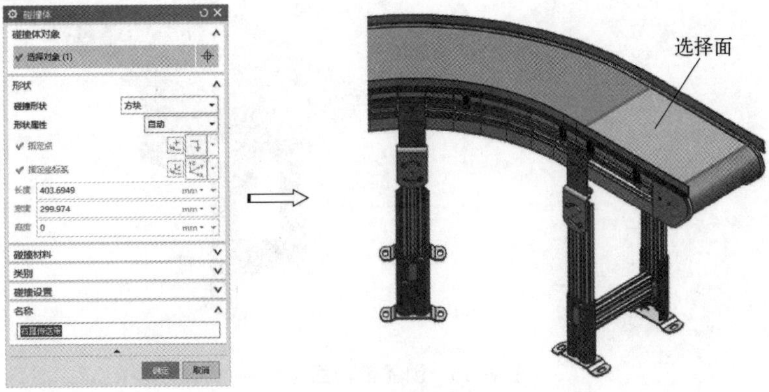

图 2-54 创建碰撞体（4）

4. 创建对象源

07 单击【主页】选项卡上【机械】组中的【对象源】按钮，弹出【对象源】对话框，选择如图 2-55 所示的刚体，【触发】选为“基于时间”，【时间间隔】设为 2s，单击【确定】按钮完成。

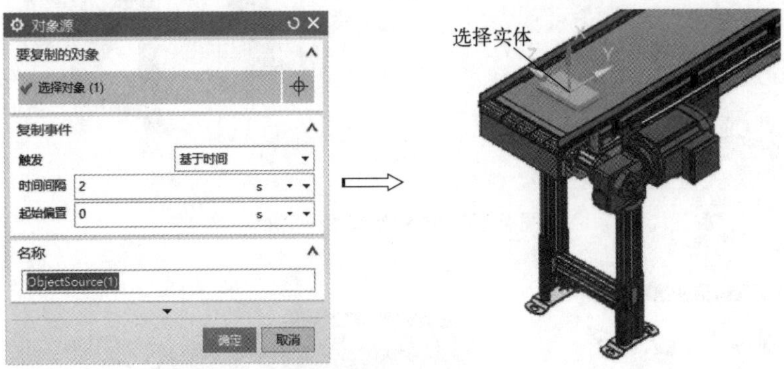

图 2-55 创建对象源

5. 创建传输面

08 单击【主页】选项卡上【机械】组中的【传输面】按钮，弹出【传输面】对话框，【运动类型】选为“直线”，【速度平行】设为 500mm/s，选择如图 2-56 所示的面和方向，单击【确定】按钮完成。

09 单击【主页】选项卡上【机械】组中的【传输面】按钮，弹出【传输面】对话框，【运动类型】选为“圆”，【中间半径】设为 700mm，【中间速度】设为 500mm/s，选择如图 2-57 所示的面和方向，单击【确定】按钮完成。

10 单击【主页】选项卡上【机械】组中的【传输面】按钮，弹出【传输面】对话框，【运动类型】选为“直线”，【速度平行】设为 500mm/s，选择如图 2-58 所示的面和方向，单击【确定】按钮完成。

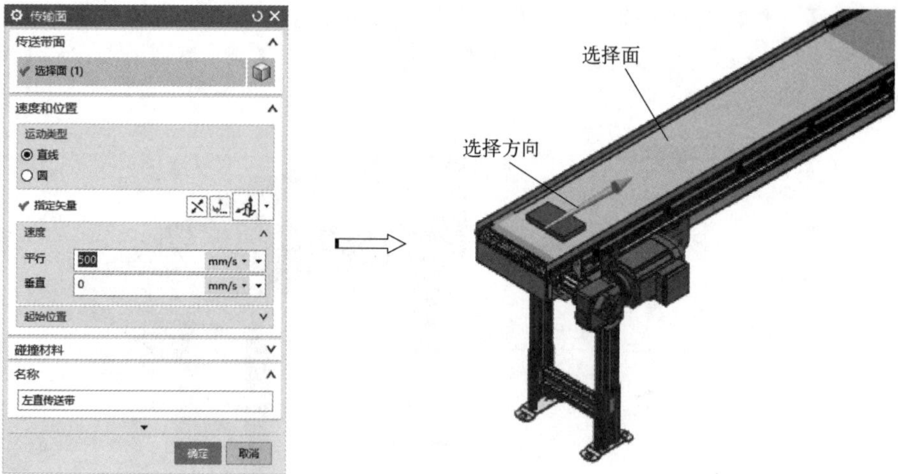

图 2-56　创建传输面（1）

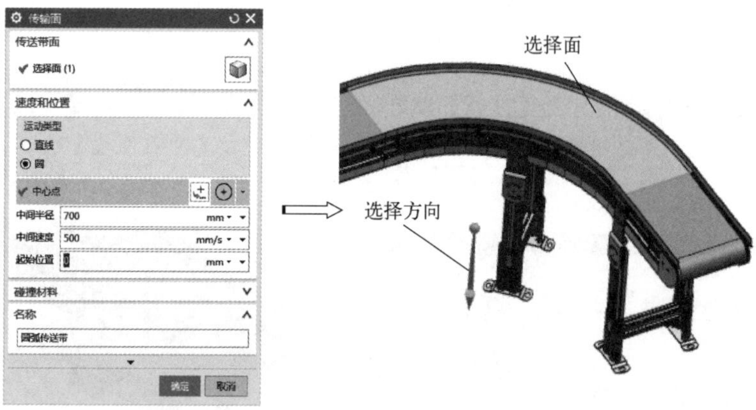

图 2-57　创建传输面（2）

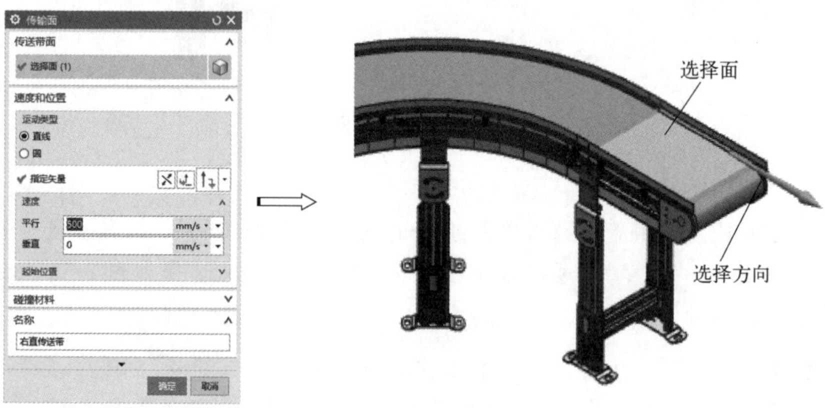

图 2-58　创建传输面（3）

6. 仿真播放

2-14

11　单击【主页】选项卡上【仿真】组中的【播放】按钮▶，在图形区显示运动过程仿真，如图 2-59 所示。

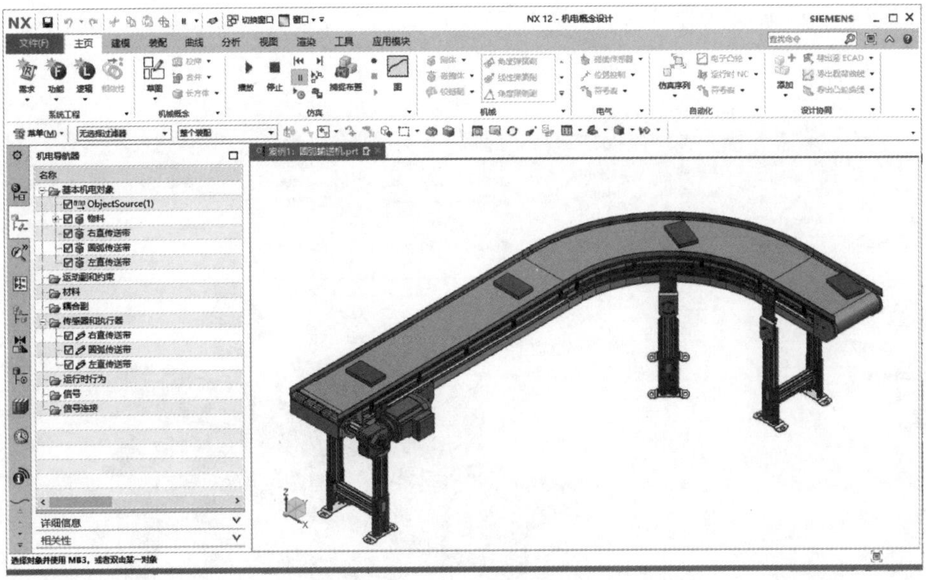

图 2-59　仿真播放

2.2.2　案例 2：流水线激光打标机构

以流水线激光打标机构为例来讲解基本机电对象创建的操作方法和步骤，包括刚体、碰撞体、传输面、对象源、对象变换器等，并模拟流水线激光打标，如图 2-60 所示。

2.2.2.1　流水线激光打标机构的设计思路分析

创建基本机电对象的操作过程为：首先建立几何对象的三维模型，然后在 NX MCD 中设定这些几何体模型为基本机电对象，最后通过传感器与执行器赋予其运动，如图 2-61 所示。

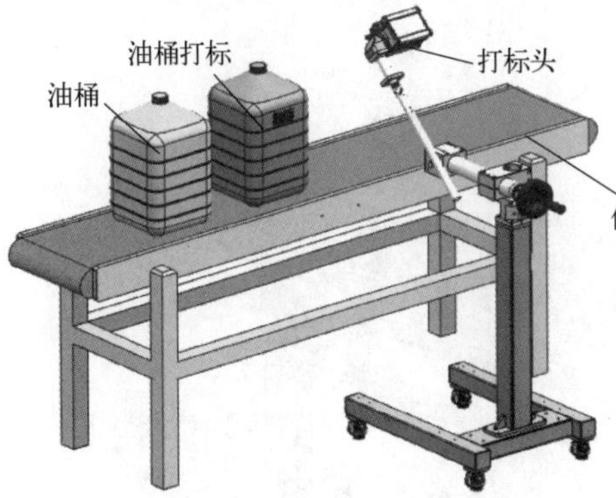

图 2-60　流水线激光打标机构

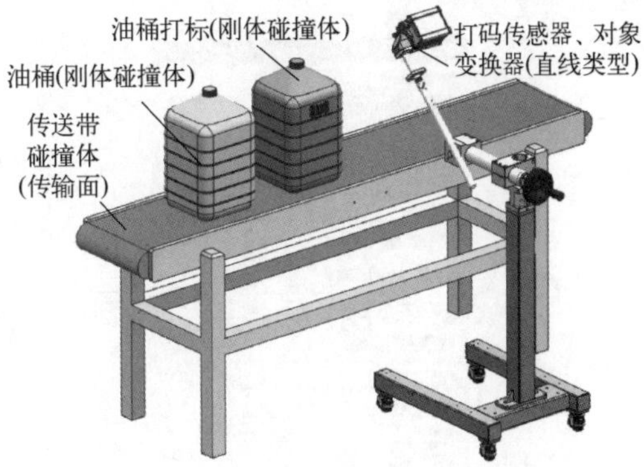

图 2-61　流水线激光打标机构的设计分析

2.2.2.2　流水线激光打标机构的操作过程

操作步骤

1. 启动机电概念设计用户界面

01　启动 NX 后，在功能区单击【主页】选项卡上【标准】组中的【打

2-15

开】按钮，打开素材文件“实例\第 2 章\案例 2：流水线激光打标机构实例. prt”，如图 2-62 所示。

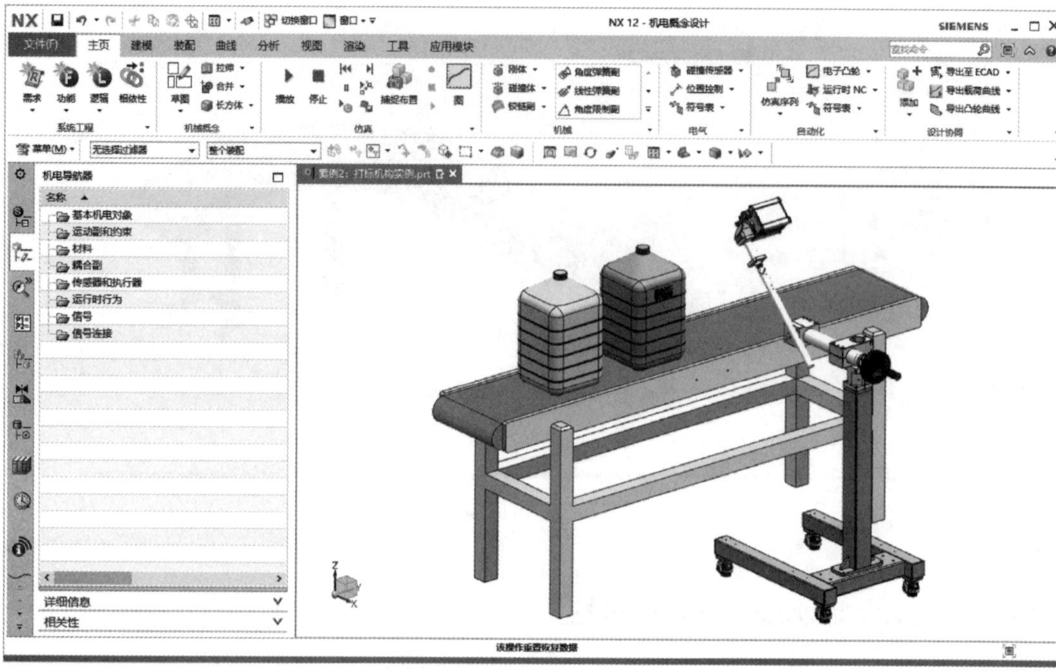

图 2-62　机电概念设计用户界面

2. 创建刚体

02　单击【主页】选项卡上【机械】组中的【刚体】按钮，弹出【刚体】对话框，选择如图 2-63 所示的实体，【质量属性】选为“用户定义”，调整好坐标系，【名称】设为“油桶”，单击【确定】按钮完成。

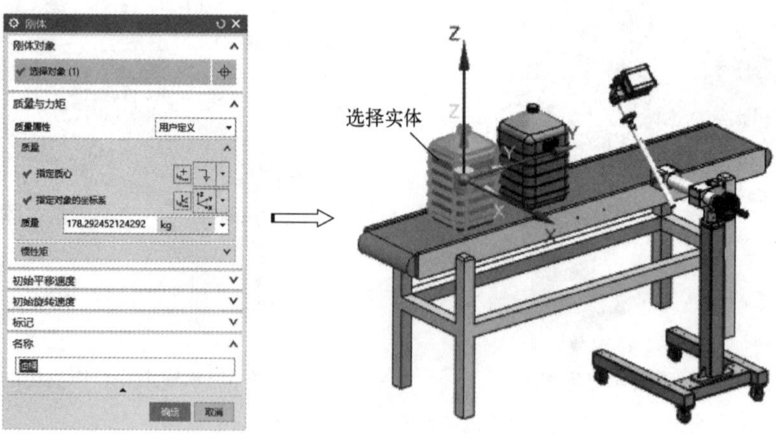

图 2-63　选择实体（1）

03　单击【主页】选项卡上【机械】组中的【刚体】按钮，弹出【刚体】对话框，选择如图 2-64 所示的实体，【质量属性】选为“用户定义”，调整好坐标系如图所示，【名称】设为“油桶_打码”，单击【确定】按钮完成。

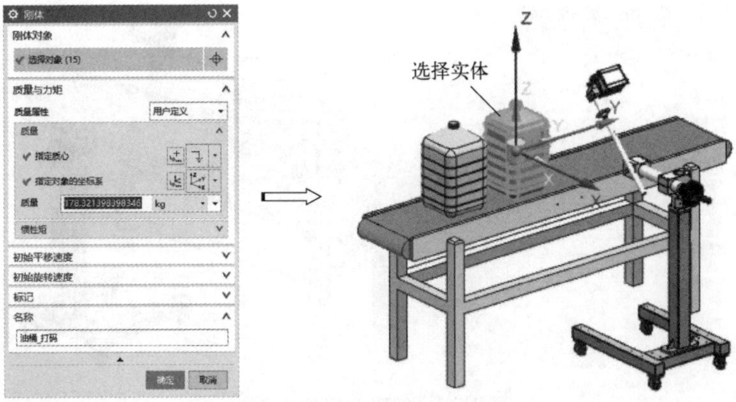

图 2-64　选择实体（2）

3. 创建碰撞体

04　单击【主页】选项卡上【机械】组中的【碰撞体】按钮，弹出【碰撞体】对话框，选择如图 2-65 所示的实体，【碰撞形状】选为“网格面”，【名称】为默认。

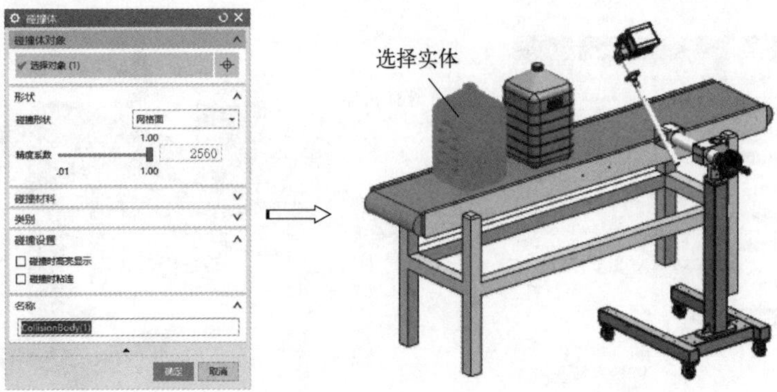

图 2-65　创建碰撞体（1）

05　单击【主页】选项卡上【机械】组中的【碰撞体】按钮，弹出【碰撞体】对话框，选择如图 2-66 所示的实体，【碰撞形状】选为“网格面”，【名称】为默认。

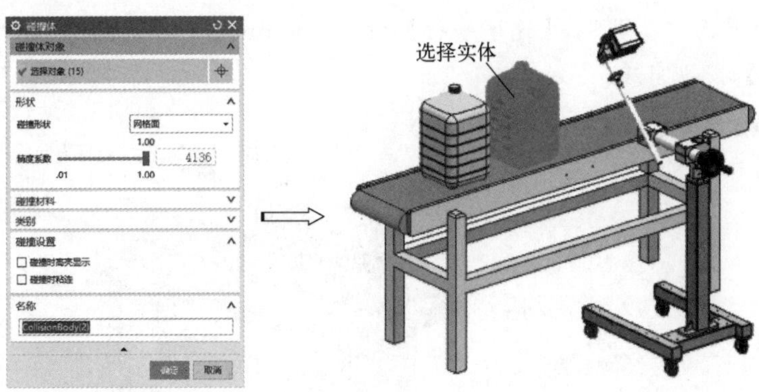

图 2-66　创建碰撞体（2）

06　单击【主页】选项卡上【机械】组中的【碰撞体】按钮，弹出【碰撞体】对话框，选择如图 2-67 所示的面，【碰撞形状】选为“方块”，【名称】设为“传送带”。

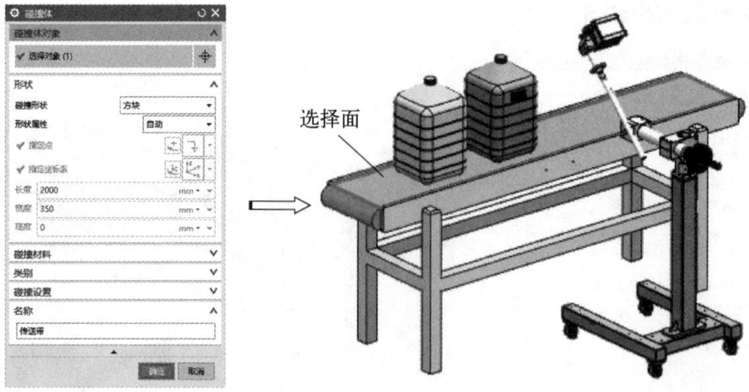

图 2-67　创建碰撞体（3）

4. 创建对象源

07　单击【主页】选项卡上【机械】组中的【对象源】按钮，弹出【对象源】对话框，选择如图 2-68 所示的刚体，【触发】选为“基于时间”，【时间间隔】设为 3s，单击【确定】按钮完成。

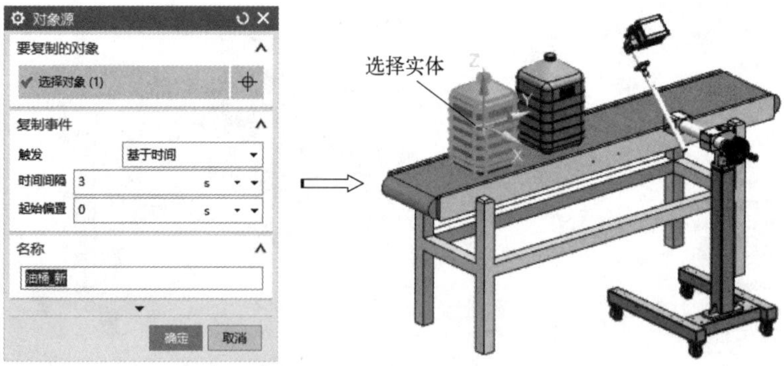

图 2-68　创建对象源

5. 创建传输面

08　单击【主页】选项卡上【机械】组中的【传输面】按钮，弹出【传输面】对话框，【运动类型】选为“直线”，【速度平行】设为 200mm/s，选择如图 2-69 所示的面和方向，单击【确定】按钮完成。

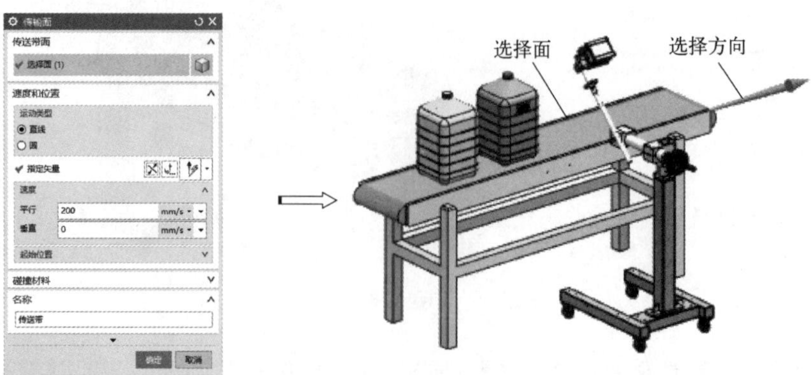

图 2-69　创建传输面

6. 创建碰撞传感器

09 单击【主页】选项卡上【电气】组中的【碰撞传感器】按钮，弹出【碰撞传感器】对话框，选择如图 2-70 所示的实体，【碰撞类型】选为“直线”，指定点为面的中心，坐标系如图所示，【长度】设为 300mm，单击【确定】按钮完成。

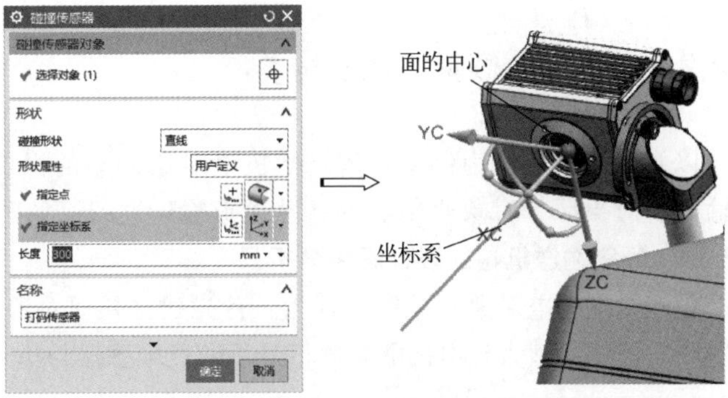

图 2-70 创建碰撞传感器

7. 创建对象变换器

10 单击【主页】选项卡上【机械】组中的【对象变换器】按钮，弹出【对象变换器】对话框，选择如图 2-71 所示的碰撞传感器，在【变换为】中选择如图所示的刚体作为变换后刚体，单击【确定】按钮完成。

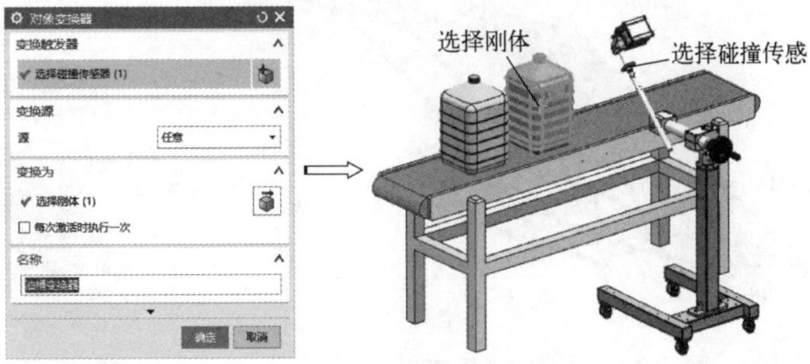

图 2-71 创建对象变换器

8. 仿真播放

11 单击【主页】选项卡上【仿真】组中的【播放】按钮，在图形区显示运动过程仿真。当物料碰到传感器时形状发生变化，如图 2-72 所示。

2-16

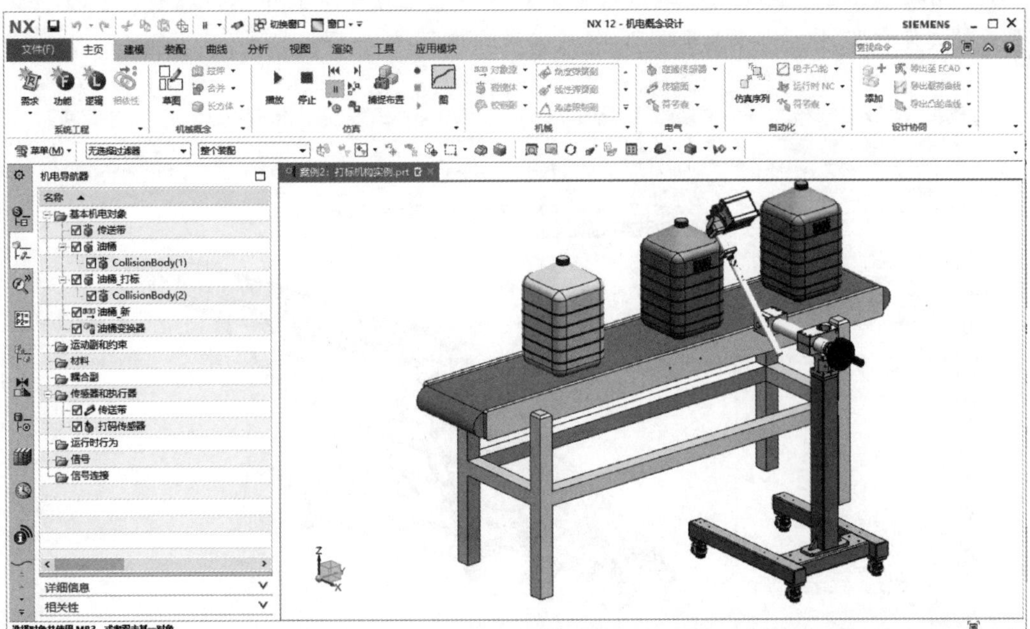

图 2-72 仿真播放

2.2.3 案例 3：倾斜输送机构

以倾斜输送机构为例来讲解基本机电对象创建的操作方法和步骤，包括刚体、碰撞体、传输面、对象源、对象收集器等，并模拟输送过程，如图 2-73 所示。

2.2.3.1 倾斜输送机构的设计思路分析

创建基本机电对象的操作过程为：首先建立几何对象的三维模型，然后在 NX MCD 中设定这些几何体模型为基本机电对象，最后通过传感器与执行器赋予其运动，如图 2-74 所示。

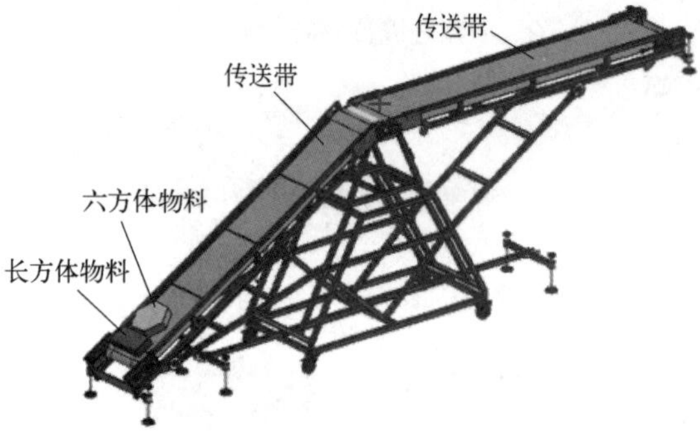

图 2-73 倾斜输送机构

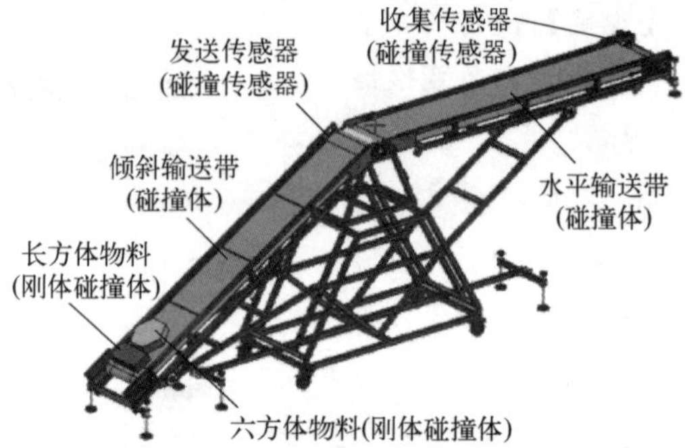

图 2-74 倾斜输送机构的设计分析

2.2.3.2 倾斜输送机构的操作过程

2-17

操作步骤

1. 启动机电概念设计用户界面

01 启动 NX 后，在功能区单击【主页】选项卡上【标准】组中的【打开】按钮，打开素材文件“实例\第 2 章\案例 3：倾斜输送机构实例. prt”，如图 2-75 所示。

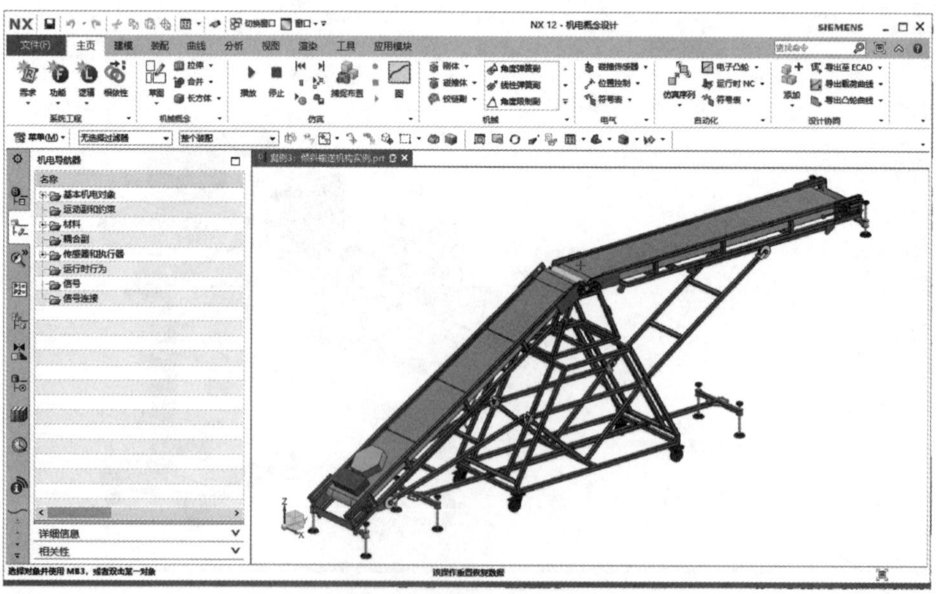

图 2-75 机电概念设计用户界面

2. **创建刚体**

02 单击【主页】选项卡上【机械】组中的【刚体】按钮，弹出【刚体】对话框，选择如图 2-76 所示的实体，【名称】设为“六方物料”，单击【确定】按钮完成。

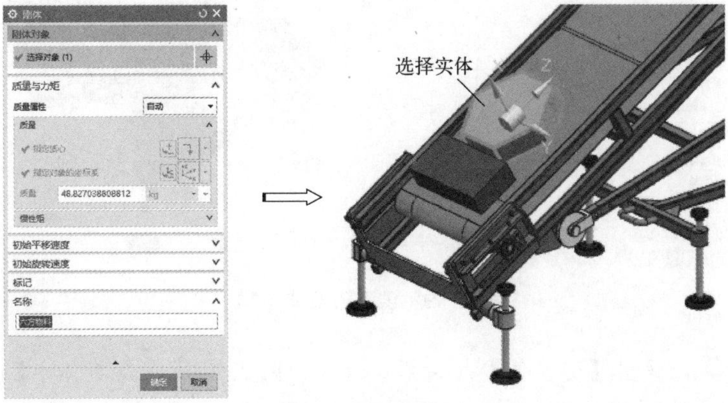

图 2-76 选择实体（1）

03 单击【主页】选项卡上【机械】组中的【刚体】按钮，弹出【刚体】对话框，选择如图 2-77 所示的实体，【名称】设为“长方体物料”，单击【确定】按钮完成。

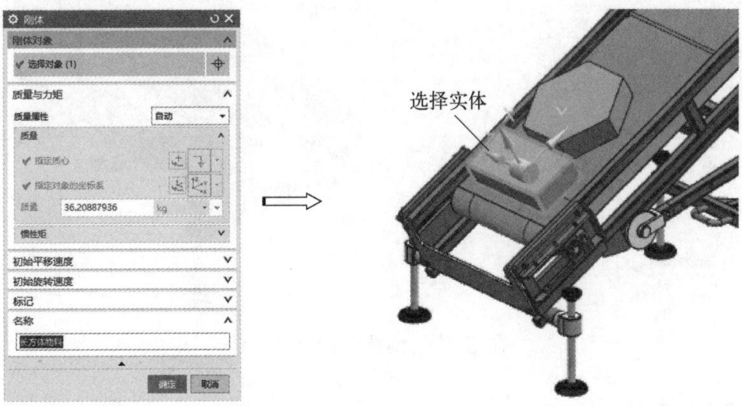

图 2-77 选择实体（2）

3. **创建碰撞材料**

04 单击【主页】选项卡上【机械】组中的【碰撞材料】按钮，弹出【碰撞材料】对话框，设置属性如图 2-78 所示，单击【确定】按钮完成。

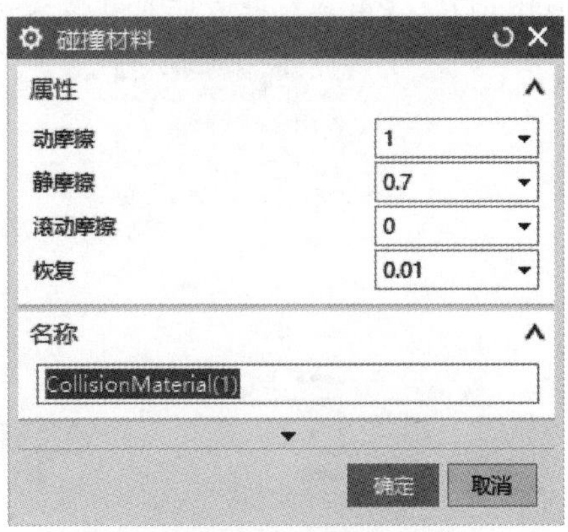

图 2-78 创建碰撞材料

4. **创建碰撞体**

05 单击【主页】选项卡上【机械】组中的【碰撞体】按钮，弹出【碰撞体】对话框，选择如图 2-79 所示的实体，【碰撞形状】选为“凸多面体”，【碰撞材料】选为“CollisionMaterial (1)”，【名称】为默认，单击【确定】按钮完成。

06 单击【主页】选项卡上【机械】组中的

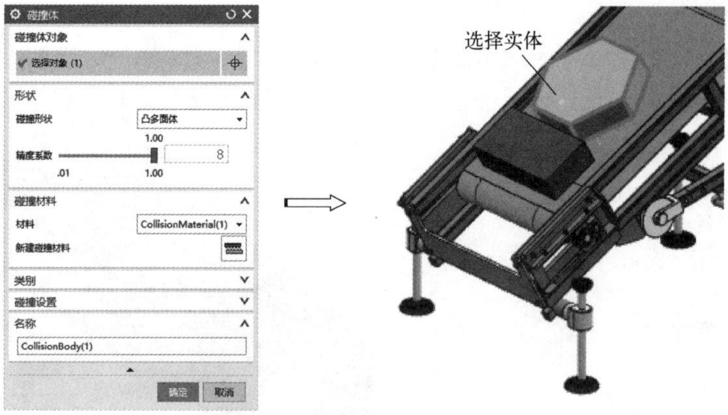

图 2-79　创建碰撞体（1）

【碰撞体】按钮，弹出【碰撞体】对话框，选择如图 2-80 所示的实体，【碰撞形状】选为“方块”，【碰撞材料】选为“CollisionMaterial (1)”，【名称】为默认，单击【确定】按钮完成。

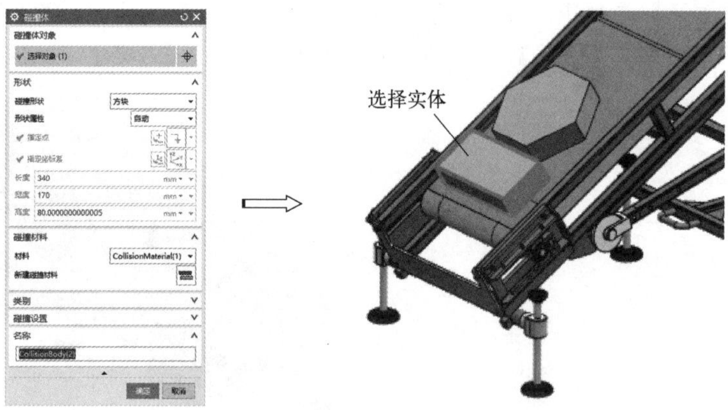

图 2-80　创建碰撞体（2）

07　单击【主页】选项卡上【机械】组中的【碰撞体】按钮，弹出【碰撞体】对话框，选择如图 2-81 所示的面，【碰撞形状】选为“方块”，【碰撞材料】选为“CollisionMaterial (1)”，【名称】设为“倾斜传送带”。

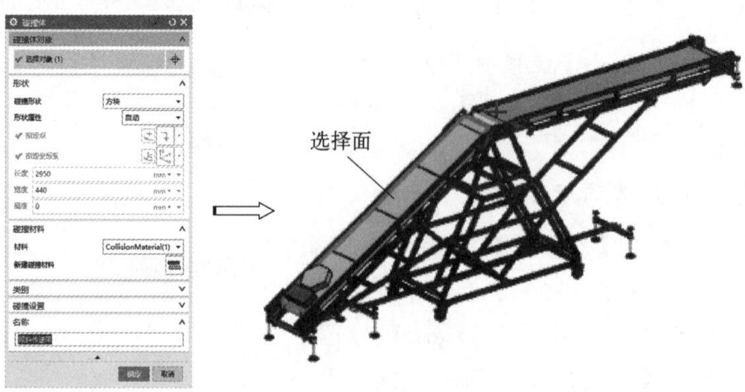

图 2-81　创建碰撞体（3）

08　单击【主页】选项卡上【机械】组中的【碰撞体】按钮，弹出【碰撞体】对话框，选择如图 2-82 所示的面，【碰撞形状】选为“方块”，【碰撞材料】选为“CollisionMaterial (1)”，【名称】设为“水平传送带”。

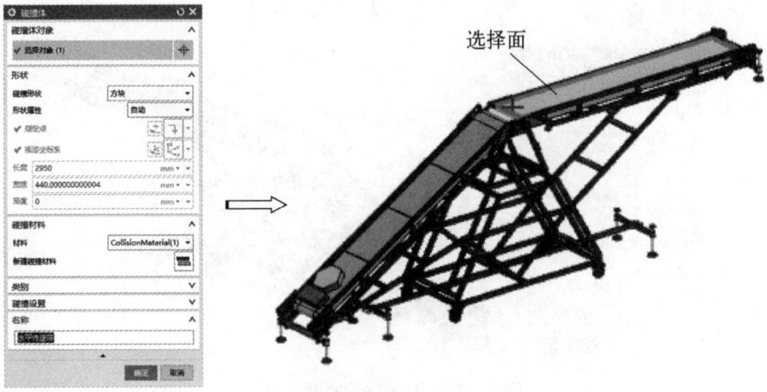

图 2-82　创建碰撞体（4）

5. 创建对象源

09　单击【主页】选项卡上【机械】组中的【对象源】按钮，弹出【对象源】对话框，选择如图 2-83 所示的刚体，【触发】选为“基于时间”，【时间间隔】设为 5s，单击【确定】按钮完成。

图 2-83　创建对象源（1）

10　单击【主页】选项卡上【机械】组中的【对象源】按钮，弹出【对象源】对话框，选择如图 2-84 所示的刚体，【触发】选为“基于时间”，【时间间隔】设为 5s，【起始偏置】设为 1s，单击【确定】按钮完成。

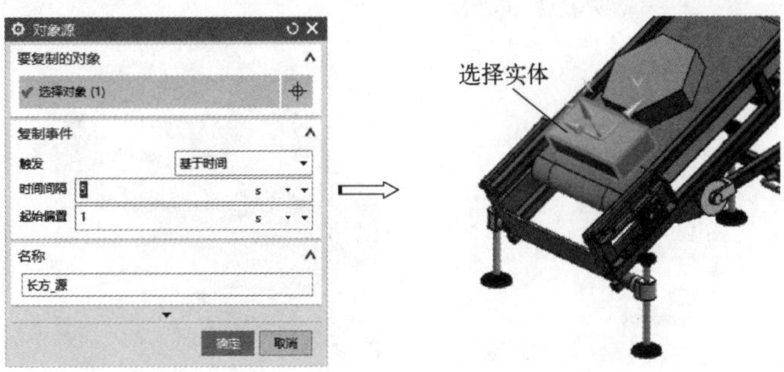

图 2-84　创建对象源（2）

6. **创建传输面**

11　单击【主页】选项卡上【机械】组中的【传输面】按钮，弹出【传输面】对话框，【运动类型】选为“直线”，【速度平行】设为200mm/s，选择如图2-85所示的面和方向，【名称】设为“倾斜传送带”，单击【确定】按钮完成。

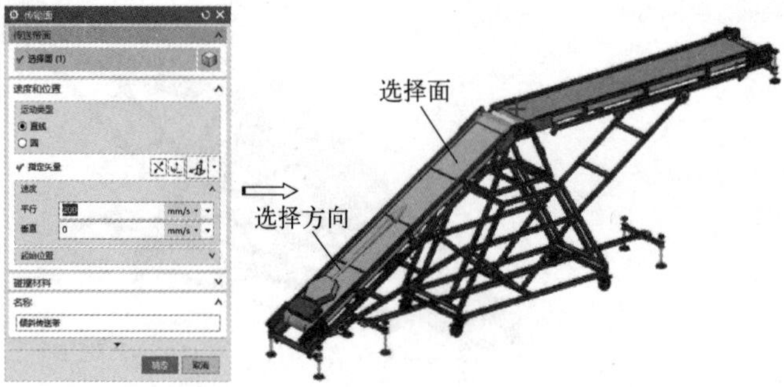

图2-85　创建传输面（1）

12　单击【主页】选项卡上【机械】组中的【传输面】按钮，弹出【传输面】对话框，【运动类型】选为“直线”，【速度平行】设为200mm/s，选择如图2-86所示的面和方向，【名称】设为“水平传送带”，单击【确定】按钮完成。

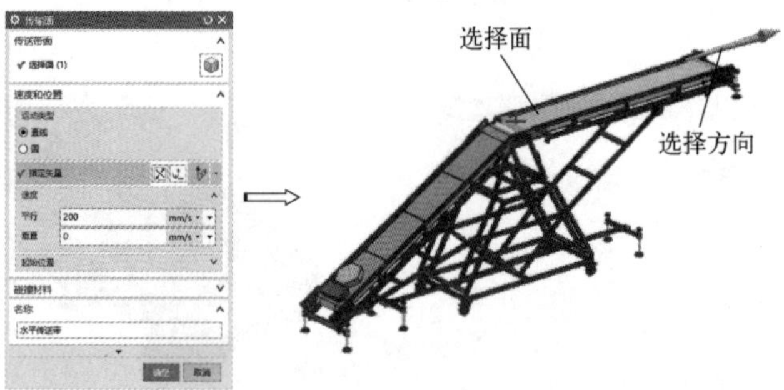

图2-86　创建传输面（2）

7. **创建碰撞传感器**

13　单击【主页】选项卡上【电气】组中的【碰撞传感器】按钮，弹出【碰撞传感器】对话框，选择如图2-87所示的实体，【碰撞类型】选为“直线”，指定点为面的中心，坐标系如图所示，【长度】设为100mm，单击【确定】按钮完成。

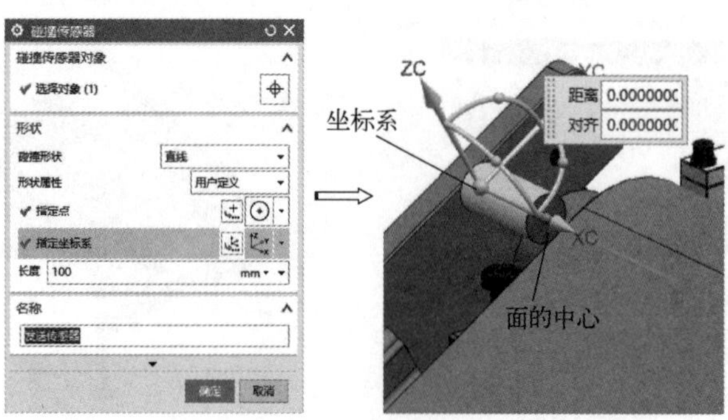

图2-87　创建碰撞传感器（1）

14　单击【主页】选项卡上【电气】组中的【碰撞传感器】按钮，弹出【碰撞传感器】对话框，选择如图 2-88 所示的实体，【碰撞类型】选为“直线”，指定点为面的中心，坐标系如图所示，【长度】设为 300mm，单击【确定】按钮完成。

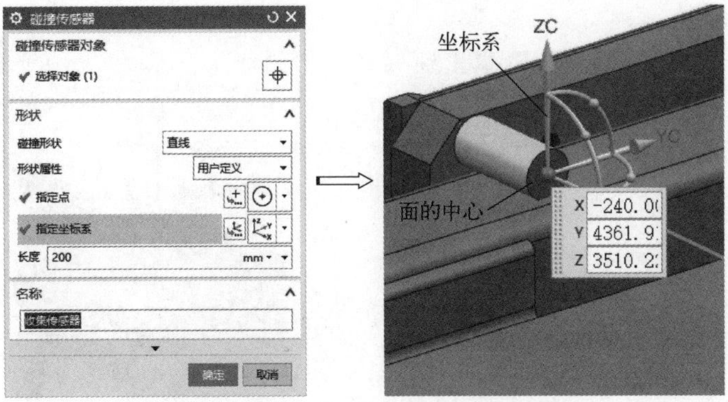

图 2-88　创建碰撞传感器（2）

8. **创建对象收集器**

15　单击【主页】选项卡上【机械】组中的【对象收集器】按钮，弹出【对象收集器】对话框，选择如图 2-89 所示的碰撞传感器，单击【确定】按钮完成。

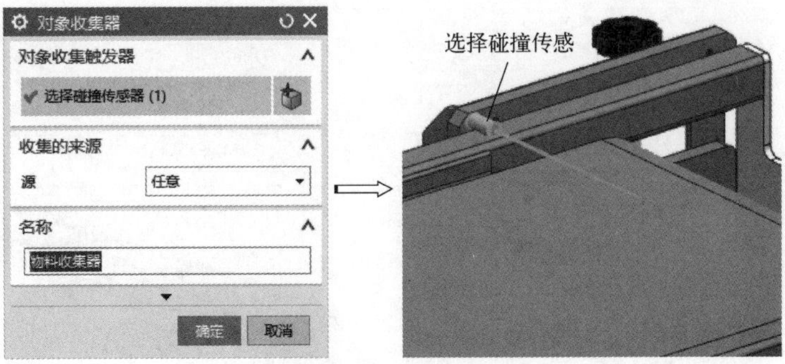

图 2-89　创建对象收集器

9. **创建发送器入口**

16　单击【主页】选项卡上【机械】组中的【发送器入口】按钮，弹出【发送器入口】对话框，选择碰撞传感器，【端口】设为“1”，单击【确定】按钮，创建发送器入口，如图 2-90 所示。

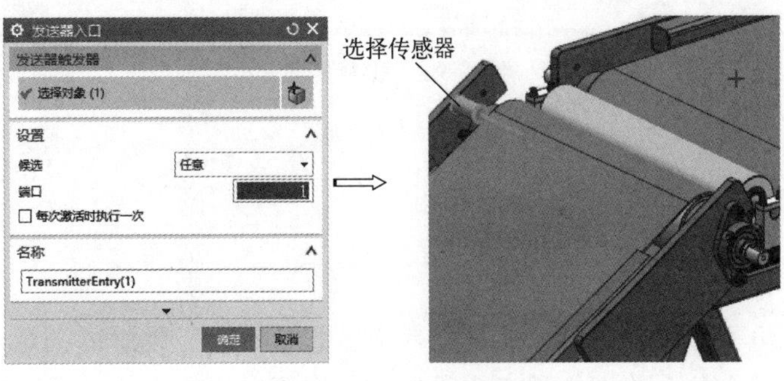

图 2-90　创建发送器入口

10. **创建发送器出口**

17 单击【主页】选项卡上【机械】组中的【发送器出口】按钮，弹出【发送器出口】对话框，【端口】设为“1”，指定点和坐标系，如图 2-91 所示。单击【确定】按钮完成。

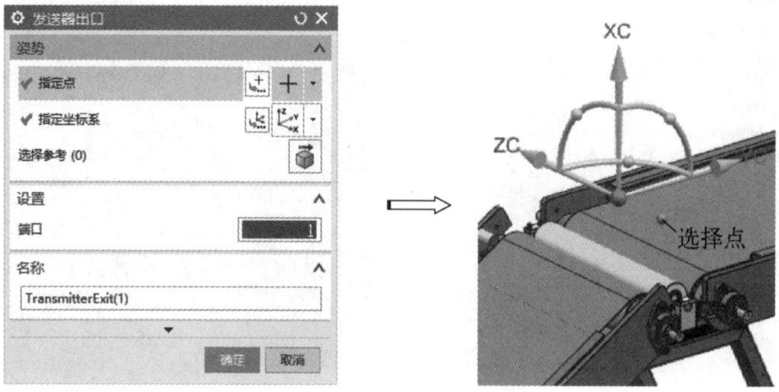

图 2-91　创建发送器出口

11. **仿真播放**

18 单击【主页】选项卡上【仿真】组中的【播放】按钮，在图形区显示运动过程仿真，如图 2-92 所示。

2-18

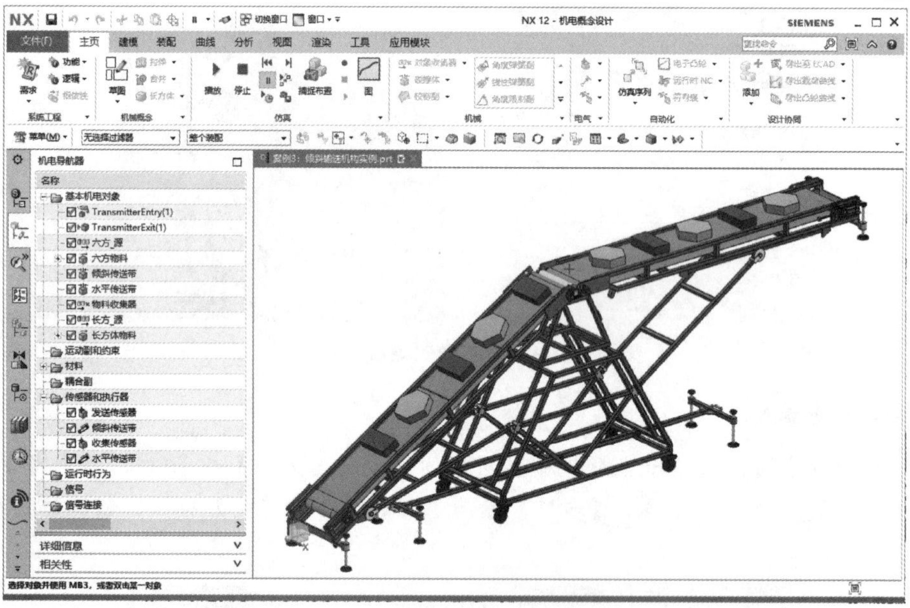

图 2-92　仿真播放

2.3　本章小结

本章介绍了机电概念设计中的基本机电对象，包括刚体、碰撞体、对象源、对象收集器和对象变换器等，并在每个关键知识点中设置操作案例以便练习，最后通过三个具体案例演练基本机电对象的具体应用。通过本章项目式案例的学习和应用，大家应该熟悉了 MCD 中基本机电对象的用法，希望大家按照讲解的方法进一步进行实例练习。

习题

理论习题

1. 填空题

（1）在机电概念设计中，刚体的作用是________。

（2）如果两个刚体相互撞在一起，除非两个对象都定义有________时物理引擎才会计算碰撞，否则没有碰撞体的刚体会彼此________。

（3）传输面是一种物理属性，一旦有其他物体放置在传输面上，此物体将会按照传输面指定的速度和方向移动到其他位置。传输面上的运动既可以是________，也可以是________。

（4）当发生碰撞时，传感器会输出一个信号，利用碰撞传感器触发产生的信号，可以用于________。

（5）对象变换器可以将一个刚体变换为另一个刚体，通过________触发对象变换。在仿真过程中变换刚体可以________，比如使用对象变换器可以在装配线的手动工作站上模拟零部件的更换。

2. 简答题

（1）什么情况下刚体需要创建碰撞体？

（2）对象收集器与对象源要同时创建才有效吗？

（3）碰撞传感器的碰撞形状都有哪些类型？

上机习题

1. 习题一

如习题图 1 所示，根据视频（扫描二维码）创建传送带输送和仿真。

2-19

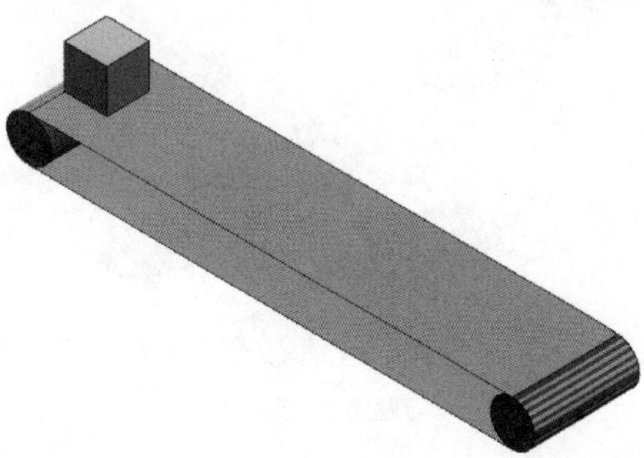

习题图 1　案例 1

2. **习题二**

如习题图 2 所示，根据视频创建传送带输送、收集和仿真。

3. **习题三**

如习题图 3 所示，根据视频创建传送带仿真。

2-20

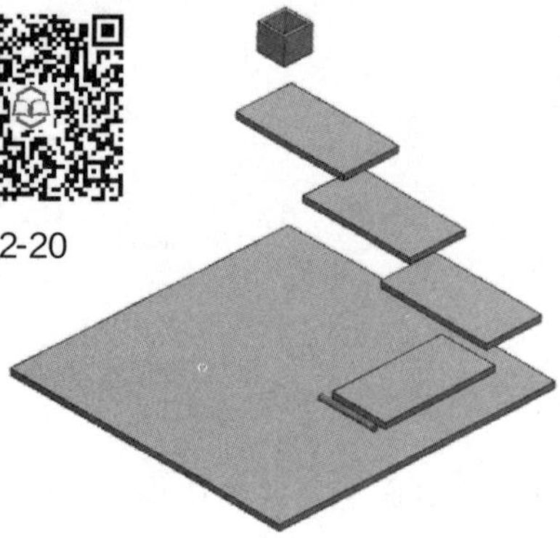

习题图 2　案例 2

2-21

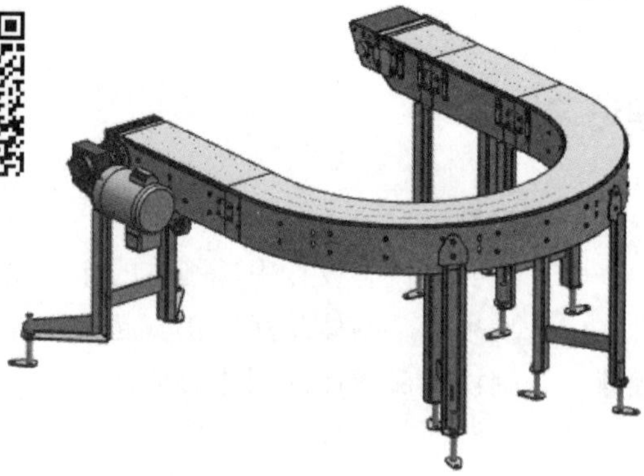

习题图 3　案例 3

4. **习题四**

如习题图 4 所示，根据视频创建对象变换器仿真。

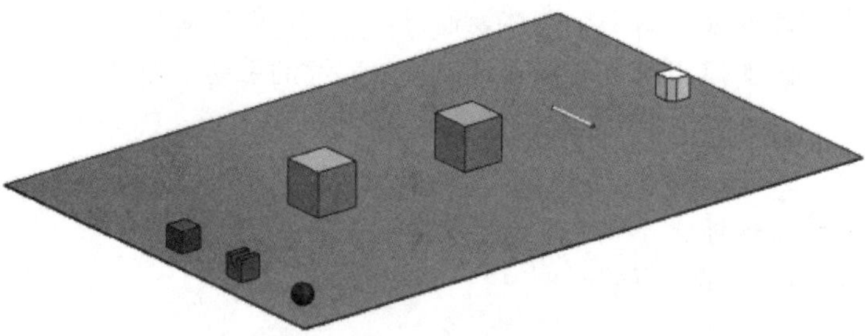

2-22

习题图 4　案例 4

5. **习题五**

如习题图 5 所示，根据视频创建发送器仿真。

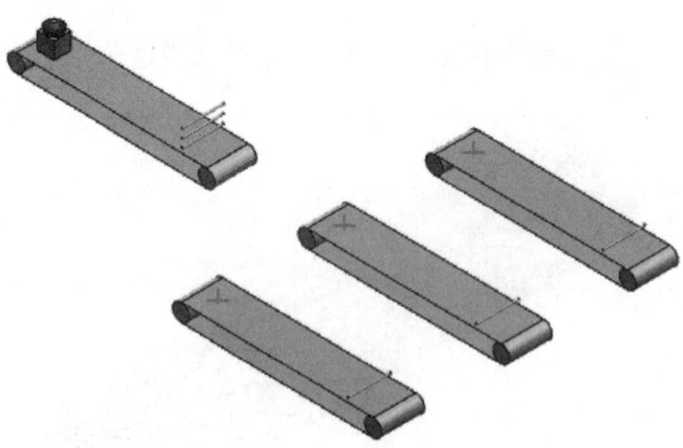

2-23

习题图 5　案例 5

第3章

运动副和耦合副

3.1 运动副的核心知识

运动副（Joint）定义了对象的运动方式，包括固定副、铰链副、滑动副、柱面副、球副、螺旋副、平面副、点在线上副等。

3.1.1 固定副

固定副（Fixed Joint）是将一个构件固定到另一个构件上的运动副。固定副的所有自由度均被约束，自由度个数为零。

单击【主页】选项卡上【机械】组中的【固定副】按钮，弹出【固定副】对话框，如图 3-1 所示，其参数含义如表 3-1 所示。

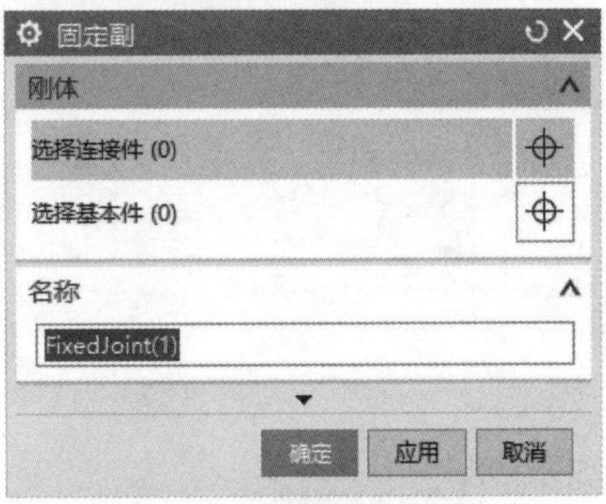

图 3-1 【固定副】对话框

技术要点：固定副用于以下场合——将刚体固定到一个固定的位置，比如将刚体固定到大地（基本件为空）；将两个刚体固定在一起，此时两个刚体将一起运动。

表 3-1 【固定副】对话框相关选项参数

序号	参数名称		参数含义
1	刚体	连接件	选择需要添加固定约束的刚体
2		基本件	选择与连接件连接另一刚体；若未选择，则连接件相对于地面固定
3	名称		定义固定副的名称

3.1.2 铰链副

铰链副（Hinge Joint）是用来连接两个刚体并绕某一轴线做相对转动的运动副。铰链副具有一个旋转自由度，不允许在两个构件的任何方向上有平移运动。

单击【主页】选项卡上【机械】组中的【铰链副】按钮，弹出【铰链副】对话框，如图 3-2 所示，其参数含义如表 3-2 所示。

表 3-2 【铰链副】对话框相关选项参数含义

序号	参数名称		参数含义
1	刚体	连接件	选择需要添加铰链约束的刚体
2		基本件	选择与连接件连接的另一刚体。若未选择，则连接件连接到地面，相对于地面转动
3	轴和角度	轴矢量	指定铰链副围绕旋转的旋转轴
4		锚点	指定旋转轴的中心点位置
5		起始角	在模拟仿真还没有开始之前，连接件相对于基本件的起始角度
6	限制	上限	设置旋转的最大角度，可将该值设置为在多次旋转后停止运动
7		下限	设置旋转的最小角度，可将该值设置为在多次旋转后停止运动
8	名称		定义铰链副的名称

操作实例 1——固定副和铰链副实例

如图 3-3 所示为一个电机风扇单旋臂机构，风扇以 360°/s 的速度进行旋转，采用铰链副和固定副进行运动仿真。

图 3-2 【铰链副】对话框

图 3-3 电机风扇模型

操作步骤

3-1

1. 打开文件

01 启动 NX 后，在功能区单击【主页】选项卡上【标准】组中的【打开】按钮，打开素材文件“实例\第 3 章\操作实例 1——固定副和铰链副实例. prt”。

2. 创建固定副

02 单击【主页】选项卡上【机械】组中的【固定副】按钮，弹出【固定副】对话框，选择如图 3-4 所示的刚体，单击【确定】按钮完成。

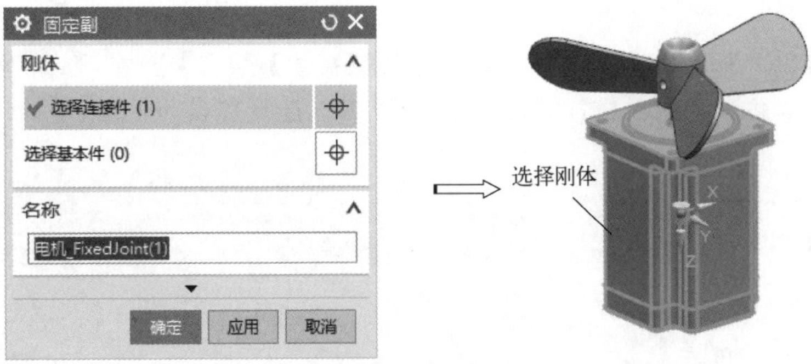

图 3-4　创建固定副

3. 创建铰链副

03　单击【主页】选项卡上【机械】组中的【铰链副】按钮，弹出【铰链副】对话框，选择如图 3-5 所示的基本件和连接件，选择平面作为轴矢量方向，选择圆心作为锚点，单击【确定】按钮完成。

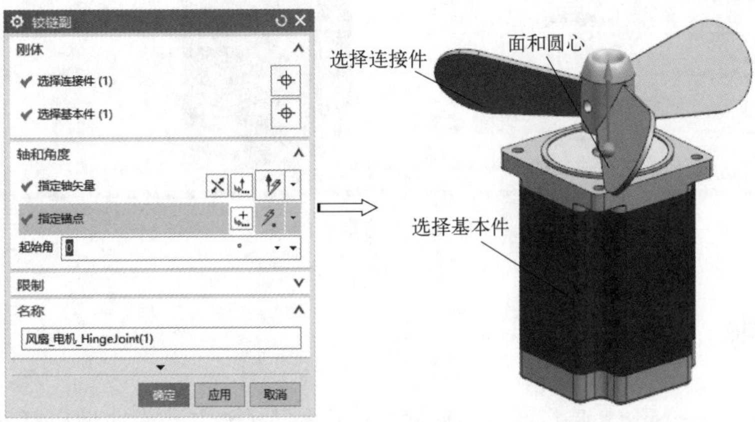

图 3-5　创建铰链副

4. 创建速度控制

04　单击【主页】选项卡上【电气】组中的【速度控制】按钮，弹出【速度控制】对话框，选择如图 3-6 所示的旋转副，【速度】设为 360°/s，单击【确定】按钮完成。

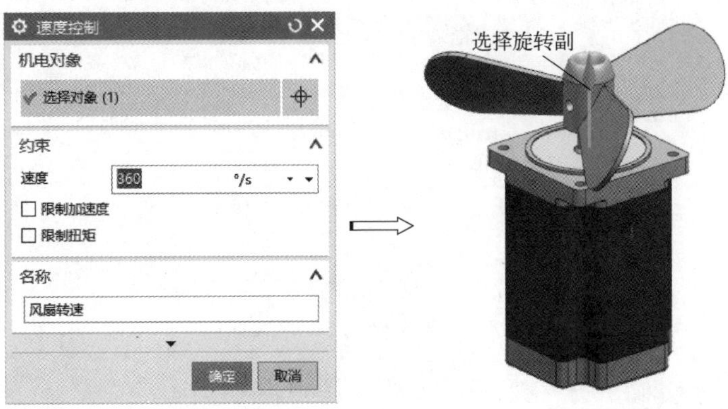

图 3-6　施加速度控制

5. **仿真播放**

05　单击【主页】选项卡上【仿真】组中的【播放】按钮，在图形区显示运动过程仿真。悬臂绕旋转轴以 360°/s 的速度旋转，如图 3-7 所示。

3-2

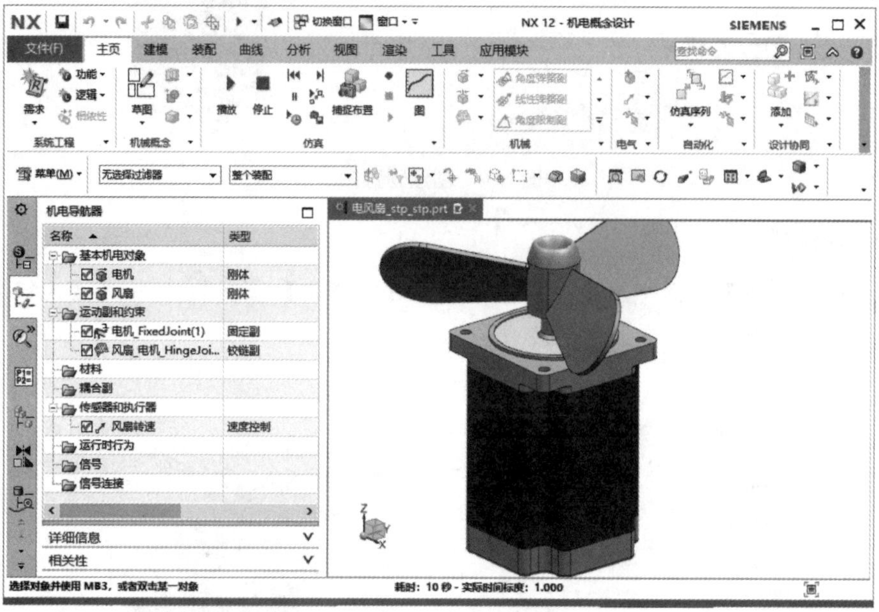

图 3-7　仿真播放

3.1.3　滑动副

滑动副（Sliding Joint）是指两个构件之间组成的只能沿某一方向做相对移动的运动副，滑动副具有一个平移自由度。

单击【主页】选项卡上【机械】组中的【滑动副】按钮，弹出【滑动副】对话框，如图 3-8 所示，其参数含义如表 3-3 所示。

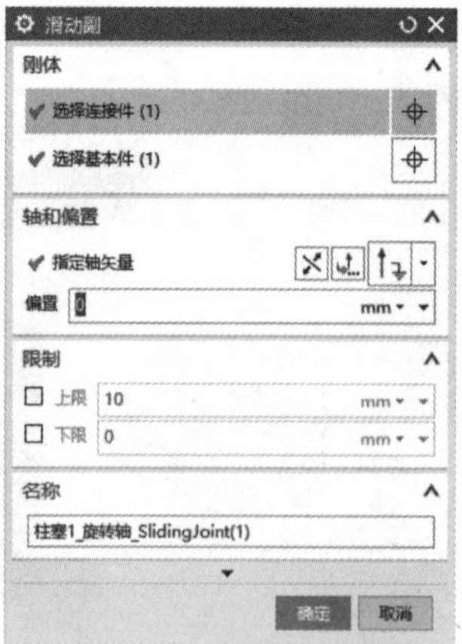

图 3-8　【滑动副】对话框

表 3-3 【滑动副】对话框相关选项参数含义

序号	参数名称		参数含义
1	刚体	连接件	选择需要添加滑动约束的刚体
2		基本件	选择与连接件连接的另一刚体。若未选择，则连接件连接到地面，相对于地面移动
3	轴和偏置	指定轴矢量	指定线性运动的轴矢量
4		偏置	在模拟仿真还没有开始之前，连接件相对于基本件的位置
5	限制	上限	设置沿轴矢量正方向移动的上限值，一般用于设置滑动最大位置
6		下限	设置沿轴矢量负方向移动的下限值，一般用于设置滑动最小位置
7	名称		定义滑动副的名称

操作实例 2——滑动副与铰链副实例

以曲柄活塞机构为例来讲解运动副创建的操作方法和步骤，活塞以 30°/s 的速度进行旋转，采用滑动副和铰链副进行运动仿真，如图 3-9 所示。

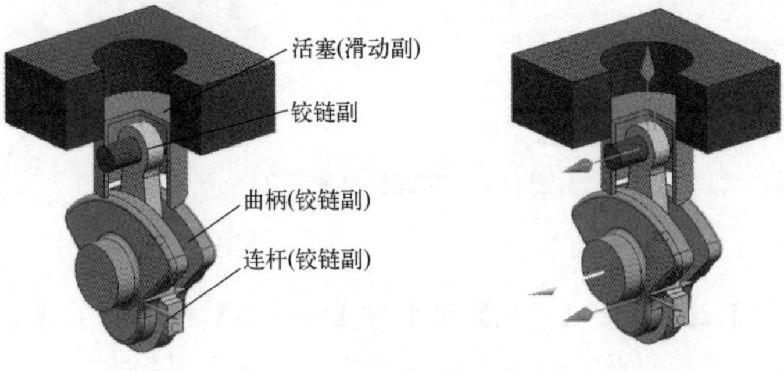

图 3-9 曲柄活塞机构

3-3

操作步骤

1. 打开文件

01 启动 NX 后，在功能区单击【主页】选项卡上【标准】组中的【打开】按钮，打开素材文件“实例\第 3 章\操作实例 2——滑动副与铰链副实例. prt”。

2. 创建铰链副

02 单击【主页】选项卡上【机械】组中的【铰链副】按钮，弹出【铰链副】对话框，选择如图 3-10 所示的连接件，选择平面作为轴矢量方向，选择圆心作为锚点，单击

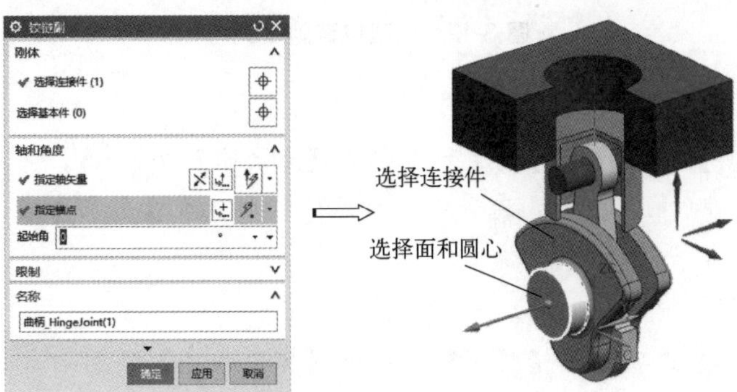

图 3-10 创建铰链副（1）

【确定】按钮创建铰链副。

3. **创建铰链副**

03　单击【主页】选项卡上【机械】组中的【铰链副】按钮，弹出【铰链副】对话框，选择如图 3-11 所示的连接件，选择平面作为轴矢量方向，选择圆心作为锚点，单击【确定】按钮创建铰链副。

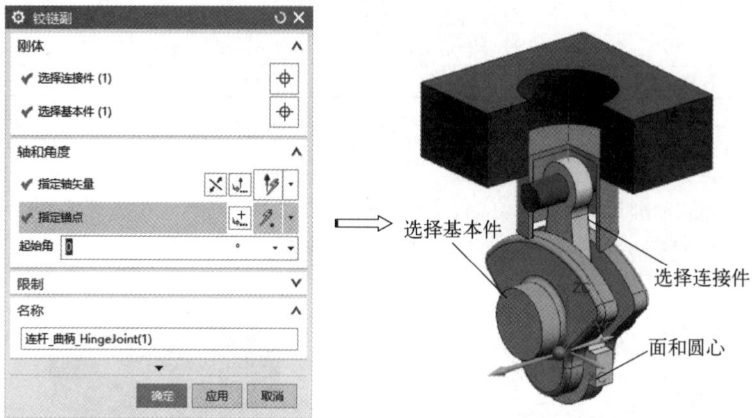

图 3-11　创建铰链副（2）

4. **创建铰链副**

04　单击【主页】选项卡上【机械】组中的【铰链副】按钮，弹出【铰链副】对话框，选择如图 3-12 所示的连接件，选择平面作为轴矢量方向，选择圆心作为锚点，单击【确定】按钮创建铰链副。

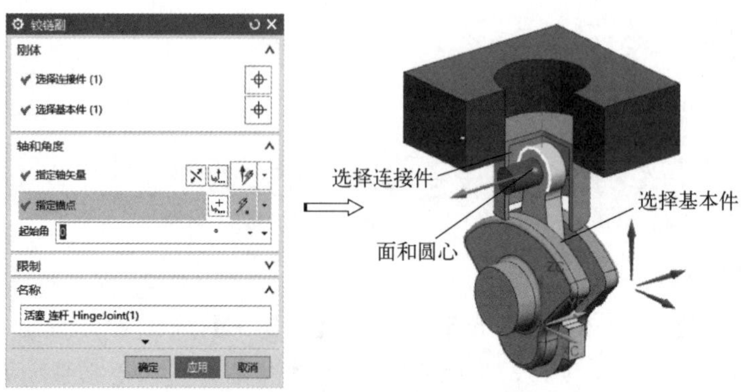

图 3-12　创建铰链副（3）

5. **创建滑动副**

05　单击【主页】选项卡上【机械】组中的【滑动副】按钮，弹出【滑动副】对话框，选择如图 3-13 所示的连接件，选择如图所示的方向作为轴矢量方向，单击【确定】按钮完成。

6. **创建速度控制**

06　单击【主页】选项卡上【电气】组中的【速度控制】按钮，弹出【速度控制】对话框，选择如图 3-14 所示的铰链副，【速度】设为 30°/s，单击【确定】按钮完成。

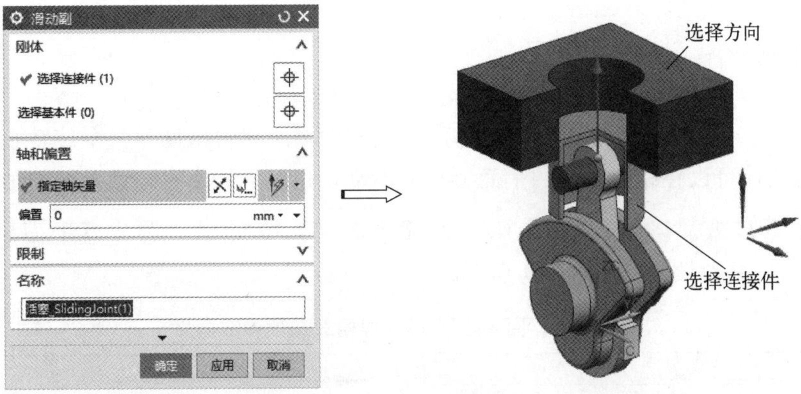

图 3-13　创建滑动副

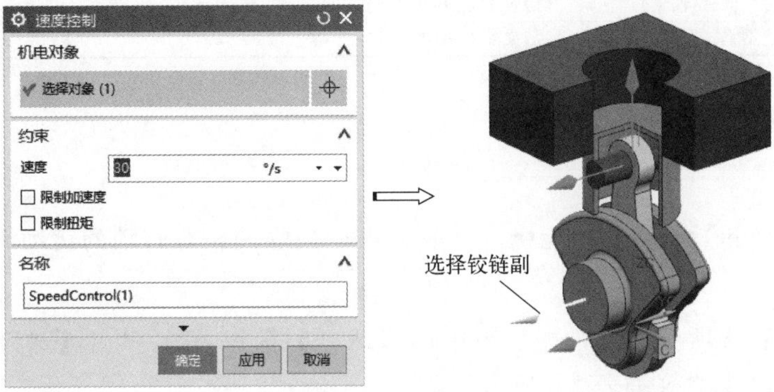

图 3-14　创建速度控制

7. **仿真播放**

3-4

07　单击【主页】选项卡上【仿真】组中的【播放】按钮▶，在图形区显示运动过程仿真。曲柄绕旋转轴以 30°/s 的速度旋转，如图 3-15 所示。

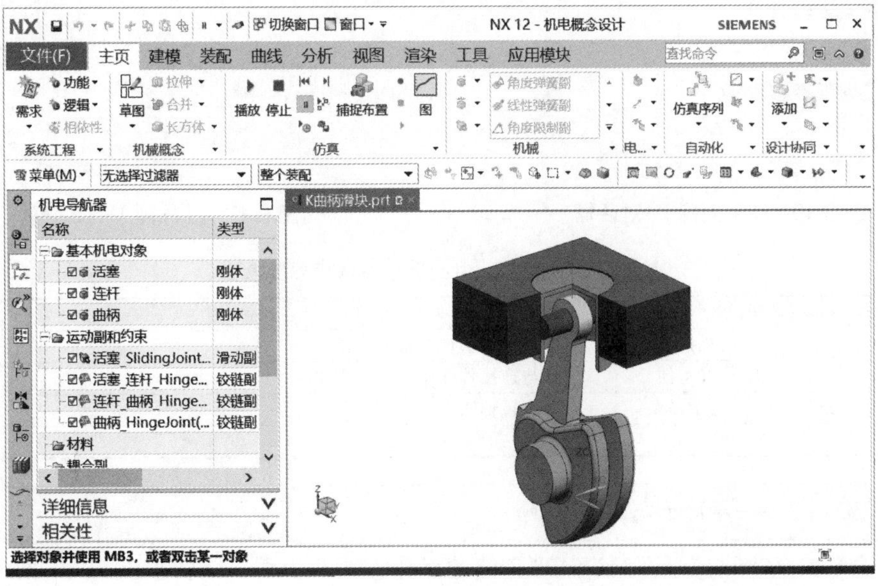

图 3-15　仿真播放

3.1.4 平面副

平面副（Planar Joint）是允许两个刚体之间具有两个平移自由度和一个旋转自由度的运动副，它连接的物体可以在相互接触的平面上自由滑动，也可以绕垂直于该平面的轴旋转。

单击【主页】选项卡上【机械】组中的【平面副】按钮，弹出【平面副】对话框，如图 3-16 所示，其参数含义如表 3-4 所示。

表 3-4 【平面副】对话框相关选项参数含义

序号	参数名称		参数含义
1	刚体	连接件	选择需要添加平面约束的刚体
2		基本件	选择与连接件连接的另一刚体
3	法向轴	轴矢量	指定平面副法线的方向
4	名称		定义平面副的名称

3.1.5 球副

球副（Ball Joint）是两构件能绕一球心做三个独立的相对转动的运动副。球副具有三个旋转自由度。

单击【主页】选项卡上【机械】组中的【球副】按钮，弹出【球副】对话框，如图 3-17 所示，其参数含义如表 3-5 所示。

图 3-16 【平面副】对话框

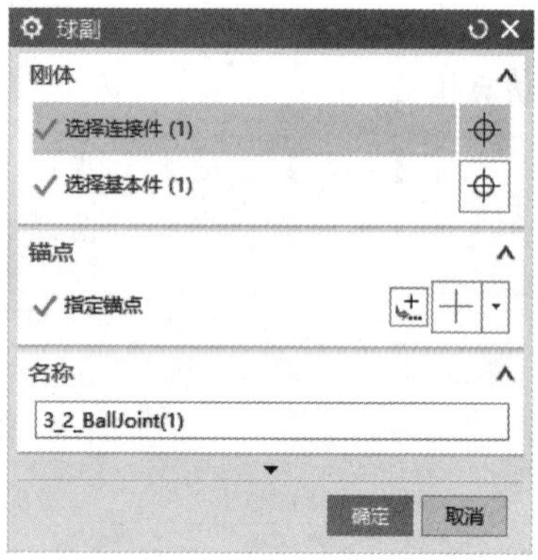

图 3-17 【球副】对话框

表 3-5 【球副】对话框相关选项参数含义

序号	参数名称		参数含义
1	刚体	连接件	选择需要添加球约束的刚体
2		基本件	选择与连接件连接的另一刚体
3	锚点	指定锚点	指定旋转轴锚点
4	名称		定义球副的名称

操作实例 3——平面副与球副实例

以柱塞泵为例来讲解平面副、球副创建的操作方法和步骤，旋转轴以 60°/s 的速度进行旋转，采用滑动副、铰链副和球副进行运动仿真，如图 3-18 所示。

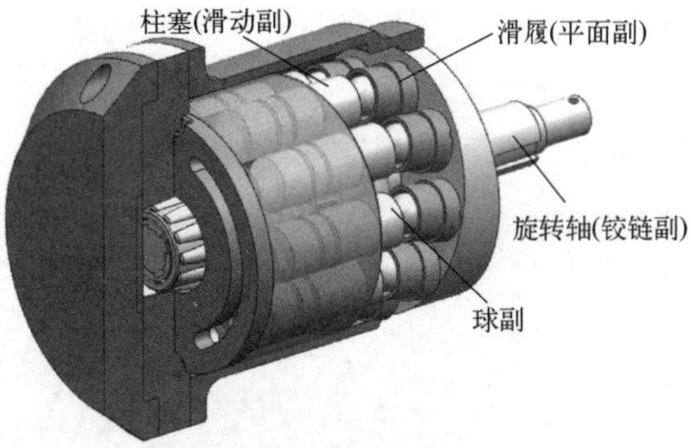

图 3-18　柱塞泵机构

操作步骤

3-5

1. 打开文件

01　启动 NX 后，在功能区单击【主页】选项卡上【标准】组中的【打开】按钮，打开素材文件“实例\第 3 章\操作实例 3——平面副与球副实例 .prt”。

2. 创建固定副

02　单击【主页】选项卡上【机械】组中的【固定副】按钮，弹出【固定副】对话框，选择如图 3-19 所示的刚体，单击【确定】按钮完成。

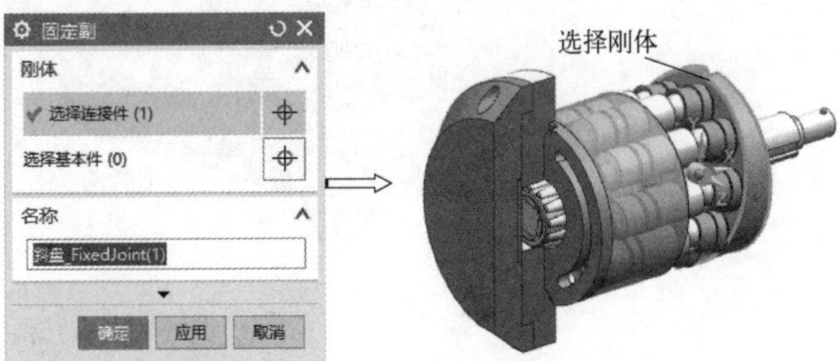

图 3-19　创建固定副

3. 创建铰链副

03　单击【主页】选项卡上【机械】组中的【铰链副】按钮，弹出【铰链副】对话框，选择如图 3-20 所示的连接件，选择平面作为轴矢量方向，选择圆心作为锚点，单击【确定】按钮创建铰链副。

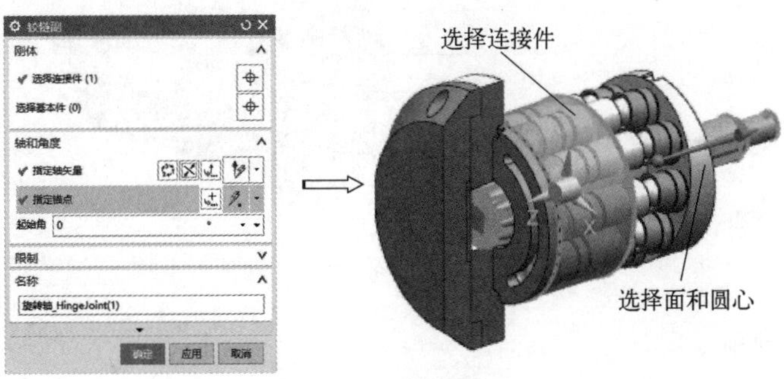

图 3-20　创建铰链副

4. **创建平面副**

04　单击【主页】选项卡上【机械】组中的【平面副】按钮，弹出【平面副】对话框，选择如图 3-21 所示的连接件与基本件，指定斜面作为轴矢量，单击【确定】按钮完成。

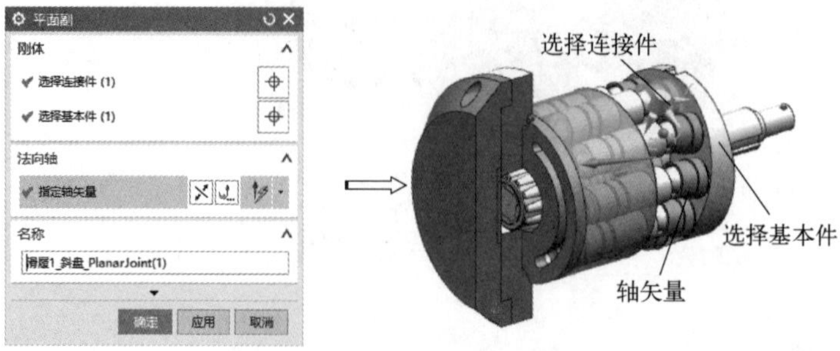

图 3-21　创建平面副

5. **创建滑动副**

05　单击【主页】选项卡上【机械】组中的【滑动副】按钮，弹出【滑动副】对话框，选择如图 3-22 所示的连接件，选择如图所示的方向作为轴矢量方向，单击【确定】按钮完成。

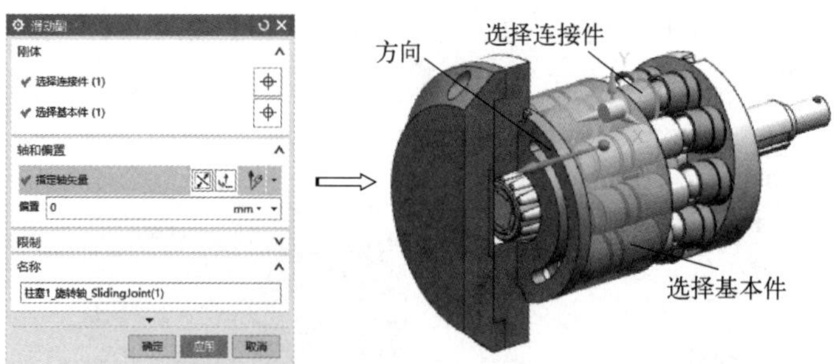

图 3-22　创建滑动副

6. **创建球副**

06　单击【主页】选项卡上【机械】组中的【球副】按钮，弹出【球副】对话框，选择如图 3-23 所示的连接件和基本件，选择如图所示的球心，单击【确定】按钮完成。

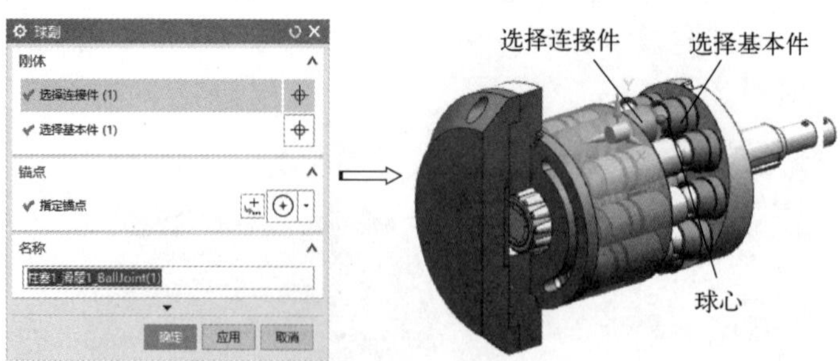

图 3-23　创建球副

7. **创建其他运动副**

07　同理，创建其他平面副、滑动副和球副，如图 3-24 所示。

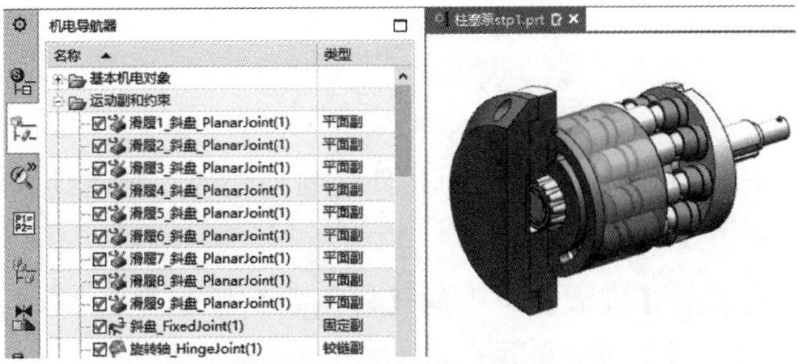

图 3-24　创建其他运动副

8. 创建速度控制

08　单击【主页】选项卡上【电气】组中的【速度控制】按钮，弹出【速度控制】对话框，选择如图 3-25 所示的铰链副，【速度】设为 60°/s，单击【确定】按钮完成。

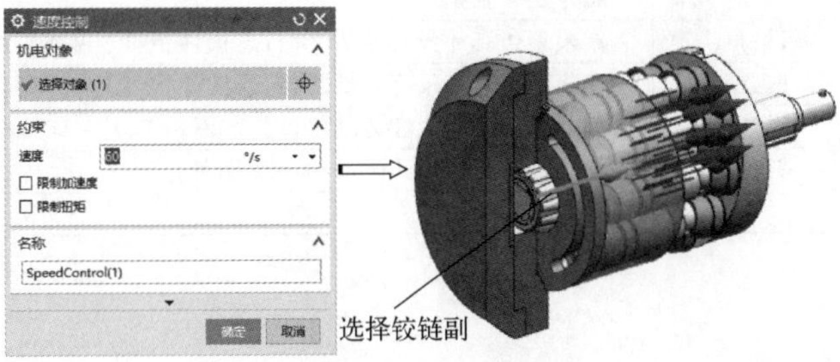

图 3-25　创建速度控制

9. 仿真播放

09　单击【主页】选项卡上【仿真】组中的【播放】按钮，在图形区显示运动过程仿真，如图 3-26 所示。

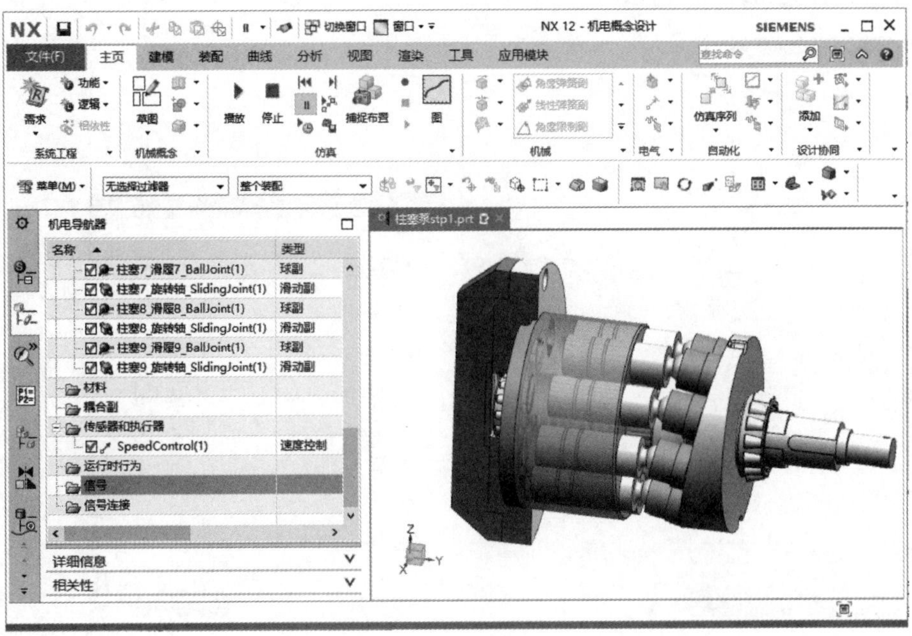

3-6

图 3-26　仿真播放

3.1.6 柱面副

柱面副（Cylindrical Joint）是指在两个构件之间创建的一种运动副，具有两个自由度：一个旋转自由度和一个平移自由度。

单击【主页】选项卡上【机械】组中的【柱面副】按钮，弹出【柱面副】对话框，如图 3-27 所示，其参数含义如表 3-6 所示。

表 3-6 【柱面副】对话框相关选项参数含义

序号	参数名称		参数含义
1	刚体	连接件	选择需要添加柱面约束的刚体
2		基本件	选择与连接件连接的另一刚体
3	参数	轴矢量	指定旋转轴
4		锚点	指定旋转轴锚点
5		起始角	在模拟仿真还没有开始之前，连接件相对于基本件的角度
6		偏置	在模拟仿真还没有开始之前，连接件相对于基本件的位置
7	限制	线性	设置“线性”指线性运动的位置范围
8		斜角	设置“角度”指旋转运动的运动范围
9	名称		定义柱面副的名称

3.1.7 螺旋副

螺旋副（Screw Joint）是一种使构件按照设定速度和螺距沿螺旋线方向运动的运动副，表现为绕轴旋转和沿轴移动。一般螺旋副多用于丝杠的仿真。

单击【主页】选项卡上【机械】组中的【螺旋副】按钮，弹出【螺旋副】对话框，如图 3-28 所示，其参数含义如表 3-7 所示。

图 3-27 【柱面副】对话框

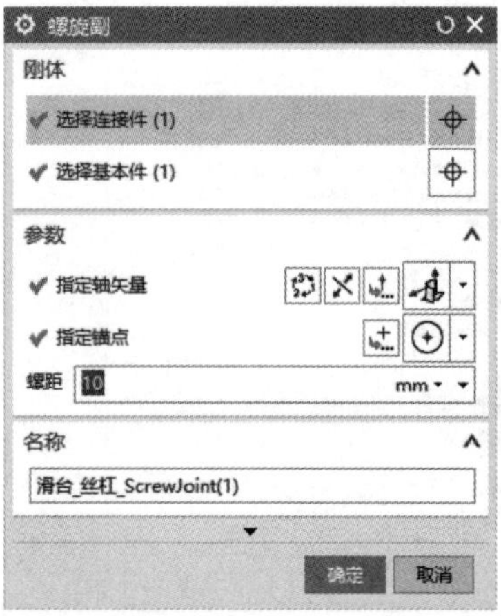

图 3-28 【螺旋副】对话框

表 3-7 【螺旋副】对话框相关选项参数含义

序号	参数名称		参数含义
1	刚体	连接件	选择需要添加螺旋副约束的刚体
2		基本件	选择与连接件连接的另一刚体
3	参数	轴矢量	指定旋转轴的方向
4		锚点	指定旋转轴锚点
5		螺距	指定螺旋副单圈轴向移动距离
6	名称		定义螺旋副的名称

操作实例 4——柱面副与螺旋副实例

如图 3-29 所示为一个电机驱动的丝杠滑台机构，创建螺旋副以 10mm/r 的速度进行运动仿真。

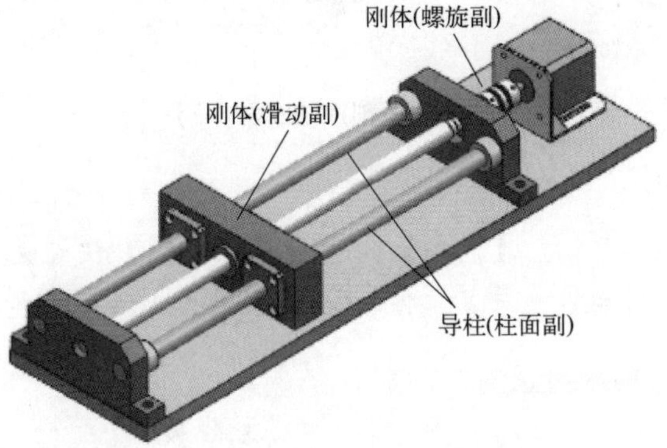

图 3-29 丝杠滑台模型

操作步骤

3-7

1. 打开文件

01 启动 NX 后，在功能区单击【主页】选项卡上【标准】组中的【打开】按钮，打开素材文件“实例\第 3 章\操作实例 4——柱面副与螺旋副实例 .prt”。

2. 创建柱面副

02 单击【主页】选项卡上【机械】组中的【柱面副】按钮，弹出【柱面副】对话框，选择如图 3-30 所示的连接件，指定轴矢量与锚点，单击【确定】按钮完成。

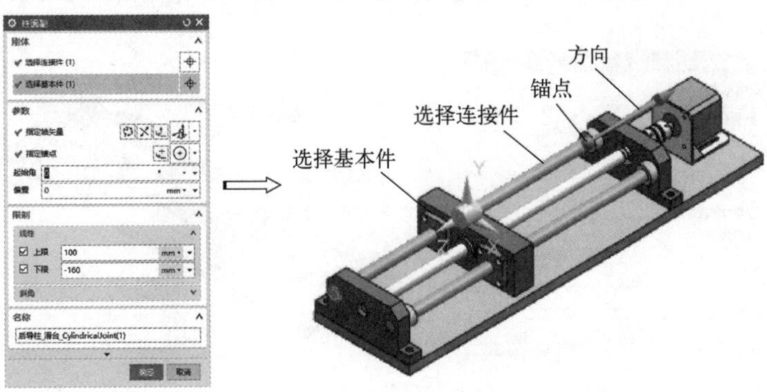

图 3-30 创建柱面副（1）

03 单击【主页】选项卡上【机械】组中的【柱面副】按钮，弹出【柱面副】对话框，选择如图3-31所示的连接件，指定轴矢量与锚点，单击【确定】按钮完成。

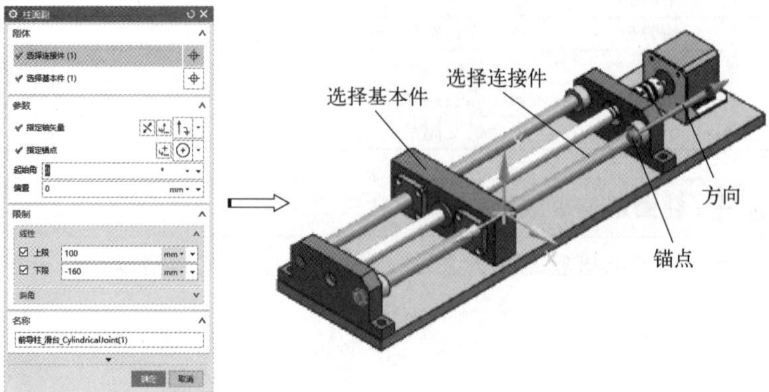

图3-31 创建柱面副（2）

3. 创建螺旋副

04 单击【主页】选项卡上【机械】组中的【螺旋副】按钮，弹出【螺旋副】对话框，选择如图3-32所示的连接件与基本件，【螺距】设为10mm，单击【确定】按钮完成。

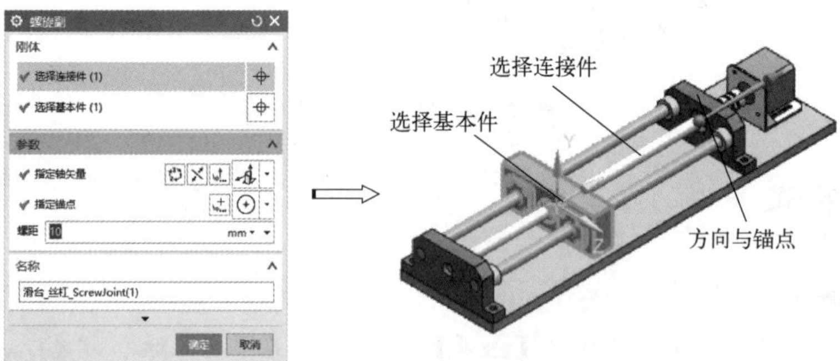

图3-32 创建螺旋副

4. 创建速度控制

05 单击【主页】选项卡上【电气】组中的【速度控制】按钮，弹出【速度控制】对话框，选择如图3-33所示的铰链副，【速度】设为−1080°/s，单击【确定】按钮完成。

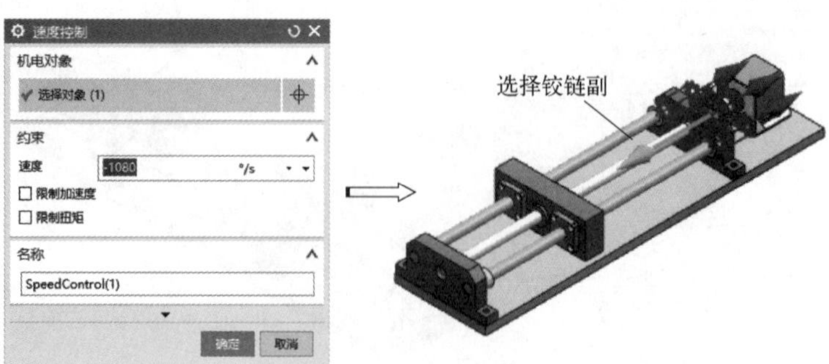

图3-33 创建速度控制

5. **仿真播放**

3-8

06　单击【主页】选项卡上【仿真】组中的【播放】按钮，在图形区显示运动过程仿真，丝杠绕旋转轴以－1080°/s 的速度旋转，如图 3-34 所示。

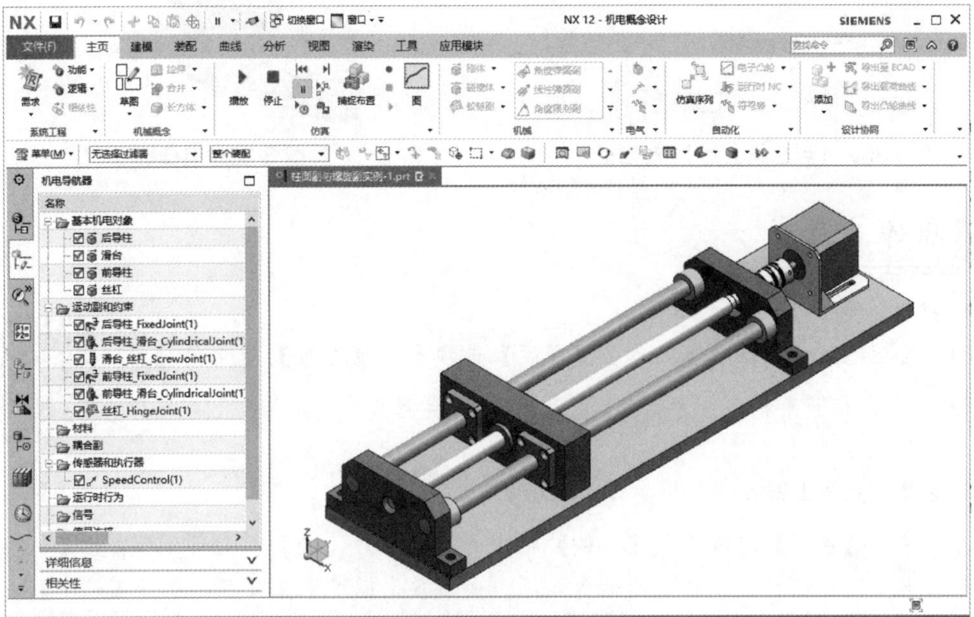

图 3-34　仿真播放

3.1.8　点在线上副

点在线上副（Point on Curve Joint）是指刚体以曲线上一点作为参考，并沿着这条曲线进行运动的一种运动副。

单击【主页】选项卡上【机械】组中的【点在线上副】按钮，弹出【点在线上副】对话框，如图 3-35 所示，其参数含义如表 3-8 所示。

表 3-8　【点在线上副】对话框相关选项参数含义

序号	参数名称		参数含义
1	刚体	连接件	选择需要添加点在线上副约束的刚体，通常选择点所在的刚体
2	曲线和点	选择曲线或代理对象	选择约束曲线
3		指定零点位置	指定点在线上副约束点位置
4	名称		定义点在线上副的名称

操作实例 5——点在线上副操作实例

如图 3-36 所示为滑槽机构，旋转盘以 60°/s 的速度进行旋转，采用点在线上副进行运动仿真。

图 3-35 【点在线上副】 对话框

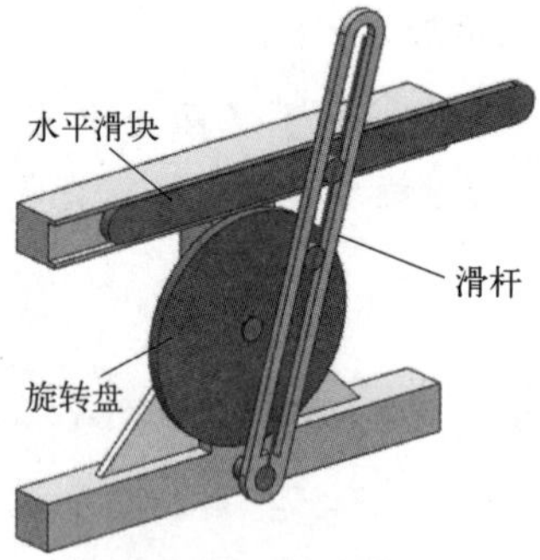

图 3-36 滑槽机构

操作步骤

1. 打开文件

01 启动 NX 后，在功能区单击【主页】选项卡上【标准】组中的【打开】按钮，打开素材文件“实例\第 3 章\操作实例 5——点在线上副操作实例 . prt”。

3-9

2. 创建点在线上副

02 单击【主页】选项卡上【机械】组中的【点在线上副】按钮，弹出【点在线上副】对话框，选择连接件，然后选择曲线，选择圆心为指定零位置点，单击【确定】按钮完成，如图 3-37 所示。

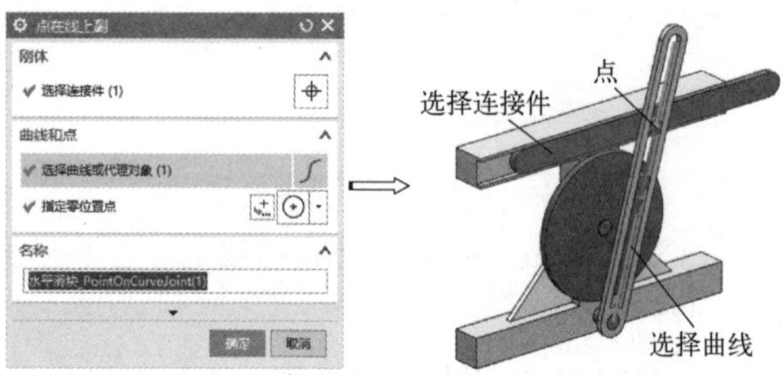

图 3-37 创建点在线上副（1）

03 单击【主页】选项卡上【机械】组中的【点在线上副】按钮，弹出【点在线上副】对话框，选择连接件，然后选择曲线，选择圆心为指定零位置点，单击【确定】按钮完成，如图 3-38 所示。

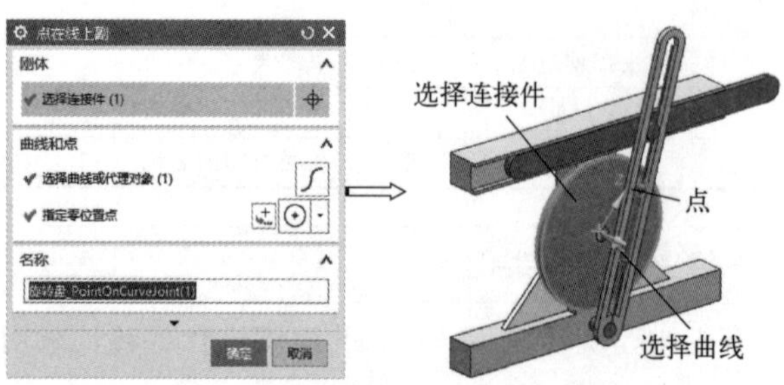

图 3-38 创建点在线上副（2）

3. 仿真播放

04 单击【主页】选项卡上【仿真】组中的【播放】按钮，在图形区显示运动过程仿真。旋转盘以 60°/s 的速度旋转，如图 3-39 所示。

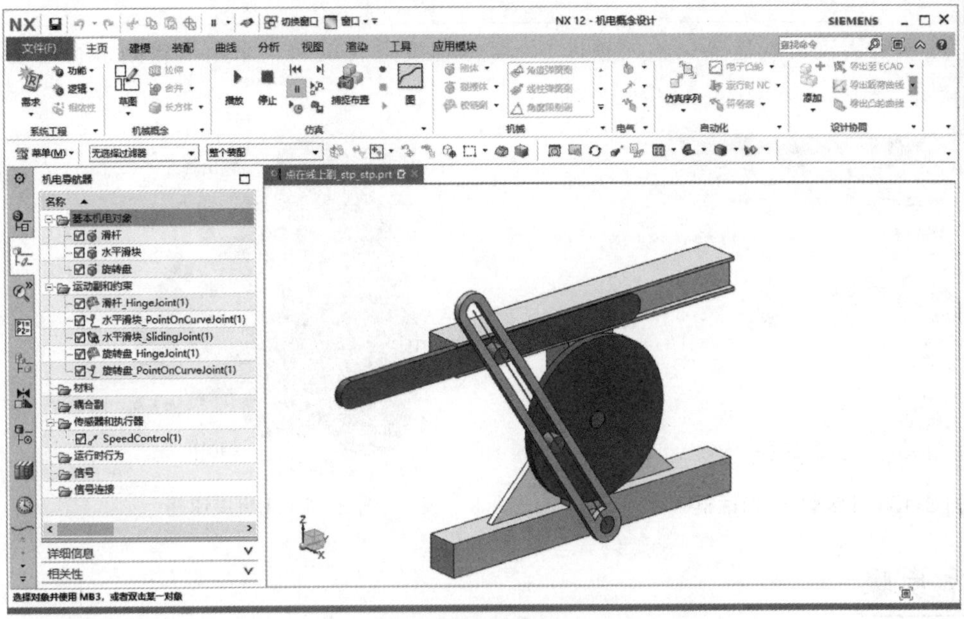

3-10

图 3-39 仿真播放

3.2 耦合副的核心知识

耦合副（Coupler）定义了各个运动副之间的运动传递关系，运动副的速度可以通过耦合副来传递，包括齿轮副、齿轮齿条副、机械凸轮副、电子凸轮副等。本节将介绍常用的耦合副。

3.2.1 齿轮副

齿轮副（Gear）是指两个相啮合的齿轮组成的基本机构，能够传递运动和动力。

单击【主页】选项卡上【机械】组中的【齿轮】按钮，弹出【齿轮】对话框，如图 3-40 所示，其参数含义如表 3-9 所示。

表 3-9 【齿轮】对话框相关选项参数含义

序号	参数名称		参数含义
1	轴运动副	主对象	选择一个轴运动副
2		从对象	选择一个轴运动副(注：从对象选择的运动副类型必须和主对象一致)
3	约束	倍数	定义齿轮传动比：$\frac{主倍数}{从倍数}$
4		滑动	齿轮副允许轻微的滑动，比如：带传动
5	名称		定义齿轮的名称

> **技术要点：若外齿轮倍数设置为负值、内齿轮倍数为正值，则主倍数与从倍数需反向填写。**

操作实例 6——齿轮副实例

如图 3-41 所示为飞机减速器，输入轴以 60°/s 的速度进行旋转，采用齿轮副进行运动仿真。

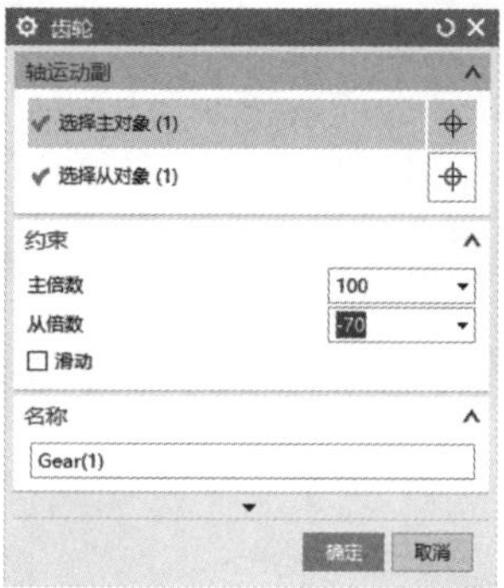

图 3-40 【齿轮】对话框

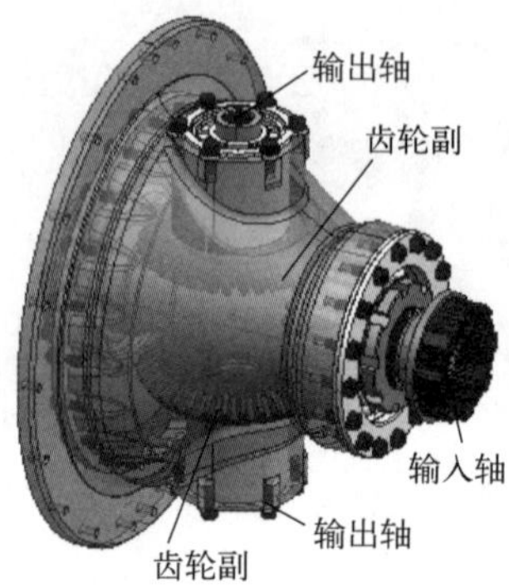

图 3-41 飞机减速器

操作步骤

1. 打开文件

01 启动 NX 后，在功能区单击【主页】选项卡上【标准】组中的【打开】按钮，打开素材文件"实例\第 3 章\操作实例 6——齿轮副实例 .prt"。

3-11

2. 创建齿轮副

02 单击【主页】选项卡上【机械】组中的【齿轮】按钮，弹出【齿轮】对话框，选择主对象和从对象分别为如图 3-42 所示的铰链副，【主倍数】设为 100，【从倍数】设为 −70。

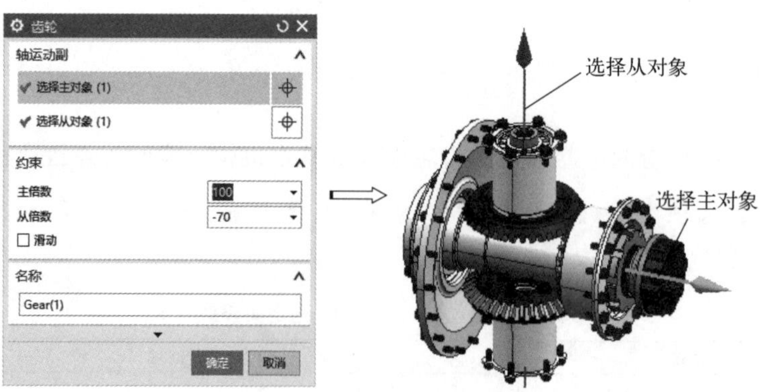

图 3-42 创建齿轮副（1）

03 单击【主页】选项卡上【机械】组中的【齿轮】按钮，弹出【齿轮】对话框，选择主对象和从对象分别为如图 3-43 所示的铰链副，【主倍数】设为 100，【从倍数】设为 −70。

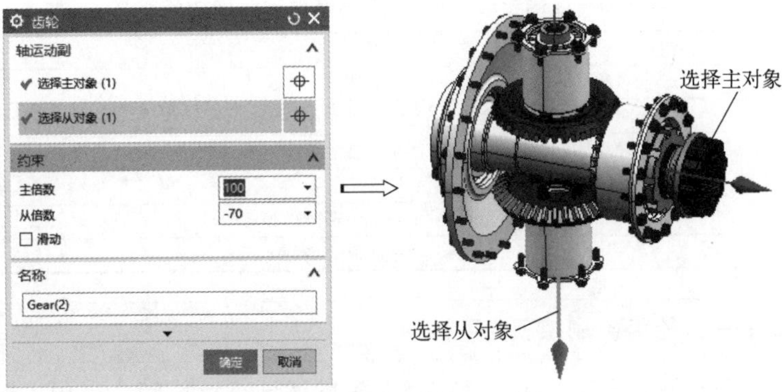

图 3-43　创建齿轮副（2）

3. 仿真播放

04　单击【主页】选项卡上【仿真】组中的【播放】按钮▶，在图形区显示运动过程仿真。主动齿轮以 60°/s 的速度旋转，如图 3-44 所示。

3-12

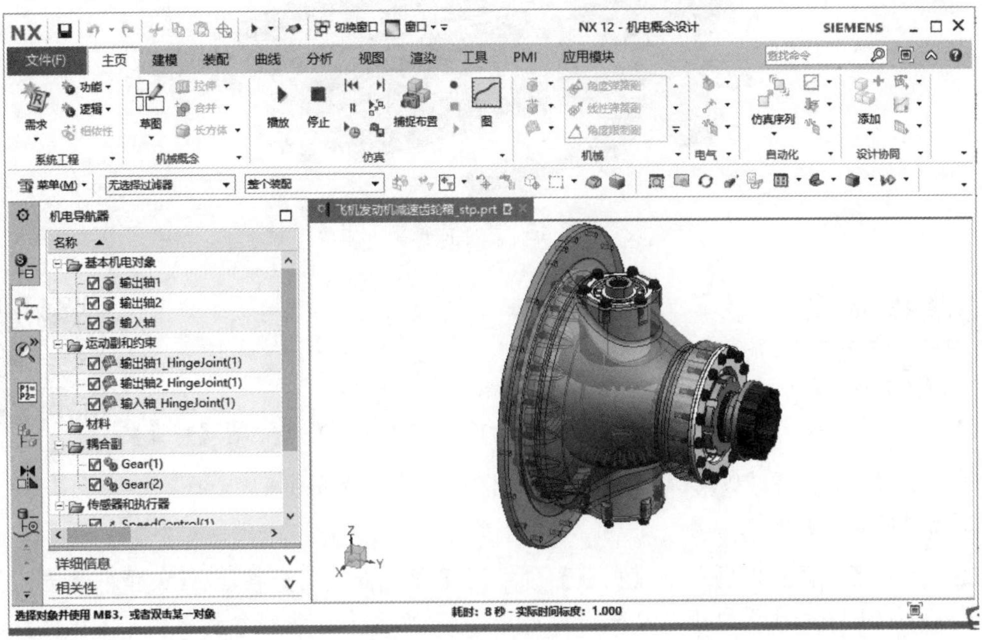

图 3-44　仿真播放

3.2.2　齿轮齿条副

齿轮齿条副（Rack and Pinion）可以模拟齿轮与齿条之间的啮合运动，用于耦合一个线性轴和旋转轴，使二者按照一定速比进行运动。

单击【主页】选项卡上【机械】组中的【齿轮齿条副】按钮，弹出【齿轮齿条副】对话框，如图 3-45 所示，其参数含义如表 3-10 所示。

图 3-45　【齿轮齿条副】对话框

表 3-10 【齿轮齿条副】对话框相关选项参数含义

序号	参数名称		参数含义
1	轴运动副	主对象	选择一个轴运动副
2		从对象	选择一个旋转运动副
3	设置	接触点	选择齿轮齿条接触点
4		半径	设置接触半径
5		滑动	齿轮齿条副允许轻微的滑动
6	名称		定义齿轮齿条副的名称

操作实例 7——齿轮齿条副实例

如图 3-46 所示为齿轮齿条副，输入轴以 60°/s 的速度进行旋转，采用齿轮齿条副进行运动仿真。

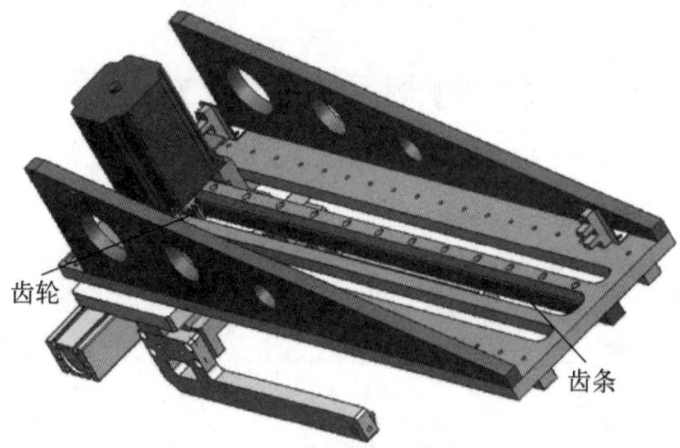

图 3-46 齿轮齿条副

操作步骤

3-13

1. 打开文件

01 启动 NX 后，在功能区单击【主页】选项卡上【标准】组中的【打开】按钮，打开素材文件"实例\第 3 章\操作实例 7——齿轮齿条副实例 .prt"。

2. 创建齿轮齿条副

02 单击【主页】选项卡上【机械】组中的【齿轮齿条副】按钮，弹出【齿轮齿条副】对话框，选择主对象和从对象分别为如图 3-47 所示的滑动副和铰链副，【半径】设为 8.5mm，单击【确定】按钮完成。

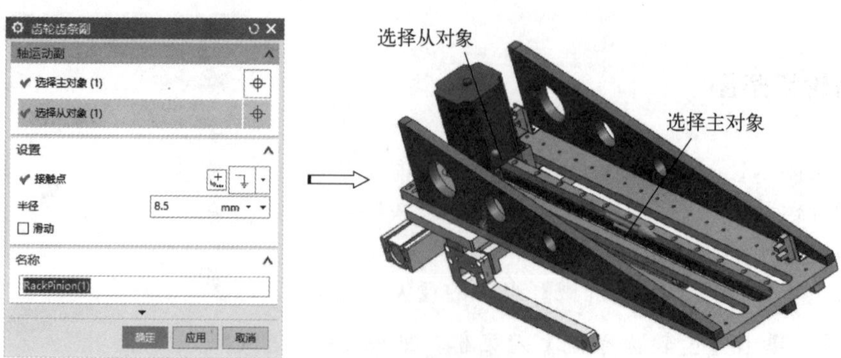

图 3-47 选择对象

3. **仿真播放**

3-14

03　单击【主页】选项卡上【仿真】组中的【播放】按钮，在图形区显示运动过程仿真。齿轮绕旋转轴以 60°/s 的速度旋转，如图 3-48 所示。

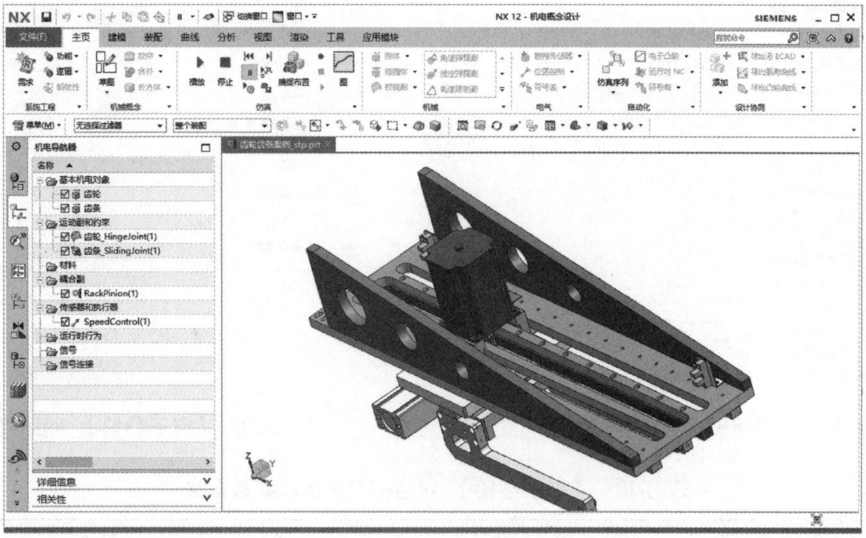

图 3-48　仿真播放

3.2.3　机械凸轮副

机械凸轮副（Mechanical Cam）用于将两个运动副按照定义好的曲线耦合运动。

单击【主页】选项卡上【机械】组中的【机械凸轮】按钮，弹出【机械凸轮】对话框，如图 3-49 所示，其参数含义如表 3-11 所示。

表 3-11　【机械凸轮】对话框相关选项参数含义

序号	参数名称		参数含义
1	轴运动副	选择主对象	选择一个轴运动副(铰链副或滑动副)
2		选择从对象	选择一个轴运动副(铰链副或滑动副)
3	运动曲线	曲线	选择定义好的运动曲线
4		新运动曲线	单击按钮创建新的运动曲线
5	设置	主偏置	设置在运动曲线上主轴偏置的距离
6		从偏置	设置在运动曲线上从轴偏置的距离
7		主比例因子	主轴运动的比例系数
8		从比例因子	从轴运动的比例系数
9	名称		定义机械凸轮副的名称

3.2.4　电子凸轮副

电子凸轮副（Electronic Cam）能够使执行机构按照定义好的曲线运动，并按照设定的规则随着时间的变化而变化。

单击【主页】选项卡上【机械】组中的【电子凸轮】按钮，弹出【电子凸轮】对话框，如图 3-50 所示，其参数含义如表 3-12 所示。

图 3-49 【机械凸轮】对话框

图 3-50 【电子凸轮】对话框

表 3-12 【电子凸轮】对话框相关选项参数含义

序号	参数名称		参数含义
1	主类型		选择基于时间、轴、信号的控制类型
2	轴控制		选择控制机构，位置控制或速度控制
3	运动曲线	曲线	选择定义好的运动曲线
4		新运动曲线	新建运动曲线
5	设置	初始时间	设置运动曲线上主轴偏置的时间
6		从偏置	设置运动曲线上从轴的偏置值
7		从比例因子	从轴运动的比例系数
8	名称		定义电子凸轮副的名称

操作实例 8——电子凸轮副实例

以曲柄活塞机构为例来讲解电子凸轮创建的操作方法和步骤，定义活塞 0～3s 由下向上运动，3～6s 由上向下运动，如图 3-51 所示。

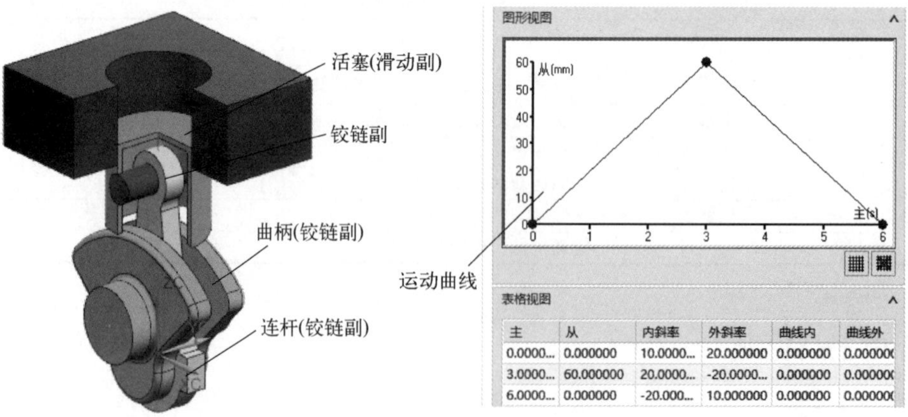

(a) (b)

图 3-51 电子凸轮副实例

操作步骤

3-15

1. 打开文件

01　启动 NX 后，在功能区单击【主页】选项卡上【标准】组中的【打开】按钮，打开素材文件“实例\第 3 章\操作实例 8——电子凸轮副实例 .prt”。

2. 创建电子凸轮副

02　单击【主页】选项卡上【机械】组中的【电子凸轮】按钮，弹出【电子凸轮】对话框，选择如图 3-52 所示的位置控制作为从轴控制。

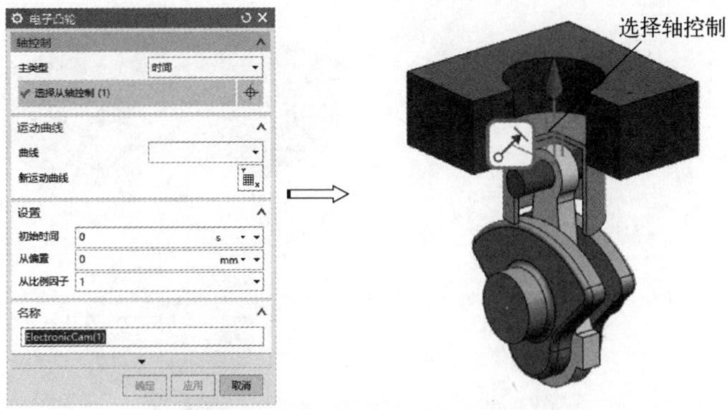

图 3-52　选择轴控制对象

03　单击【新运动曲线】按钮，弹出【运动曲线】对话框，如图 3-53 所示。

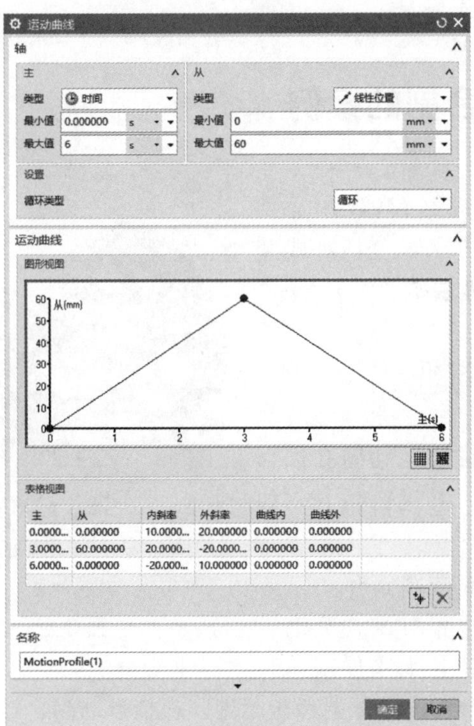

图 3-53　【运动曲线】对话框

3. **仿真播放**

04　单击【主页】选项卡上【仿真】组中的【播放】按钮▶，在图形区显示运动过程仿真。活塞驱动曲轴旋转，如图 3-54 所示。

3-16

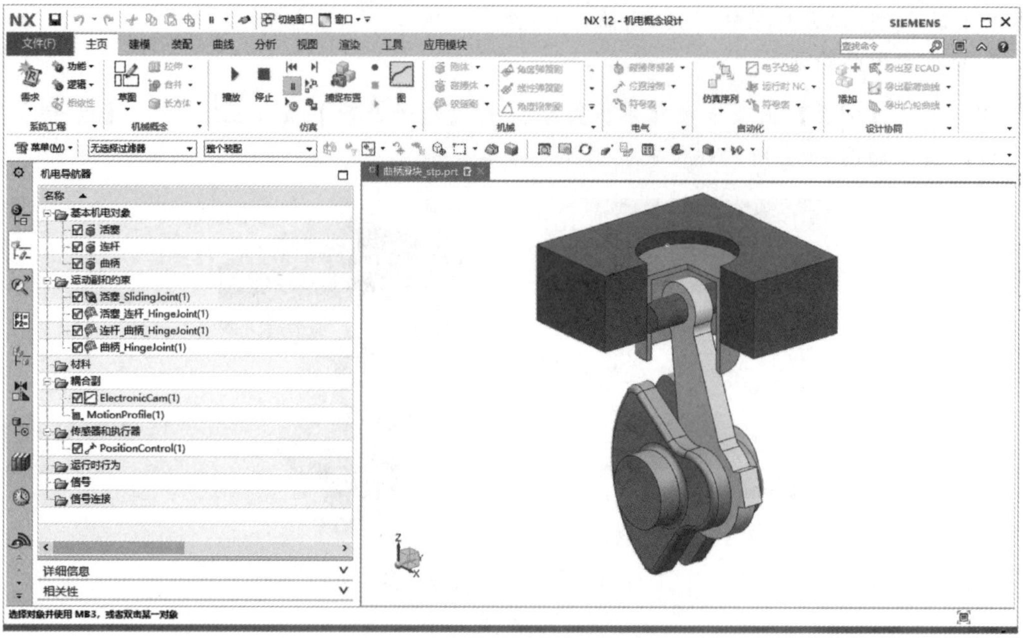

图 3-54　仿真播放

3.3　运动副和耦合副的案例

下面通过三个例子来讲解 MCD 中运动副和耦合副的创建步骤和方法，包括卧式蒸汽机、飞机起落架和小型灌装机。

3.3.1　案例 1：卧式蒸汽机

以卧式蒸汽机为例来讲解运动副和耦合副创建的操作方法和步骤，并进行仿真，如图 3-55 所示。

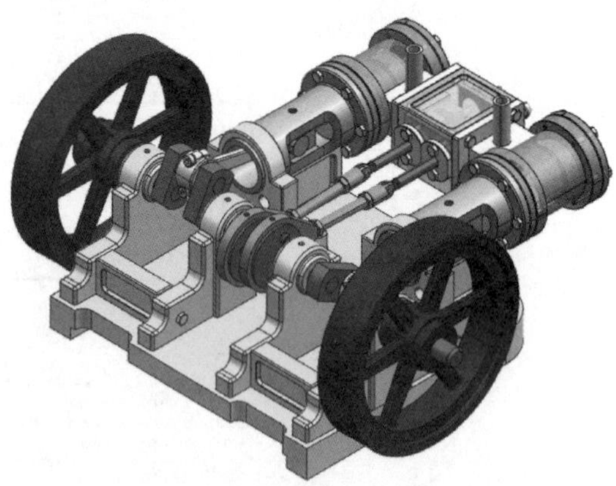

图 3-55　卧式蒸汽机模型

3.3.1.1　卧式蒸汽机运动副的思路分析

在 NX 机电概念设计中若对卧式蒸汽机进行运动仿真，需首先创建各个零件刚体和碰撞体，赋予实体质量等参数，接着创建运动副，包括滑动副、铰链副等，然后通过速度控制进行仿真，如图 3-56 所示。

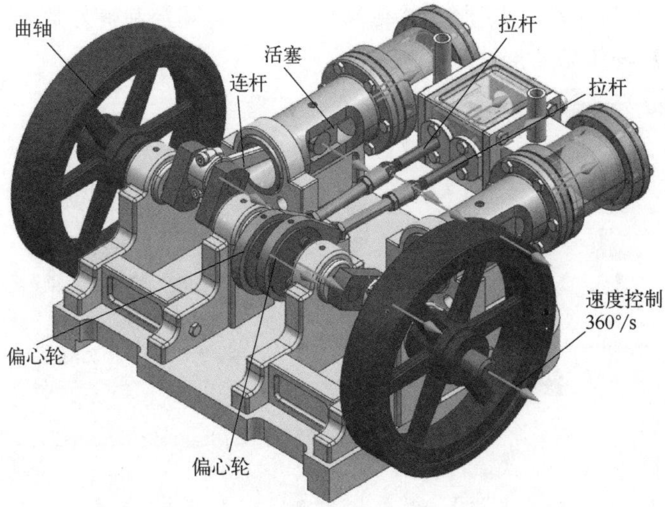

图 3-56　卧式蒸汽机运动副的思路分析

3.3.1.2　卧式蒸汽机运动副的操作过程

操作步骤

3-17

1. 打开文件

01　启动 NX 后，在功能区单击【主页】选项卡上【标准】组中的【打开】按钮，打开素材文件“实例\第 3 章\案例 1：卧式蒸汽机运动副和耦合副案例 .prt”，进入机电概念设计用户界面，如图 3-57 所示。

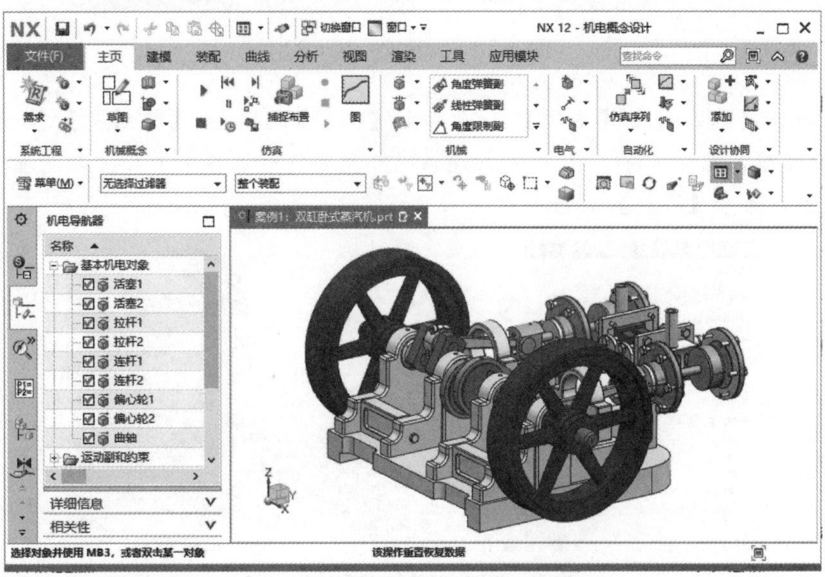

图 3-57　机电概念设计用户界面

2. 创建一个缸的运动副

02　创建铰链副。单击【主页】选项卡上【机械】组中的【铰链副】按钮，弹出

【铰链副】对话框，选择如图 3-58 所示的连接件，选择平面作为轴矢量方向，选择圆心作为锚点，单击【确定】按钮完成。

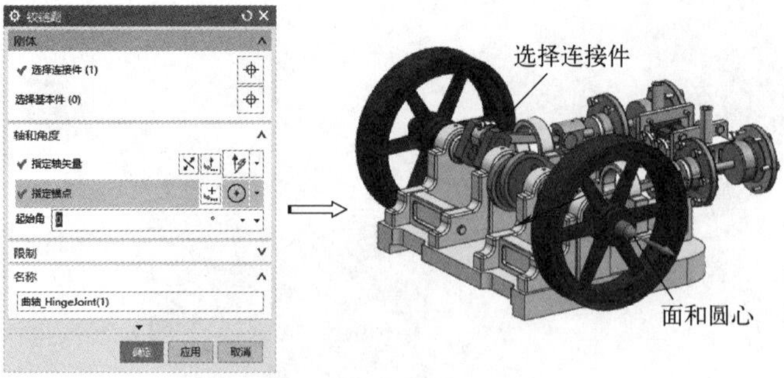

图 3-58 创建铰链副（1）

03 创建铰链副。单击【主页】选项卡上【机械】组中的【铰链副】按钮，弹出【铰链副】对话框，选择如图 3-59 所示的连接件和基本件，选择平面作为轴矢量方向，选择圆心作为锚点，单击【确定】按钮完成。

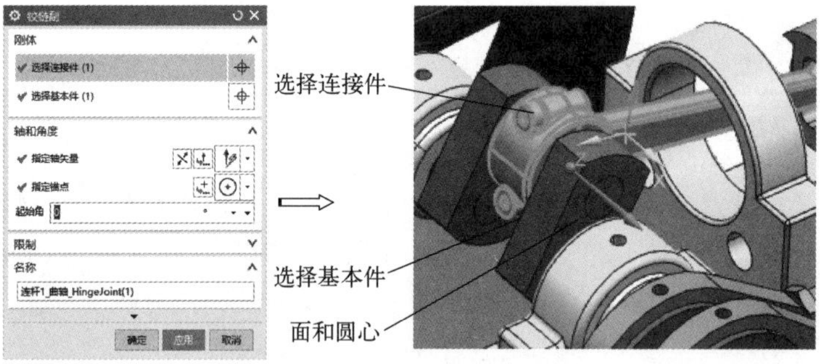

图 3-59 创建铰链副（2）

04 创建铰链副。单击【主页】选项卡上【机械】组中的【铰链副】按钮，弹出【铰链副】对话框，选择如图 3-60 所示的连接件和基本件，选择平面作为轴矢量方向，选择圆心作为锚点，单击【确定】按钮完成。

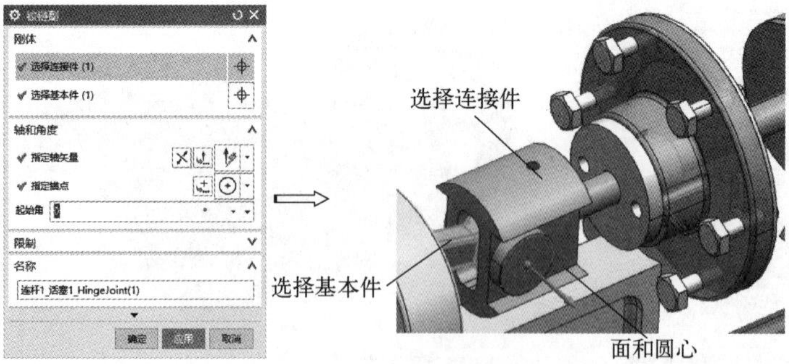

图 3-60 创建铰链副（3）

05 创建滑动副。单击【主页】选项卡上【机械】组中的【滑动副】按钮，弹出【滑动副】对话框，选择如图 3-61 所示的连接件，选择如图所示的方向作为轴矢量方向，单击【确定】按钮完成。

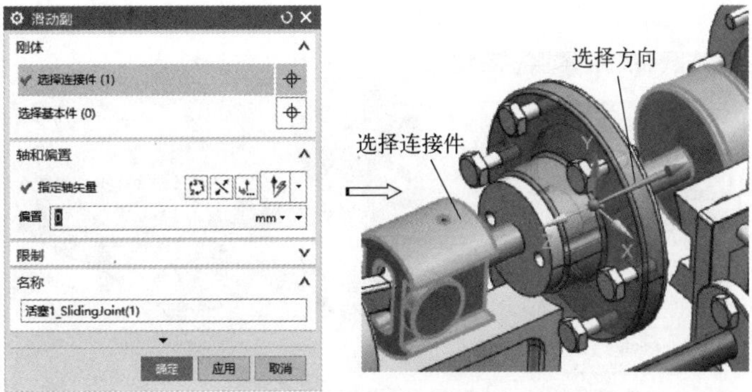

图 3-61　创建滑动副（1）

06　创建铰链副。单击【主页】选项卡上【机械】组中的【铰链副】按钮，弹出【铰链副】对话框，选择如图 3-62 所示的连接件和基本件，选择平面作为轴矢量方向，选择圆心作为锚点，单击【确定】按钮完成。

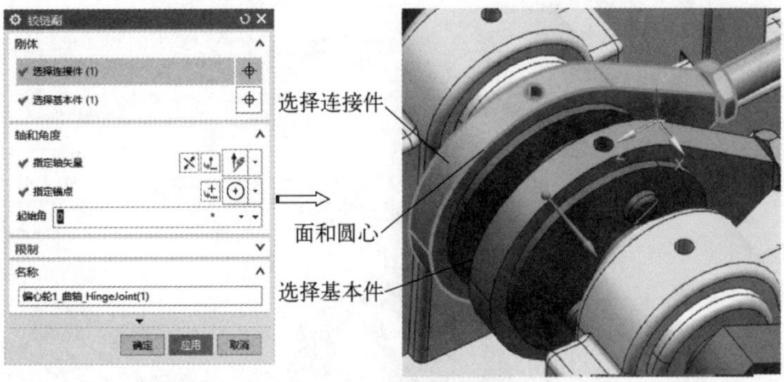

图 3-62　创建铰链副（4）

07　创建铰链副。单击【主页】选项卡上【机械】组中的【铰链副】按钮，弹出【铰链副】对话框，选择如图 3-63 所示的连接件和基本件，选择平面作为轴矢量方向，选择圆心作为锚点，单击【确定】按钮完成。

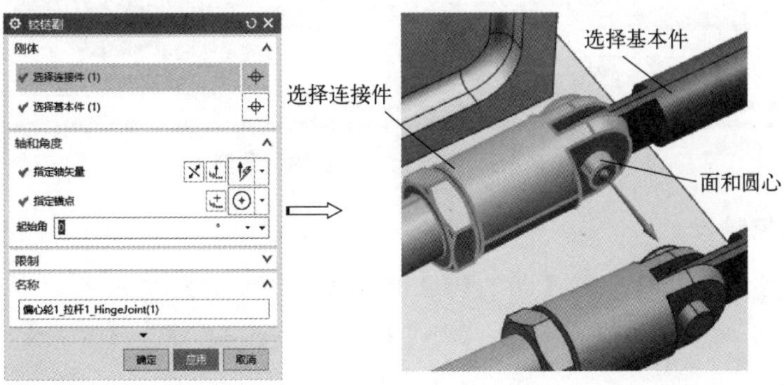

图 3-63　创建铰链副（5）

08　创建滑动副。单击【主页】选项卡上【机械】组中的【滑动副】按钮，弹出【滑动副】对话框，选择如图 3-64 所示的连接件，选择如图所示的方向作为轴矢量方向，单击【确定】按钮完成。

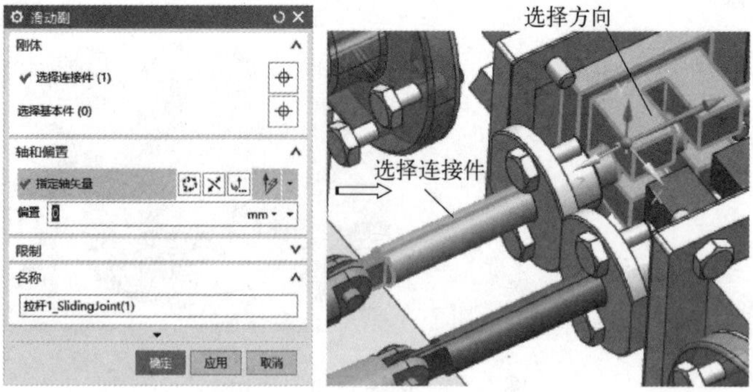

图 3-64　创建滑动副（2）

3. 创建另一个缸的运动副

09　同理，重复上述过程创建另一个缸的运动副，如图 3-65 所示。

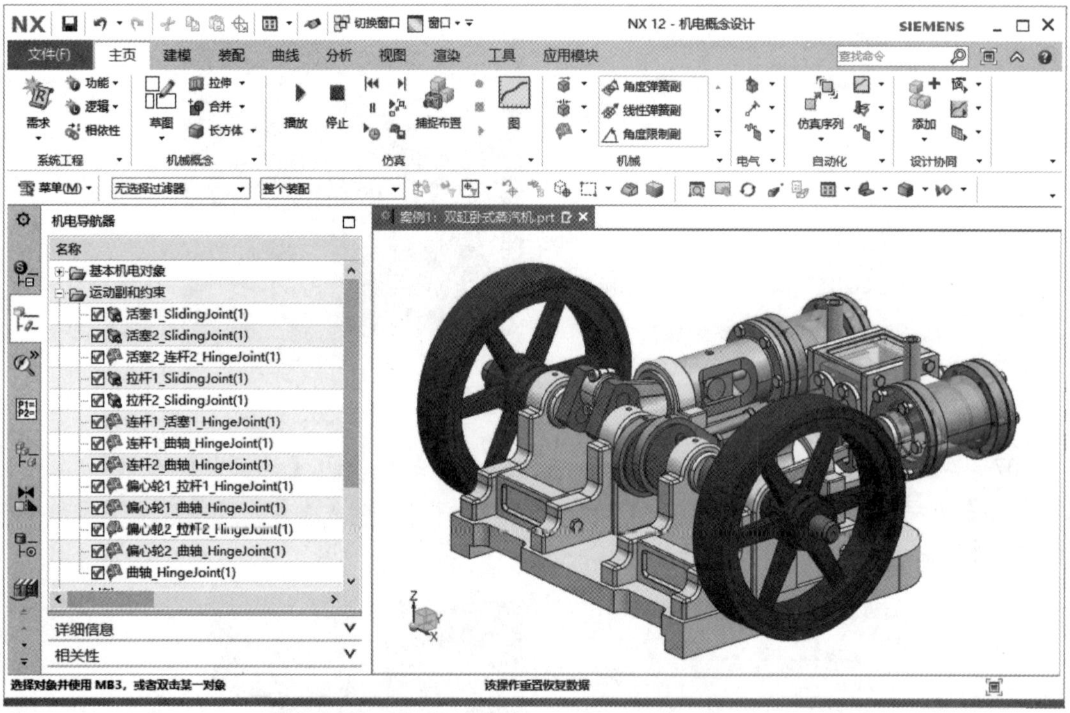

图 3-65　创建另一个缸的运动副

4. 创建速度控制

10　单击【主页】选项卡上【电气】组中的【速度控制】按钮，弹出【速度控制】对话框，选择如图 3-66 所示的铰链副，【速度】设为 360°/s，单击【确定】按钮完成，如图 3-66 所示。

5. 仿真播放

11　单击【主页】选项卡上【仿真】组中的【播放】按钮，在图形区显示运动过程仿真。曲柄绕旋转轴以 360°/s 的速度旋转，如图 3-67 所示。

3-18

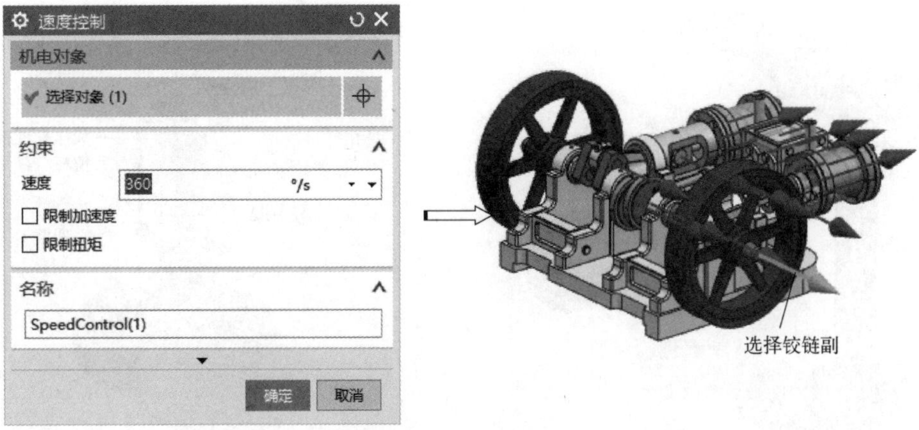

图 3-66　创建速度控制

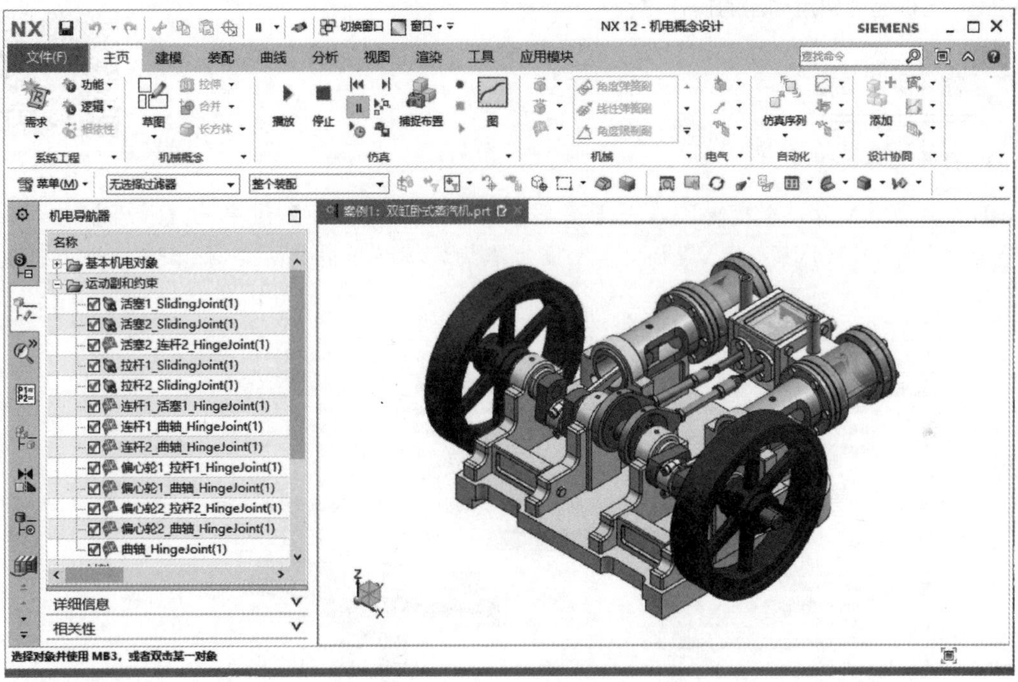

图 3-67　仿真播放

3.3.2　案例 2：飞机起落架

以飞机起落架为例来讲解运动副和耦合副创建的操作方法和步骤，并进行仿真，如图 3-68 所示。

3.3.2.1　飞机起落架运动副的思路分析

在 NX 机电概念设计中若对飞机起落架进行运动仿真，需首先创建各个零件刚体和碰撞体，设置实体质量等参数，接着创建运动副，包括球副、柱面副、滑动副、铰链副等，然后通过位置控制进行仿真，如图 3-69 所示。

图 3-68　飞机起落架模型

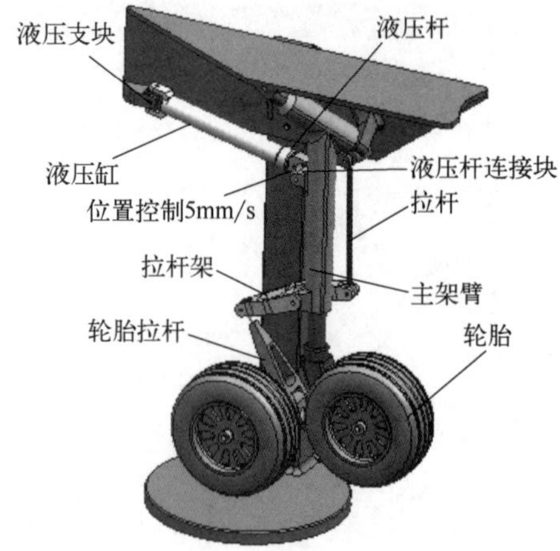

图 3-69　飞机起落架运动副的思路分析

3.3.2.2　飞机起落架运动副的操作过程

操作步骤

3-19

1. 打开文件

01　启动 NX 后，在功能区单击【主页】选项卡上【标准】组中的【打开】按钮，打开素材文件“实例\第 3 章\案例 2：飞机起落架运动副和耦合副案例 .prt”，进入机电概念设计用户界面，如图 3-70 所示。

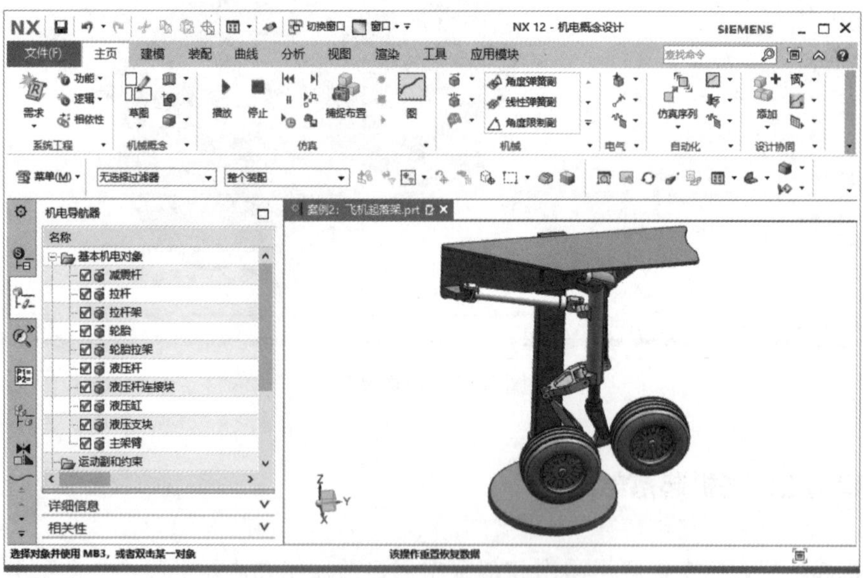

图 3-70　机电概念设计用户界面

2. 创建铰链副

02　单击【主页】选项卡上【机械】组中的【铰链副】按钮，弹出【铰链副】对话框，选择如图 3-71 所示的连接件，选择平面作为轴矢量方向，选择圆心作为锚点，单击【确定】按钮创建铰链副。

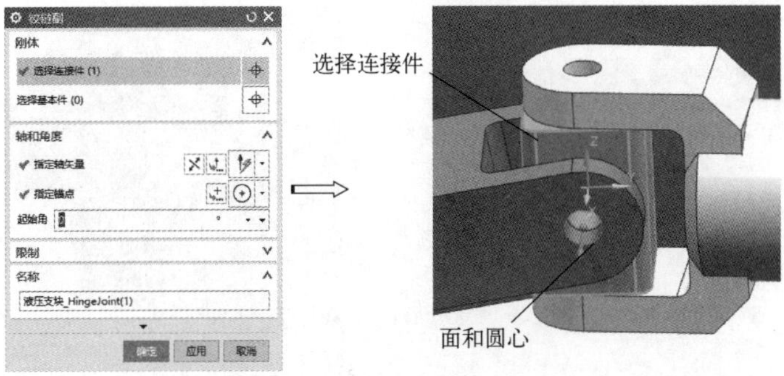

图 3-71　创建铰链副（1）

03　单击【主页】选项卡上【机械】组中的【铰链副】按钮，弹出【铰链副】对话框，选择如图 3-72 所示的连接件与基本件，选择平面作为轴矢量方向，选择圆心作为锚点，单击【确定】按钮创建铰链副。

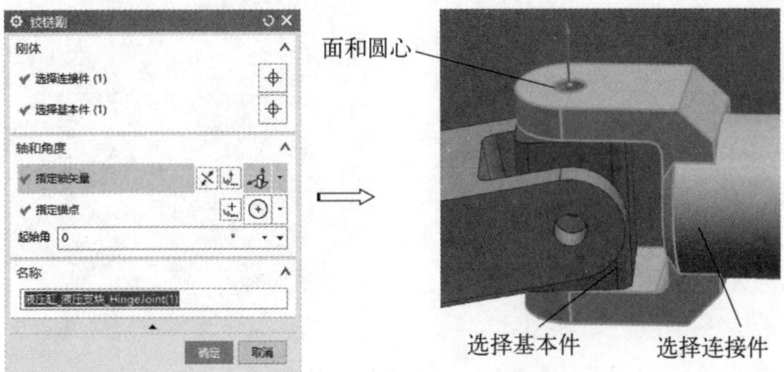

图 3-72　创建铰链副（2）

04　单击【主页】选项卡上【机械】组中的【铰链副】按钮，弹出【铰链副】对话框，选择如图 3-73 所示的连接件与基本件，选择平面作为轴矢量方向，选择圆心作为锚点，单击【确定】按钮创建铰链副。

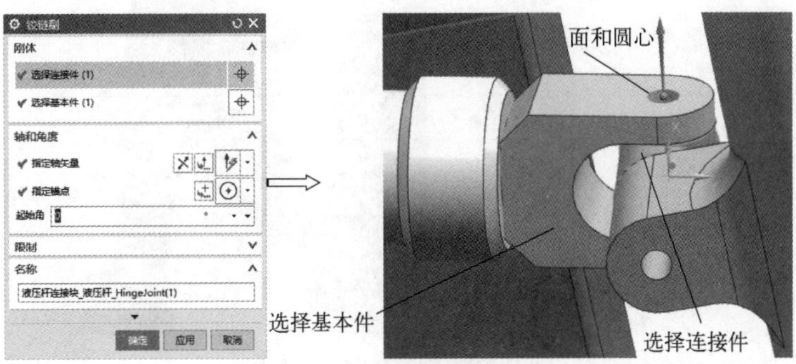

图 3-73　创建铰链副（3）

05　单击【主页】选项卡上【机械】组中的【铰链副】按钮，弹出【铰链副】对话框，选择如图 3-74 所示的连接件与基本件，选择平面作为轴矢量方向，选择圆心作为锚点，单击【确定】按钮创建铰链副。

06　单击【主页】选项卡上【机械】组中的【铰链副】按钮，弹出【铰链副】对话

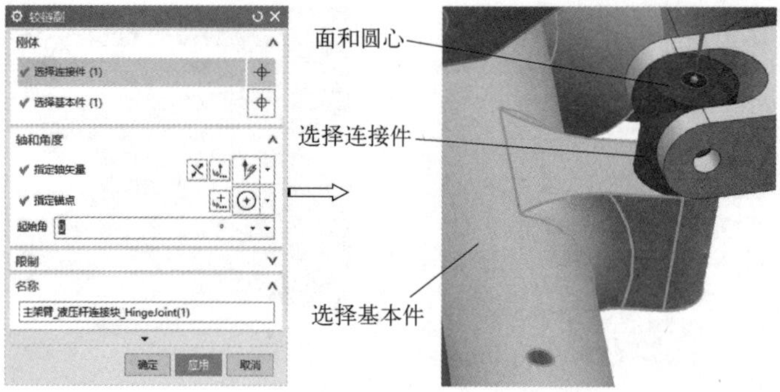

图 3-74　创建铰链副（4）

框，选择如图 3-75 所示的连接件，选择平面作为轴矢量方向，选择圆心作为锚点，单击【确定】按钮创建铰链副。

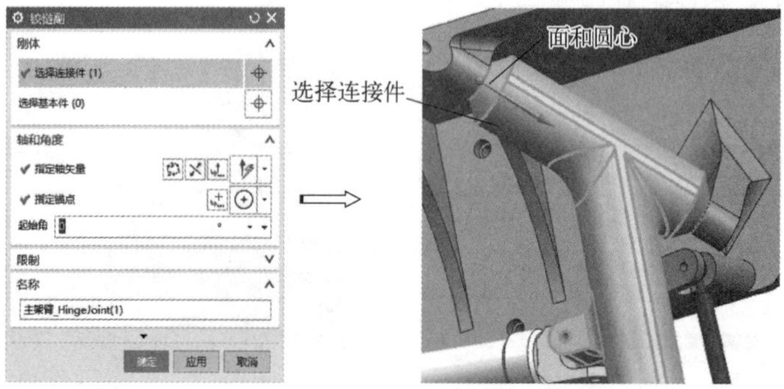

图 3-75　创建铰链副（5）

07　单击【主页】选项卡上【机械】组中的【铰链副】按钮，弹出【铰链副】对话框，选择如图 3-76 所示的连接件与基本件，选择平面作为轴矢量方向，选择圆心作为锚点，单击【确定】按钮创建铰链副。

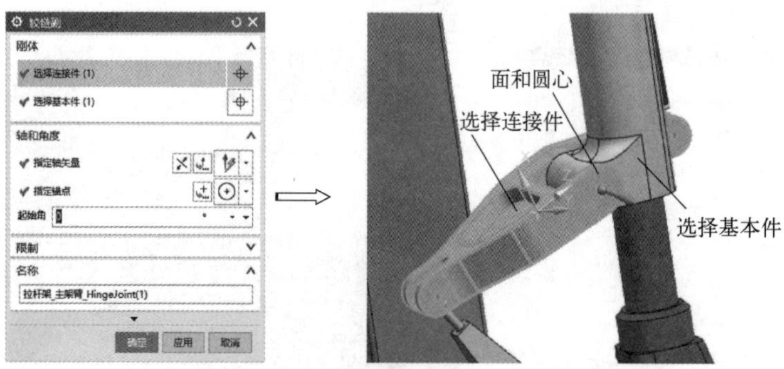

图 3-76　创建铰链副（6）

08　单击【主页】选项卡上【机械】组中的【铰链副】按钮，弹出【铰链副】对话框，选择如图 3-77 所示的连接件与基本件，选择平面作为轴矢量方向，选择圆心作为锚点，单击【确定】按钮创建铰链副。

09　单击【主页】选项卡上【机械】组中的【铰链副】按钮，弹出【铰链副】对话框

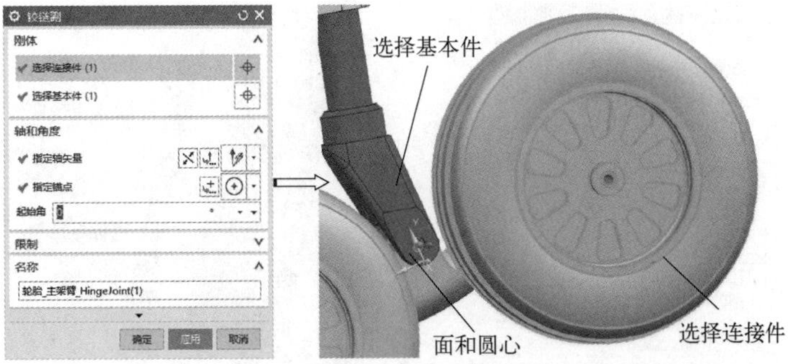

图 3-77　创建铰链副（7）

框，选择如图 3-78 所示的连接件与基本件，选择平面作为轴矢量方向，选择圆心作为锚点，单击【确定】按钮创建铰链副。

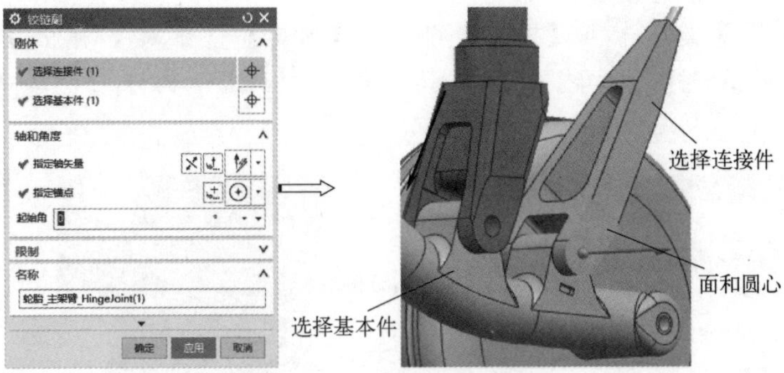

图 3-78　创建铰链副（8）

3. 创建柱面副

10　单击【主页】选项卡上【机械】组中的【柱面副】按钮，弹出【柱面副】对话框，选择如图 3-79 所示的连接件与基本件，选择圆柱面作为轴矢量方向，选择圆心作为锚点，单击【确定】按钮完成。

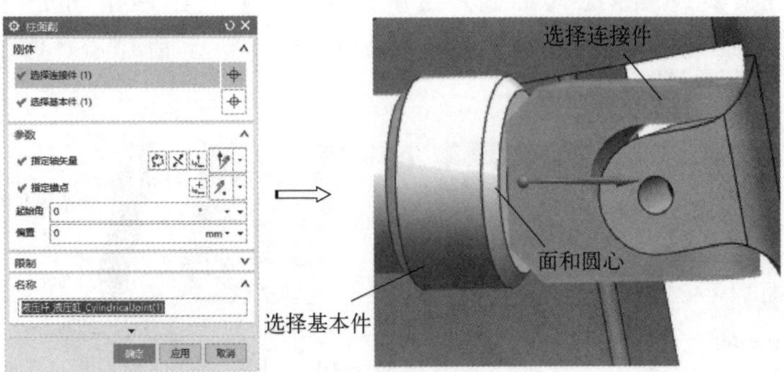

图 3-79　创建柱面副

4. 创建滑动副

11　单击【主页】选项卡上【机械】组中的【滑动副】按钮，弹出【滑动副】对话框，选择如图 3-80 所示的连接件与基本件，选择圆柱面为轴矢量方向，单击【确定】按钮完成。

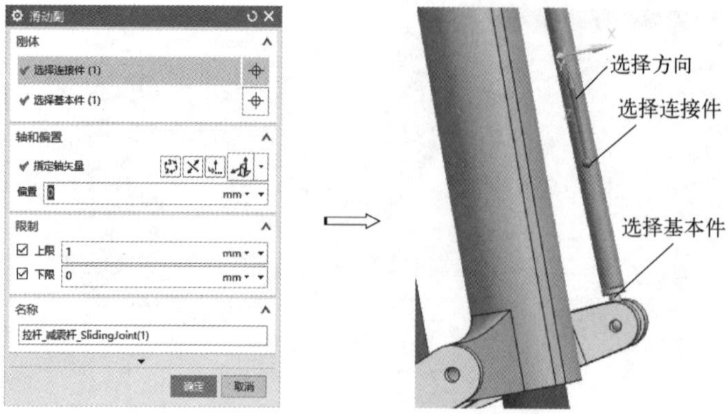

图 3-80　创建滑动副

5. **创建球副**

12　单击【主页】选项卡上【机械】组中的【球副】按钮，弹出【球副】对话框，选择如图 3-81 所示的连接件和基本件，选择如图 3-81 所示的球心，单击【确定】按钮完成。

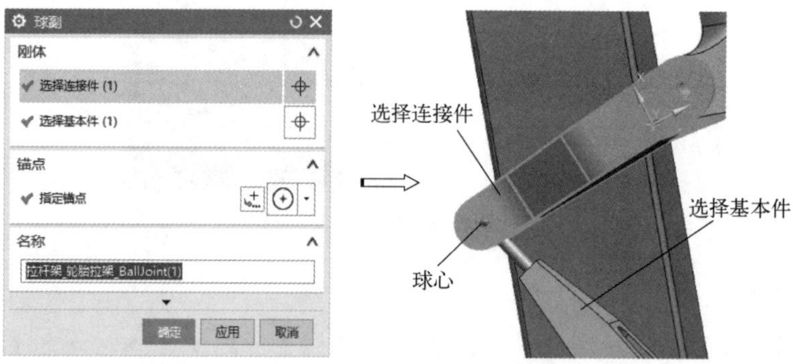

图 3-81　创建球副（1）

13　单击【主页】选项卡上【机械】组中的【球副】按钮，弹出【球副】对话框，选择如图 3-82 所示的连接件和基本件，选择如图 3-82 所示的球心，单击【确定】按钮完成。

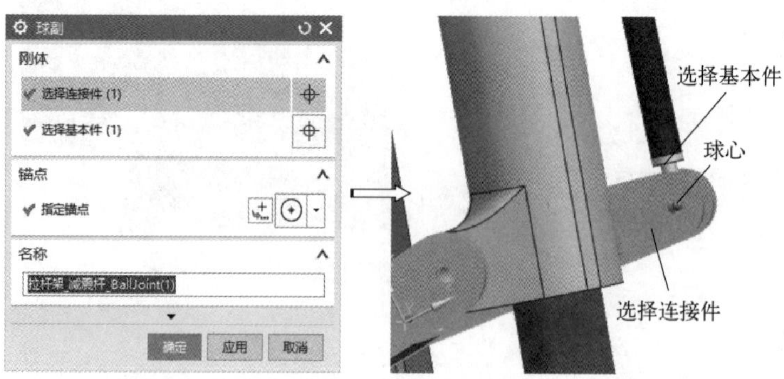

图 3-82　创建球副（2）

14　单击【主页】选项卡上【机械】组中的【球副】按钮，弹出【球副】对话框，选择如图 3-83 所示的连接件和基本件，选择如图 3-83 所示的球心，单击【确定】按钮完成。

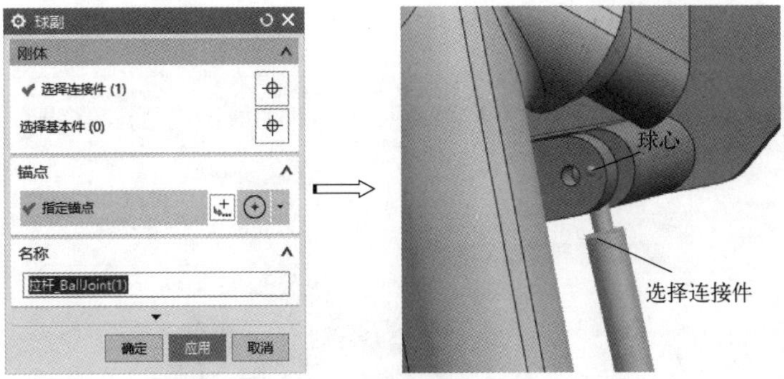

图 3-83　创建球副（3）

6. 创建阻尼

15　单击【主页】选项卡上【机械】组中的【弹簧阻尼器】按钮，弹出【弹簧阻尼器】对话框，选择如图 3-84 所示的滑动副，【弹簧常数】设为 0.5N/mm，【阻尼】设为 20N·s/mm，单击【确定】按钮完成。

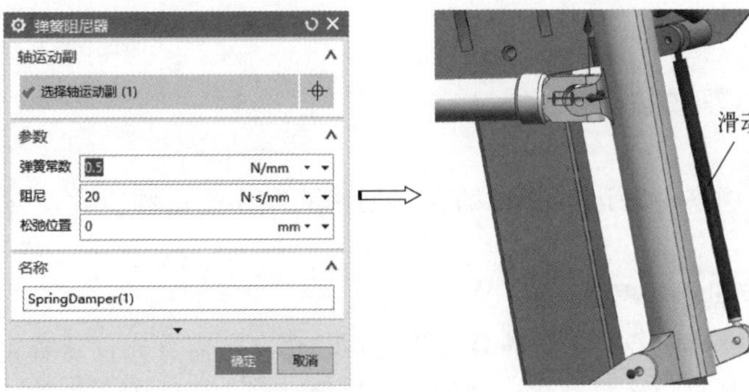

图 3-84　创建阻尼

7. 创建位置控制

16　单击【主页】选项卡上【电气】组中的【位置控制】按钮，弹出【位置控制】对话框，选择如图 3-85 所示的柱面副，【目标】设为 47mm，【速度】设为 5mm/s，单击【确定】按钮完成。

图 3-85　创建位置控制

8. **仿真播放**

17　单击【主页】选项卡上【仿真】组中的【播放】按钮▶，在图形区显示运动过程仿真，如图 3-86 所示。

3-20

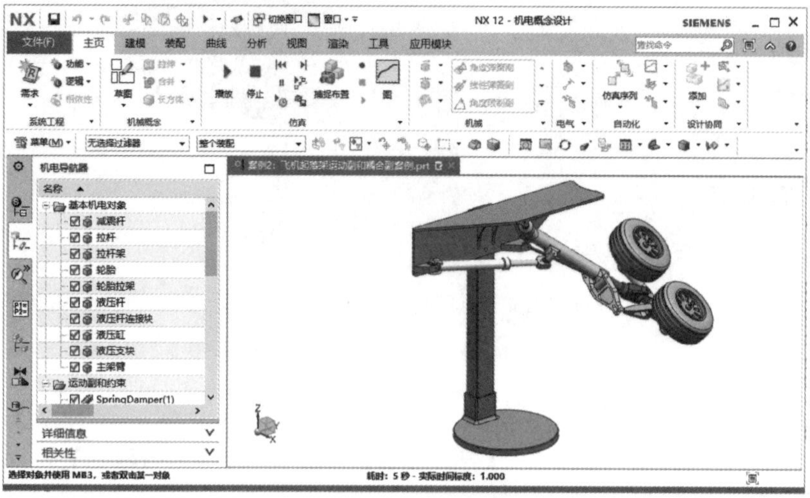

图 3-86　仿真播放

3.3.3　案例 3：小型灌装机

以小型灌装机为例来讲解运动副和耦合副创建的操作方法和步骤，并进行仿真，如图 3-87 所示。

3.3.3.1　小型灌装机运动副的思路分析

在 NX 机电概念设计中若对小型灌装机进行运动仿真，需首先创建各个零件刚体和碰撞体，设置实体质量等参数，接着创建运动副，包括滑动副、铰链副、点在线上副、线在线上副等，然后通过速度控制进行仿真，如图 3-88 所示。

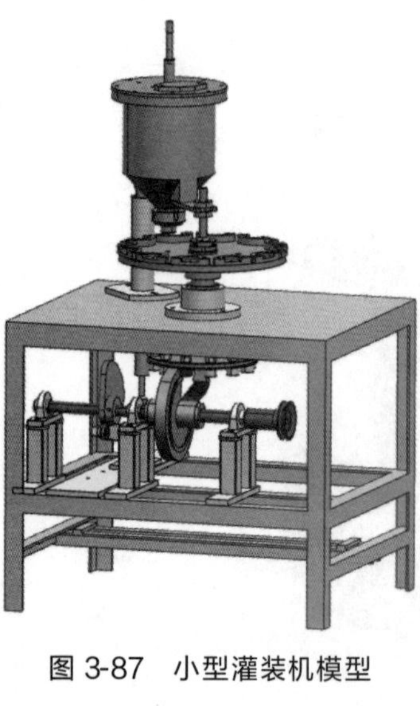

图 3-87　小型灌装机模型

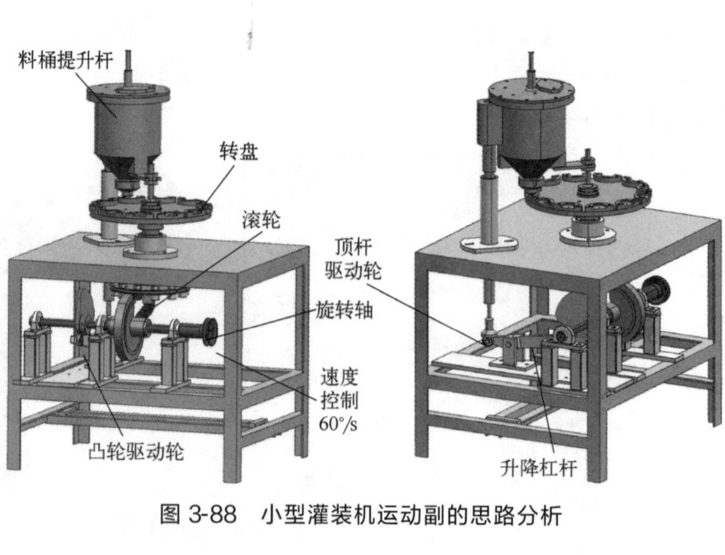

图 3-88　小型灌装机运动副的思路分析

3.3.3.2 小型灌装机运动副的操作过程

3-21

操作步骤

1. 打开文件

01 启动 NX 后，在功能区单击【主页】选项卡上【标准】组中的【打开】按钮，打开素材文件“实例\第 3 章\案例 3：小型灌装机运动副和耦合副案例 .prt”，进入机电概念设计用户界面，如图 3-89 所示。

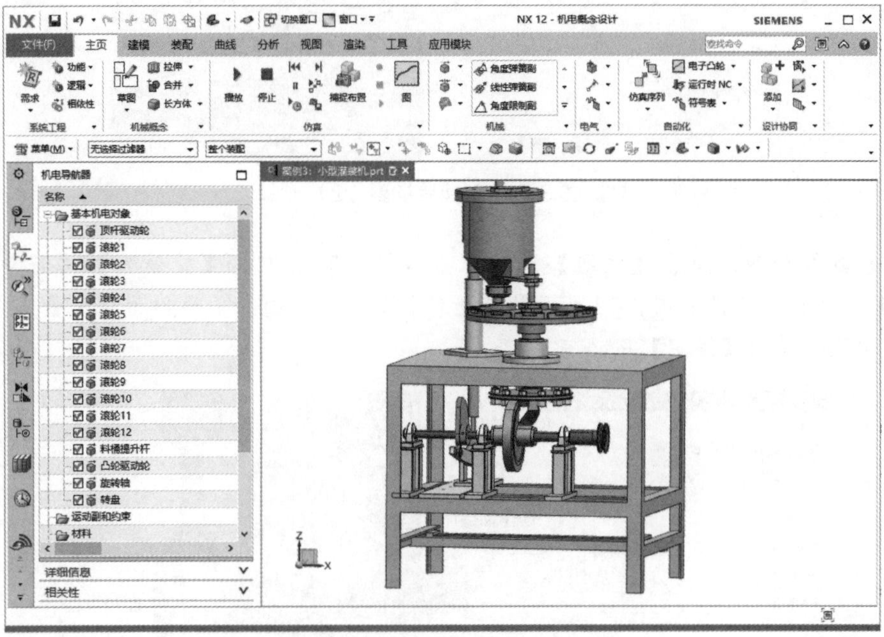

图 3-89 机电概念设计用户界面

2. 创建铰链副

02 创建铰链副。单击【主页】选项卡上【机械】组中的【铰链副】按钮，弹出【铰链副】对话框，选择如图 3-90 所示的连接件，选择平面作为轴矢量方向，选择圆心作为锚点，单击【确定】按钮创建铰链副。

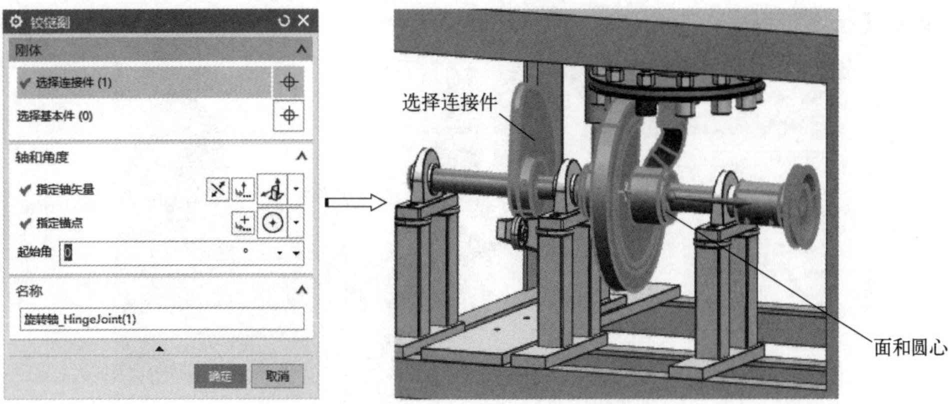

图 3-90 创建铰链副（1）

03 创建铰链副。单击【主页】选项卡上【机械】组中的【铰链副】按钮，弹出【铰链副】对话框，选择如图 3-91 所示的连接件，选择平面作为轴矢量方向，选择圆心作为锚点，单击【确定】按钮完成。

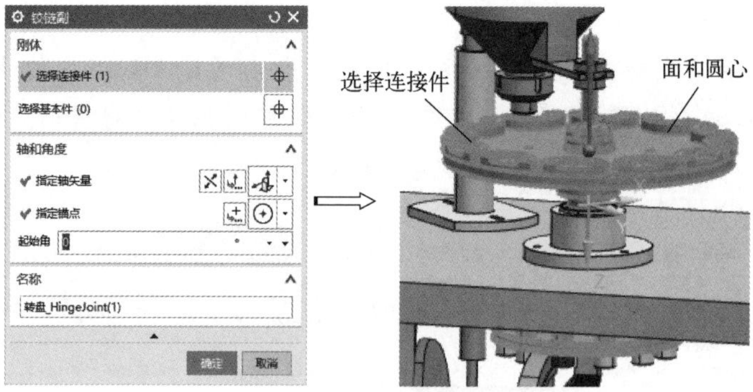

图 3-91 创建铰链副（2）

04 创建铰链副。单击【主页】选项卡上【机械】组中的【铰链副】按钮，弹出【铰链副】对话框，选择如图 3-92 所示的连接件和基本件，选择平面作为轴矢量方向，选择圆心作为锚点，单击【确定】按钮完成。

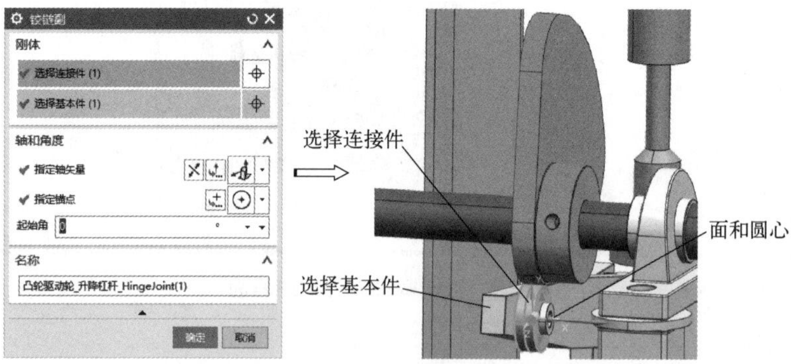

图 3-92 创建铰链副（3）

05 创建铰链副。单击【主页】选项卡上【机械】组中的【铰链副】按钮，弹出【铰链副】对话框，选择如图 3-93 所示的连接件，选择平面作为轴矢量方向，选择圆心作为锚点，单击【确定】按钮创建铰链副。

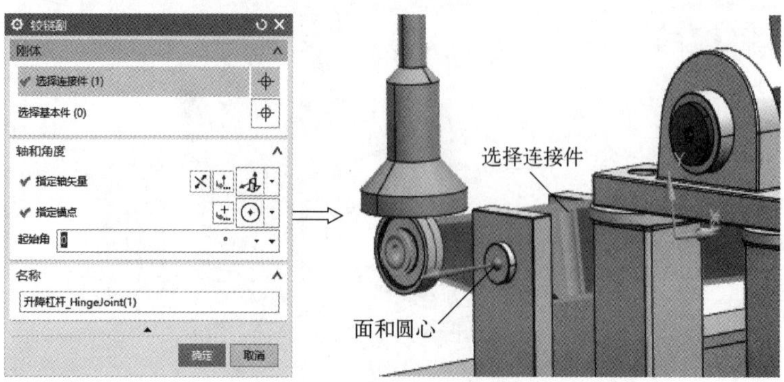

图 3-93 创建铰链副（4）

06 创建铰链副。单击【主页】选项卡上【机械】组中的【铰链副】按钮，弹出【铰链副】对话框，选择如图 3-94 所示的连接件和基本件，选择平面作为轴矢量方向，选择圆心作为锚点，单击【确定】按钮完成。

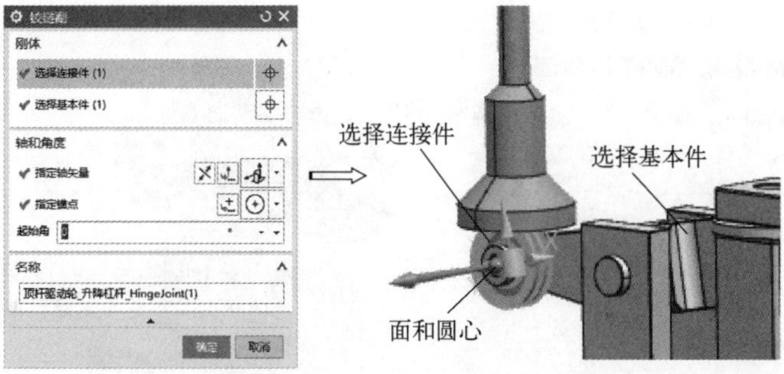

图 3-94 创建铰链副（5）

07 创建 12 个铰链副。单击【主页】选项卡上【机械】组中的【铰链副】按钮，弹出【铰链副】对话框，选择如图 3-95 所示的连接件和基本件（重复选择所有的滚轮），选择平面作为轴矢量方向，选择圆心作为锚点，单击【确定】按钮完成。

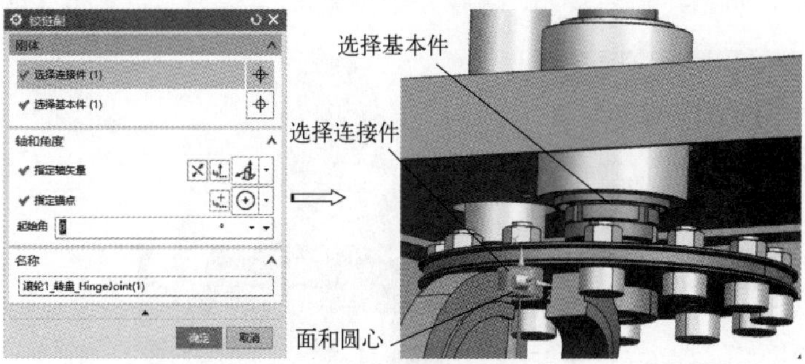

图 3-95 创建铰链副（6）

3. 创建滑动副

08 单击【主页】选项卡上【机械】组中的【滑动副】按钮，弹出【滑动副】对话框，选择如图 3-96 所示的连接件，选择如图所示的方向作为轴矢量方向，单击【确定】按钮完成。

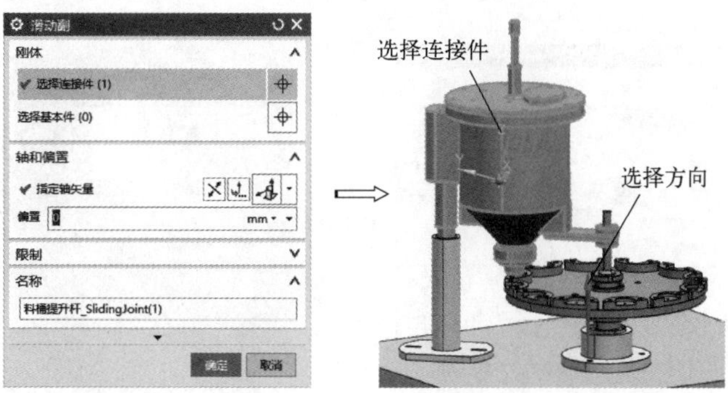

图 3-96 创建滑动副

4. **创建点在线上副**

09　单击【主页】选项卡上【机械】组中的【点在线上副】按钮，弹出【点在线上副】对话框，选择如图 3-97 所示的连接件、曲线，然后选择“点”为指定零位置点，单击【确定】按钮完成。

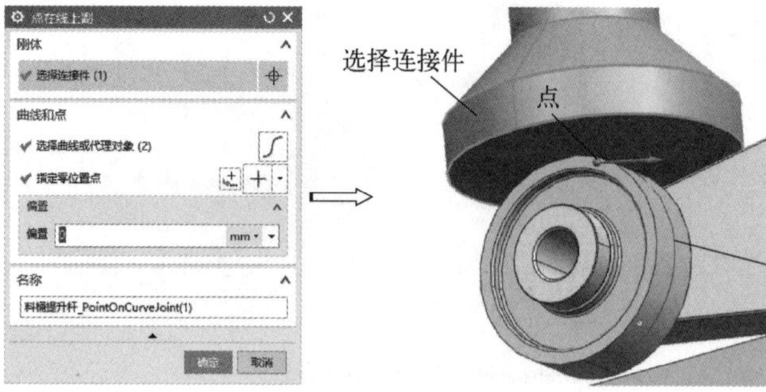

图 3-97　创建点在线上副

5. **创建线在线上副**

10　单击【主页】选项卡上【机械】组中的【线在线上副】按钮，弹出【线在线上副】对话框，选择如图 3-98 所示的连接件、连接件上的曲线 1、曲线 2，单击【确定】按钮完成。

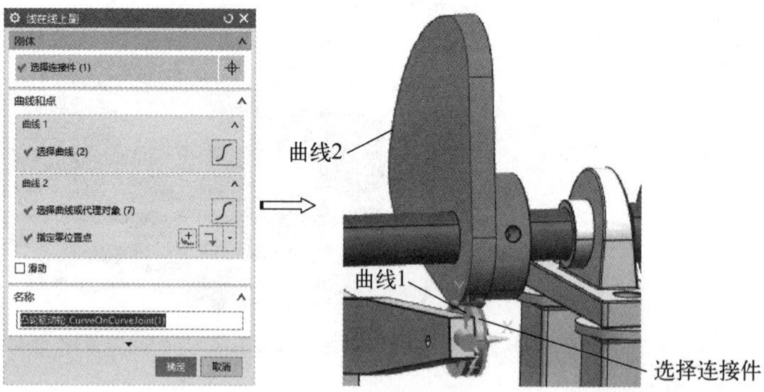

图 3-98　创建线在线上副

6. **创建速度控制**

11　单击【主页】选项卡上【电气】组中的【速度控制】按钮，弹出【速度控制】对话框，选择如图 3-99 所示的铰链副，【速度】设为 60°/s，单击【确定】按钮完成。

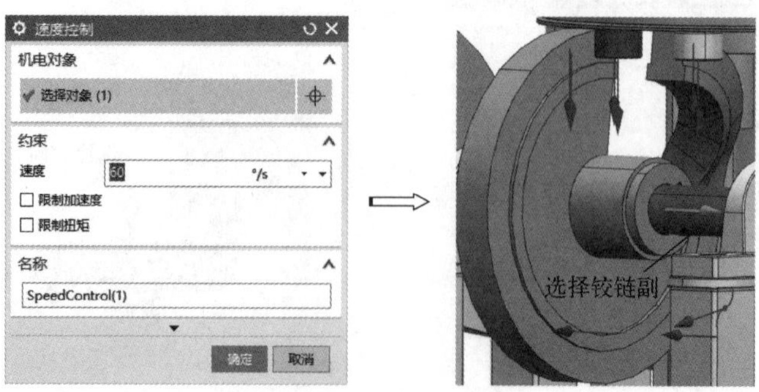

图 3-99　创建速度控制

7. **仿真播放**

12 单击【主页】选项卡上【仿真】组中的【播放】按钮▶，在图形区显示运动过程仿真。旋转轴以 60°/s 的速度旋转，如图 3-100 所示。

3-22

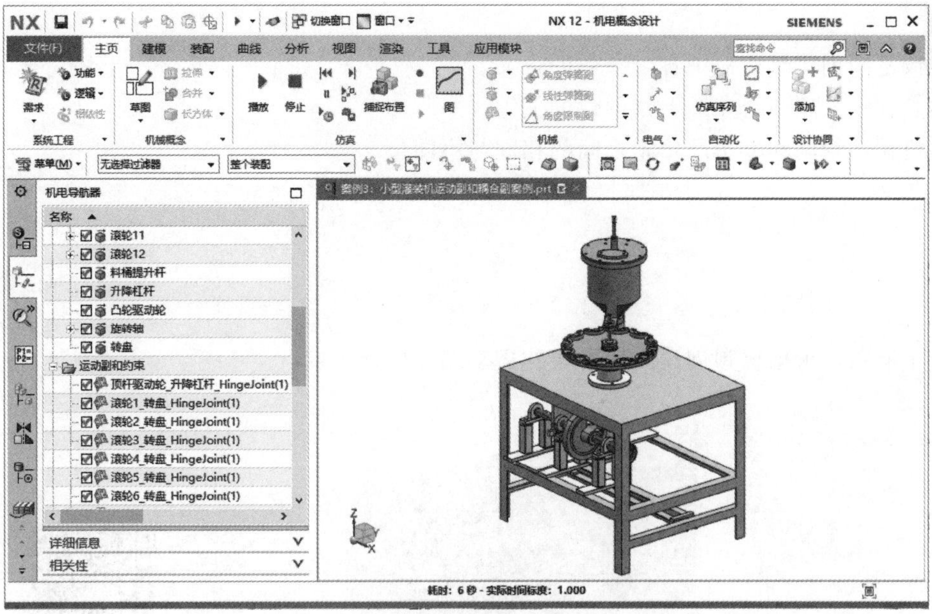

图 3-100　仿真播放

3.4　本章小结

本章介绍了机电概念设计（MCD）中的运动副和耦合副，并在每个关键知识点中设置操作案例以方便练习，最后通过三个具体案例演练运动副和耦合副的具体应用。通过本章项目式案例的学习和应用，大家应该熟悉了 MCD 中基本运动副和耦合副的用法，希望大家按照讲解的方法进一步进行实例练习。

习题

理论习题

1. **填空题**

（1）运动副定义________的运动方式，耦合副定义________之间的运动传递关系。

（2）螺旋副是一种按照设定________沿螺旋线方向运动的运动副，运动为________，一般螺旋副多用于丝杠的仿真。

（3）滑动副是指组成运动副的两个构件之间只能按照某一方向做相对移动，滑动副具有________。

（4）点在线上副中连接件选择需要____________________。

（5）电子凸轮副能够使执行机构按照________，并按照设定的规则随着时间的变化而变化。

2. 简答题

（1）简述铰链副创建对话框中各个参数的含义。

（2）简述点在线上副和线在线上副创建的关键。

（3）简述机械凸轮副和电子凸轮副之间的相同与不同。

上机习题

1. 习题一

如习题图 1 所示，根据视频创建曲柄滑块的运动副和仿真。

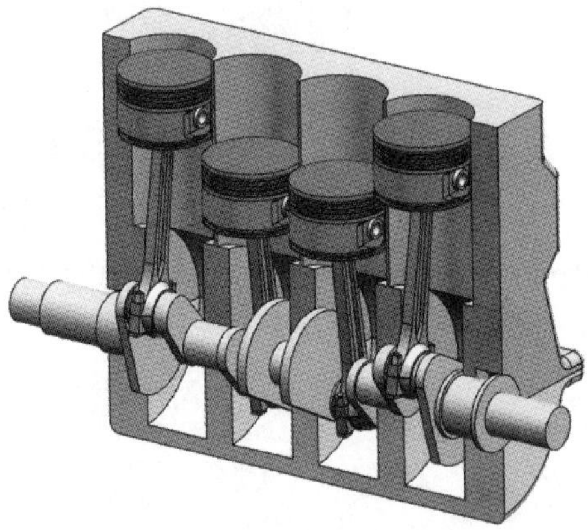

3-23

习题图 1　案例 1

2. 习题二

如习题图 2 所示为双面夹紧机构，夹紧臂以 40mm/s 的速度进行移动，采用滑动副和齿轮副进行运动仿真。

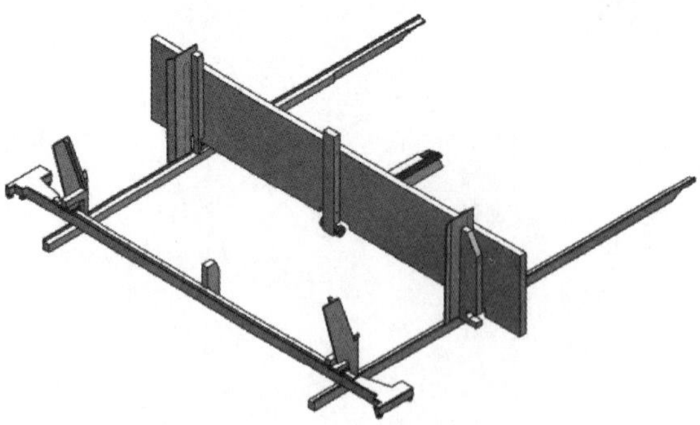

3-24

习题图 2　案例 2

3. 习题三

如习题图 3 所示，根据视频创建玻璃切割器的运动副和仿真。

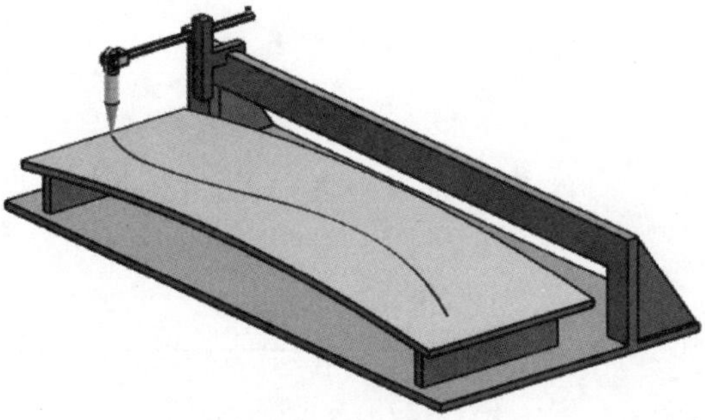

习题图 3　案例 3

3-25

4. **习题四**

如习题图 4 所示，根据视频创建间歇停顿往复式机构的运动副和仿真。

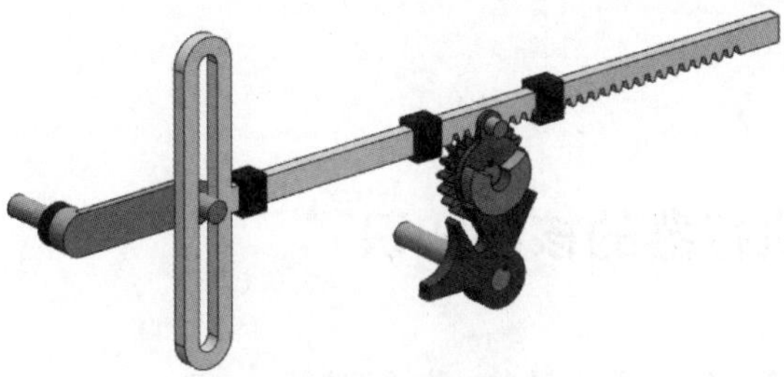

3-26

习题图 4　案例 4

5. **习题五**

如习题图 5 所示，根据视频创建多齿轮传动的运动副和仿真。

3-27

习题图 5　案例 5

第4章

传感器与执行器

4.1 传感器与执行器的核心知识

传感器与执行器是MCD重要的对象。执行器是（Actuator）用于定义线性运动或旋转运动的驱动装置，常用的执行器有速度控制、位置控制、液压缸、气缸、气阀等。常用传感器（Sensor）有碰撞传感器、距离传感器、位置传感器、通用传感器、限位开关和继电器等。

本章介绍传感器与执行器最基本的知识，包括速度控制、位置控制以及各类传感器等。

4.1.1 执行器

4.1.1.1 速度控制

速度控制（Speed Control）可以控制机电对象按设定的速度运行，主要是指机电一体化概念设计（MCD）对象的运动速度，如传输面的传输速度或者各种运动副的运动速度。

单击【主页】选项卡上【电气】组中的【速度控制】按钮，弹出【速度控制】对话框，如图4-1所示，其参数含义如表4-1所示。

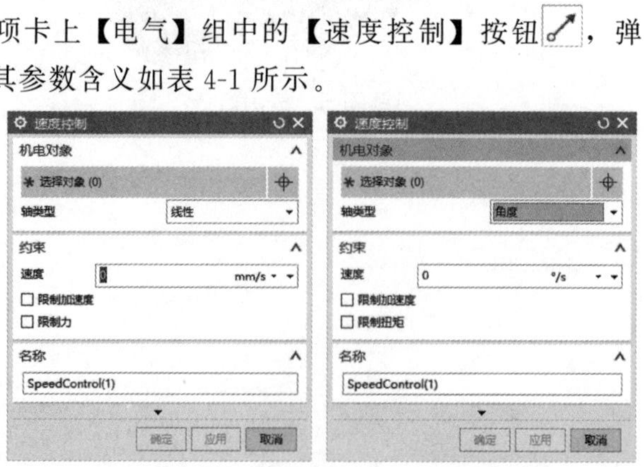

图4-1 【速度控制】对话框

表 4-1 【速度控制】对话框相关选项参数

序与	参数名称		参数含义
1	机电对象	选择对象	选择需要添加执行机构的运动副
2		轴类型	• 线性：用于控制直线运动副 • 角度：用于控制旋转运动副
3	约束	速度	设置运动副的恒定速度
4		限制加速度	用于设置最大加速度
5		限制力	当轴类型为“线性”时，用于设置正向力和反向力的限制值
6		限制扭矩	当轴类型为“角度”时，用于设置正向扭矩和反向扭矩的限制值
7	名称		定义速度控制的名称

4.1.1.2 位置控制

位置控制（Position Control）用来控制运动几何体的目标位置，让运动副按照指定的速度，运动到指定的位置后停止。位置控制包含两种：位置目标控制和达到位置目标的速度控制。

单击【主页】选项卡上【电气】组中的【位置控制】按钮，弹出【位置控制】对话框，如图 4-2 所示，其参数含义如表 4-2 所示。

图 4-2 【位置控制】对话框

表 4-2 【位置控制】对话框相关选项参数

序号	参数名称		参数含义
1	机电对象	选择对象	选择需要控制的运动副
2		轴类型	• 线性：用于控制直线运动副 • 角度：用于控制旋转运动副
3	约束	角路径选项	只有在轴类型为“角度”时出现，用于定义轴运动副的旋转方式，如图 4-3 所示
4		目标	指定运动副的最终位置
5		速度	设置运动副的恒定速度
6		限制加速度	用于设置最大加速度
7		限制力	当轴类型为“线性”时，用于设置正向力和反向力的限制值
8		限制扭矩	当轴类型为“角度”时，用于设置正向扭矩和反向扭矩的限制值
9	名称		定义位置控制的名称

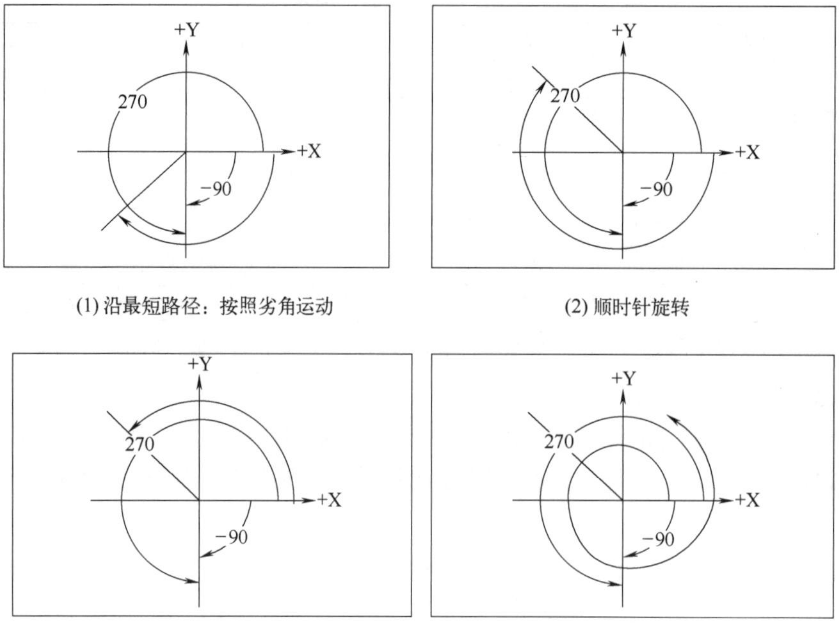

(1) 沿最短路径：按照劣角运动 (2) 顺时针旋转

(3) 逆时针旋转 (4) 跟踪多圈

图 4-3 角路径选项

操作实例 1——位置控制实例

如图 4-4 所示为四缸发动机，要求曲轴到位 700°，速度达 180°/s，启动和刹车均要限制加速度。

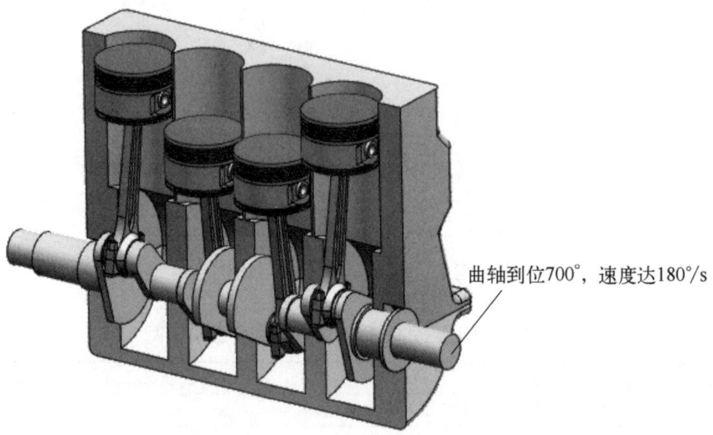

图 4-4 位置控制实例——四缸发动机

操作步骤

4-1

1. 打开文件

01 启动 NX 后，在功能区单击【主页】选项卡上【标准】组中的【打开】按钮，打开素材文件“实例\第 4 章\操作实例 1——位置控制实例 .prt”。

2. 创建位置控制

02 单击【主页】选项卡上【电气】组中的【位置控制】按钮，弹出【位置控制】对话框，选择如图 4-5 所示的铰链副，【目标】设为 700°，【速度】设为 180°/s，【限制加速度】设为 100°/s^2，单击【确定】按钮完成。

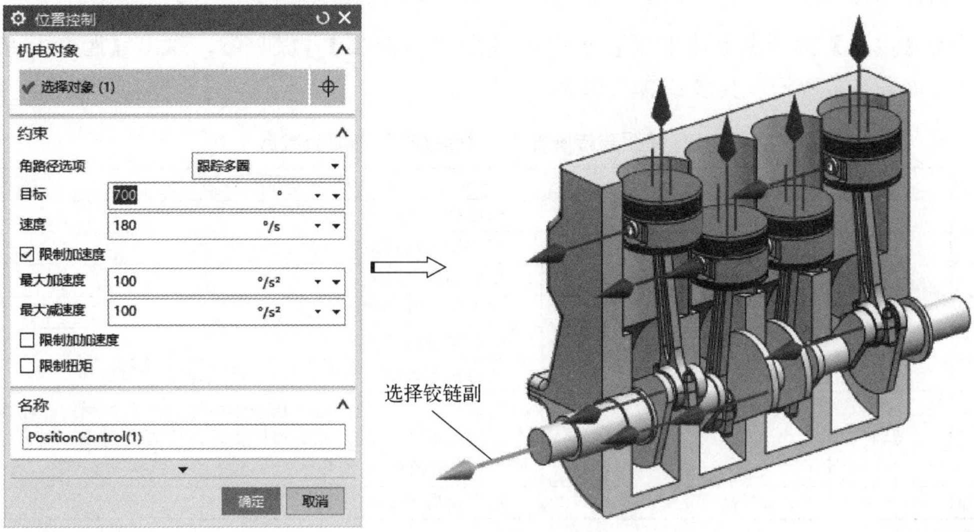

图 4-5 创建位置控制

3. 仿真播放

03 单击【主页】选项卡上【仿真】组中的【播放】按钮，在图形区显示运动过程仿真，启动和刹车均有限制，如图 4-6 所示。

4-2

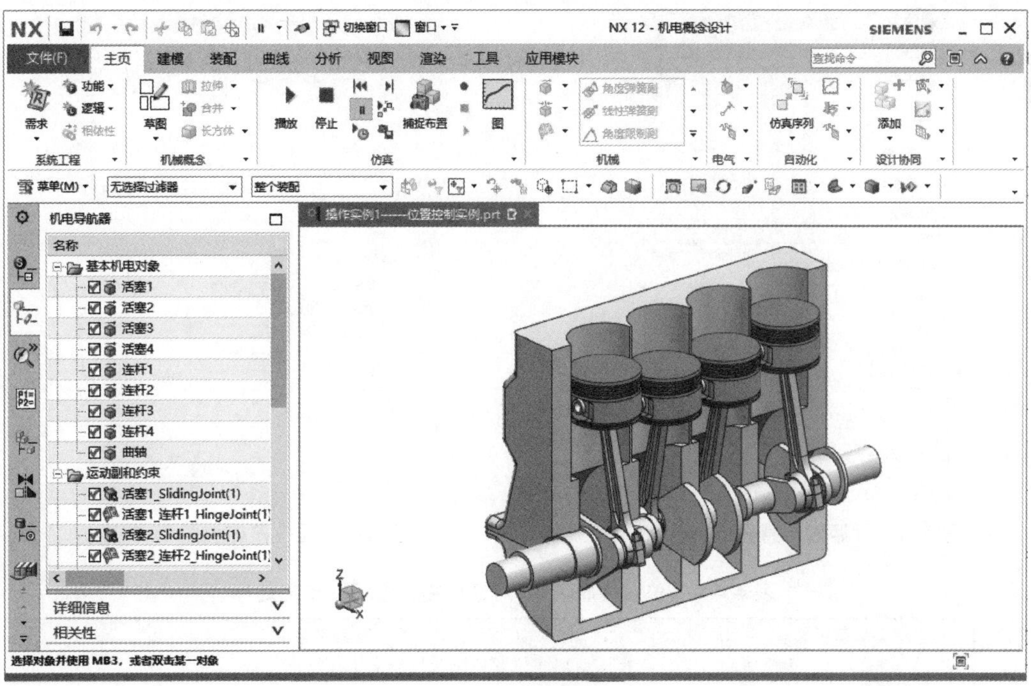

图 4-6 仿真播放

4.1.2 传感器

4.1.2.1 距离传感器

距离传感器（Distance Sensor）是用来检测对象与传感器之间距离的传感器。

单击【主页】选项卡上【电气】组中的【距离传感器】按钮，弹出【距离传感器】对话框，如图 4-7 所示，其参数含义如表 4-3 所示。

表 4-3 【距离传感器】对话框相关选项参数含义

序号	参数名称		参数含义
1	刚体	选择对象	选择检测的刚体
2	形状	指定点	指定用于测量距离的开始点
3		指定矢量	指定测量方向
4		开口角度	指定测量范围开口角度
5		范围	指定测量的长度范围
6		仿真过程中显示距离传感器	在仿真运行的过程中显示距离传感器的范围
7	类别	类别	默认为 0，表示距离传感器能够检测到所有类别的碰撞体；如果设置为不同类别值，则距离传感器仅检测类别为“0”和具有相同类别的碰撞体
8	名称		定义距离传感器的名称

4.1.2.2 位置传感器

位置传感器（Position Sensor）是用于检测运动副位置数据的传感器。

单击【主页】选项卡上【电气】组中的【位置传感器】按钮，弹出【位置传感器】对话框，如图 4-8 所示，其参数含义如表 4-4 所示。

图 4-7 【距离传感器】对话框

图 4-8 【位置传感器】对话框

表 4-4 【位置传感器】对话框相关选项参数含义

序号	参数名称		参数含义
1	机电对象	选择轴	选择运动副或位置控制执行器来监控位置
2		轴类型	包括监控角度或线性位置

续表

序号	参数名称		参数含义
3	修剪和比例	修剪	设置修剪值，超过范围不再监控 • 修剪范围下限：设置最小修剪范围 • 修剪范围上限：设置最大修剪范围
4		比例	选中【比例】后，设置输出比例值 • 量度类型：选择输出参数类型，包括“常量”“电压”“电流”等三种类型 • 输出范围下限：设置输出最小值 • 输出范围上限：设置输出最大值
5	名称		定义位置传感器的名称

4.1.2.3 限位开关

限位开关（Limit Switch）用于检测对象的位置、力、扭矩、速度和加速度等是否在设定的范围内。若在范围之内，则输出为 false；若超出该范围，则输出为 true。

单击【主页】选项卡上【电气】组中的【限位开关】按钮，弹出【限位开关】对话框，如图 4-9 所示，其参数含义如表 4-5 所示。

表 4-5 【限位开关】对话框相关选项参数含义

序号	参数名称		参数含义
1	机电对象	选择对象	选择用于检测零件的对象
2		参数名称	选择触发输出信号变化的参数
3	限制	启动下限	用于设置下限的触发值
4		启动上限	用于设置上限的触发值
5	名称		定义限位开关传感器的名称

操作实例 2——限位开关实例

如图 4-10 所示为一个物块向前运动，在 400mm 处设置限位开关。当限位开关被触发时，物块返回。

图 4-9 【限位开关】对话框

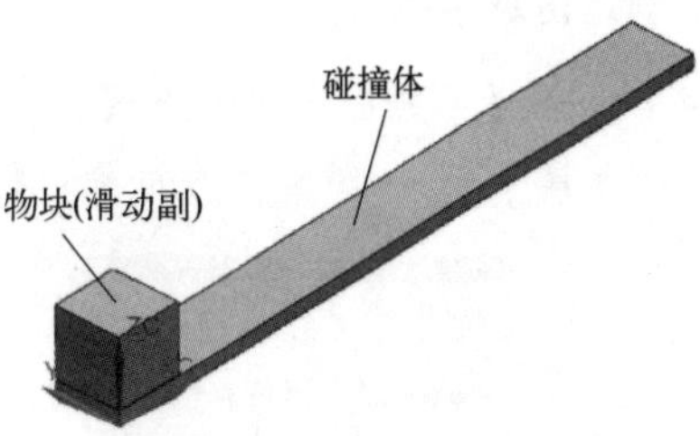

图 4-10 限位开关实例

操作步骤

1. 打开文件

01 启动 NX 后，在功能区单击【主页】选项卡上【标准】组中的【打开】按钮，打开素材文件“实例 \ 第 4 章 \ 操作实例 2——限位开关实例 . prt”。

4-3

2. 创建速度控制

02 单击【主页】选项卡上【电气】组中的【速度控制】按钮，弹出【速度控制】对话框，选择如图 4-11 所示的滑动副，【速度】设为 100mm/s，单击【确定】按钮完成。

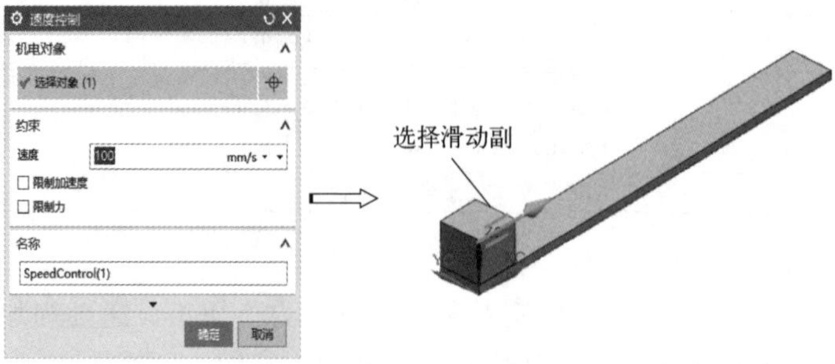

图 4-11 创建速度控制

3. 创建限位开关

03 单击【主页】选项卡上【电气】组中的【限位开关】按钮，弹出【限位开关】对话框，选择滑动副为对象，【参数名称】选为“定位”，【下限】设为－200mm，【上限】设为 400mm，如图 4-12 所示。

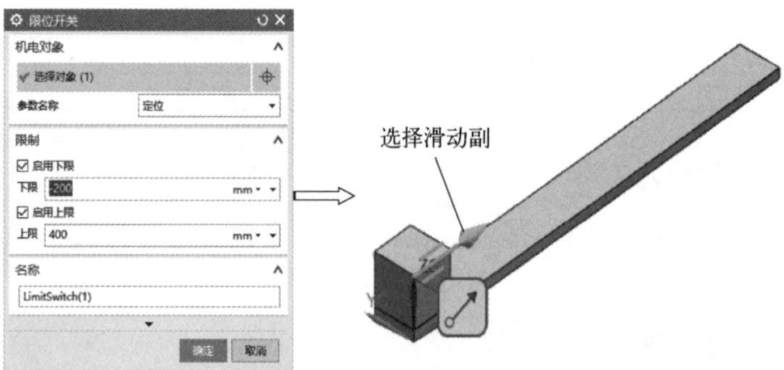

图 4-12 创建限位开关

4. 创建仿真序列

04 单击【主页】选项卡上【自动化】组中的【仿真序列】按钮，弹出【仿真序列】对话框，选择如图 4-13 所示的对象，【时间】设置为 0s，【平行速度】设为 200mm/s，【名

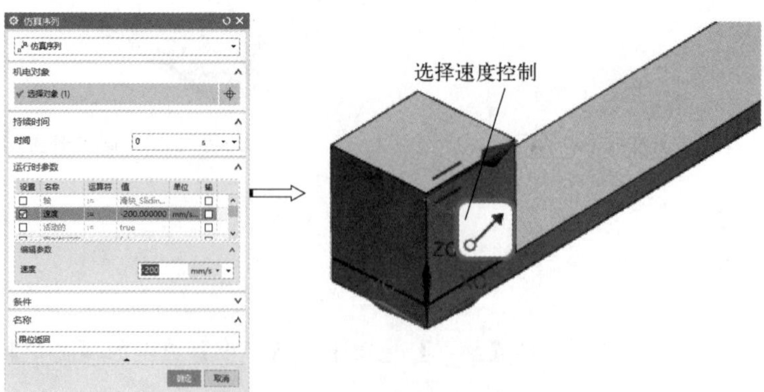

图 4-13 选择机电对象

称】选为“限位返回”。

05 展开【条件】选项，选择“限位开关”，设置为：切换=true，单击【确定】按钮完成，如图4-14所示。

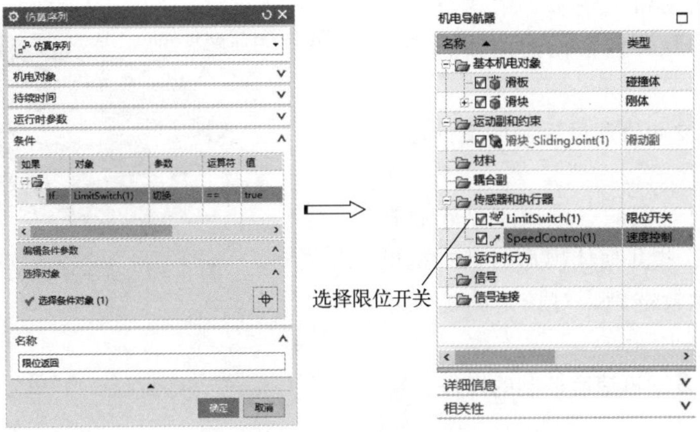

图 4-14 设置条件

5. **仿真播放**

06 单击【主页】选项卡上【仿真】组中的【播放】按钮，在图形区显示运动过程仿真，如图4-15所示。

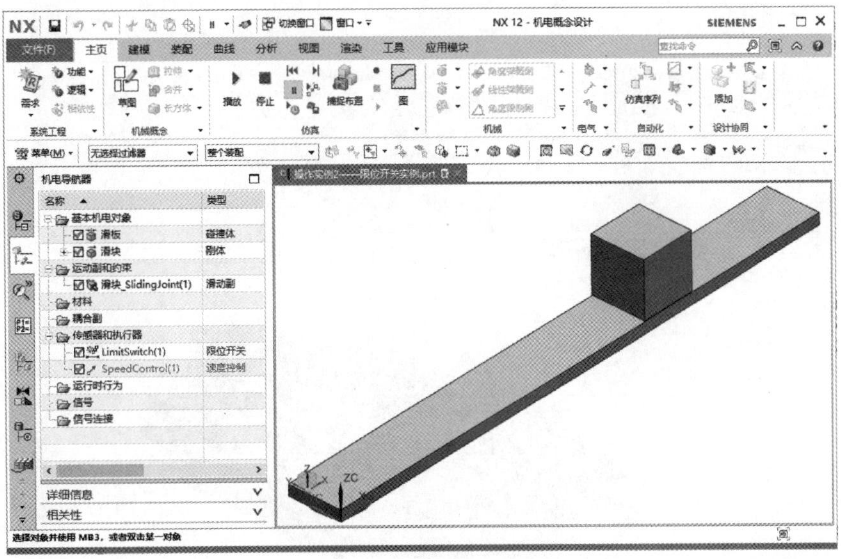

图 4-15 仿真播放

4-4

4.2 传感器与执行器的案例

下面通过3个例子来讲解MCD中传感器与执行器的创建步骤和方法，包括小型航空发动机的速度控制、液压往复滑台的传感器控制、数控铣圆的位置检测等。

4.2.1 案例 1：小型航空发动机的速度控制

以小型航空发动机为例来讲解执行器创建的操作方法和步骤，包括创建刚体、铰链副与速度控制等。

4.2.1.1 小型航空发动机速度控制的设计思路分析

首先建立几何对象的三维模型，然后在 NX MCD 中设定这些几何体模型为基本机电对象，建立涡轮轴铰链副，对铰链副施加速度控制，如图 4-16 所示。

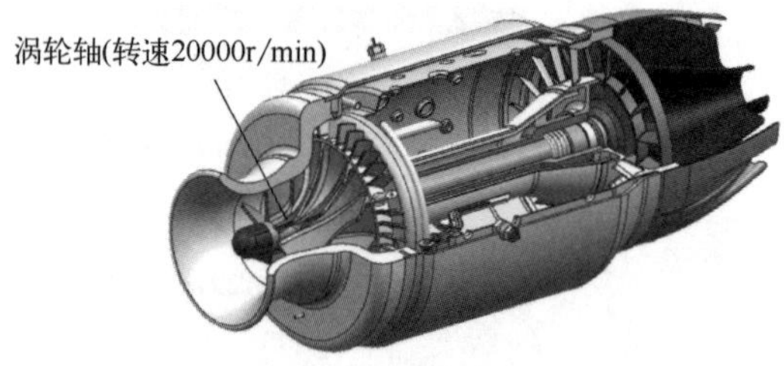

图 4-16 小型航空发动机

4.2.1.2 小型航空发动机速度控制的操作过程

4-5

操作步骤

1. 打开文件

01 启动 NX 后，在功能区单击【主页】选项卡上【标准】组中的【打开】按钮，打开素材文件“实例 \ 第 4 章 \ 案例 1：小型航空发动机速度控制案例 .prt”，进入机电概念设计用户界面，如图 4-17 所示。

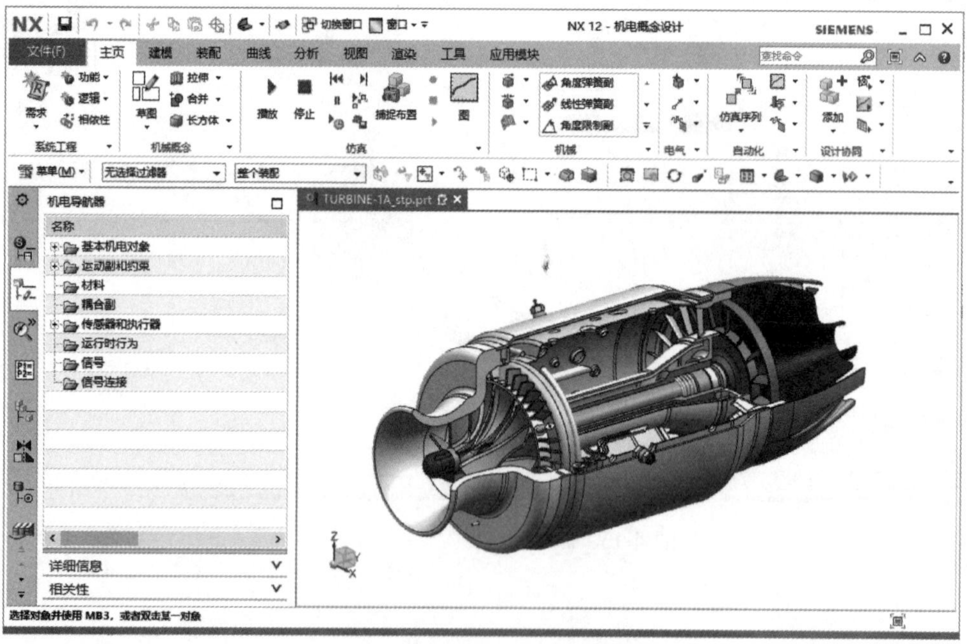

图 4-17 机电概念设计用户界面

2. 创建刚体

02 单击【主页】选项卡上【机械】组中的【刚体】按钮，弹出【刚体】对话框，选择如图 4-18 所示实体，【名称】选为“叶轮轴”，单击【确定】按钮完成。

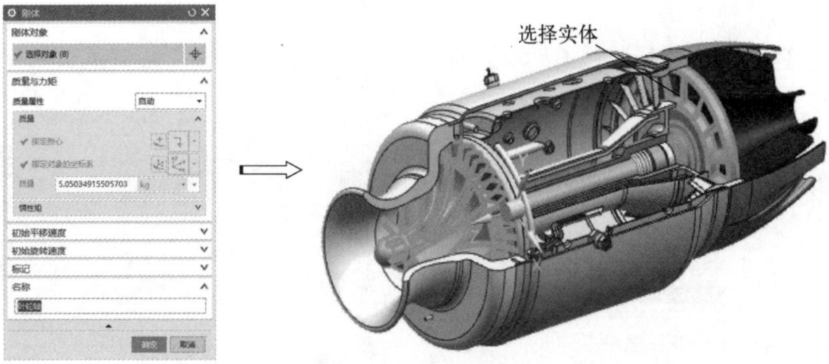

图 4-18　创建刚体

3. 创建铰链副

03　单击【主页】选项卡上【机械】组中的【铰链副】按钮，弹出【铰链副】对话框，选择如图 4-19 所示的连接件，选择平面作为轴矢量方向，选择圆心作为锚点，单击【确定】按钮创建铰链副。

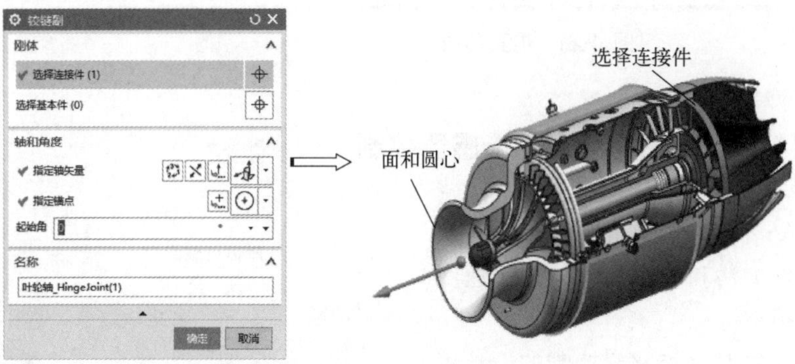

图 4-19　创建铰链副

4. 创建速度控制

04　单击【主页】选项卡上【电气】组中的【速度控制】按钮，弹出【速度控制】对话框，选择如图 4-20 所示的铰链副，【速度】设为 20000r/min，【限制加速度】设为 60°/s²，单击【确定】按钮完成。

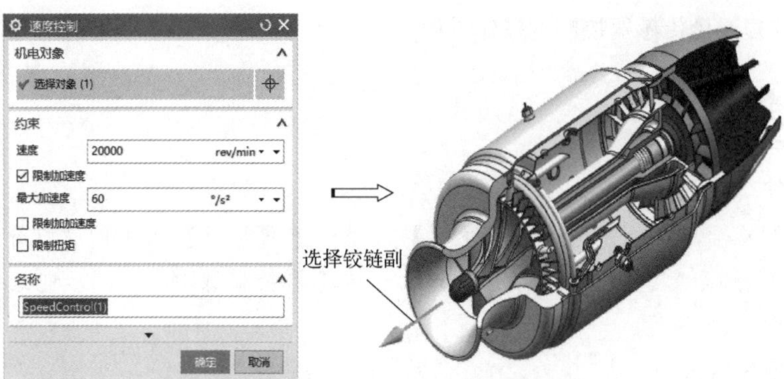

图 4-20　创建速度控制

5. **仿真播放**

05　单击【主页】选项卡上【仿真】组中的【播放】按钮，在图形区显示运动过程仿真，如图 4-21 所示。

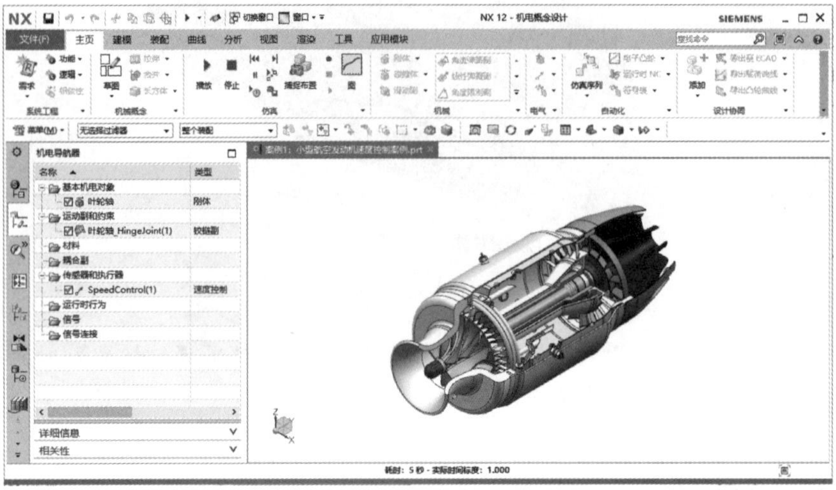

4-6

图 4-21　仿真播放

4.2.2　案例 2：液压往复滑台的传感器控制

以液压往复滑台为例来讲解传感器与执行器创建的操作方法和步骤，包括创建速度控制、碰撞传感器等。

4.2.2.1　液压往复滑台传感器控制的设计思路分析

首先建立几何对象三维模型，然后在 NX MCD 中设定这些几何体模型为基本机电对象，建立滑台滑动副，创建碰撞传感器，通过仿真序列实现往复移动，如图 4-22 所示。

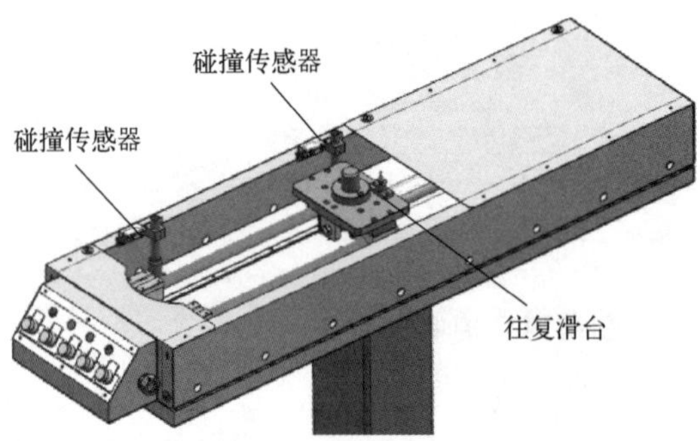

图 4-22　液压往复滑台传感器控制的设计分析

4.2.2.2　液压往复滑台传感器控制的操作过程

操作步骤

4-7

1. **打开文件**

01　启动 NX 后，在功能区单击【主页】选项卡上【标准】组中的【打开】按钮，打开素材文件"实例\第 4 章\案例 2：液压往复滑台传感器控制案例 .prt"，进入机电概念设计用户界面，如图 4-23 所示。

2. **创建碰撞传感器**

02　单击【主页】选项卡上【电气】组中的【碰撞传感器】按钮，弹出【碰撞传感器】

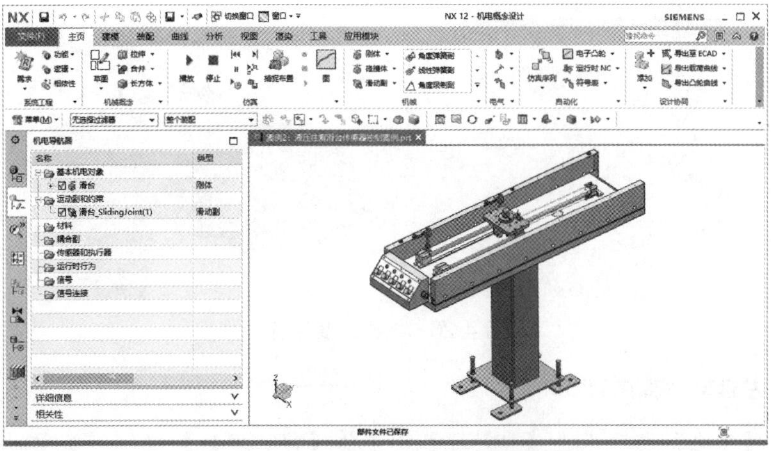

图 4-23　机电概念设计用户界面

对话框，选择如图 4-24 所示的实体，【碰撞形状】选为“直线”，选择点和坐标系，【长度】设为 120mm，【类别】选为“0”，【名称】选为“右限位传感器”，单击【确定】按钮完成。

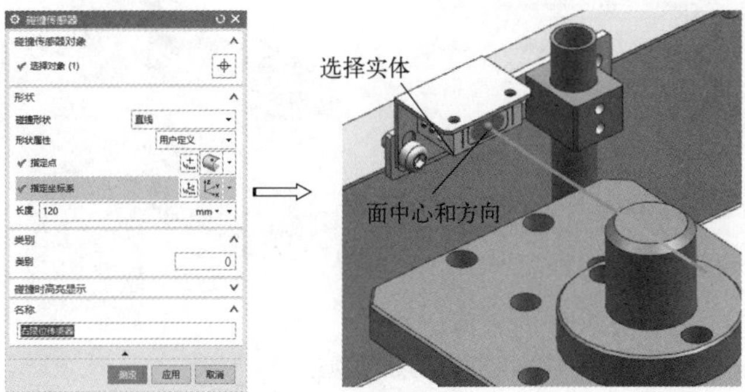

图 4-24　创建碰撞传感器（1）

03　单击【主页】选项卡上【电气】组中的【碰撞传感器】按钮，弹出【碰撞传感器】对话框，选择如图 4-25 所示的实体，【碰撞形状】选为“直线”，选择点和坐标系，【长度】设为 120mm，【类别】选为“0”，【名称】选为“左限位传感器”，单击【确定】按钮完成。

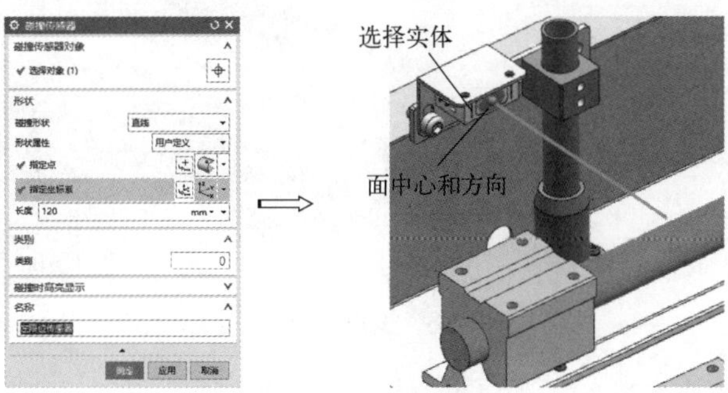

图 4-25　创建碰撞传感器（2）

3. 创建速度控制

04　单击【主页】选项卡上【电气】组中的【速度控制】按钮，弹出【速度控制】对话框，选择如图 4-26 所示的滑动副，【速度】设为 0mm/s，单击【确定】按钮完成。

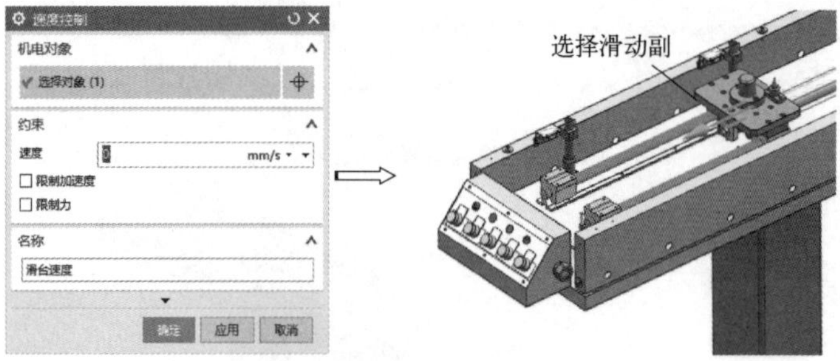

图 4-26 创建速度控制

4. 创建向左运动仿真序列

05 单击【主页】选项卡上【自动化】组中的【仿真序列】按钮，弹出【仿真序列】对话框，选择如图 4-27 所示的对象，滑台速度设置为：时间＝0s；速度＝30mm/s，【名称】选为“向左运动”。

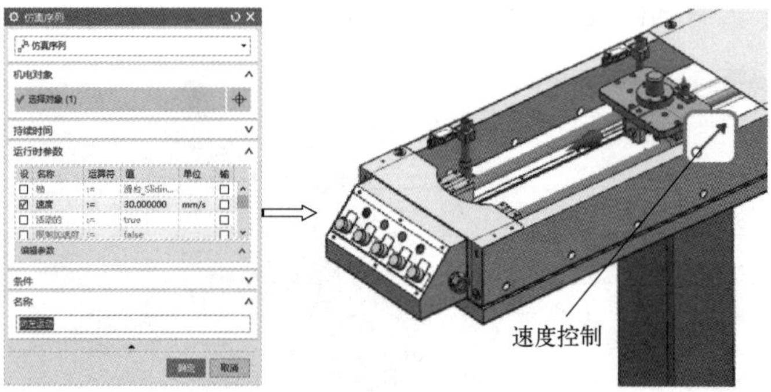

图 4-27 创建仿真序列（1）

06 展开【条件】选项，选择条件对象为“右限位碰撞传感器”，设置为：已触发＝true，单击【确定】按钮完成，如图 4-28 所示。

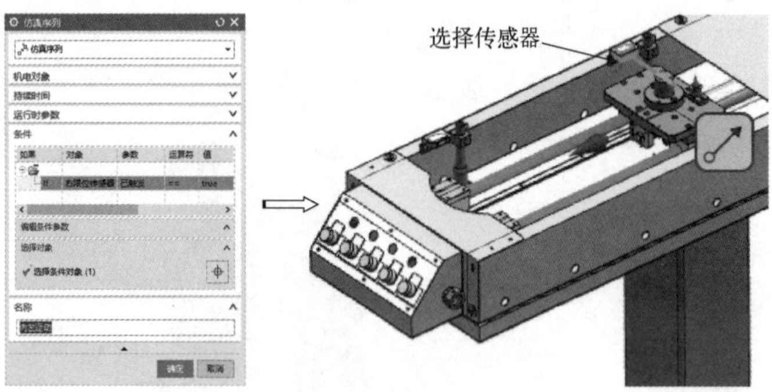

图 4-28 设置条件（1）

5. 创建向右运动仿真序列

07 单击【主页】选项卡上【自动化】组中的【仿真序列】按钮，弹出【仿真序列】对话框，选择如图 4-29 所示的对象滑台速度设置为：时间＝0s；速度＝－30mm/s，【名称】选为“向右运动”。

08 展开【条件】选项，选择条件对象为“左限位碰撞传感器”，设置为：已触发＝

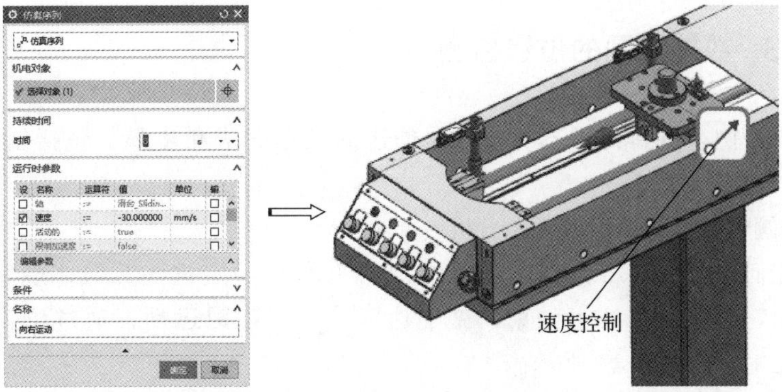

图 4-29　创建仿真序列（2）

true，单击【确定】按钮完成，如图 4-30 所示。

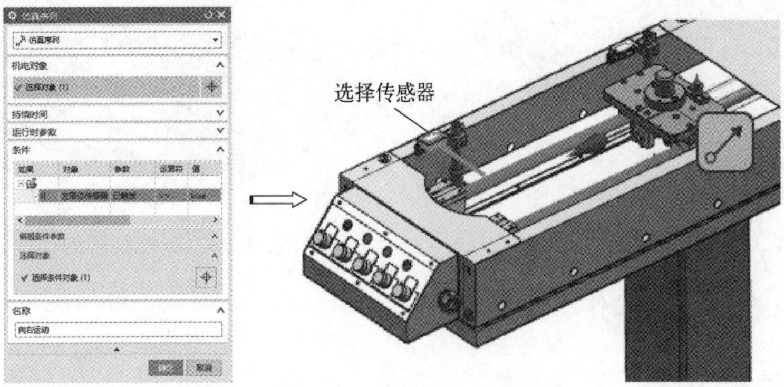

图 4-30　设置条件（2）

6. 仿真播放

09　单击【主页】选项卡上【仿真】组中的【播放】按钮▶，在图形区显示运动过程仿真，如图 4-31 所示。

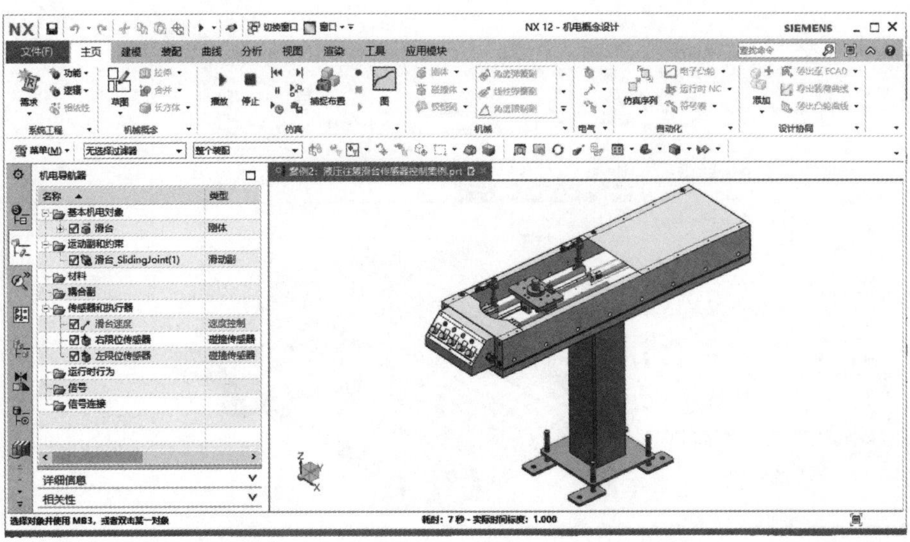

4-8

图 4-31　仿真播放

4.2.3 案例 3：数控铣圆的位置检测

以数控铣圆为例来讲解传感器与执行器创建的操作方法和步骤，包括创建点在线上副、位置传感器等，如图 4-32 所示。

4.2.3.1 数控铣圆位置检测的设计思路分析

首先建立几何对象的三维模型，然后在 NX MCD 中设定这些几何体模型为基本机电对象，建立滑动副，创建点在线上约束，施加速度控制实现圆运动，通过位置传感器检测 x 轴、y 轴位置变化，如图 4-33 所示。

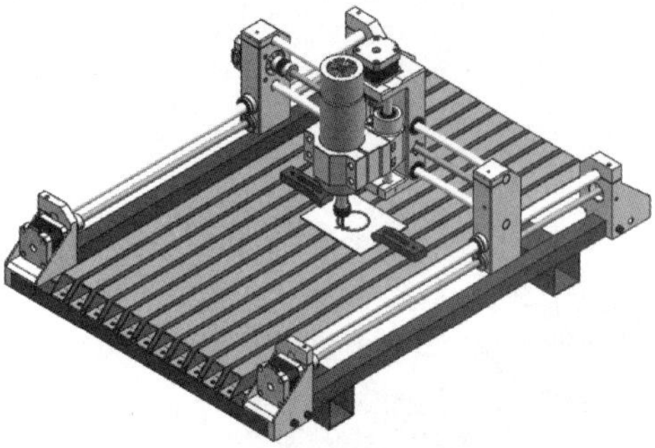

图 4-32 数控铣圆

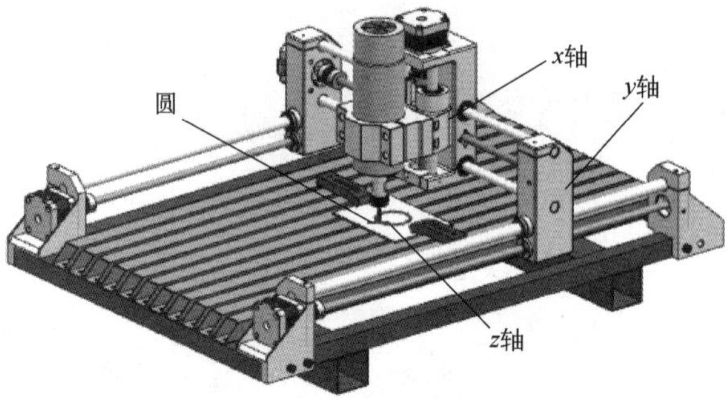

图 4-33 数控铣圆的设计分析

4.2.3.2 数控铣圆位置检测操作过程

操作步骤

4-9

1. 打开文件

01 启动 NX 后，在功能区单击【主页】选项卡上【标准】组中的【打开】按钮，打开素材文件“实例\第 4 章\案例 3：数控铣圆位置检测案例 .prt”，进入机电概念设计用户界面，如图 4-34 所示。

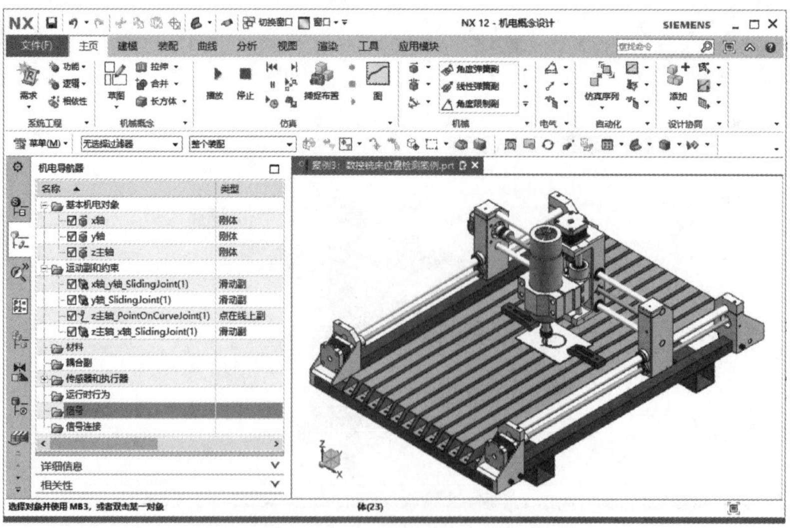

图 4-34 机电概念设计用户界面

2. 创建点在线上副

02　单击【主页】选项卡上【机械】组中的【点在线上副】按钮，弹出【点在线上副】对话框，选择如图 4-35 所示的连接件，然后选择曲线和点为指定零位置点，单击【确定】按钮完成。

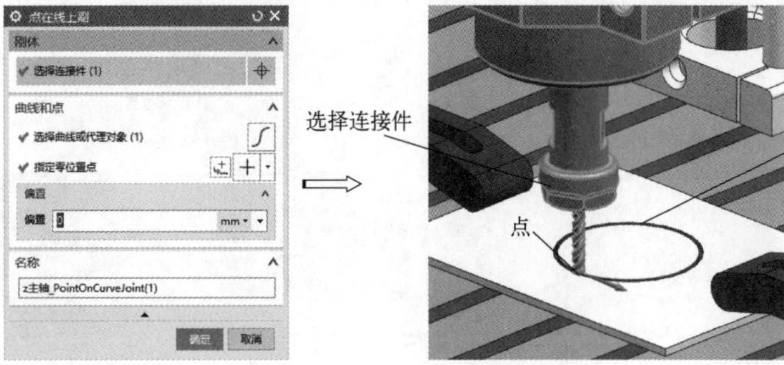

图 4-35　创建点在线上副

3. 创建速度控制

03　单击【主页】选项卡上【电气】组中的【速度控制】按钮，弹出【速度控制】对话框，选择如图 4-36 所示的点在线上副，【速度】设为 120mm/s，单击【确定】按钮完成。

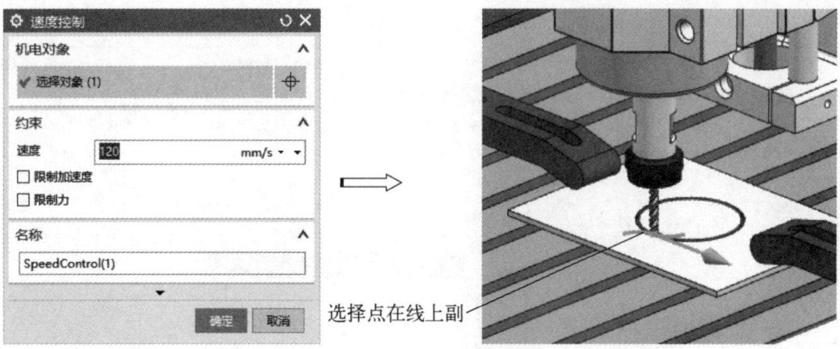

图 4-36　创建速度控制

4. 创建位置传感器

04　单击【主页】选项卡上【电气】组中的【位置传感器】按钮，弹出【位置传感器】对话框，选择如图 4-37 所示的滑动副，单击【确定】按钮完成。

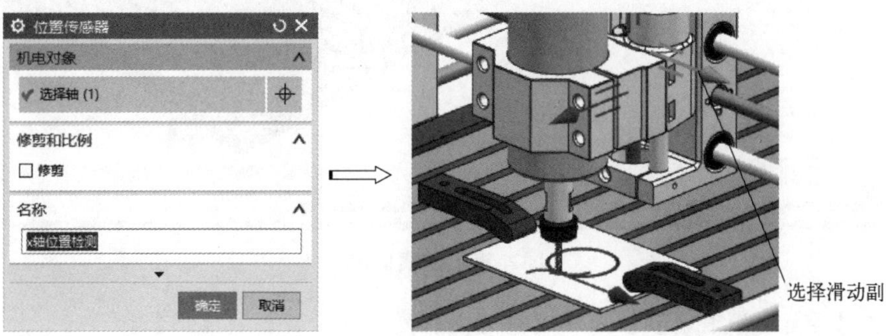

图 4-37　创建位置传感器（x 轴）

05 单击【主页】选项卡上【电气】组中的【位置传感器】按钮，弹出【位置传感器】对话框，选择如图 4-38 所示的滑动副，单击【确定】按钮完成。

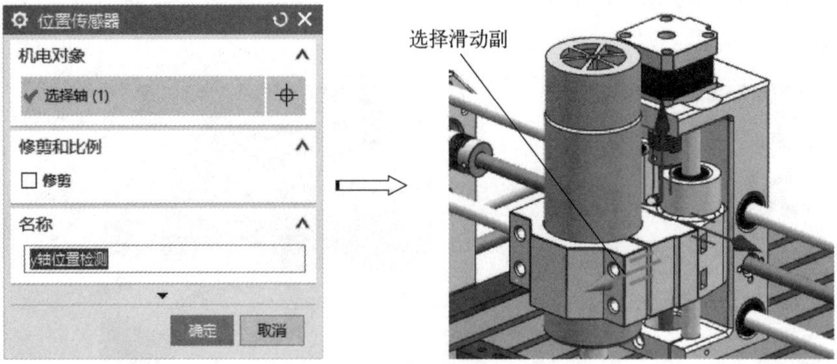

图 4-38 创建位置传感器（y 轴）

5. **仿真播放**

06 添加运行察看器。在【机电导航器】中选择创建的位置传感器，单击鼠标右键，在弹出的快捷菜单中选择【添加到察看器】命令，单击【主页】选项卡上【仿真】组中的【播放】按钮，在图形区显示运动过程仿真，如图 4-39 所示。

4-10

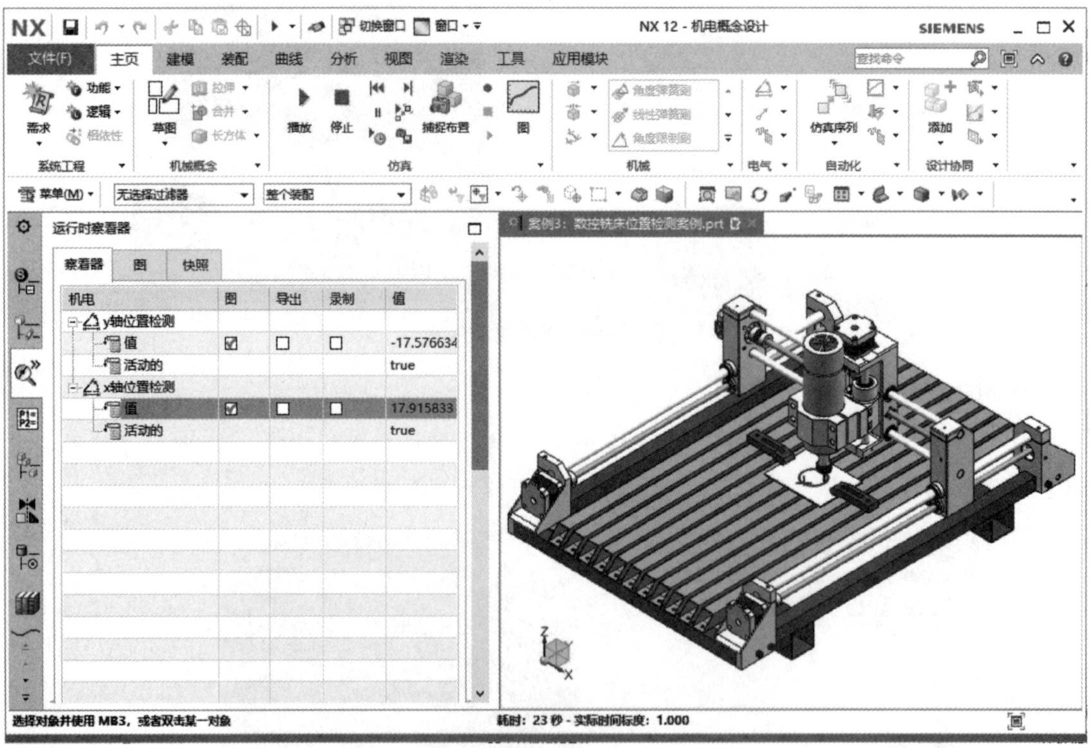

图 4-39 仿真播放

07 在【运行时察看器】窗口中选中【图】复选框，切换到【图】选项卡，绘制检测数据曲线，如图 4-40 所示。

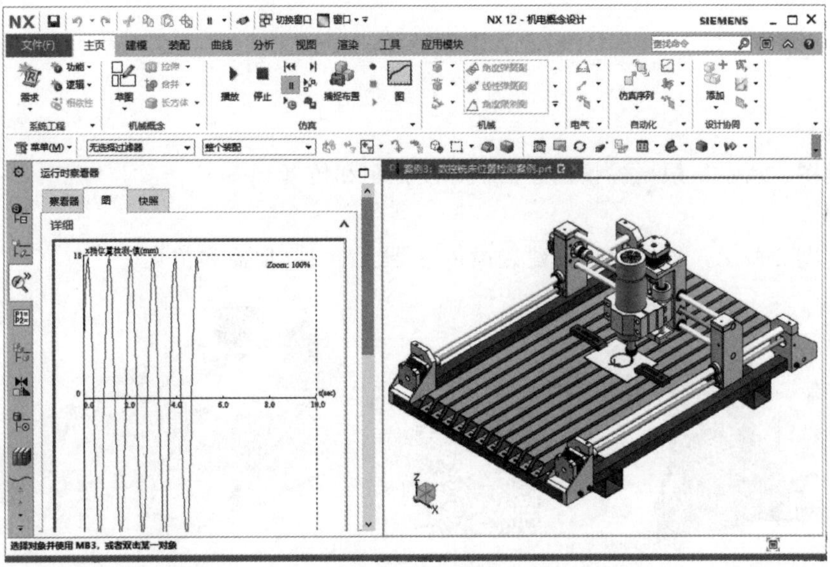

图 4-40 数据图

4.3 本章小结

本章介绍了机电概念设计（MCD）中的传感器与执行器，并在每个关键知识点中设置操作案例以便练习，最后通过三个具体案例演练传感器与执行器的具体应用。通过本章项目式案例的学习和应用，大家应该熟悉了 MCD 中传感器与执行器的用法，希望大家按照讲解方法进一步进行实例练习。

习题

理论习题

1. 填空题

（1）__________可以控制机电对象按设定的速度运行，如传输面的传输速度或者各种运动副的运动速度。

（2）__________用来控制运动几何体的目标位置，让运动副按照指定的速度运动到指定的位置后停止。

（3）__________是用来检测对象与传感器之间距离的传感器。

（4）__________是用于检测运动副位置数据的传感器。

2. 简答题

（1）简述碰撞传感器创建的四种类型。

（2）简述速度控制中铰链副的旋转定义方式。

上机习题

1. **习题一**

如习题图 1 所示，根据视频创建摇柄速度控制和仿真。

2. **习题二**

如习题图 2 所示，根据视频创建碰撞传感器、对象收集器和仿真。

4-11

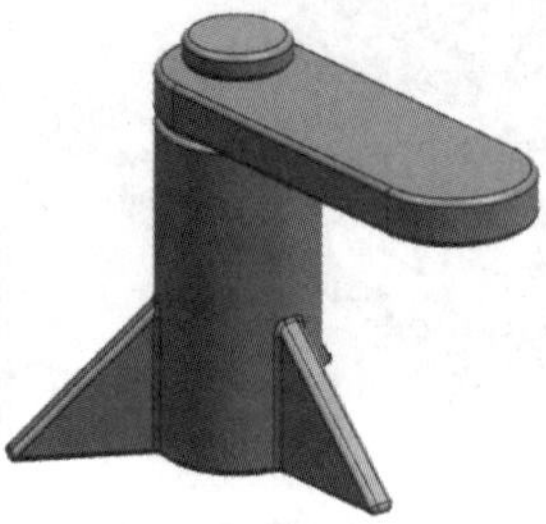

习题图 1　案例 1

4-12

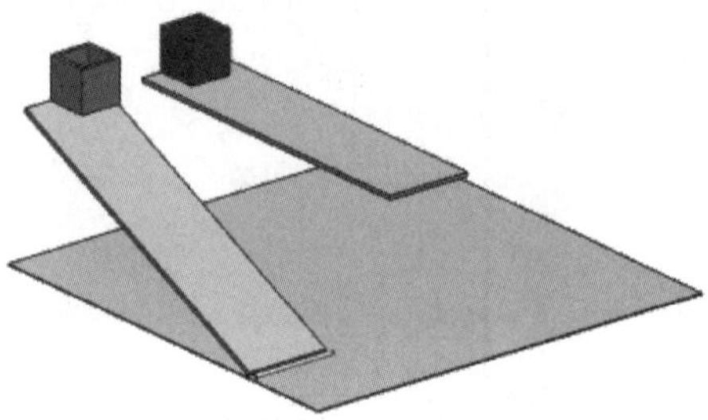

习题图 2　案例 2

3. **习题三**

如习题图 3 所示，根据视频利用距离传感器创建物块的往复运动。

4. **习题四**

如习题图 4 所示，根据视频创建速度传感器和仿真。

习题图 3　案例 3

4-13

习题图 4　案例 4

4-14

5. **习题五**

如习题图 5 所示，根据视频创建速度控制、位置检测和仿真。

4-15

习题图 5　案例 5

第5章

仿真序列与控制

5.1 仿真序列的核心知识

仿真序列（Operation）是 MCD 中的控制元素，用于控制 MCD 中的各类对象。本章将介绍 MCD 中仿真序列和显示更改器的相关知识。

5.1.1 仿真序列

通常使用仿真序列控制一个执行机构（比如控制速度、控制位置），还可以控制运动副（比如移动副的连接件）。除此以外，在仿真序列中还可以创建条件语句来确定何时触发参数改变。

技术要点：在 MCD 定义的仿真对象中，每个对象都有一个或者多个参数。可以通过创建仿真序列修改预设值。

5.1.1.1 仿真序列

单击【主页】选项卡上【自动化】组中的【仿真序列】按钮，弹出【仿真序列】对话框，如图 5-1 所示，其参数含义如表 5-1 所示。

5.1.1.2 序列编辑器

序列编辑器中显示机械系统中创建的所有仿真序列，可以用于管理仿真序列在何时或者何种条件下开始执行，还可以用来控制执行机构或者其他对象在不同时刻的不同状态。

双击资源条上的【序列编辑器】图标，弹出【序列编辑器】窗口，如图 5-2 所示。利用序列编辑器可以对所有仿真序列进行编辑和操作，如链接、调整时间、复制、删除、上下移动顺序等。序列编辑器参数含义如表 5-2 所示。

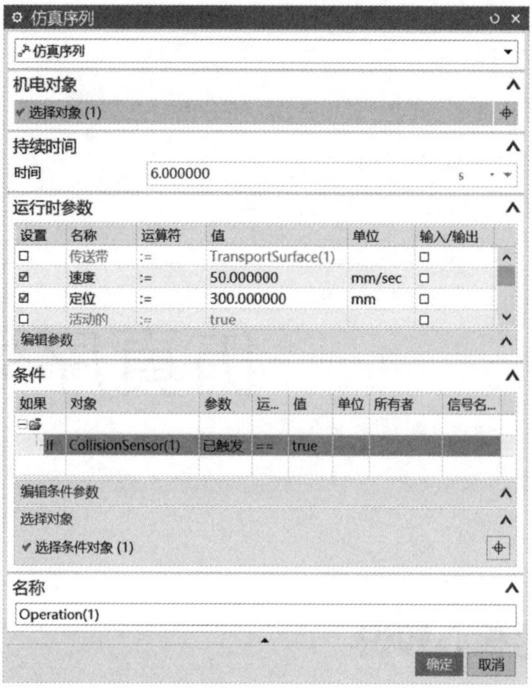

图 5-1 【仿真序列】 对话框

表 5-1 【仿真序列】 对话框相关选项参数含义

<table>
<tr><th>序号</th><th colspan="2">参数名称</th><th>参数含义</th></tr>
<tr><td>1</td><td colspan="2">类型</td><td>用于指定创建的操作类型:仿真序列或暂停仿真序列</td></tr>
<tr><td>2</td><td>机电对象</td><td>选择对象</td><td>用于选择需要修改参数值的对象,例如:速度控制、滑动副等</td></tr>
<tr><td>3</td><td>持续时间</td><td>时间</td><td>用于指定该仿真序列的持续时间</td></tr>
<tr><td>4</td><td rowspan="8">运行时参数</td><td colspan="2">【类型】为"仿真序列"时可用该选项。在运行时,参数列表中列出了所选对象的所有可以修改的参数</td></tr>
<tr><td>5</td><td>设置</td><td>勾选后可修改此参数的值</td></tr>
<tr><td>6</td><td>名称</td><td>可修改该参数的名称</td></tr>
<tr><td>7</td><td>运算符</td><td>赋值运算符</td></tr>
<tr><td>8</td><td>值</td><td>修改参数的值</td></tr>
<tr><td>9</td><td>单位</td><td>值对应的单位</td></tr>
<tr><td>10</td><td>输入输出</td><td>定义该参数是否可以被 MCD 之外的软件识别</td></tr>
<tr><td>11</td><td>编辑参数</td><td>当运行时,参数列表中选中机电对象。该对象需要赋参数值时可用此项</td></tr>
<tr><td>12</td><td rowspan="3">条件</td><td>条件列表</td><td>• 显示所有可用条件,对选择对象的一个或多个参数创建条件表达式,用于控制当前仿真序列是否执行
• 对条件列表中任一条件进行右击,可以选择"添加组"来添加条件,各个条件之间的逻辑关系可选择 And 或 Or</td></tr>
<tr><td>13</td><td>编辑条件参数</td><td>用于指定条件列表中选定参数的值</td></tr>
<tr><td>14</td><td>选择对象</td><td>选择一个条件对象,该对象提供运动时的参数,以确定仿真序列的启动条件</td></tr>
<tr><td>15</td><td colspan="2">名称</td><td>定义仿真序列的名称</td></tr>
</table>

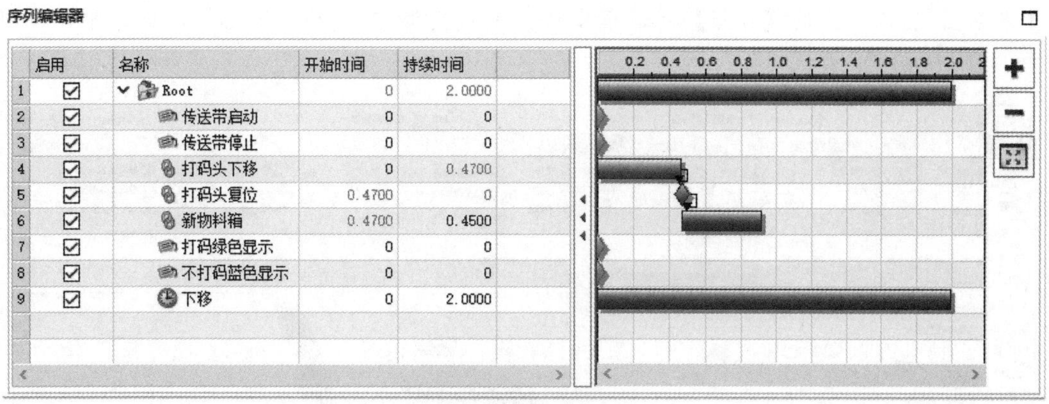

图 5-2　序列编辑器

表 5-2　序列编辑器相关图标含义

序号	图标	描述
1		基于时间的仿真序列，在右侧框中显示为蓝色条形
2		基于事件的仿真序列，在右侧框中显示为绿色条形
3		基于事件的仿真序列与另一个仿真序列相连。在右侧框中按住仿真序列拖向另一个序列即可创建链接
4		链接器，用于链接两个仿真序列
5		控制仿真序列的活动性

操作实例 1——仿真序列实例

以机械臂拨料为例来讲解基于时间的仿真序列创建操作的方法和步骤，并进行运动仿真，如图 5-3 所示。

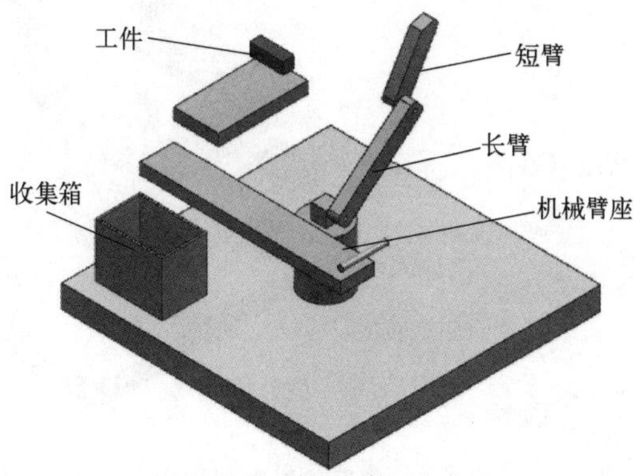

图 5-3　机械臂拨料模型

操作步骤

1. 打开文件

01　启动 NX 后，在功能区单击【主页】选项卡上【标准】组中的【打

5-1

开】按钮，在弹出的【打开】对话框中选择素材文件“实例\第 5 章\操作实例 1——仿真序列实例 . prt”，如图 5-4 所示。

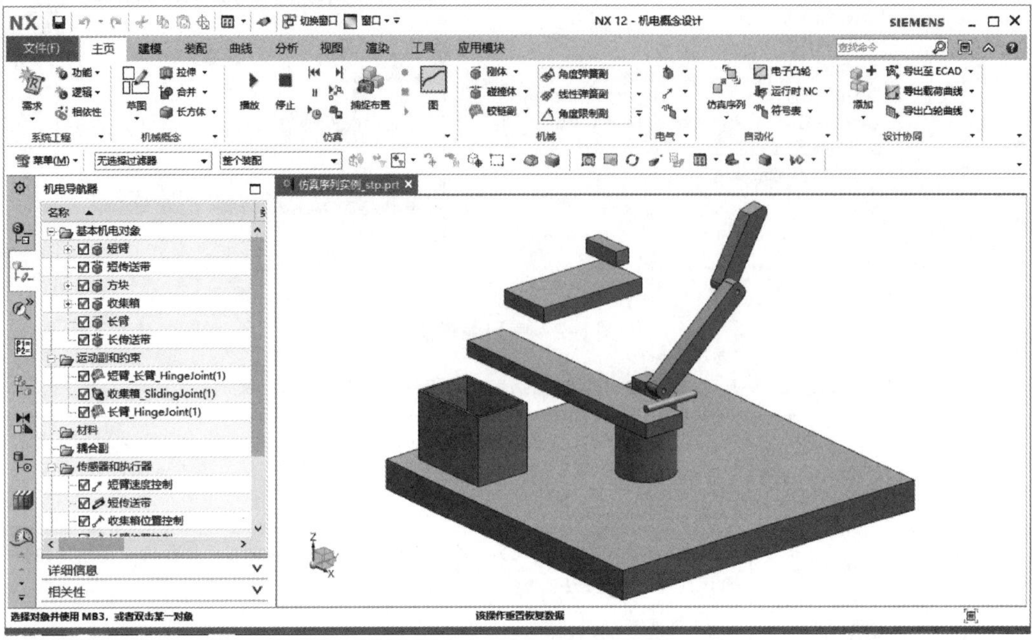

图 5-4 打开文件

2. 创建长臂旋转定位仿真序列

02 单击【主页】选项卡上【自动化】组中的【仿真序列】按钮，弹出【仿真序列】对话框，选择如图 5-5 所示的对象：长臂位置控制，设置时间＝1s，速度＝Auto，定位＝80°，名称为“长臂旋转定位”。

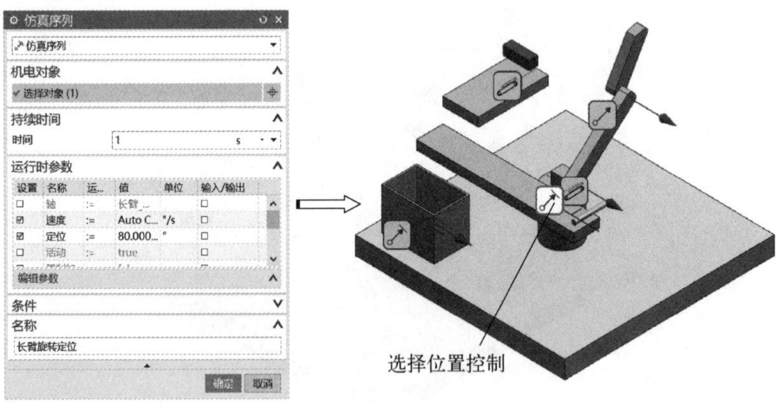

图 5-5 创建仿真序列（1）

3. 创建短臂旋转运动仿真序列

03 单击【主页】选项卡上【自动化】组中的【仿真序列】按钮，弹出【仿真序列】对话框，选择如图 5-6 所示的对象：短臂速度控制，设置：时间＝1s，速度＝－90°/s，名称为“短臂旋转运动”。

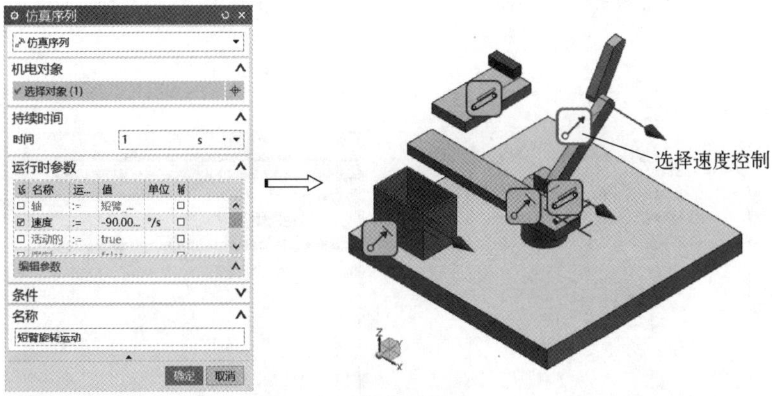

图 5-6 创建仿真序列（2）

4. 创建收集箱移动仿真序列

04 单击【主页】选项卡上【自动化】组中的【仿真序列】按钮，弹出【仿真序列】对话框，选择如图 5-7 所示的对象：收集箱位置控制，设置速度＝500 mm/s，定位＝1100mm，名称为“收集箱移动”。

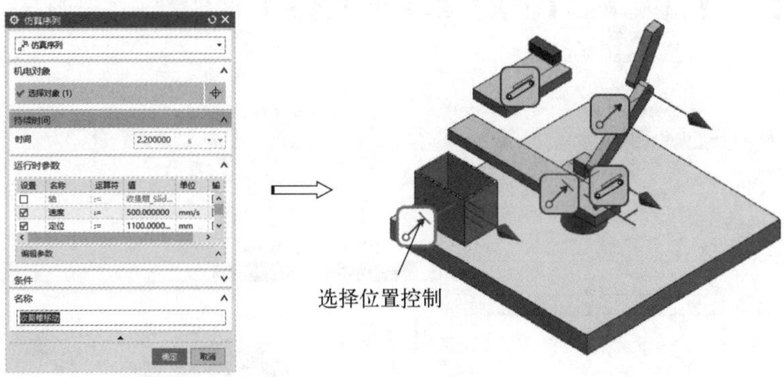

图 5-7 创建仿真序列（3）

5. 链接仿真序列

05 打开【序列编辑器】窗口，用鼠标按住“长臂旋转定位”序列拖动到“短臂旋转运动”序列，如图 5-8 所示。

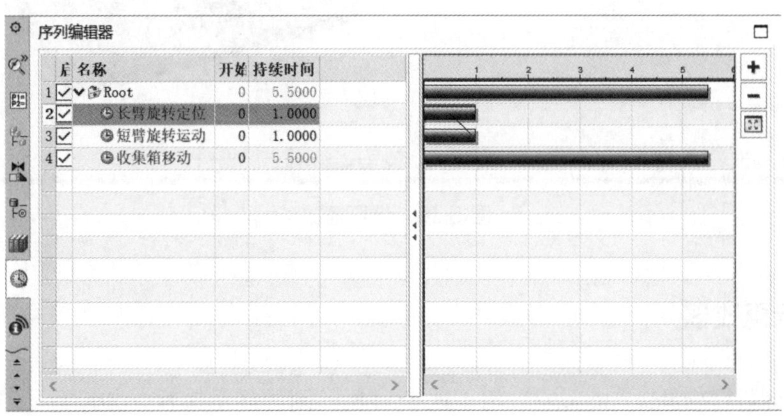

图 5-8 拖动序列

06　系统自动将“短臂旋转运动”序列放置在“长臂旋转定位”序列之后并添加链接，如图 5-9 所示。

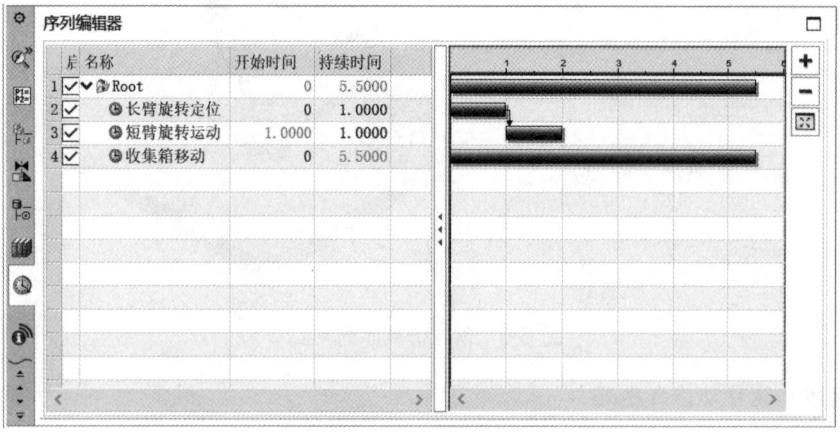

图 5-9　链接序列

6. 仿真播放

07　单击【主页】选项卡上【仿真】组中的【播放】按钮，在图形区显示运动过程仿真，如图 5-10 所示。

5-2

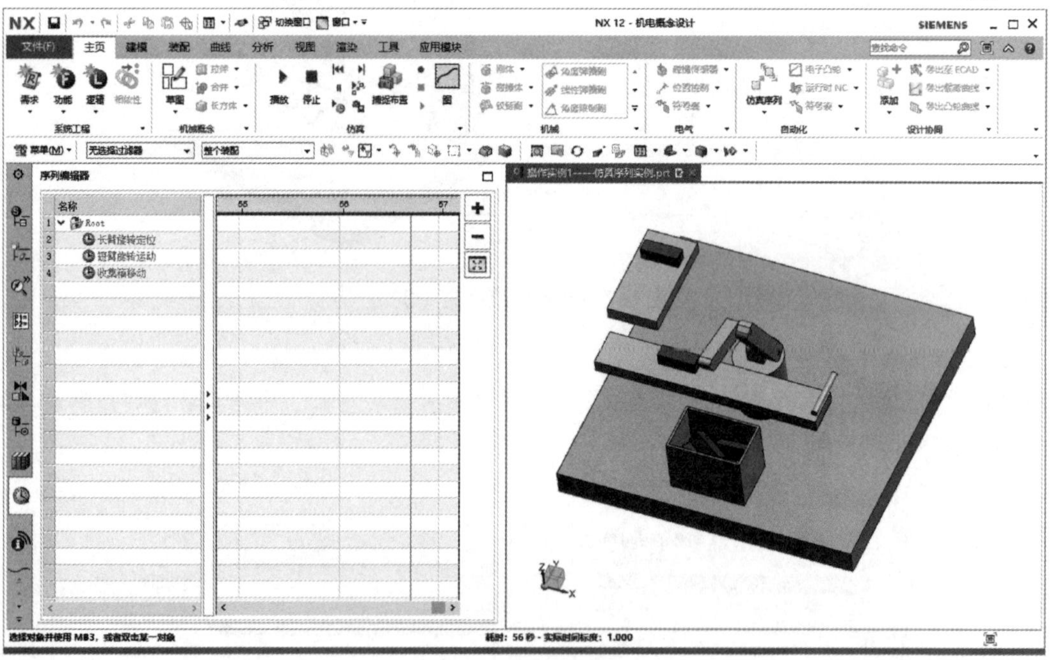

图 5-10　仿真播放

5.1.2　显示更改器

显示更改器（Display Changer）用于改变对象的刚体显示属性，如颜色、透明度和可见性等。将显示更改器附加到已触发的主体（如碰撞传感器、刚体或几何体），即可设置其显示属性，包括颜色、半透明度和可见性。

单击【主页】选项卡上【机械】组中的【显示更改器】按钮，弹出【显示更改器】对话框，如图 5-11 所示，其参数含义如表 5-3 所示。

表 5-3 【显示更改器】对话框选项参数含义

序号	参数名称		参数含义
1	对象	选择对象	选择一个碰撞传感器用于触发显示更改器
2	设置	执行模式	指定显示更改发生的频率
3		颜色	打开【颜色】对话框，以便在显示更改发生后可以设置零件的颜色
4		半透明	设置显示更改发生后产品外形的半透明度
5		值	修改参数值的可见性：在显示更改发生后使对象可见
6	名称		定义显示更改器的名称

操作实例 2——显示更改器实例

如图 5-12 所示为一个按钮旋钮显示屏，按下或旋转不同颜色的按钮，显示屏颜色会作出相应的改变。

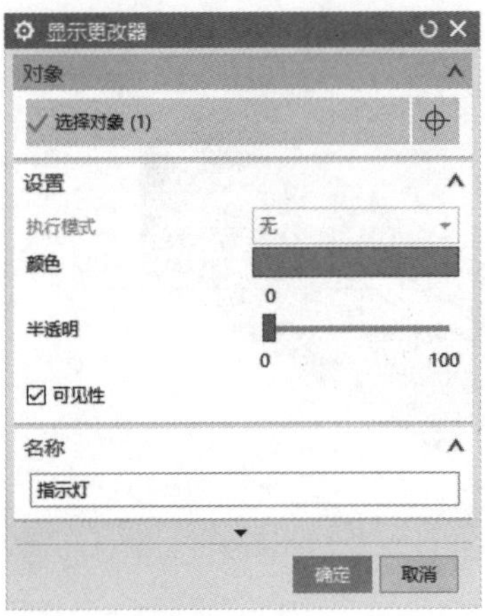

图 5-11 【显示更改器】对话框

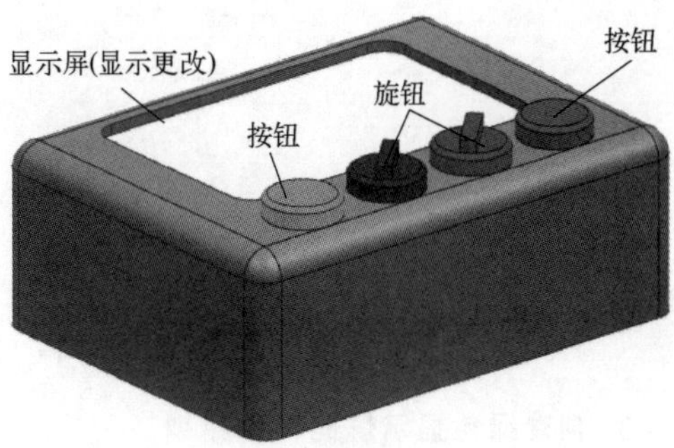

图 5-12 显示更改器实例

操作步骤

5-3

1. 打开文件

01 启动 NX 后，在功能区单击【主页】选项卡上【标准】组中的【打开】按钮，在弹出的【打开】对话框中选择素材文件“实例\第 5 章\操作实例 2——显示更改器实例 . prt”，如图 5-13 所示。

2. 创建显示更改器

02 单击【主页】选项卡上【机械】组中的【显示更改器】按钮，弹出【显示更改器】对话框，选择如图 5-14 所示的实体，【名称】设为“显示屏”，单击【确定】按钮完成。

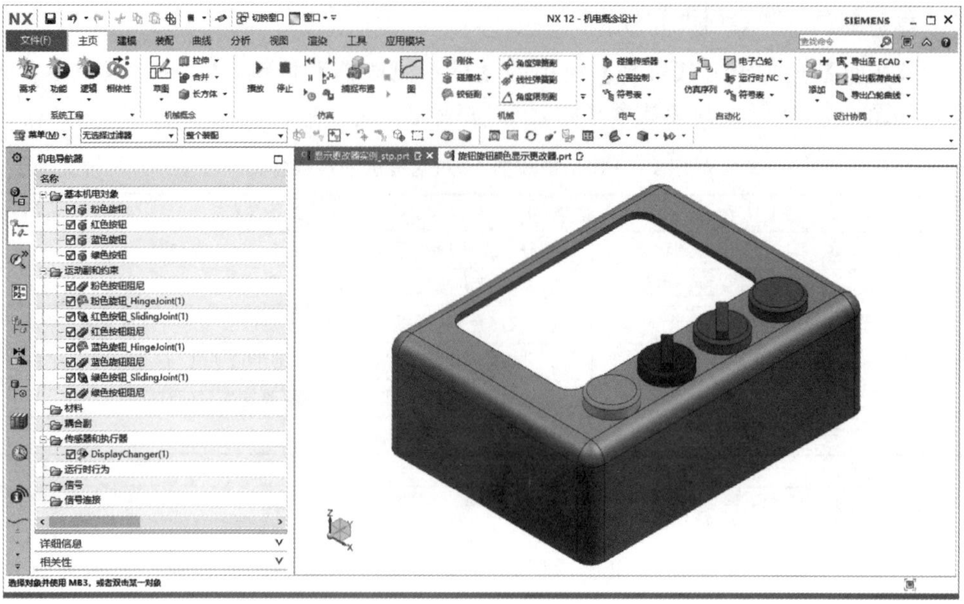

图 5-13　打开文件

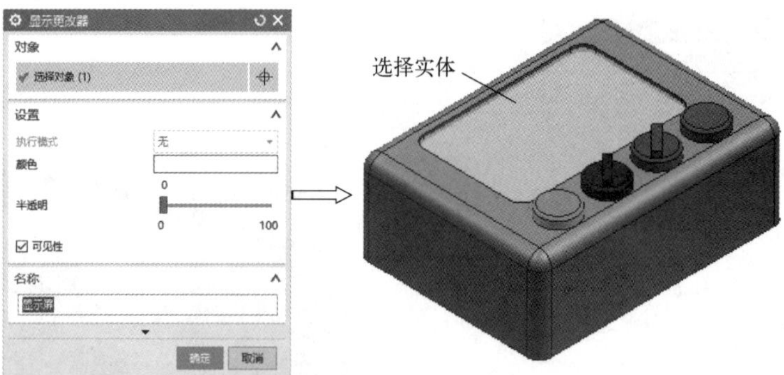

图 5-14　创建显示更改器

3. 创建绿色显示屏亮仿真序列

03　单击【主页】选项卡上【自动化】组中的【仿真序列】按钮，弹出【仿真序列】对话框，选择如图 5-15 所示的对象：显示更改器，设置时间＝0s，执行模式＝Once，颜色＝36，名称为“绿色显示屏亮”。

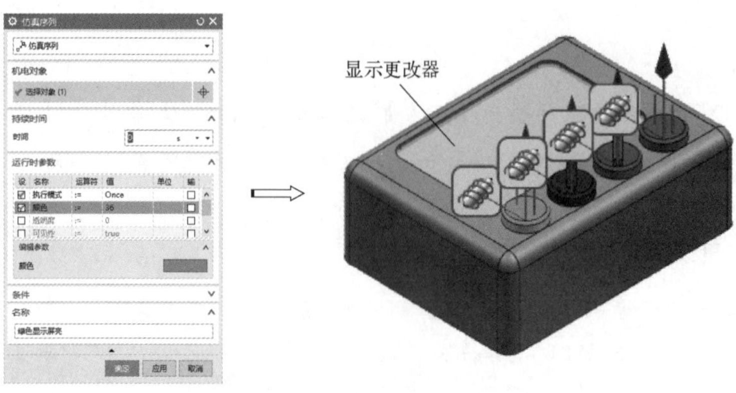

图 5-15　创建仿真序列（1）

04　展开【条件】选项，选择“绿色按钮滑动副”为条件对象，设置定位＜＝－1，单击【确定】按钮完成，如图5-16所示。

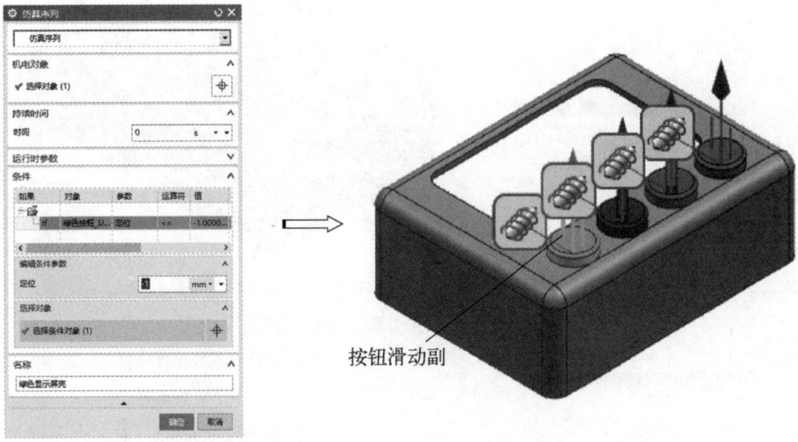

图5-16　设置条件（1）

4. 创建绿色显示屏灭仿真序列

05　复制绿色显示屏亮仿真序列，更名为“绿色显示屏灭”，编辑序列参数：执行模式＝Always，颜色＝1，条件设置定位＞＝－0.5，如图5-17所示。

图5-17　创建绿色显示屏灭仿真序列

5. 创建蓝色显示屏亮仿真序列

06　单击【主页】选项卡上【自动化】组中的【仿真序列】按钮，弹出【自动化】对话框，选择如图5-18所示的对象：显示更改器，设置时间＝0s，执行模式＝Once，颜色＝211，名称为“蓝色显示屏亮”。

07　展开【条件】选项，选择“蓝色旋钮旋转副”为条件对象，设置定位＞＝30，单击【确定】按钮完成，如图5-19所示。

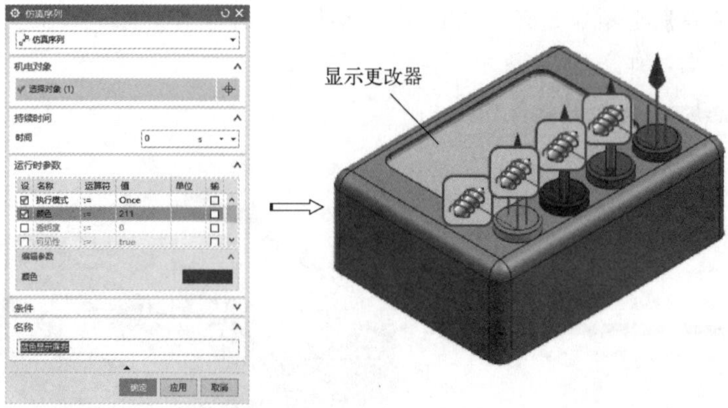

图 5-18　创建仿真序列（2）

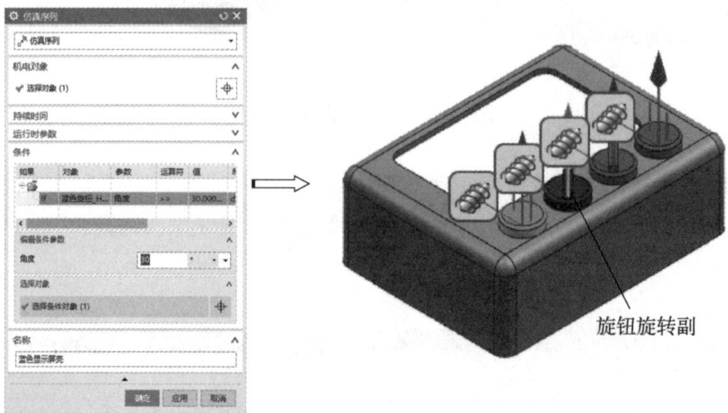

图 5-19　设置条件（2）

6. **创建蓝色显示屏灭仿真序列**

08　复制蓝色显示屏亮仿真序列，更名为“蓝色显示屏灭”，编辑序列参数：执行模式＝Always，颜色＝1，条件设置定位<＝1，如图 5-20 所示。

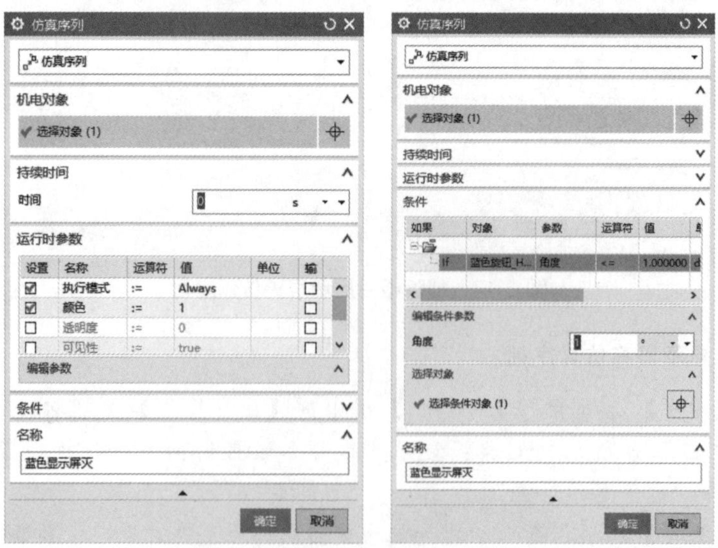

图 5-20　创建蓝色显示屏灭仿真序列

7. 创建其他按钮旋钮的仿真序列并仿真播放

09　重复上述过程创建粉色旋钮和红色按钮的仿真序列，并单击【主页】选项卡上【仿真】组中的【播放】按钮▶，在图形区显示运动过程仿真，如图 5-21 所示。

5-4

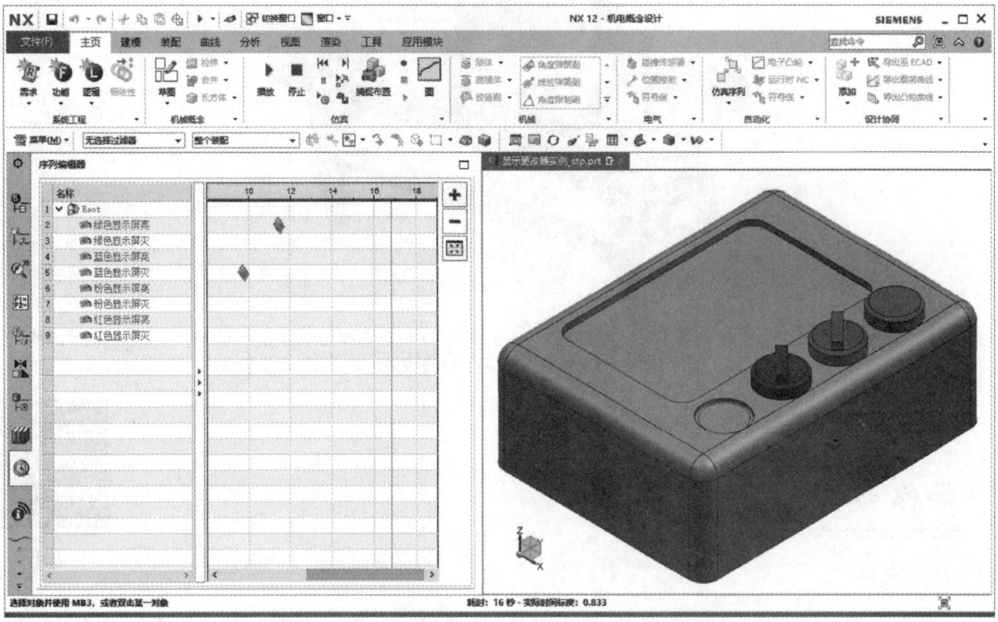

图 5-21　仿真播放

5.2　仿真序列与控制的案例

下面通过三个例子来讲解 MCD 中仿真序列与控制的创建步骤和方法，包括打码输送机、板材吸盘搬运与搬运机械手。

5.2.1　案例 1：打码输送机

以打码输送机为例来讲解仿真序列创建的操作方法和步骤，并模拟冲头打码仿真，如图 5-22 所示。

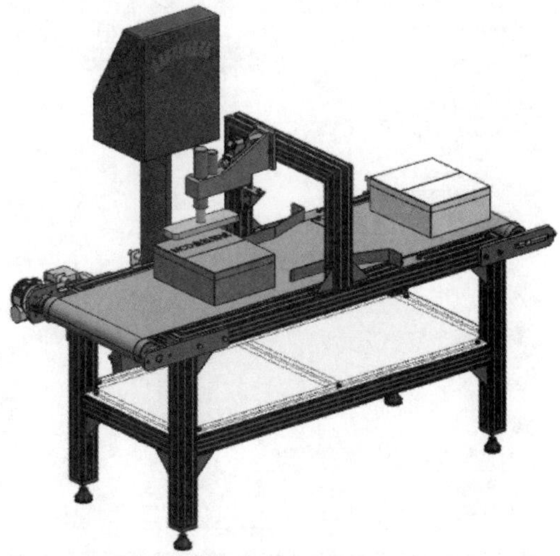

图 5-22　打码输送机模型

5.2.1.1　打码输送机仿真序列的设计思路分析

在 NX 机电概念设计中对打码输送机进行仿真，首先创建各个零件刚体和碰撞体，设置实体质量等参数，接着创建运动副（包括滑动副等），然后创建传感器与执行器（包括传输面、碰撞传感器和位置控制），最后创建仿真序列进行仿真，如图 5-23 所示。

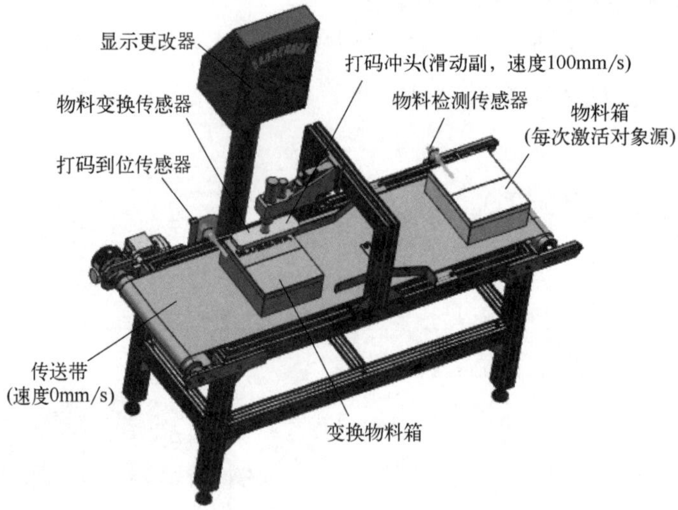

图 5-23　打码输送机仿真序列设计思路

5.2.1.2　打码输送机仿真序列的操作过程

5-5

操作步骤

1. 打开文件

01　启动 NX 后，在功能区单击【主页】选项卡上【标准】组中的【打开】按钮，选择素材文件“实例\第 5 章\案例 1：打码输送机仿真序列案例 .prt”，在【应用模块】选项卡的【更多】菜单中单击【机电概念设计】按钮，进入机电概念设计用户界面，如图 5-24 所示。

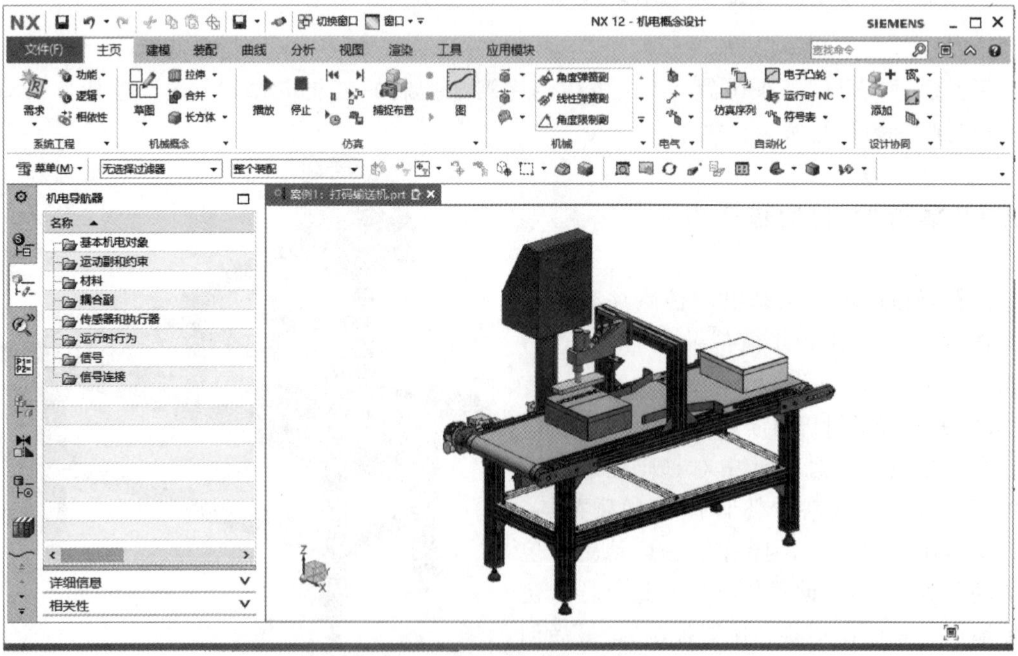

图 5-24　机电概念设计用户界面

2. 创建基本机电对象

（1）创建刚体

02 单击【主页】选项卡上【机械】组中的【刚体】按钮，弹出【刚体】对话框，选择如图 5-25 所示的实体，【名称】设为“打码冲头”，单击【确定】按钮完成。

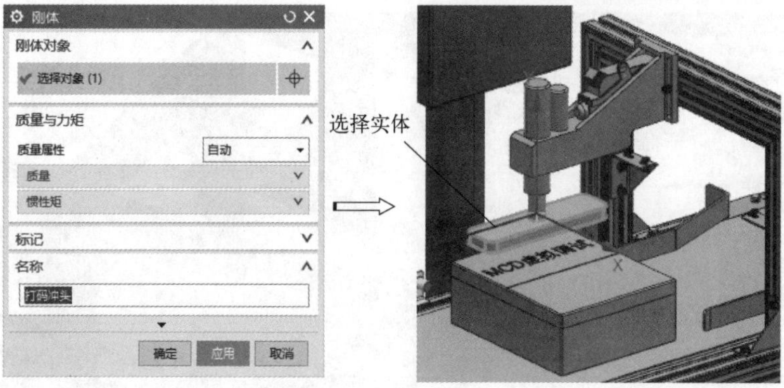

图 5-25 创建刚体（1）

03 单击【主页】选项卡上【机械】组中的【刚体】按钮，弹出【刚体】对话框，选择如图 5-26 所示的实体，【名称】设为“物料箱”，单击【确定】按钮完成。

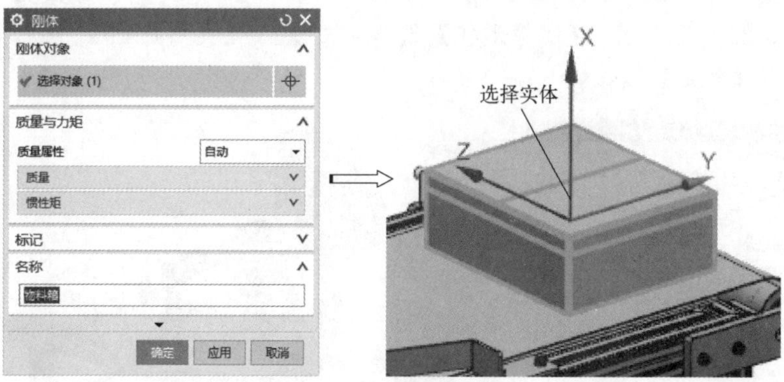

图 5-26 创建刚体（2）

04 单击【主页】选项卡上【机械】组中的【刚体】按钮，弹出【刚体】对话框，选择如图 5-27 所示的实体，【名称】设为“完成物料箱”，单击【确定】按钮完成。

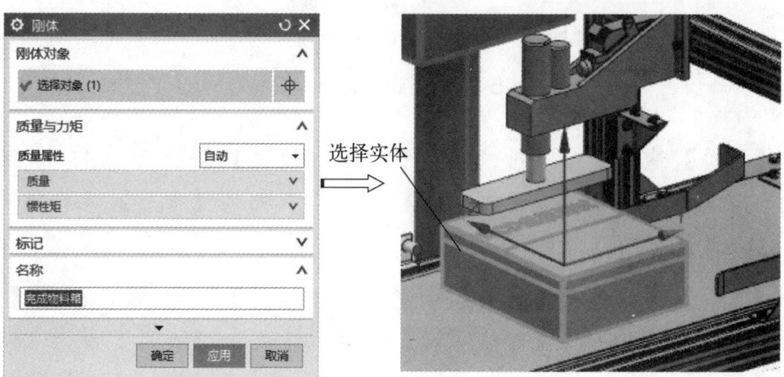

图 5-27 创建刚体（3）

（2）创建碰撞体

05　单击【主页】选项卡上【机械】组中的【碰撞体】按钮，弹出【碰撞体】对话框，选择如图 5-28 所示的面，【碰撞形状】选为“网格面”，【类别】设为“0”，【名称】设为“整形片”，单击【确定】按钮。

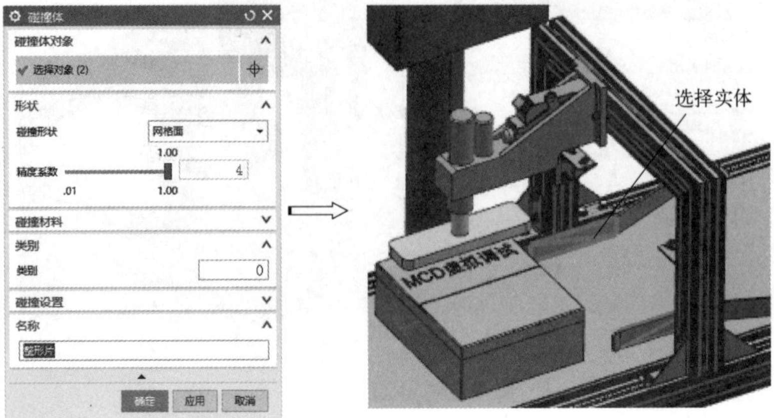

图 5-28　创建碰撞体（1）

06　单击【主页】选项卡上【机械】组中的【碰撞体】按钮，弹出【碰撞体】对话框，选择如图 5-29 所示的面，【碰撞形状】选为“方块”，【类别】设为“0”，【名称】设为“传送带”，单击【确定】按钮。

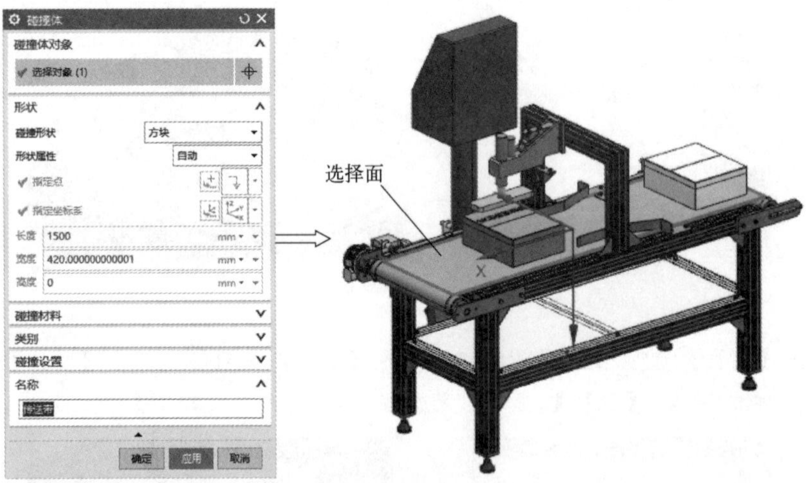

图 5-29　创建碰撞体（2）

07　单击【主页】选项卡上【机械】组中的【碰撞体】按钮，弹出【碰撞体】对话框，选择如图 5-30 所示的实体，【碰撞形状】选为“方块”，【类别】设为“0”，【名称】设为默认，单击【确定】按钮。

08　单击【主页】选项卡上【机械】组中的【碰撞体】按钮，弹出【碰撞体】对话框，选择如图 5-31 所示的实体，【碰撞形状】选为“方块”，【类别】设为“0”，【名称】设为默认，单击【确定】按钮。

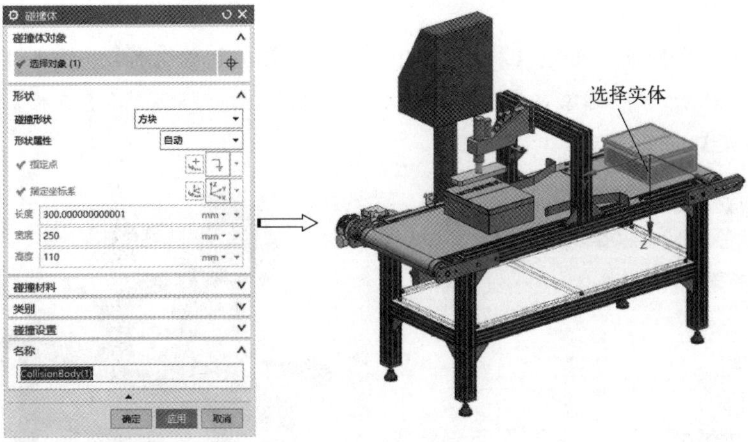

图 5-30　创建碰撞体（3）

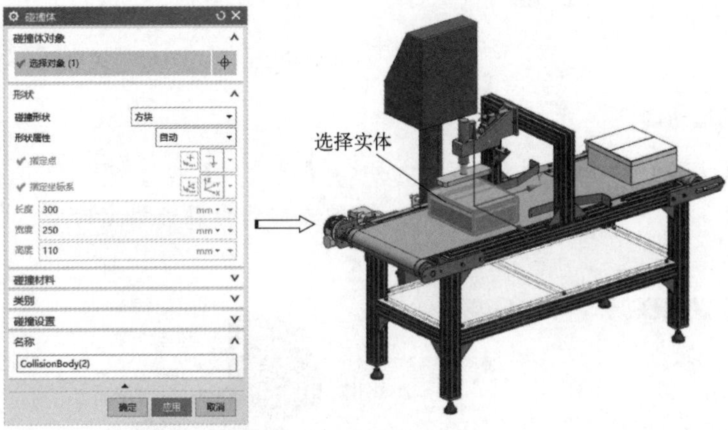

图 5-31　创建碰撞体（4）

09　单击【主页】选项卡上【机械】组中的【碰撞体】按钮，弹出【碰撞体】对话框，选择如图 5-32 所示的面，【碰撞形状】选为“方块”，【类别】设为“0”，【名称】设为默认，单击【确定】按钮。

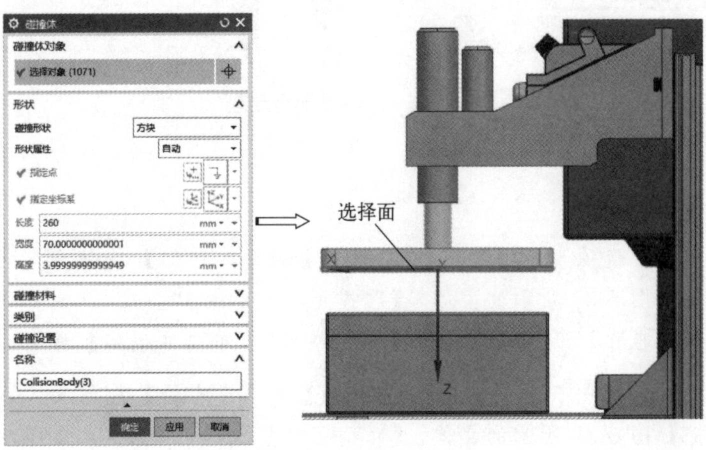

图 5-32　创建碰撞体（5）

(3) 创建对象源

10 单击【主页】选项卡上【机械】组中的【对象源】按钮，弹出【对象源】对话框，选择如图 5-33 所示的对象，【触发】选为“每次激活时一次”，【名称】设为“新物料箱”，单击【确定】按钮完成。

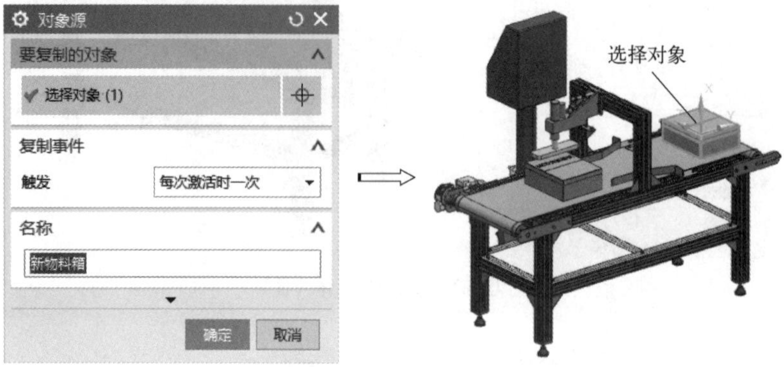

图 5-33 创建对象源

3. 创建滑动运动副

11 单击【主页】选项卡上【机械】组中的【滑动副】按钮，弹出【滑动副】对话框，选择如图 5-34 所示的连接件，将如图所示的方向作为轴矢量方向，单击【确定】按钮完成。

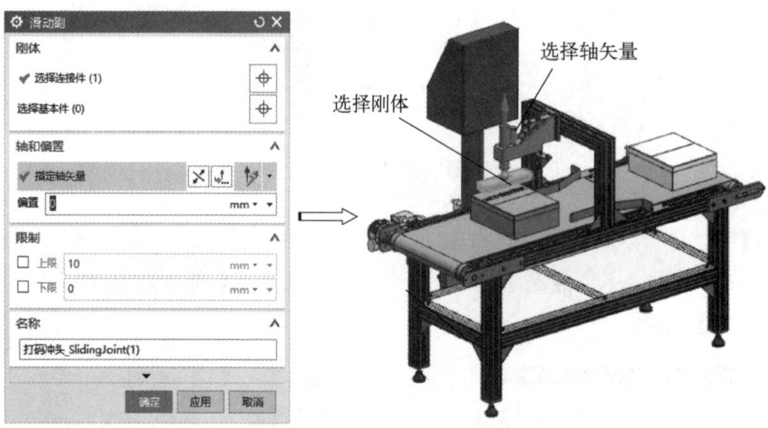

图 5-34 创建滑动运动副

4. 创建传感器与执行器

(1) 定义碰撞传感器

12 单击【主页】选项卡上【电气】组中的【碰撞传感器】按钮，弹出【碰撞传感器】对话框，选择如图 5-35 所示的实体，【碰撞形状】选为“直线”，选择点和坐标系，【长度】设为 100mm，【名称】设为“新物料检测传感器”，单击【确定】按钮完成。

13 单击【主页】选项卡上【电气】组中的【碰撞传感器】按钮，弹出【碰撞传感器】对话框，选择如图 5-36 所示的实体，【碰撞形状】选为“直线”，选择点和坐标系，【长度】设为 100mm，【名称】设为“打码到位传感器”，单击【确定】按钮完成。

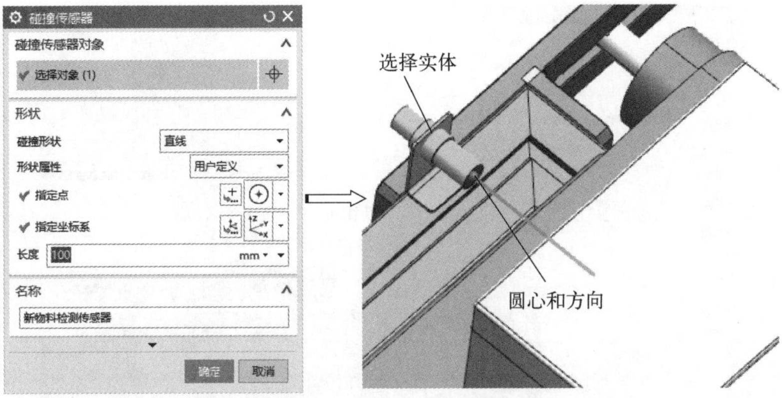

图 5-35　创建碰撞传感器（1）

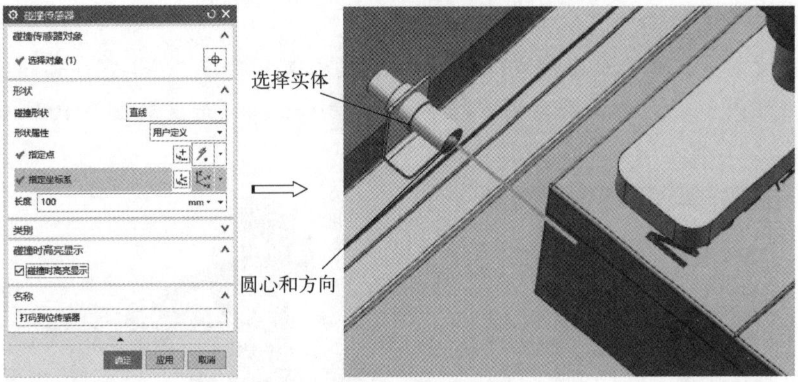

图 5-36　创建碰撞传感器（2）

14　单击【主页】选项卡上【电气】组中的【碰撞传感器】按钮，弹出【碰撞传感器】对话框，选择如图 5-37 所示的实体，【碰撞形状】选为“直线”，选择点和坐标系，【长度】设为 100mm，【名称】设为“物料箱收集传感器”，单击【确定】按钮完成。

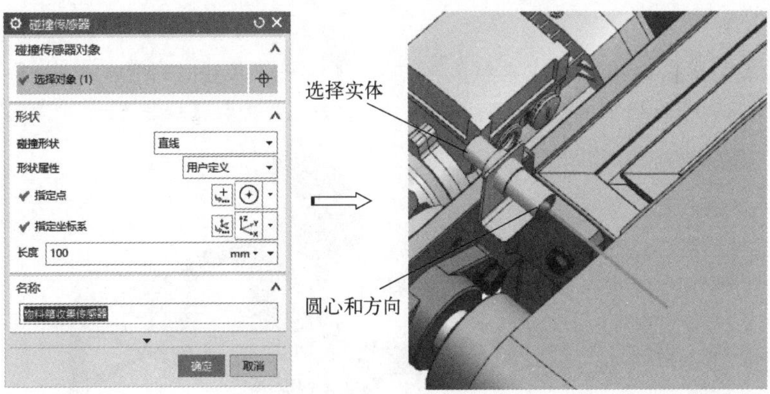

图 5-37　创建碰撞传感器（3）

15　单击【主页】选项卡上【电气】组中的【碰撞传感器】按钮，弹出【碰撞传感器】对话框，选择如图 5-38 所示的实体，【碰撞形状】选为“方块”，选择点和大小，【名称】设为“打码变换传感器”，单击【确定】按钮完成。

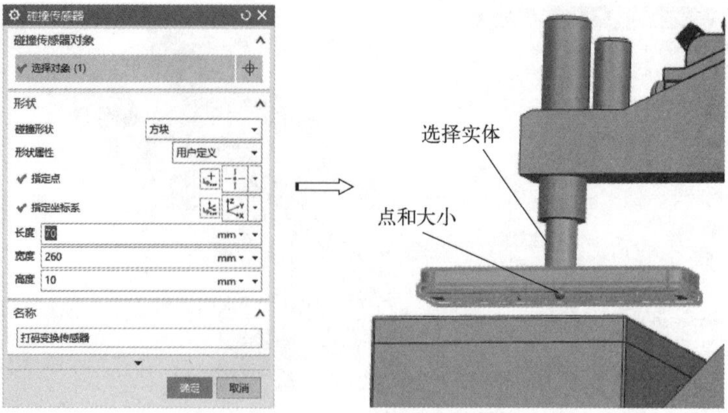

图 5-38 创建碰撞传感器（4）

（2）创建位置控制

16 单击【主页】选项卡上【电气】组中的【位置控制】按钮，弹出【位置控制】对话框，选择如图 5-39 所示的滑动副，【目标】设为 0mm，【速度】设为 100mm/s，【名称】设为“冲头位置”，单击【确定】按钮完成。

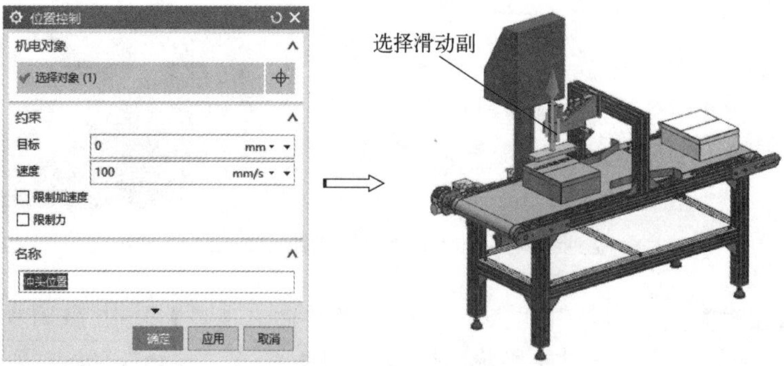

图 5-39 创建位置控制

（3）创建传输面

17 单击【主页】选项卡上【机械】组中的【传输面】按钮，弹出【传输面】对话框，选择如图 5-40 所示的面。【名称】设为“传送带”，单击【确定】按钮完成。

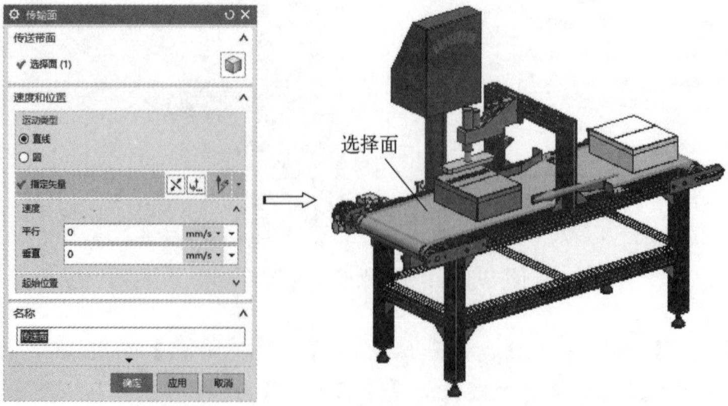

图 5-40 创建传输面

5. 创建对象收集器与对象变换器

（1）创建对象收集器

18　单击【主页】选项卡上【机械】组中的【对象收集器】按钮，弹出【对象收集器】对话框，选择如图 5-41 所示的碰撞传感器，【名称】设为“收集物料箱”，单击【确定】按钮完成。

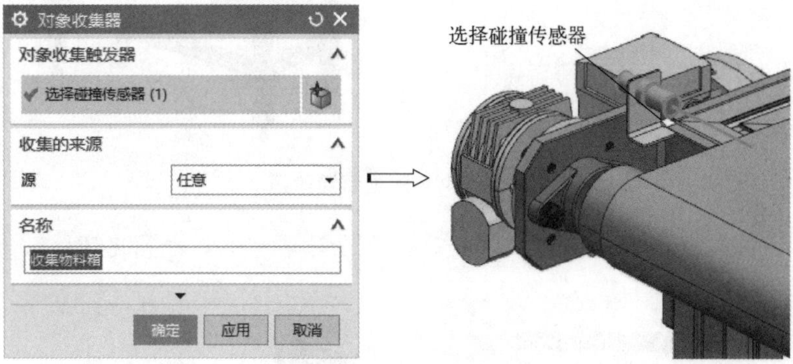

图 5-41　创建对象收集器

（2）创建对象变换器

19　单击【主页】选项卡上【机械】组中的【对象变换器】按钮，弹出【对象变换器】对话框，选择如图 5-42 所示的碰撞传感器和变换后的刚体，【名称】设为“变换物料箱”，单击【确定】按钮完成。

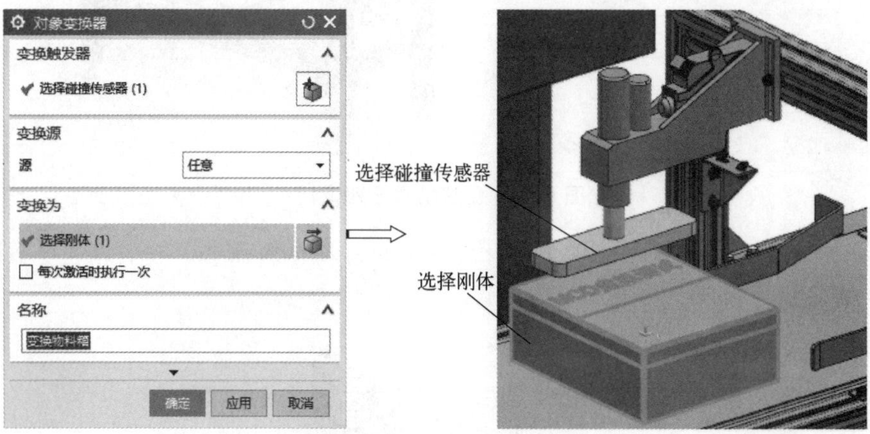

图 5-42　创建对象变换器

6. 创建显示更改器

20　单击【主页】选项卡上【机械】组中的【显示更改器】按钮，弹出【显示更改器】对话框，选择如图 5-43 所示的实体，【名称】设为“面板颜色显示器”，单击【确定】按钮完成。

7. 创建仿真序列

（1）创建仿真序列——传送带启动

21　单击【主页】选项卡上【自动化】组中的【仿真序列】按钮，弹出【仿真序列】

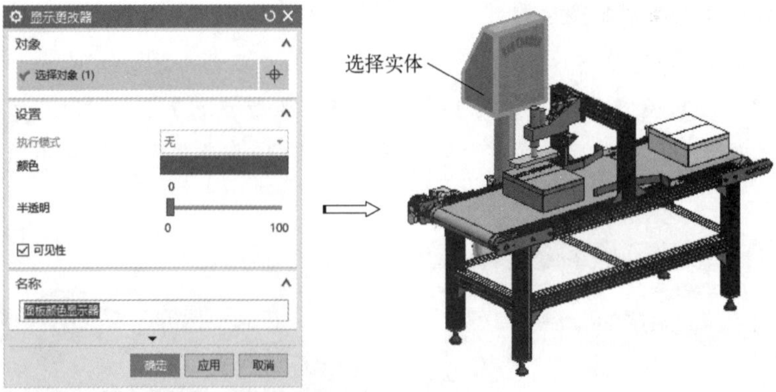

图 5-43 创建显示更改器

对话框，选择如图 5-44 所示的对象：传送带，设置时间＝0s，平行速度＝500mm/s，名称为“传送带启动”。

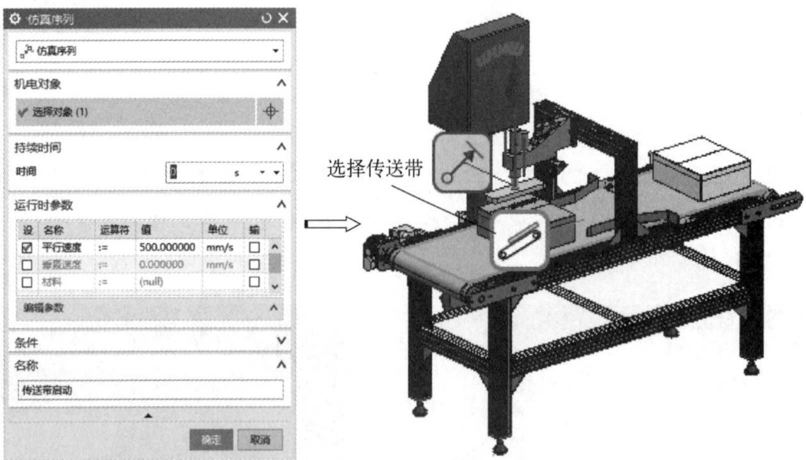

图 5-44 创建仿真序列（1）

22 展开【条件】选项，选择条件对象：新物料检测传感器，设置触发＝true，单击【确定】按钮完成，如图 5-45 所示。

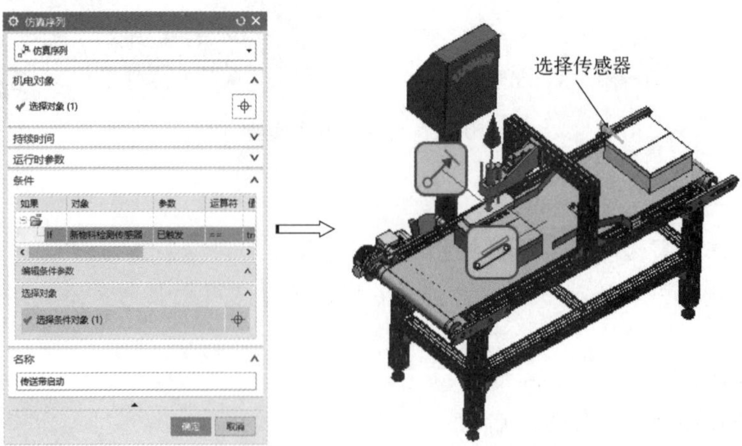

图 5-45 设置条件（1）

(2) 创建仿真序列——传送带停止

23　单击【主页】选项卡上【自动化】组中的【仿真序列】按钮，弹出【仿真序列】对话框，选择如图 5-46 所示的对象：传送带，设置时间＝0s，平行速度＝0mm/s，名称为“传送带停止”。

图 5-46　创建仿真序列（2）

24　展开【条件】选项，选择条件对象：新物料检测传感器，设置触发＝true，单击【确定】按钮完成，如图 5-47 所示。

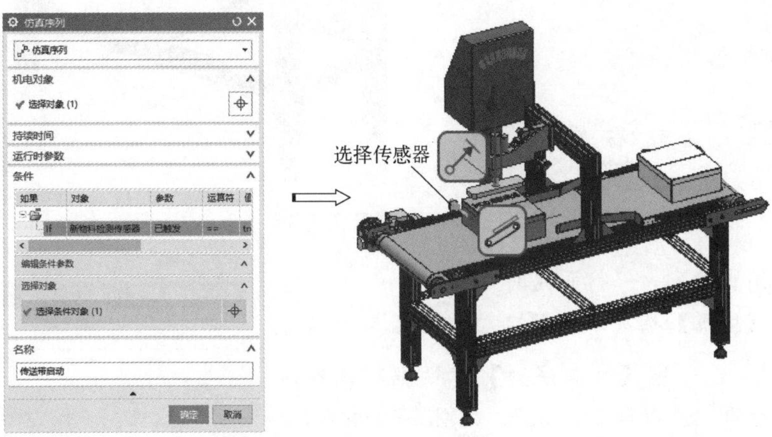

图 5-47　设置条件（2）

(3) 创建仿真序列——打码头下移

25　单击【主页】选项卡上【自动化】组中的【仿真序列】按钮，弹出【仿真序列】对话框，选择如图 5-48 所示的对象：冲头位置，设置时间＝默认，定位＝－47mm，名称为打码头下移。

26　展开【条件】选项，选择条件对象：打码到位传感器，设置触发＝true，单击【确定】按钮完成，如图 5-49 所示。

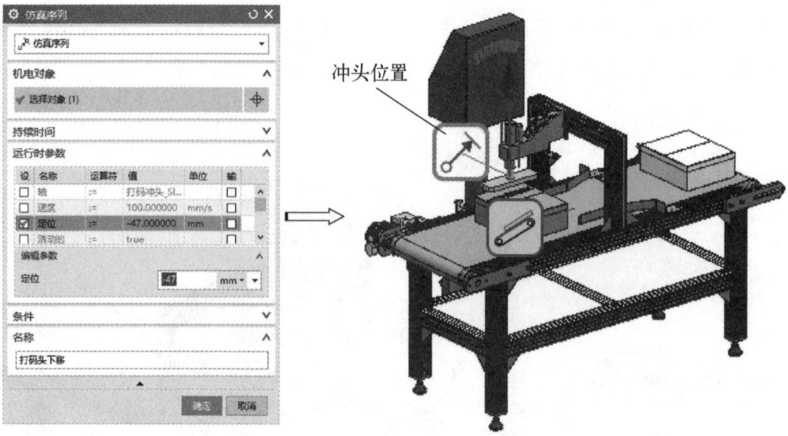

图 5-48　创建仿真序列（3）

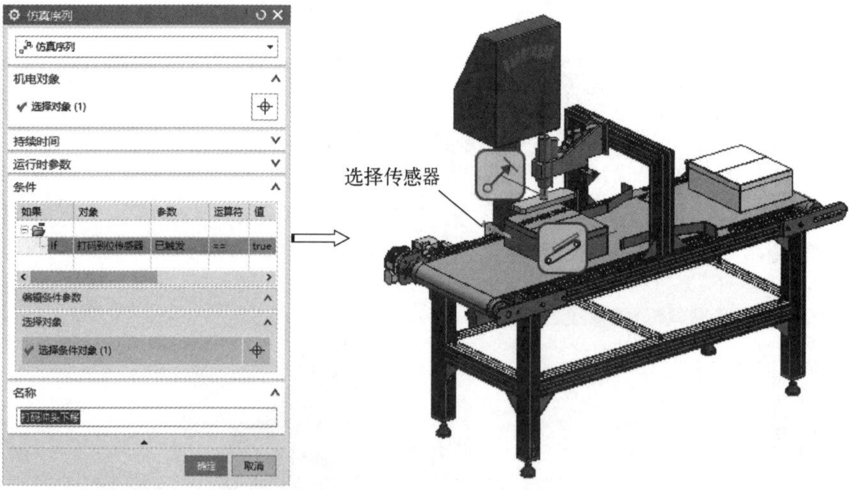

图 5-49　设置条件（3）

（4）创建仿真序列——打码延时 0.5s

27　单击【主页】选项卡上【自动化】组中的【仿真序列】按钮，弹出【仿真序列】对话框，设置时间=0.5s，名称为“打码延时 0.5s”，如图 5-50 所示。

图 5-50　创建仿真序列（4）

（5）创建仿真序列——打码冲头复位

28　单击【主页】选项卡上【自动化】组中的【仿真序列】按钮，弹出【仿真序列】对话框，选择如图 5-51 所示的对象：冲头位置，设置时间=默认，定位=0mm，名称为“打码冲头复位”。

29　展开【条件】选项，选择条件对象：打码到位传感器，设置触发=true，单击【确定】按钮完成，如图 5-52 所示。

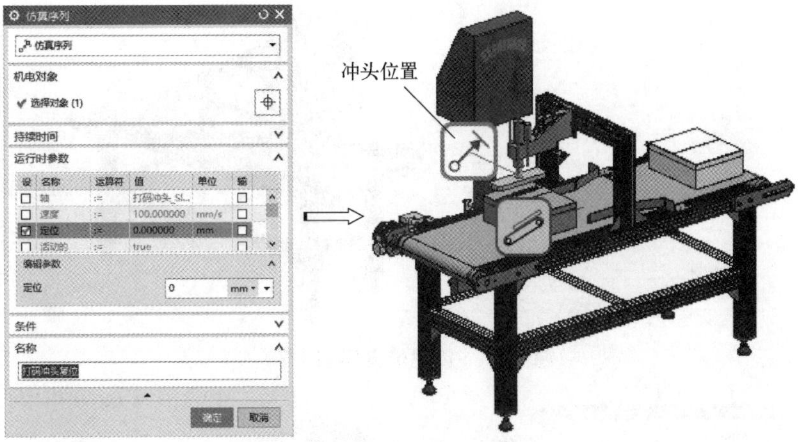

图 5-51　创建仿真序列（5）

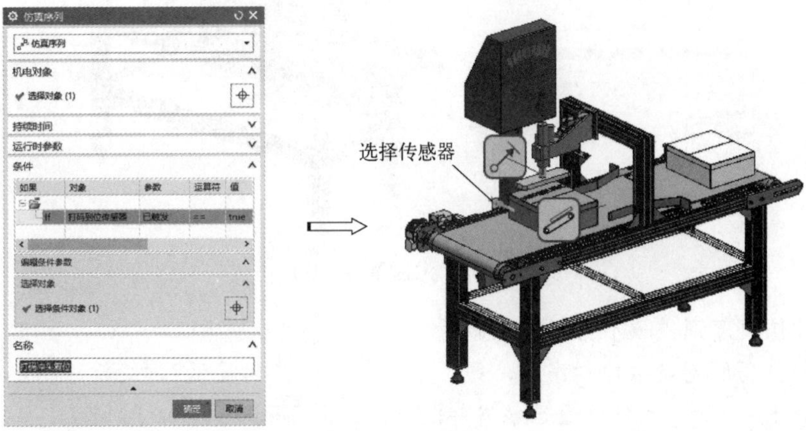

图 5-52　设置条件（4）

（6）创建仿真序列——新物料箱

30　单击【主页】选项卡上【自动化】组中的【仿真序列】按钮，弹出【仿真序列】对话框，选择对象源为机电对象，设置：时间＝0.001s，活动的＝true，名称＝新物料箱，如图 5-53 所示。

图 5-53　创建仿真序列（6）

（7）创建仿真序列——打码绿色显示

31　单击【主页】选项卡上【自动化】组中的【仿真序列】按钮，弹出【仿真序列】对话框，选择如图 5-54 所示的对象：显示更改器，设置时间＝0s，执行模式＝Once，颜色＝29，名称为“打码绿色显示”。

32　展开【条件】选项，选择条件对象：打码到位传感器，设置已触发＝true，单击【确定】按钮完成，如图 5-55 所示。

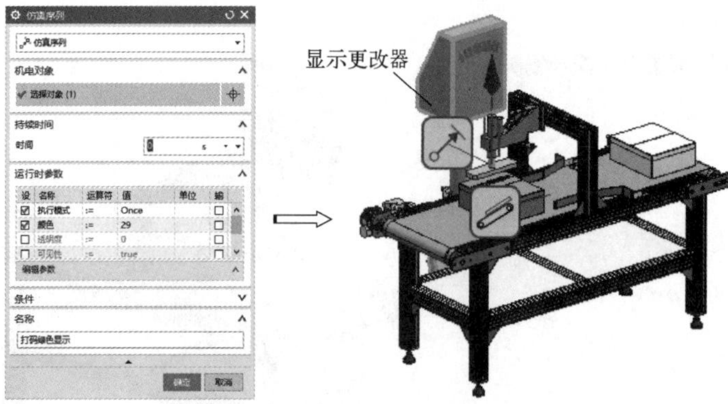

图 5-54 创建仿真序列（7）

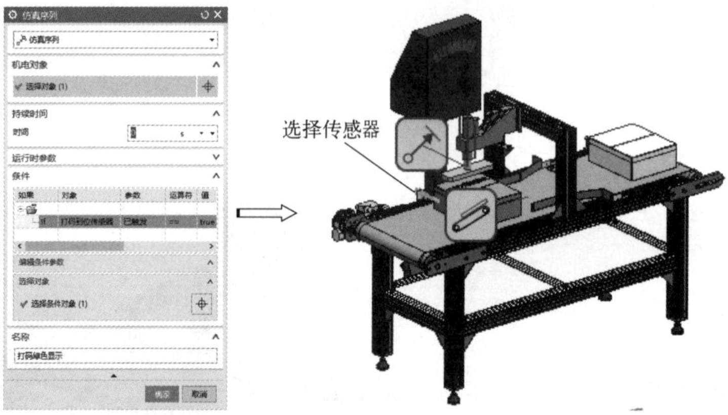

图 5-55 设置条件（5）

（8）创建仿真序列——不打码蓝色显示

33 复制打码绿色显示仿真序列，更名为“不打码蓝色显示”，编辑序列参数：执行模式＝Once，颜色＝134，条件设置已触发＝false，如图 5-56 所示。

图 5-56 创建不打码蓝色显示序列

(9) 序列链接

34　单击【资源条】上的【序列导航器】图标，按住鼠标左键链接相关序列，如图 5-57 所示。

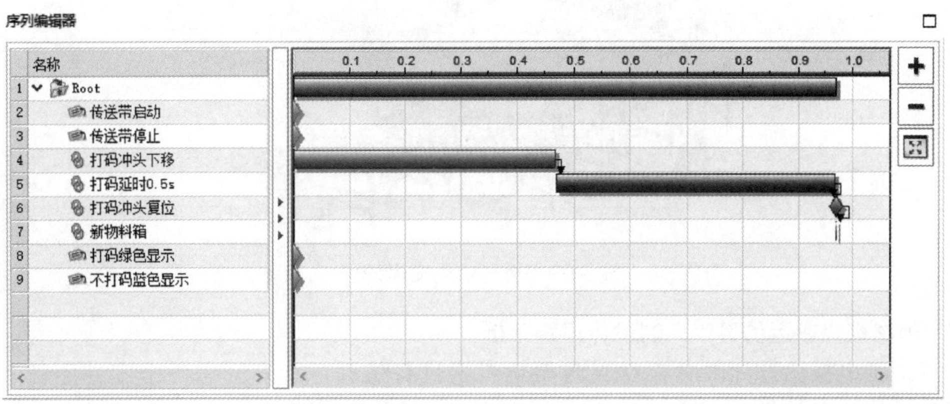

图 5-57　序列链接

8. 仿真播放

35　单击【主页】选项卡上【仿真】组中的【播放】按钮▶，在图形区显示运动过程的仿真，如图 5-58 所示。

5-6

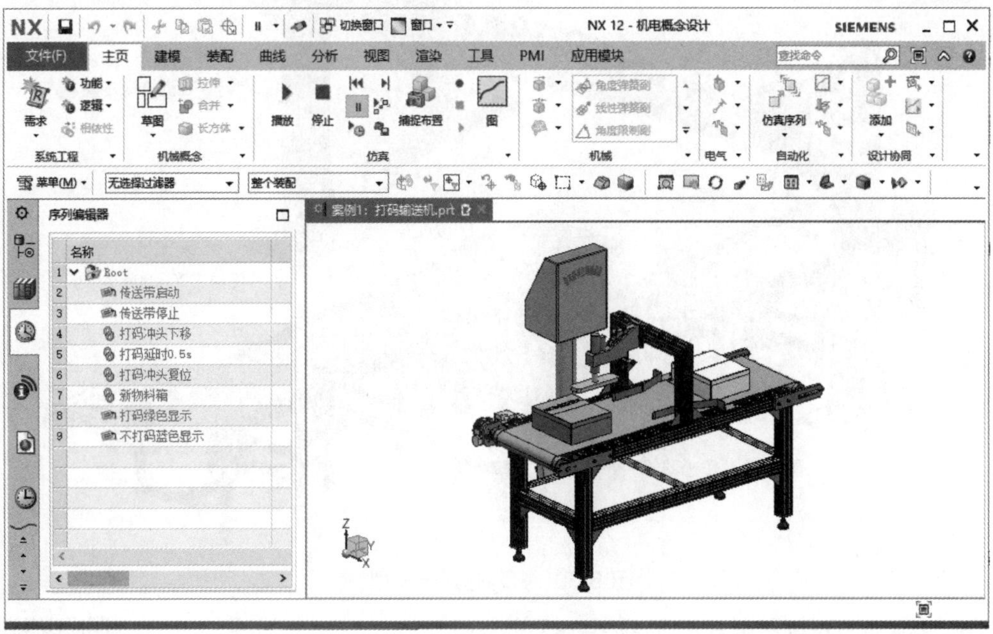

图 5-58　仿真播放

5.2.2　案例 2：板材吸盘搬运

以板材吸盘搬运为例来讲解仿真序列创建的操作方法和步骤，并模拟板材搬运，如图 5-59 所示。

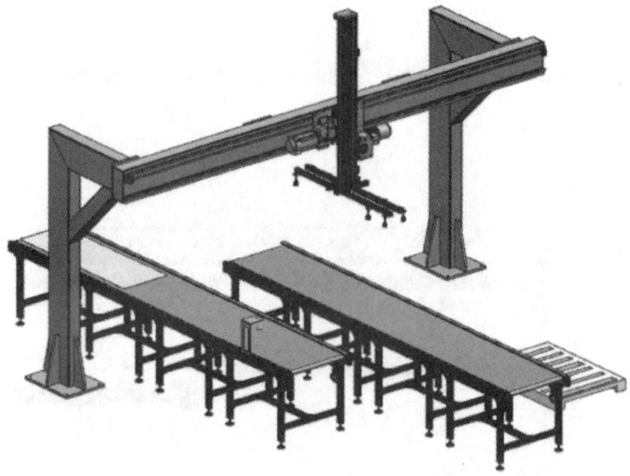

图 5-59　板材吸盘搬运模型

5.2.2.1　板材吸盘搬运仿真序列的设计思路分析

在 NX 机电概念设计中对板材吸盘搬运机构进行仿真，首先创建各个零件刚体和碰撞体，设置实体质量等参数，接着创建运动副（滑动副和固定副等），然后创建传感器与执行器（包括传输面、碰撞传感器和位置控制），最后创建仿真序列进行仿真，如图 5-60 所示。

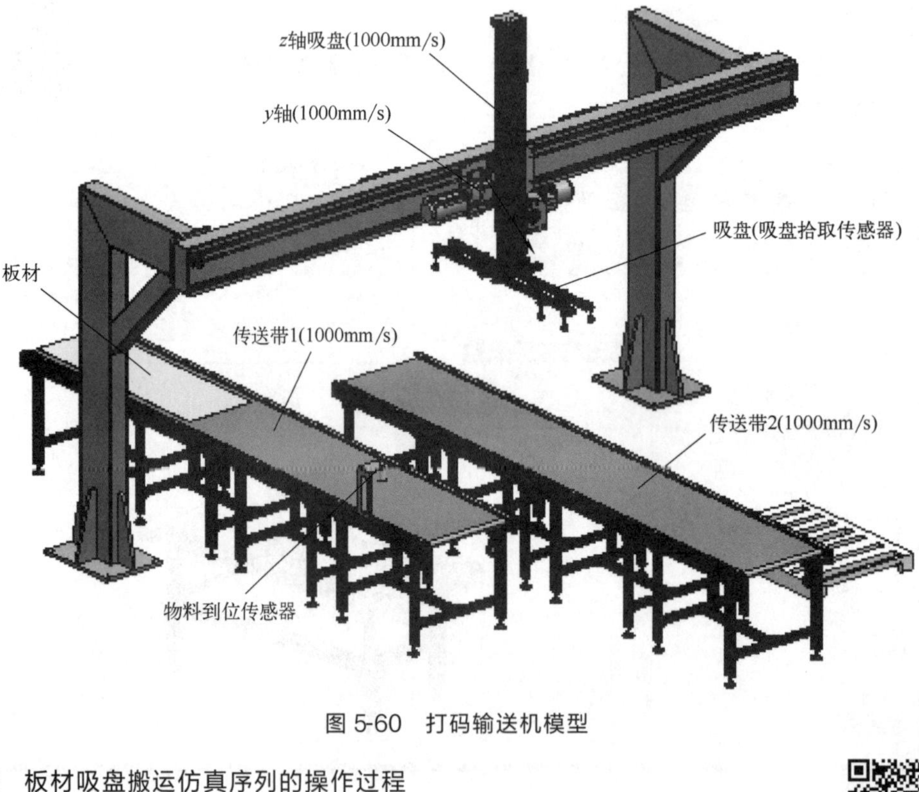

图 5-60　打码输送机模型

5.2.2.2　板材吸盘搬运仿真序列的操作过程

5-7

操作步骤

1. 打开文件

01　启动 NX 后，在功能区单击【主页】选项卡上【标准】组中的【打开】按钮，选择素材文件“实例\第 5 章\案例 2：板材吸盘搬运仿真序列案例 .prt”，在【应用模块】

选项卡的【更多】菜单中单击【机电概念设计】按钮，进入机电概念设计用户界面，如图 5-61 所示。

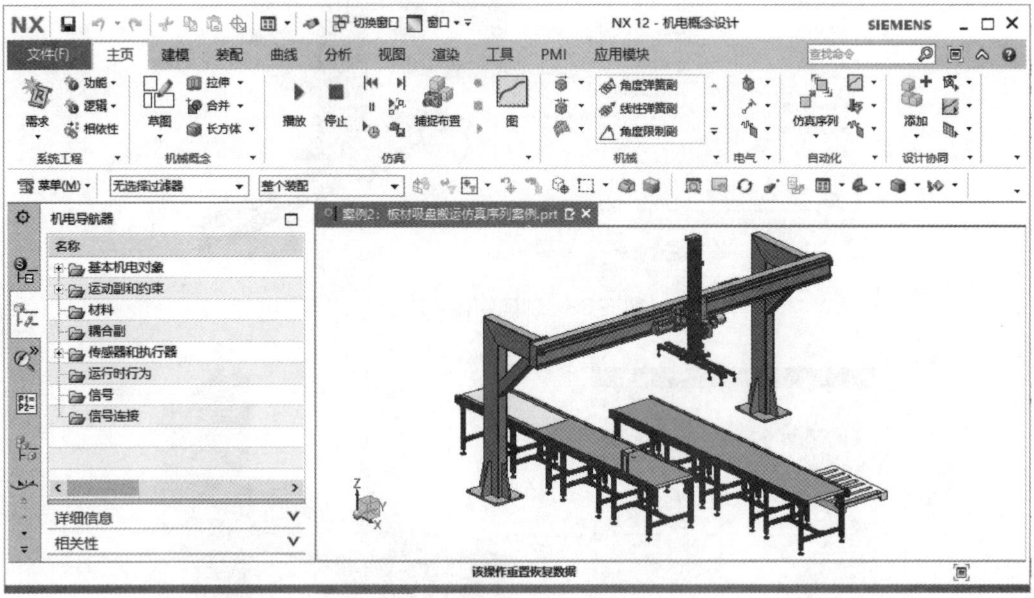

图 5-61　机电概念设计用户界面

2. 创建基本机电对象

（1）创建刚体

02　单击【主页】选项卡上【机械】组中的【刚体】按钮，弹出【刚体】对话框，选择如图 5-62 所示的实体，【名称】设为“板材”，单击【确定】按钮完成。

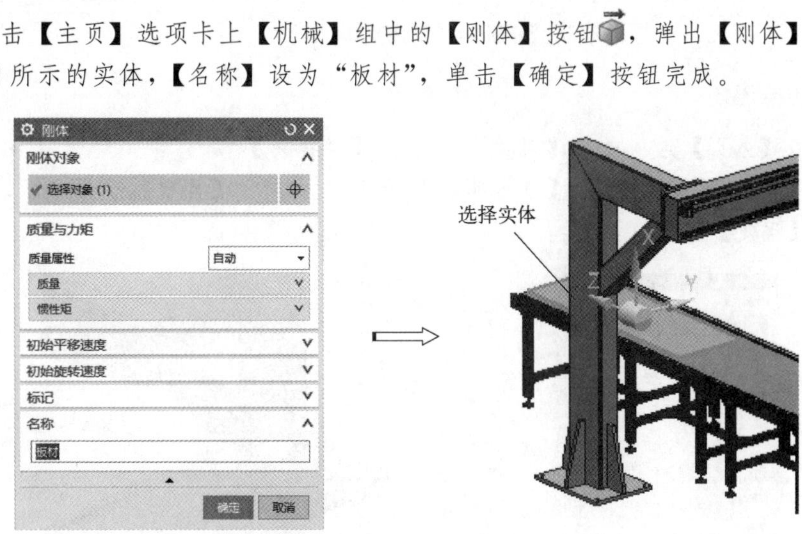

图 5-62　创建刚体（1）

03　单击【主页】选项卡上【机械】组中的【刚体】按钮，弹出【刚体】对话框，选择如图 5-63 所示的实体，【名称】设为“y 轴”，单击【确定】按钮完成。

04　单击【主页】选项卡上【机械】组中的【刚体】按钮，弹出【刚体】对话框，选择如图 5-64 所示的实体，【名称】设为“z 轴吸盘”，单击【确定】按钮完成。

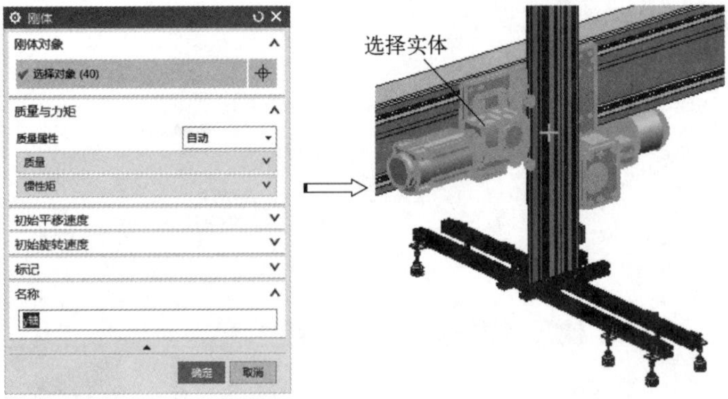

图 5-63　创建刚体（2）

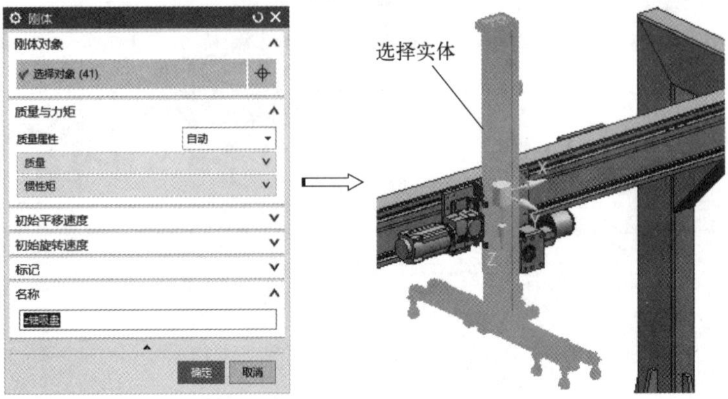

图 5-64　创建刚体（3）

（2）创建碰撞体

05　单击【主页】选项卡上【机械】组中的【碰撞体】按钮，弹出【碰撞体】对话框，选择如图 5-65 所示的实体，【碰撞形状】选为“方块”，【类别】设为“0”，【名称】为默认，单击【确定】按钮。

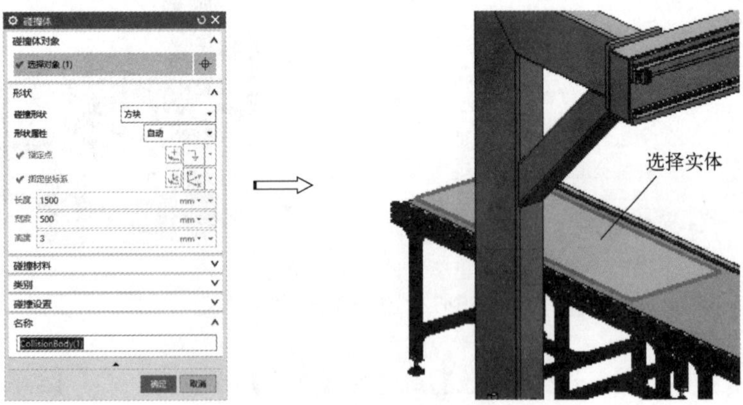

图 5-65　创建碰撞体（1）

06　单击【主页】选项卡上【机械】组中的【碰撞体】按钮，弹出【碰撞体】对话框，选择如图 5-66 所示的面，【碰撞形状】选为“方块”，【类别】设为“0”，【名称】设为

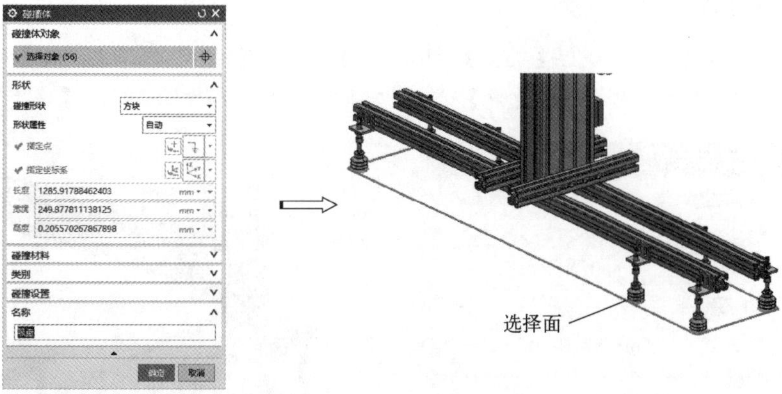

图 5-66 创建碰撞体（2）

“吸盘”，单击【确定】按钮。

07 单击【主页】选项卡上【机械】组中的【碰撞体】按钮，弹出【碰撞体】对话框，选择如图 5-67 所示的面，【碰撞形状】选为“方块”，【类别】设为“0”，【名称】设为“传送带 1”，单击【确定】按钮。

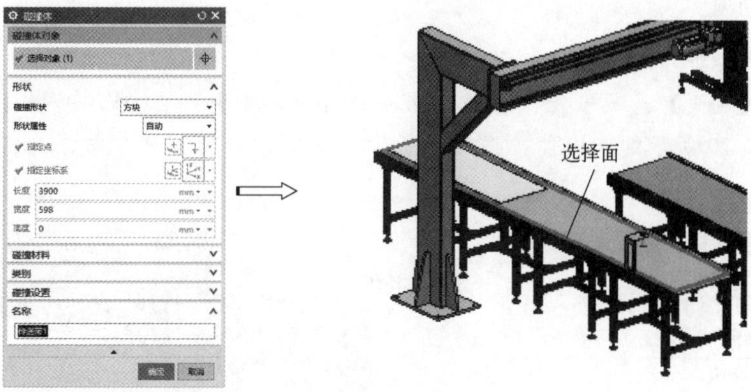

图 5-67 创建碰撞体（3）

08 单击【主页】选项卡上【机械】组中的【碰撞体】按钮，弹出【碰撞体】对话框，选择如图 5-68 所示的面，【碰撞形状】选为“方块”，【类别】设为“0”，【名称】设为“传送带 2”，单击【确定】按钮。

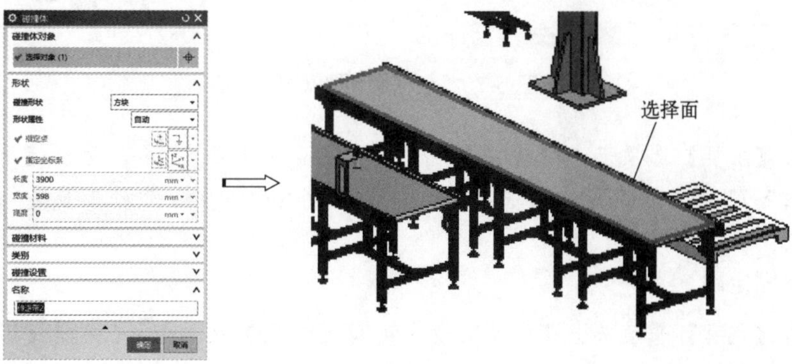

图 5-68 创建碰撞体（4）

（3）创建对象源

09　单击【主页】选项卡上【机械】组中的【对象源】按钮，弹出【对象源】对话框，选择如图 5-69 所示的刚体，【触发】选为“每次激活时一次”，单击【确定】按钮完成。

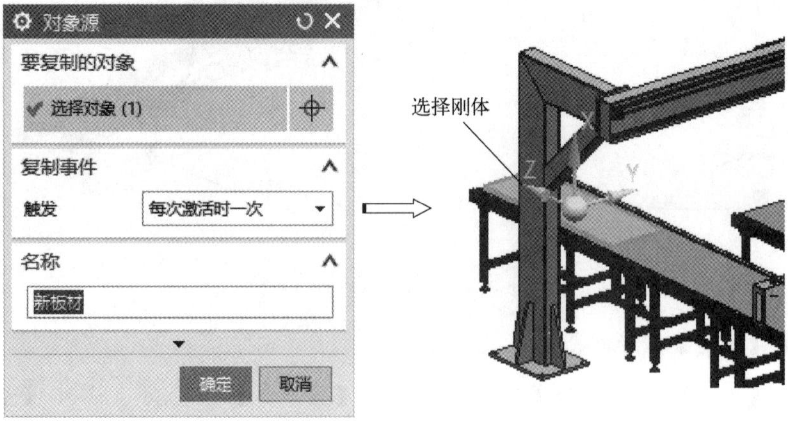

图 5-69　创建对象源

3. **创建运动副**

（1）创建滑动副

10　单击【主页】选项卡上【机械】组中的【滑动副】按钮，弹出【滑动副】对话框，选择如图 5-70 所示的连接件，将如图所示的方向作为轴矢量方向，单击【确定】按钮完成。

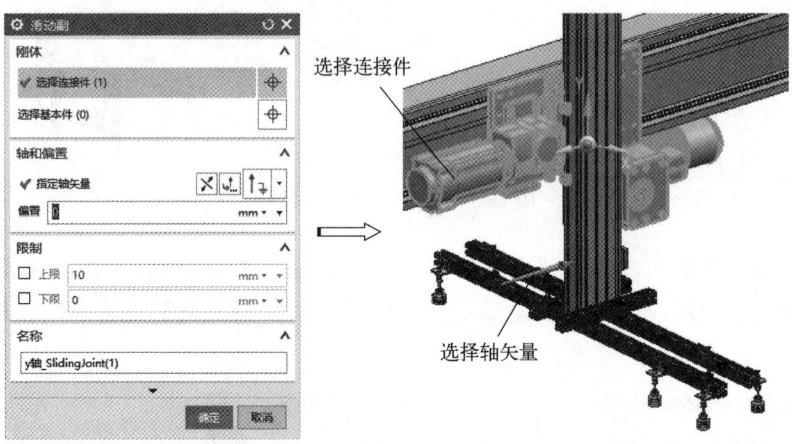

图 5-70　创建滑动副（1）

11　单击【主页】选项卡上【机械】组中的【滑动副】按钮，弹出【滑动副】对话框，选择如图 5-71 所示的连接件和基本件，将如图所示的方向作为轴矢量方向，单击【确定】按钮完成。

（2）创建固定副

12　单击【主页】选项卡上【机械】组中的【固定副】按钮，弹出【固定副】对话框，选择如图 5-72 所示的刚体为基本件，单击【确定】按钮完成。

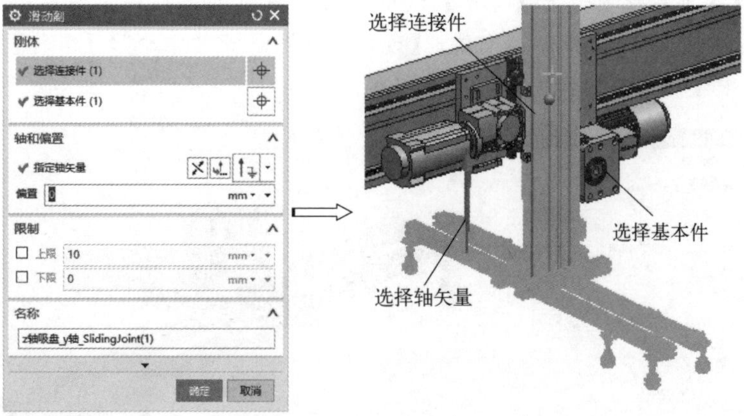

图 5-71　创建滑动副（2）

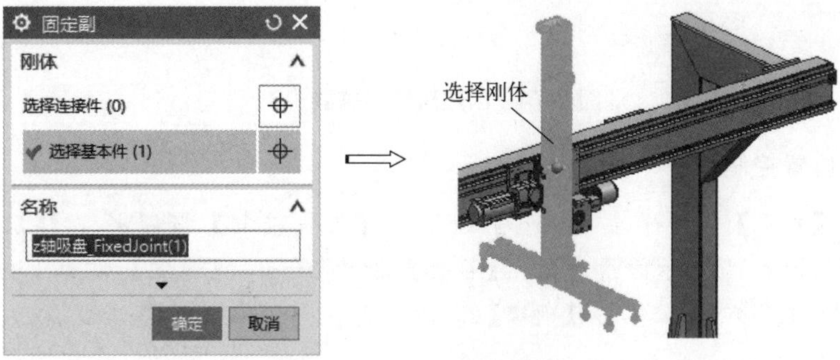

图 5-72　创建固定副

4. 创建传感器和执行器

（1）定义碰撞传感器

13　单击【主页】选项卡上【电气】组中的【碰撞传感器】按钮，弹出【碰撞传感器】对话框，选择如图 5-73 所示的刚体，【碰撞形状】选为“直线”，选择点和坐标系，【长度】设为 300mm，【名称】设为“物料到位传感器”，单击【确定】按钮完成。

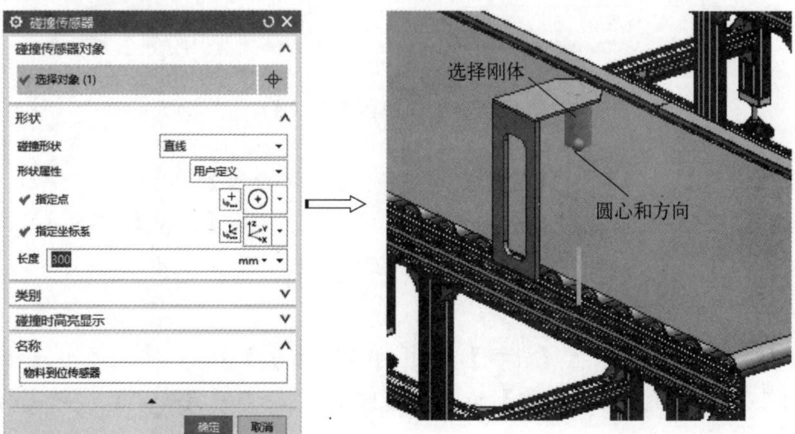

图 5-73　创建碰撞传感器（1）

14　单击【主页】选项卡上【电气】组中的【碰撞传感器】按钮，弹出【碰撞传感器】对话框，选择如图5-74所示的刚体，【碰撞形状】选为“方块”，【名称】设为“吸盘拾取传感器”，单击【确定】按钮完成。

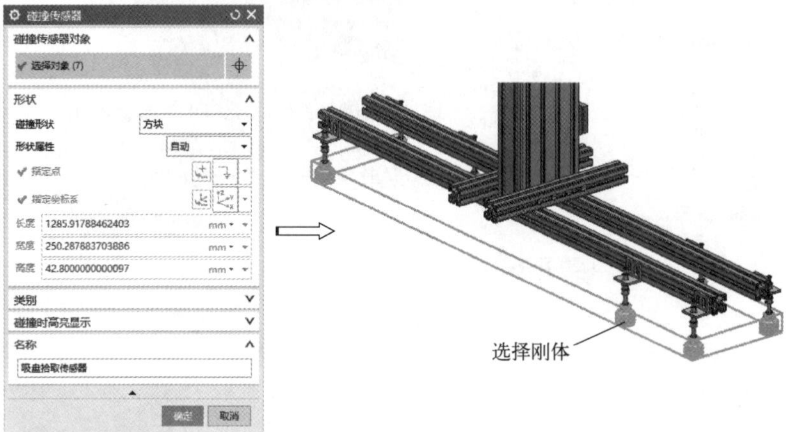

图5-74　创建碰撞传感器（2）

（2）创建位置控制

15　单击【主页】选项卡上【电气】组中的【位置控制】按钮，弹出【位置控制】对话框，选择如图5-75所示的滑动副，【目标】设为0mm，【速度】设为1000mm/s，【名称】设为“y轴位置控制”，单击【确定】按钮完成。

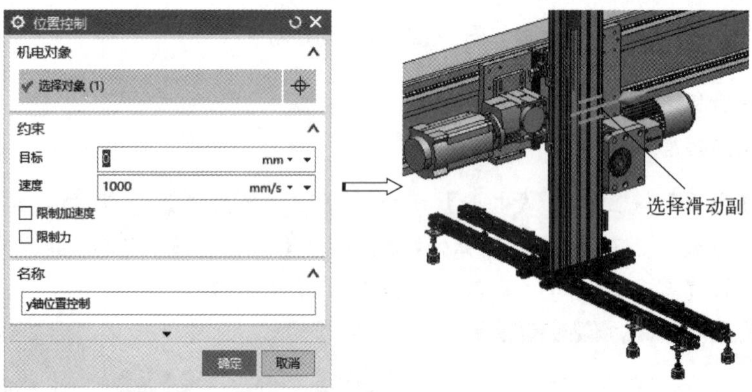

图5-75　创建位置控制（1）

16　单击【主页】选项卡上【电气】组中的【位置控制】按钮，弹出【位置控制】对话框，选择如图5-76所示的滑动副，【目标】设为0mm，【速度】设为1000mm/s，【名称】设为“z轴吸盘位置控制”，单击【确定】按钮完成。

（3）创建传输面

17　单击【主页】选项卡上【机械】组中的【传输面】按钮，弹出【传输面】对话框，选择如图5-77所示的面，【名称】设为“传送带1”，单击【确定】按钮完成。

18　单击【主页】选项卡上【机械】组中的【传输面】按钮，弹出【传输面】对话框，选择如图5-78所示的面，【名称】设为“传送带2”，单击【确定】按钮完成。

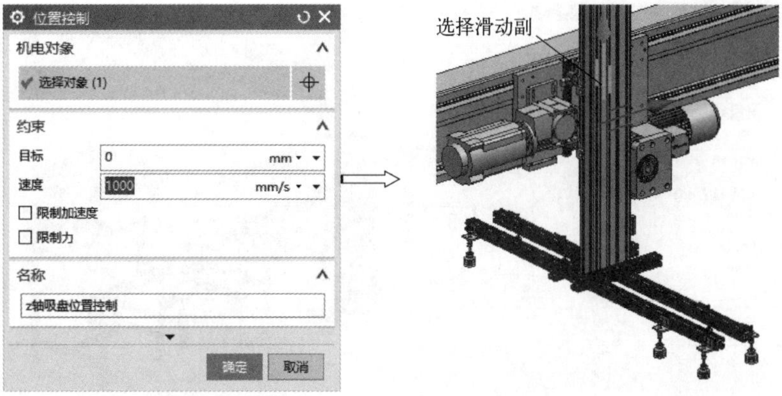

图 5-76 创建位置控制（2）

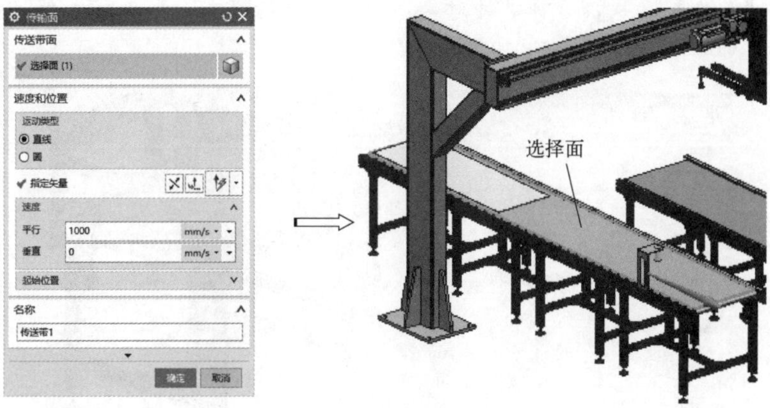

图 5-77 创建传输面（1）

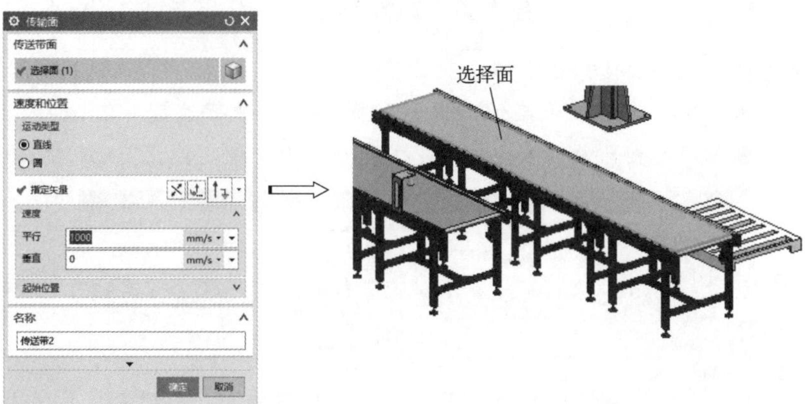

图 5-78 创建传输面（2）

5. 创建仿真序列

（1）创建仿真序列——传送带 1 启动

19 单击【主页】选项卡上【自动化】组中的【仿真序列】按钮，弹出【仿真序列】对话框，选择如图 5-79 所示的对象：传送带 1 启动，设置时间＝0s，平行速度＝1000mm/s，名称为“传送带 1 启动”。

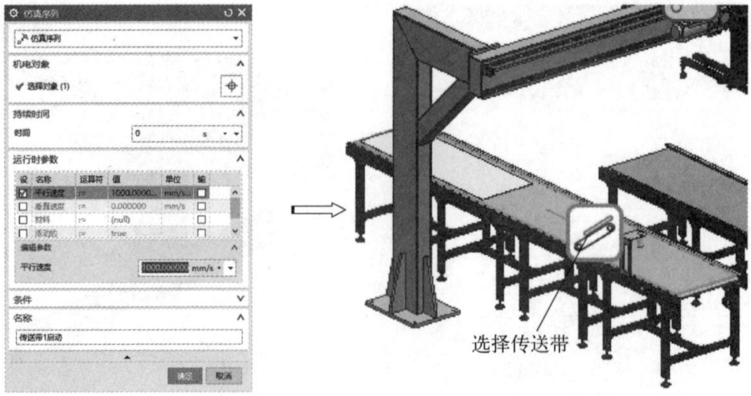

图 5-79　创建仿真序列（1）

20　展开【条件】选项，选择条件对象：物料到位传感器，设置触发=false，单击【确定】按钮完成，如图 5-80 所示。

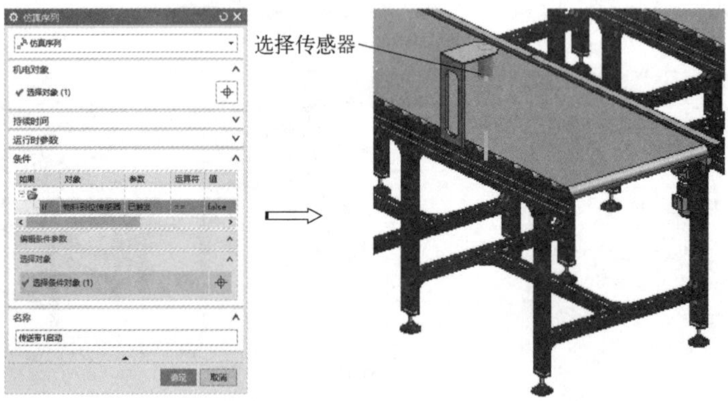

图 5-80　设置条件（1）

（2）创建仿真序列——传送带 1 停止

21　复制仿真序列：传送带 1 启动，设置时间=0s，平行速度=0mm/s，选择条件对象：物料到位传感器，设置已触发=true，名称改为“传送带 1 停止”，如图 5-81 所示。

图 5-81　创建仿真序列（2）

(3) 创建仿真序列——y 轴左 1 移动

22 单击【主页】选项卡上【自动化】组中的【仿真序列】按钮，弹出【仿真序列】对话框，选择如图 5-82 所示的对象：y 轴位置控制，设置时间=默认，定位=−1400mm，名称为“y 轴左 1 移动”，如图 5-82 所示。

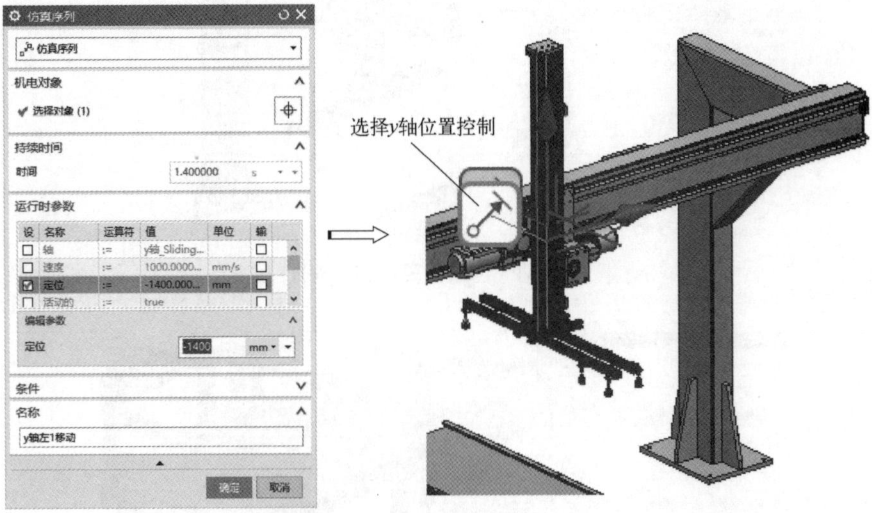

图 5-82 创建仿真序列（3）

23 展开【条件】选项，选择条件对象：物料到位传感器，设置已触发=true，单击【确定】按钮完成，如图 5-83 所示。

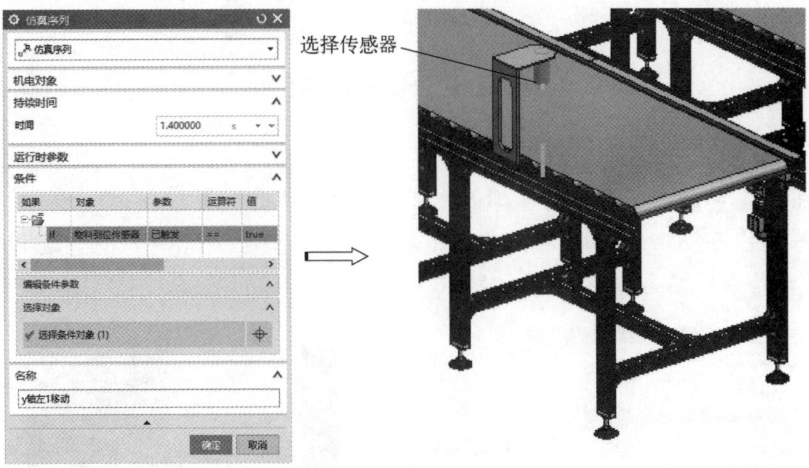

图 5-83 设置条件（2）

(4) 创建仿真序列——z 轴吸盘下移 1

24 单击【主页】选项卡上【自动化】组中的【仿真序列】按钮，弹出【仿真序列】对话框，选择如图 5-84 所示的对象：z 轴吸盘位置控制，设置时间=默认，定位=−751mm，名称为“z 轴吸盘下移 1”，如图 5-84 所示。

25 展开【条件】选项，选择条件对象：物料到位传感器，设置已触发=true，单击【确定】按钮完成，如图 5-85 所示。

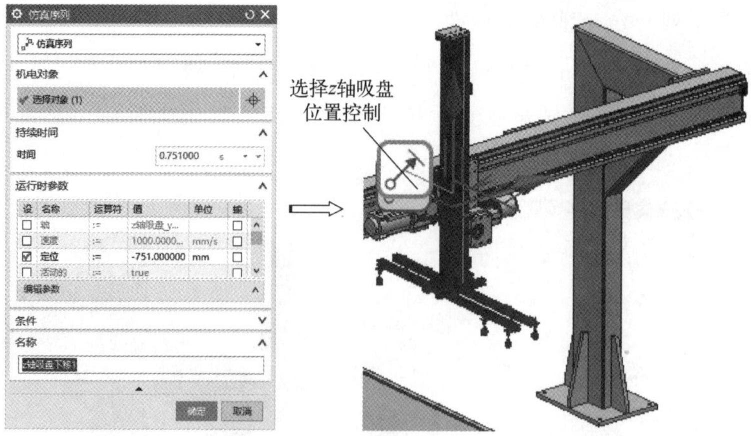

图 5-84　创建仿真序列（4）

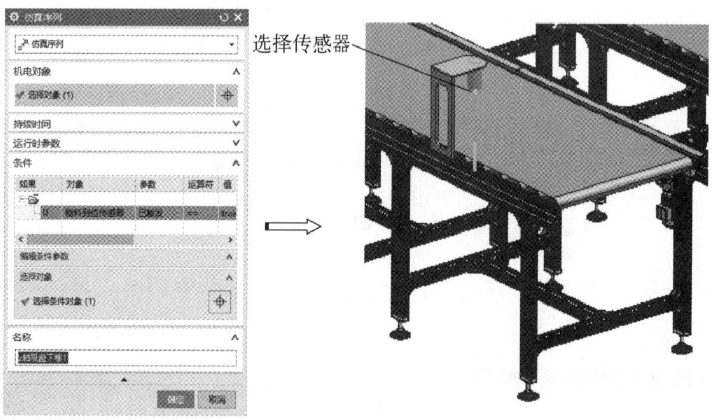

图 5-85　设置条件（3）

（5）创建仿真序列——拾取板材

26　单击【主页】选项卡上【自动化】组中的【仿真序列】按钮，弹出【仿真序列】对话框，选择如图 5-86 所示的对象：z 轴吸盘固定副，设置时间＝默认，连接＝触发器中的对象：“吸盘拾取传感器”，名称为“拾取板材”。

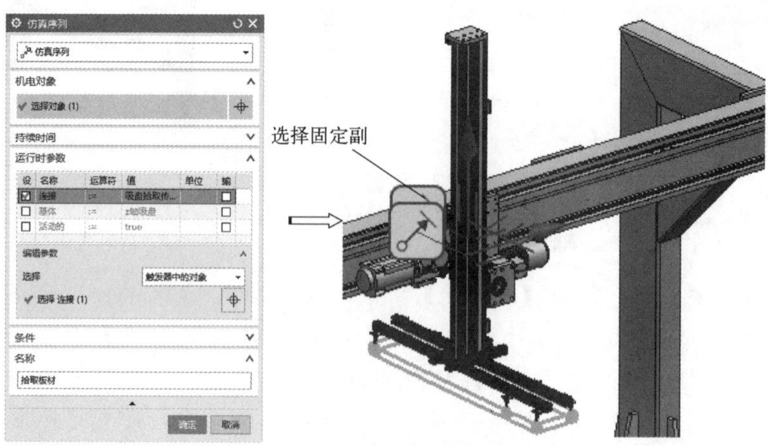

图 5-86　创建仿真序列（5）

27　展开【条件】选项，选择条件对象：物料到位传感器，设置已触发=true，单击【确定】按钮完成，如图 5-87 所示。

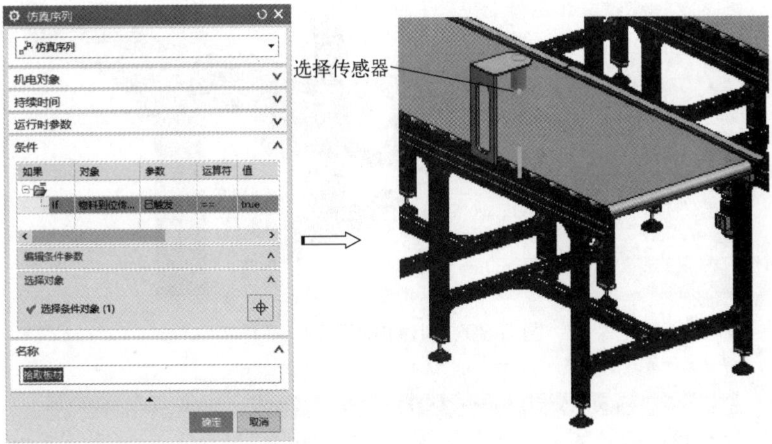

图 5-87　设置条件（4）

（6）创建仿真序列——z 轴吸盘上移复位

28　复制仿真序列：z 轴吸盘下移 1，设置时间=0s，定位=0mm，选择条件对象：物料到位传感器，设置已触发=true，名称改为“z 轴吸盘上移复位”，如图 5-88 所示。

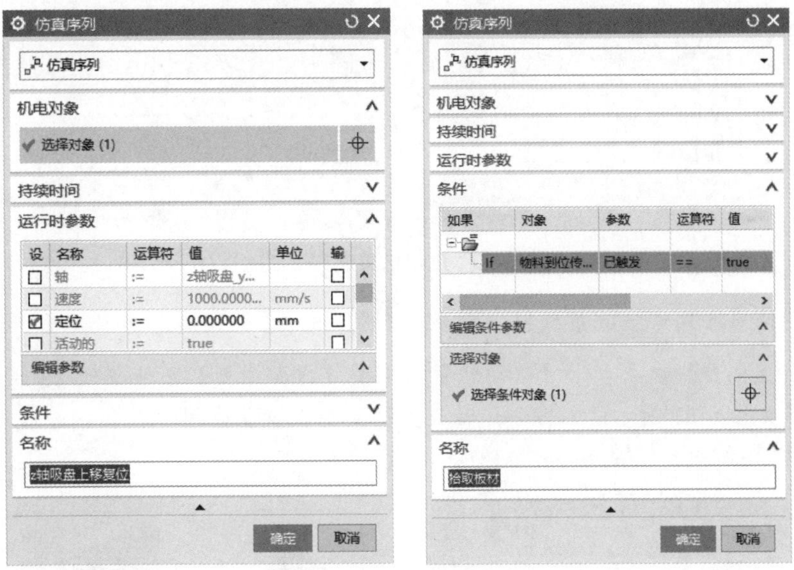

图 5-88　创建仿真序列（6）

（7）创建仿真序列——y 移动到 2

29　单击【主页】选项卡上【自动化】组中的【仿真序列】按钮，弹出【仿真序列】对话框，选择如图 5-89 所示的对象：y 轴位置控制，设置时间=默认，定位=-200mm，名称为“y 移动到 2”，如图 5-89 所示。

（8）创建仿真序列——z 轴吸盘下移 2

30　复制仿真序列：z 轴吸盘下移 1，删除其控制条件，名称改为“z 轴吸盘下移 2”，如图 5-90 所示。

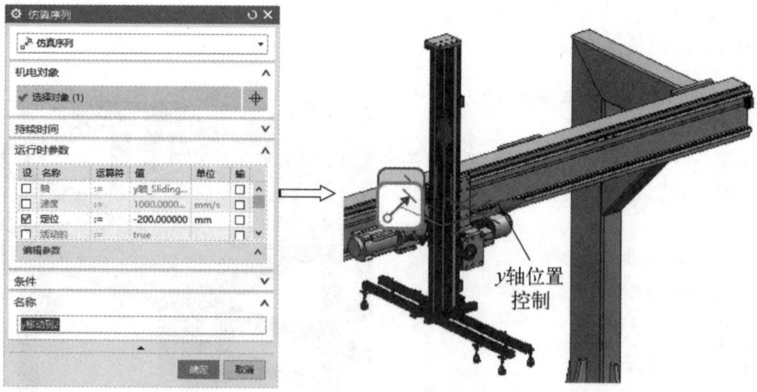

图 5-89　创建仿真序列（7）

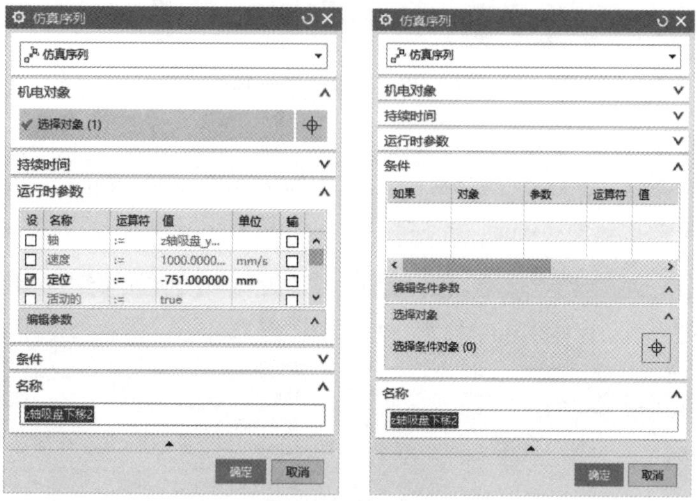

图 5-90　创建仿真序列（8）

（9）创建仿真序列——放置板材

31　单击【主页】选项卡上【自动化】组中的【仿真序列】按钮，弹出【仿真序列】对话框，选择如图 5-91 所示的对象：z 轴吸盘固定副，设置时间＝默认，连接＝null，名称为“放置板材”，如图 5-91 所示。

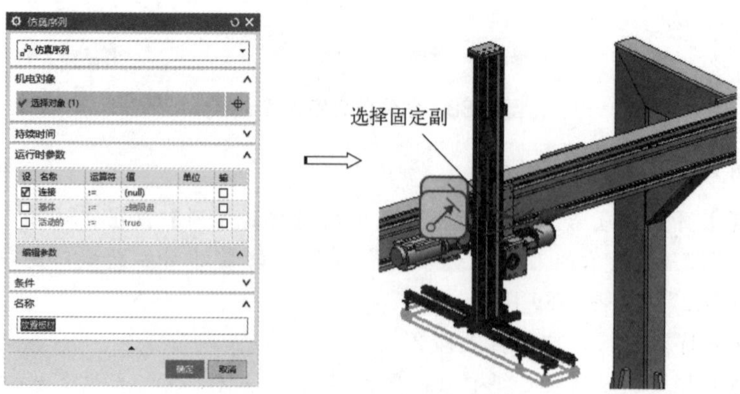

图 5-91　创建仿真序列（9）

（10）创建仿真序列——z 轴吸盘上移复位 2

32　复制仿真序列：z 轴吸盘上移复位，删除其控制条件，名称改为“z 轴吸盘上移复位 2”，如图 5-92 所示。

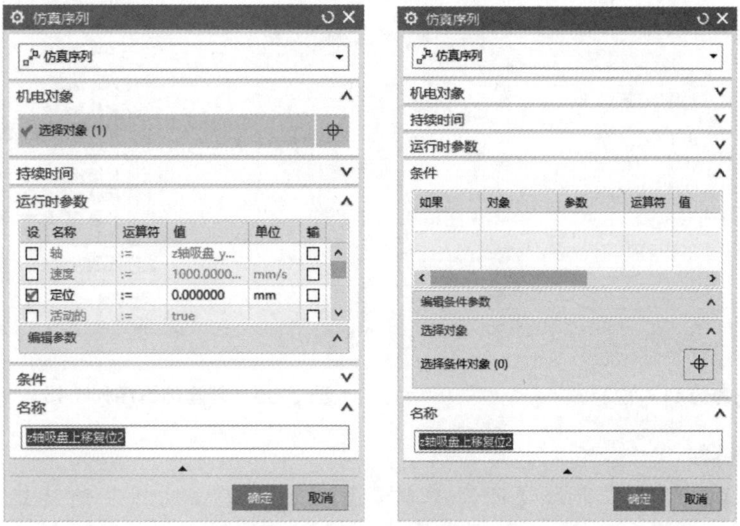

图 5-92　创建仿真序列（10）

（11）创建仿真序列——传送带 2 启动

33　单击【主页】选项卡上【自动化】组中的【仿真序列】按钮，弹出【仿真序列】对话框，选择如图 5-93 所示的对象：传送带 2，设置时间＝默认，平行速度＝1000mm/s，名称为“传送带 2 启动”，如图 5-93 所示。

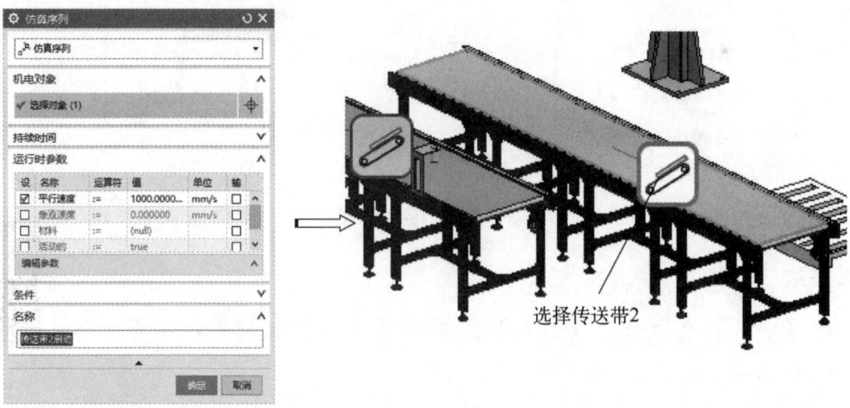

图 5-93　创建仿真序列（11）

（12）创建仿真序列——y 轴复位

34　复制仿真序列：y 移动到 2，设置定位＝0mm，名称改为“y 轴复位”，如图 5-94 所示。

（13）创建仿真序列——新板材

35　单击【主页】选项卡上【自动化】组中的【仿真序列】按钮，弹出【仿真序列】对话框，选择如图 5-95 所示的对象：对象源，设置时间＝0.001s，活动的＝true，名称为“新板材”，如图 5-95 所示。

图 5-94　创建仿真序列（12）

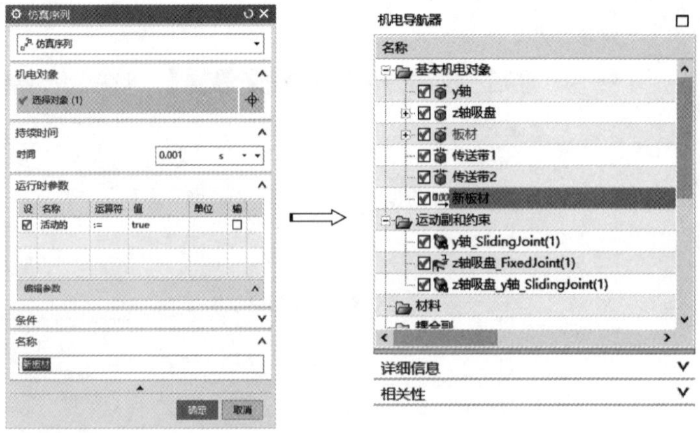

图 5-95　创建仿真序列（13）

（14）序列链接

36　单击【资源条】上的【序列导航器】图标，按住鼠标左键链接相关序列，如图 5-96 所示。

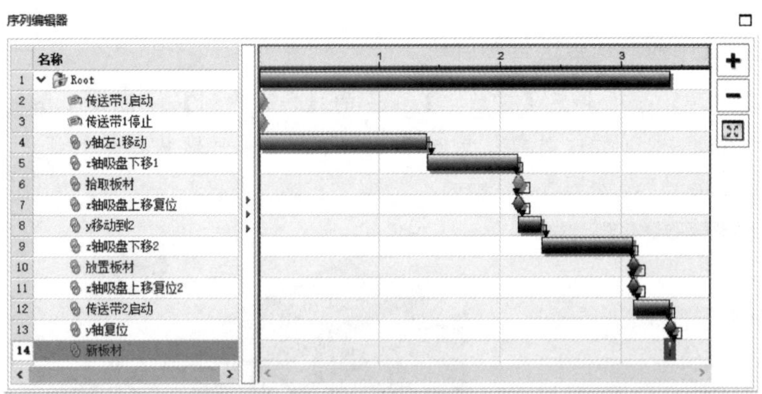

图 5-96　序列链接

6. 仿真播放

37　单击【主页】选项卡上【仿真】组中的【播放】按钮▶，在图形区显示运动过程的仿真，如图 5-97 所示。

5-8

5.2.3　案例 3：搬运机械手

以物料搬运机械手为例来讲解仿真序列的创建操作方法和步骤，并模拟搬运机械手，如图 5-98 所示。

5.2.3.1　搬运机械手仿真序列的设计思路分析

在 NX 机电概念设计中对搬运机械手进行仿真，首先创建各个零件刚体和碰撞体，设置实体质量等参数，接着创建运动副（包括滑动副等），然后创建传感器与执行器（包括传输面、碰撞传感器和位置控制），最后创建仿真序列进行仿真，如图 5-99 所示。

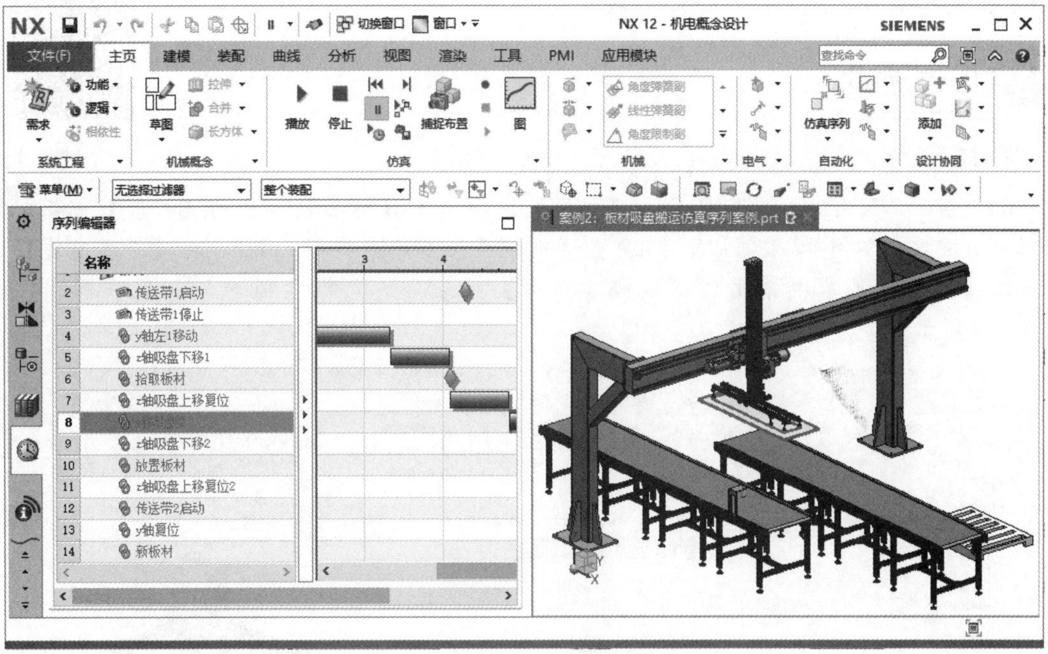

图 5-97 仿真播放

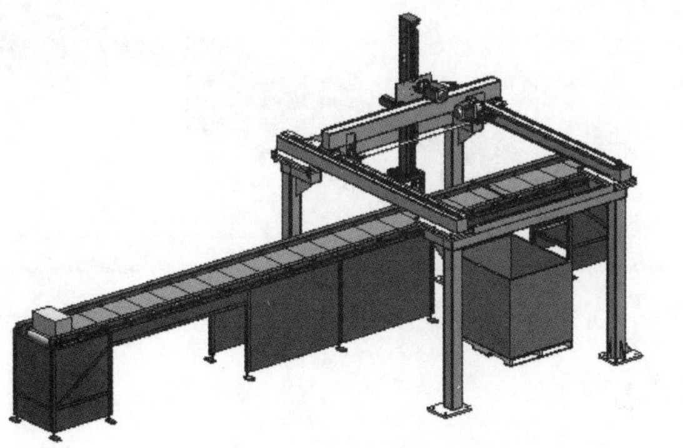

图 5-98 搬运机械手模型

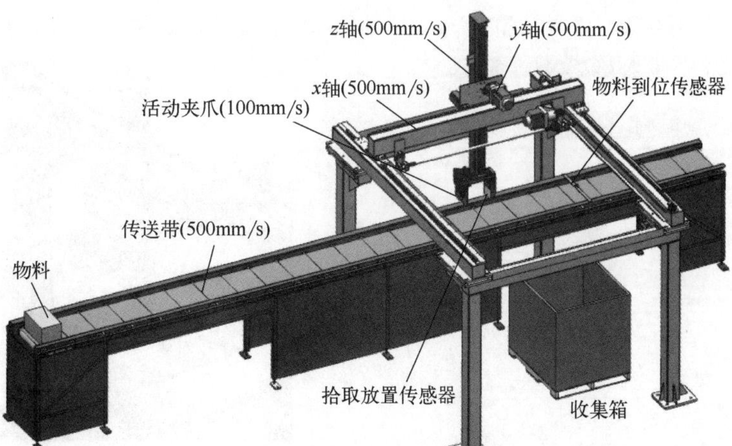

图 5-99 搬运机械手仿真序列设计思路

5.2.3.2 搬运机械手仿真序列的操作过程

5-9

操作步骤

1. 打开文件

01 启动 NX 后，在功能区单击【主页】选项卡上【标准】组中的【打开】按钮，选择素材文件“实例\第 5 章\案例 3：搬运机械手仿真序列案例 .prt”，在【应用模块】选项卡的【更多】菜单中单击【机电概念设计】按钮，进入机电概念设计用户界面，如图 5-100 所示。

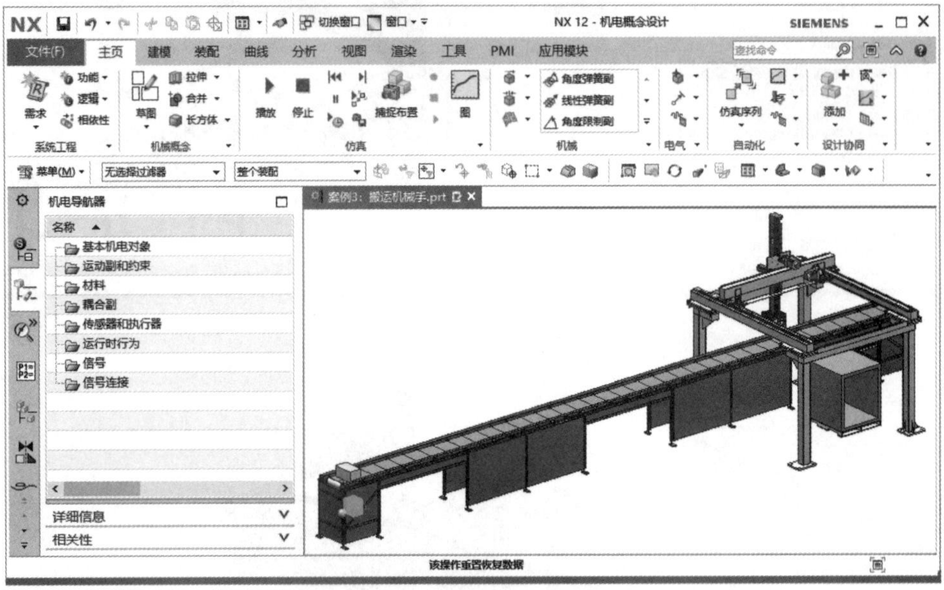

图 5-100 机电概念设计用户界面

2. 创建基本机电对象

（1）创建刚体

02 单击【主页】选项卡上【机械】组中的【刚体】按钮，弹出【刚体】对话框，选择如图 5-101 所示的实体，【名称】设为“z 轴”，单击【确定】按钮完成，如图 5-101 所示。

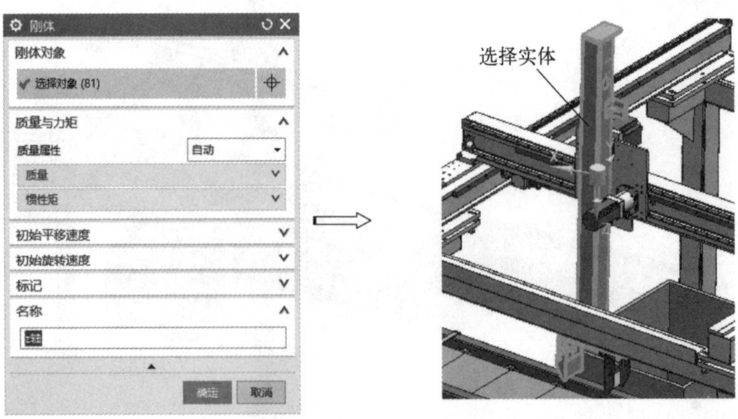

图 5-101 创建刚体（1）

03 单击【主页】选项卡上【机械】组中的【刚体】按钮，弹出【刚体】对话框，选择如图5-102所示的实体，【名称】设为“x 轴”，单击【确定】按钮完成，如图5-102所示。

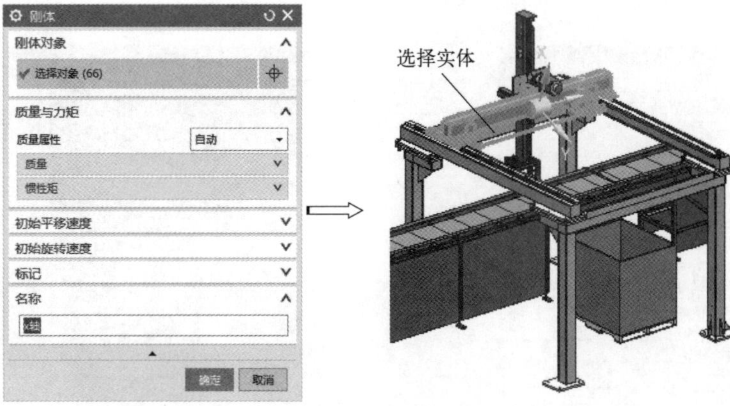

图5-102 创建刚体（2）

04 单击【主页】选项卡上【机械】组中的【刚体】按钮，弹出【刚体】对话框，选择如图5-103所示的实体，【名称】设为“y 轴”，单击【确定】按钮完成，如图5-103所示。

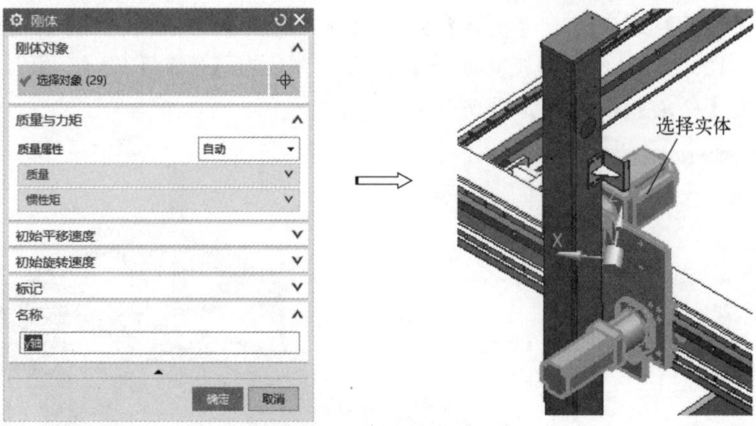

图5-103 创建刚体（3）

05 单击【主页】选项卡上【机械】组中的【刚体】按钮，弹出【刚体】对话框，选择如图5-104所示的实体，【名称】设为“物料”，单击【确定】按钮完成，如图5-104所示。

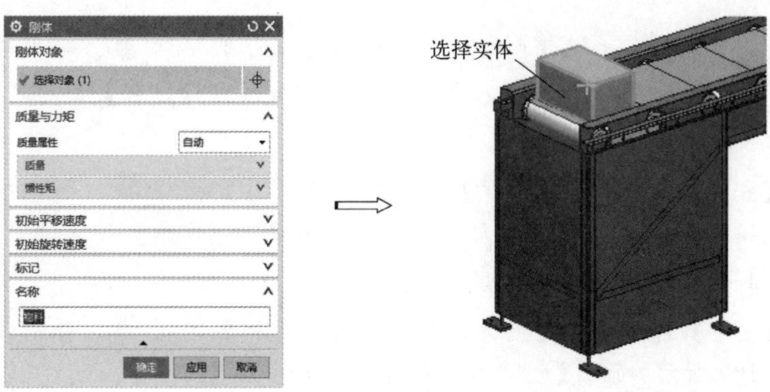

图5-104 创建刚体（4）

06 单击【主页】选项卡上【机械】组中的【刚体】按钮，弹出【刚体】对话框，选择如图 5-105 所示的实体，【名称】设为“活动夹爪”，单击【确定】按钮完成，如图 5-105 所示。

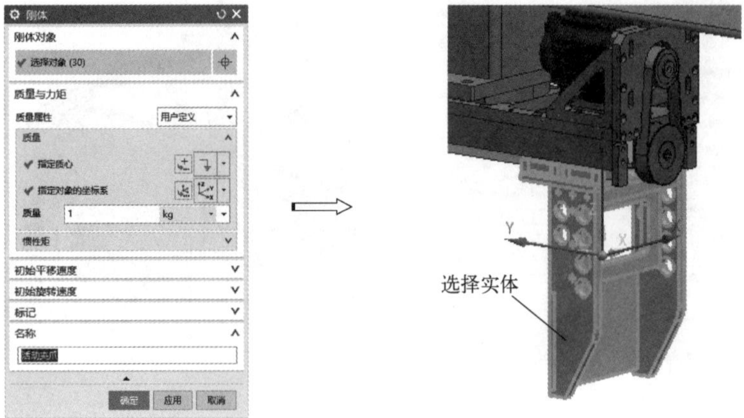

图 5-105　创建刚体（5）

(2) 创建碰撞体

07 单击【主页】选项卡上【机械】组中的【碰撞体】按钮，弹出【碰撞体】对话框，选择如图 5-106 所示的面，【碰撞形状】选为“方块”，【类别】设为“0”，【名称】设为“传送带”，单击【确定】按钮，如图 5-106 所示。

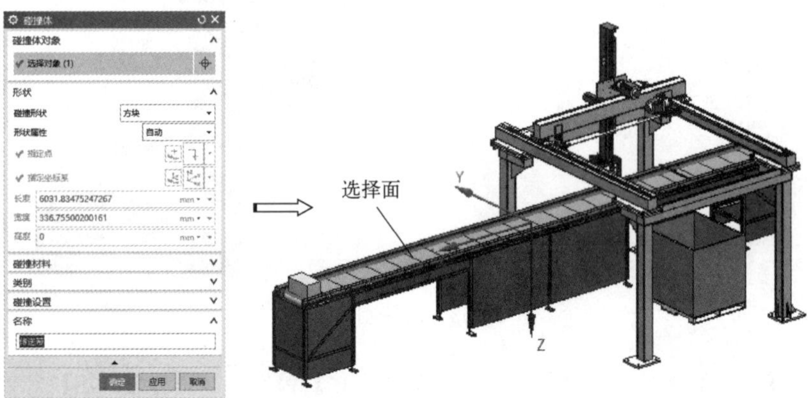

图 5-106　创建碰撞体（1）

08 单击【主页】选项卡上【机械】组中的【碰撞体】按钮，弹出【碰撞体】对话框，选择如图 5-107 所示的实体，【碰撞形状】选为“方块”，【类别】设为“1”，【名称】为默认，单击【确定】按钮，如图 5-107 所示。

09 单击【主页】选项卡上【机械】组中的【碰撞体】按钮，弹出【碰撞体】对话框，选择如图 5-108 所示的面，【碰撞形状】选为“方块”，【类别】设为“0”，【名称】为默认，单击【确定】按钮，如图 5-108 所示。

10 单击【主页】选项卡上【机械】组中的【碰撞体】按钮，弹出【碰撞体】对话框，选择如图 5-109 所示的面，【碰撞形状】选为“方块”，【类别】设为“0”，【名称】为默认，单击【确定】按钮，如图 5-109 所示。

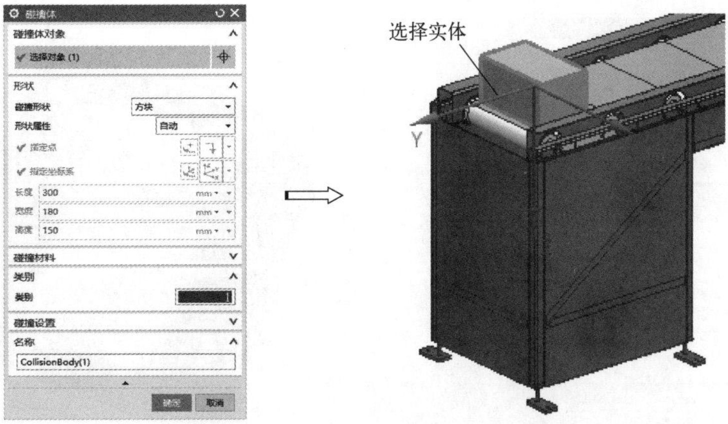

图 5-107 创建碰撞体（2）

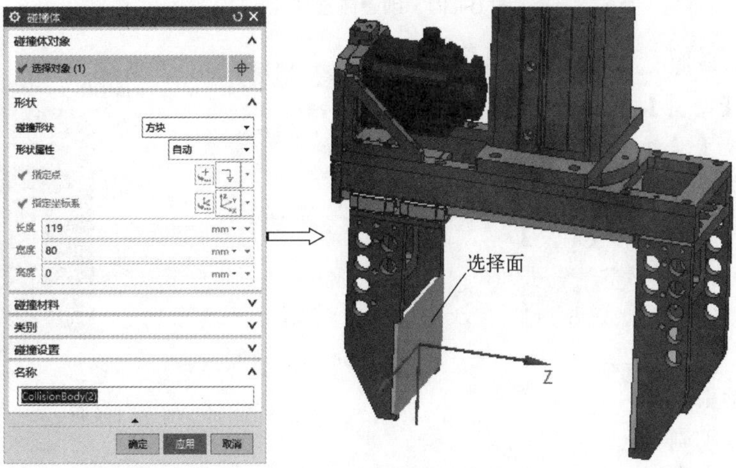

图 5-108 创建碰撞体（3）

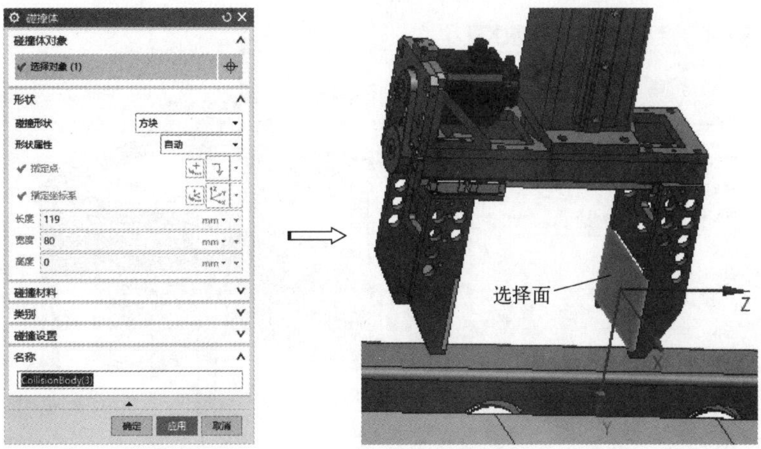

图 5-109 创建碰撞体（4）

11 单击【主页】选项卡上【机械】组中的【碰撞体】按钮，弹出【碰撞体】对话框，选择如图 5-110 所示的面，【碰撞形状】选为“网格面”，【类别】设为“0”，【名称】设为“收集箱”，单击【确定】按钮，如图 5-110 所示。

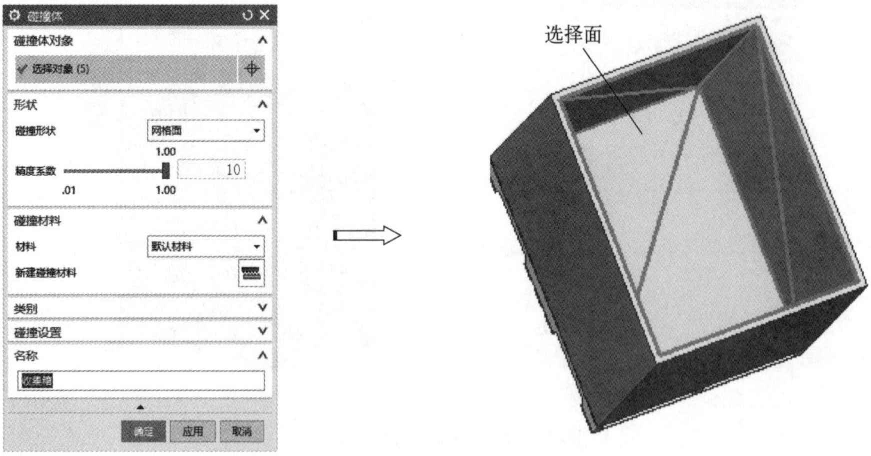

图 5-110　创建碰撞体（5）

（3）创建对象源

12　单击【主页】选项卡上【机械】组中的【对象源】按钮，弹出【对象源】对话框，选择如图 5-111 所示的刚体，【触发】选为“每次激活时一次”，单击【确定】按钮完成，如图 5-111 所示。

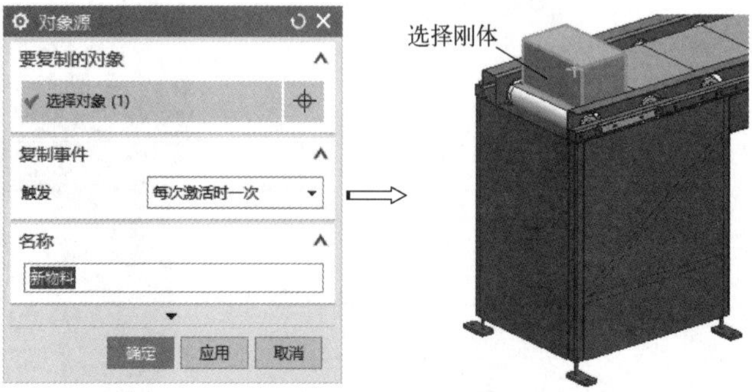

图 5-111　创建对象源

3. 创建运动副

（1）创建滑动副

13　单击【主页】选项卡上【机械】组中的【滑动副】按钮，弹出【滑动副】对话框，选择如图 5-112 所示的连接件，将如图所示的方向作为轴矢量方向，单击【确定】按钮完成。

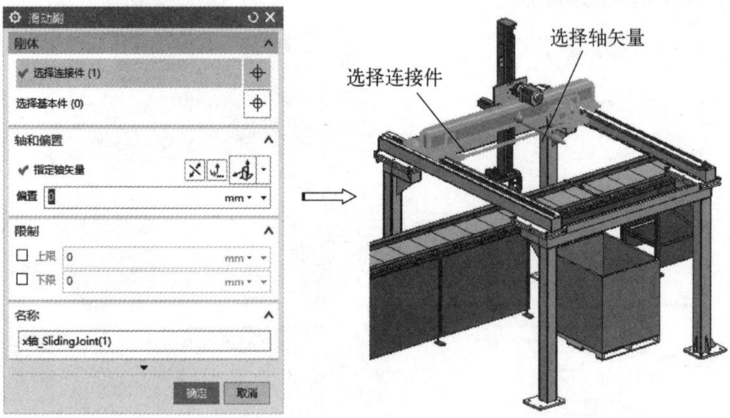

图 5-112　创建滑动副（1）

14　单击【主页】选项卡上【机械】组中的【滑动副】按钮，弹出【滑动副】对话框，选择如图 5-113 所示的连接件和基本件，将如图所示的方向作为轴矢量方向，单击【确定】按钮完成。

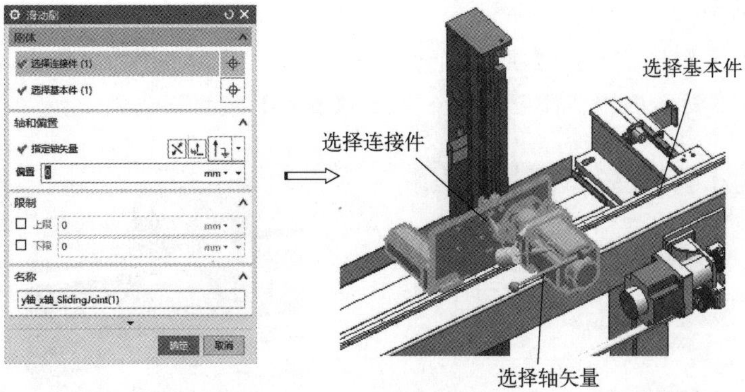

图 5-113 创建滑动副（2）

15 单击【主页】选项卡上【机械】组中的【滑动副】按钮，弹出【滑动副】对话框，选择如图 5-114 所示的连接件和基本件，将如图所示的方向作为轴矢量方向，单击【确定】按钮完成。

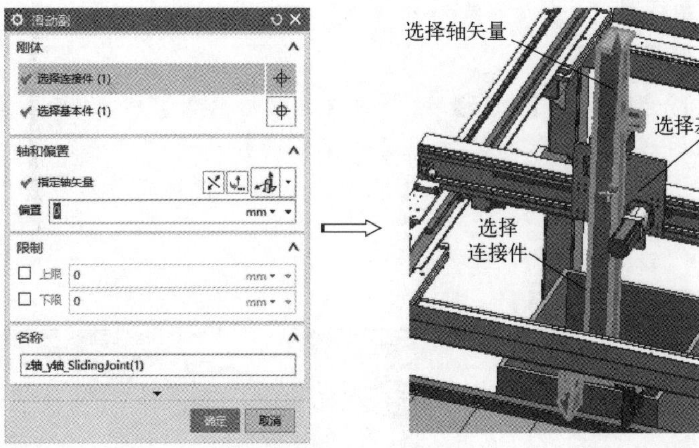

图 5-114 创建滑动副（3）

16 单击【主页】选项卡上【机械】组中的【滑动副】按钮，弹出【滑动副】对话框，选择如图 5-115 所示的连接件和基本件，将如图所示的方向作为轴矢量方向，单击【确定】按钮完成。

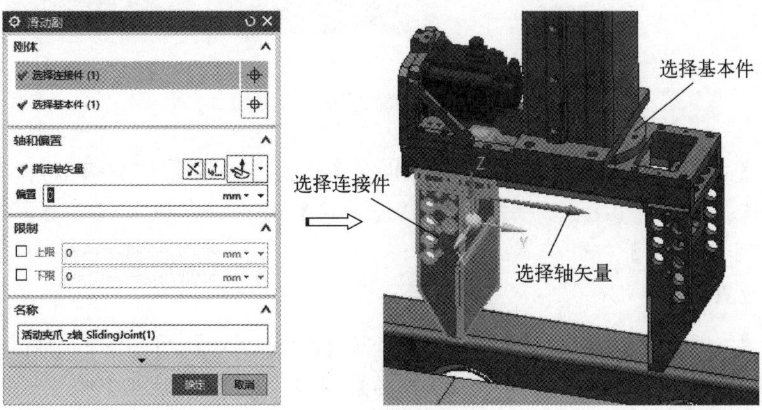

图 5-115 创建滑动副（4）

（2）创建固定副

17 单击【主页】选项卡上【机械】组中的【固定副】按钮，弹出【固定副】对话框，选择如图 5-116 所示的刚体为基本件，单击【确定】按钮完成。

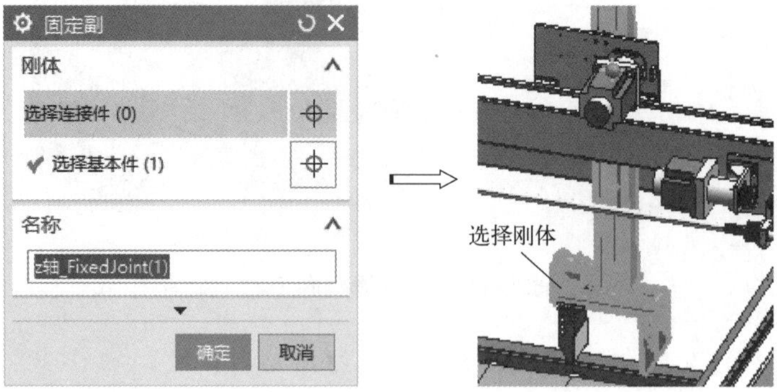

图 5-116 创建固定副

4. 创建传感器和执行器

（1）定义碰撞传感器

18 单击【主页】选项卡上【电气】组中的【碰撞传感器】按钮，弹出【碰撞传感器】对话框，选择如图 5-117 所示的实体，【碰撞形状】选为“直线”，选择点和坐标系，【长度】设为 600mm，【类别】设为“1”，【名称】设为“物料到位传感器”，单击【确定】按钮完成。

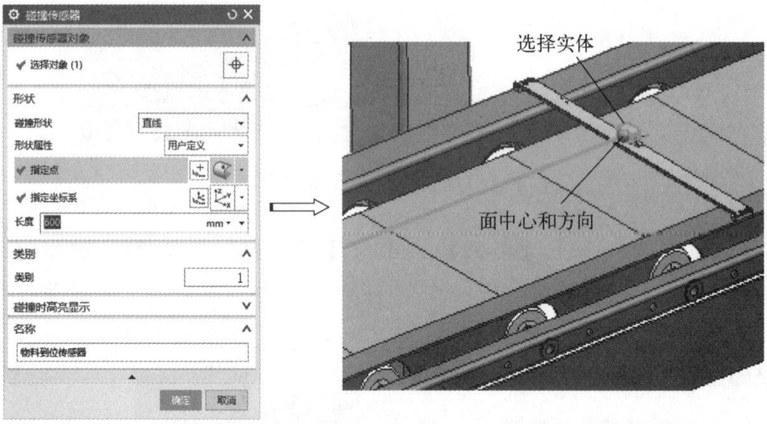

图 5-117 创建碰撞传感器（1）

19 单击【主页】选项卡上【电气】组中的【碰撞传感器】按钮，弹出【碰撞传感器】对话框，选择如图 5-118 所示的面，【碰撞形状】选为“方块”，【名称】设为“拾取放置传感器”，单击【确定】按钮完成。

（2）创建位置控制

20 单击【主页】选项卡上【电气】组中的【位置控制】按钮，弹出【位置控制】对话框，选择如图 5-119 所示的滑动副，【目标】设为 0mm，【速度】设为 500mm/s，【名称】设为“x 轴位置”，单击【确定】按钮完成。

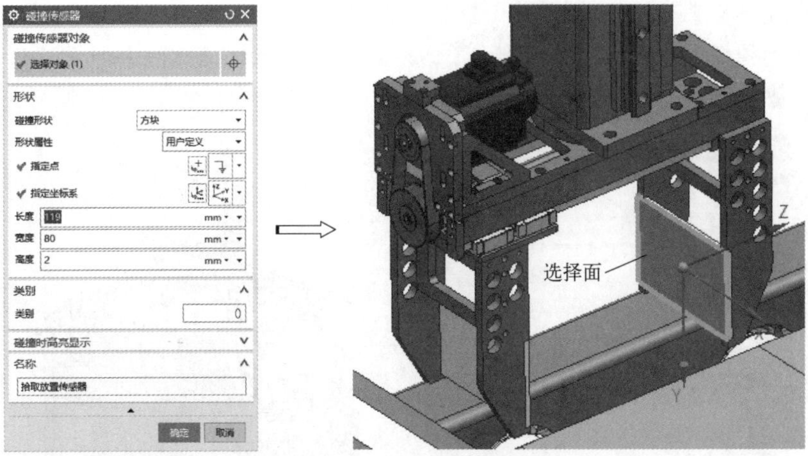

图 5-118　创建碰撞传感器（2）

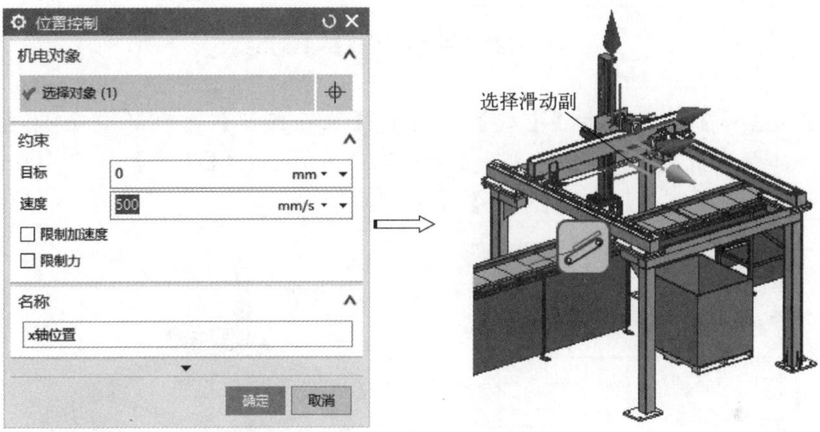

图 5-119　创建位置控制（1）

21　单击【主页】选项卡上【电气】组中的【位置控制】按钮，弹出【位置控制】对话框，选择如图 5-120 所示的滑动副，【目标】设为 0mm，【速度】设为 500mm/s，【名称】设为“*y* 轴位置”，单击【确定】按钮完成。

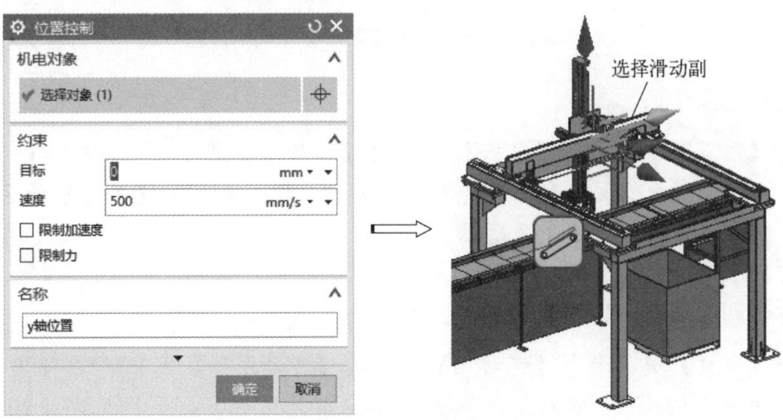

图 5-120　创建位置控制（2）

22 单击【主页】选项卡上【电气】组中的【位置控制】按钮，弹出【位置控制】对话框，选择如图 5-121 所示的滑动副，【目标】设为 0mm，【速度】设为 500mm/s，【名称】设为“z 轴位置”，单击【确定】按钮完成。

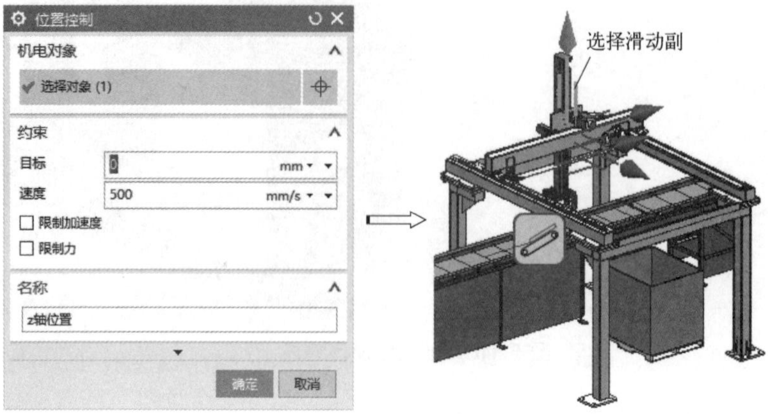

图 5-121　创建位置控制（3）

23 单击【主页】选项卡上【电气】组中的【位置控制】按钮，弹出【位置控制】对话框，选择如图 5-122 所示的滑动副，【目标】设为 0mm，【速度】设为 100mm/s，【名称】设为“活动夹爪位置”，单击【确定】按钮完成。

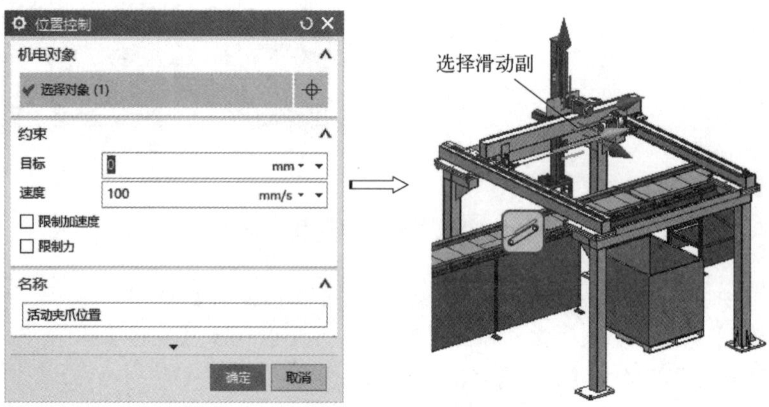

图 5-122　创建位置控制（4）

（3）创建传输面

24 单击【主页】选项卡上【机械】组中的【传输面】按钮，弹出【传输面】对话框，选择如图 5-123 所示的面，【平行】速度设为“1000mm/s”，【名称】设为“传送带”，单击【确定】按钮完成，如图 5-123 所示。

5. 创建仿真序列

（1）创建仿真序列——传送带启动

25 单击【主页】选项卡上【自动化】组中的【仿真序列】按钮，弹出【仿真序列】对话框，选择如图 5-124 所示的对象：传送带，设置时间＝0s，平行速度＝1000mm/s，名称为“传送带启动”。

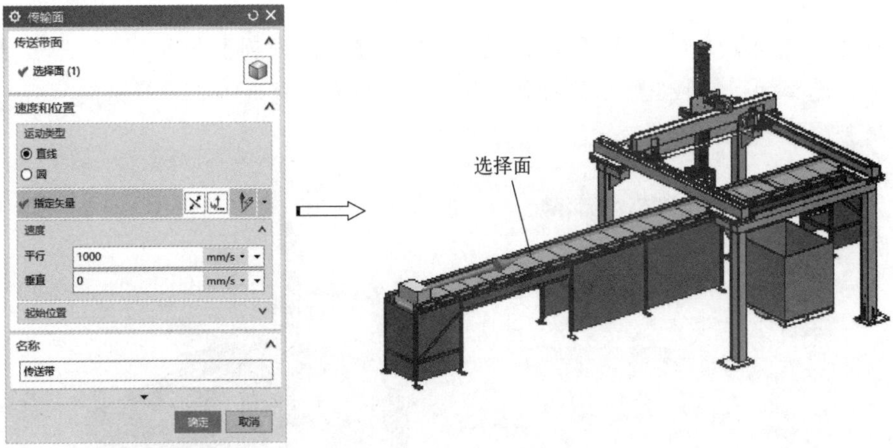

图 5-123　创建传输面

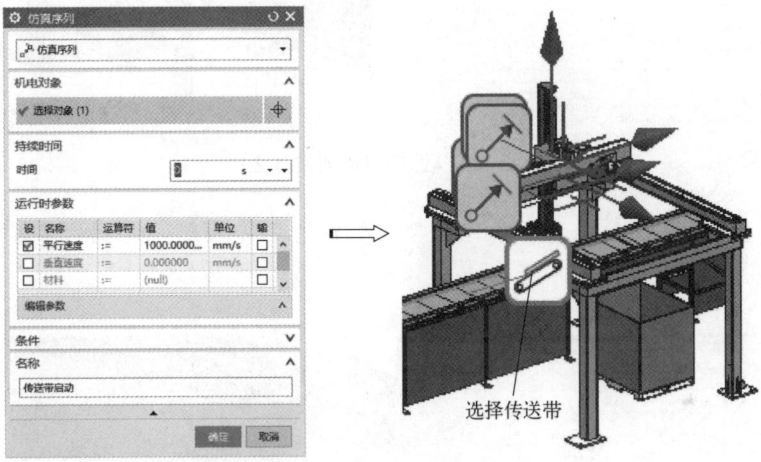

图 5-124　选择机电对象（1）

26　展开【条件】选项，选择条件对象：物料到位传感器，设置已触发＝false，单击【确定】按钮完成，如图 5-125 所示。

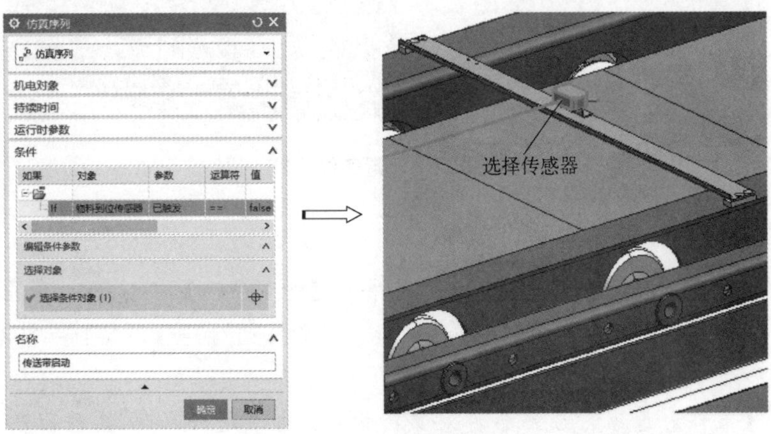

图 5-125　设置条件（1）

（2）创建仿真序列——传送带停止

27　单击【主页】选项卡上【自动化】组中的【仿真序列】按钮，弹出【仿真序列】对话框，选择如图 5-126 所示的对象：传送带，设置时间＝0s，平行速度＝0mm/s，名称为“传送带停止”。

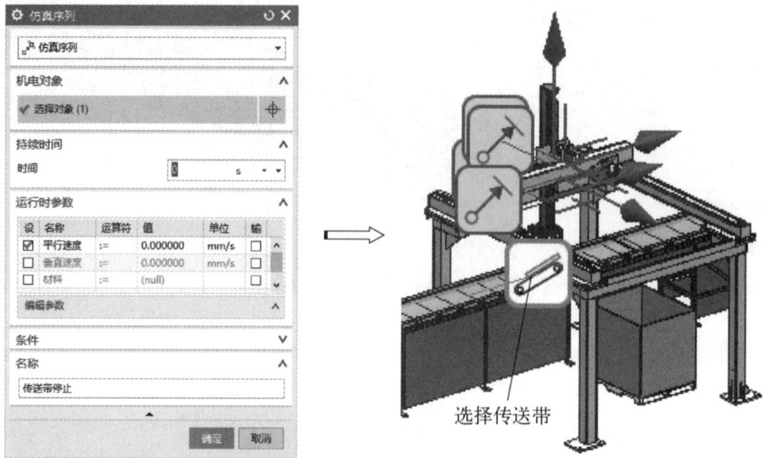

图 5-126　选择机电对象（2）

28　展开【条件】选项，选择条件对象：物料到位传感器，设置已触发＝true，单击【确定】按钮完成，如图 5-127 所示。

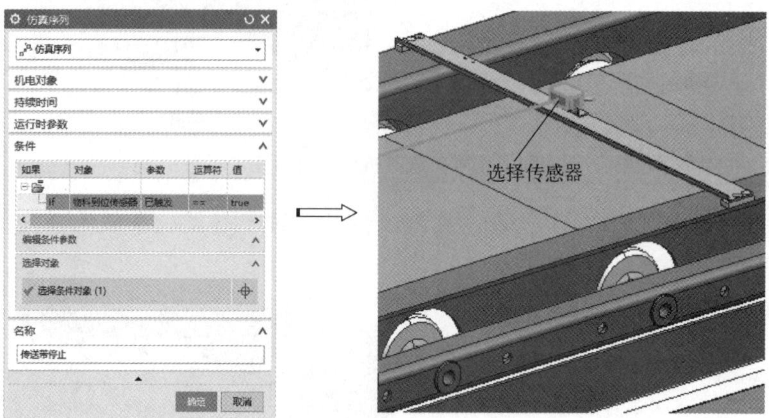

图 5-127　设置条件（2）

（3）创建仿真序列——y 轴移动

29　单击【主页】选项卡上【自动化】组中的【仿真序列】按钮，弹出【仿真序列】对话框，选择如图 5-128 所示的对象：y 轴位置，设置时间＝默认，定位＝293.600006mm，名称为“y 轴移动”。

30　展开【条件】选项，选择条件对象：物料到位传感器，设置已触发＝true，单击【确定】按钮完成，如图 5-129 所示。

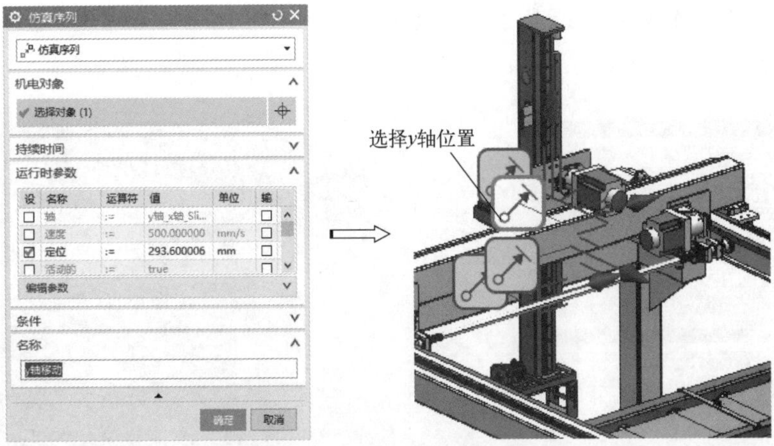

图 5-128　选择机电对象（3）

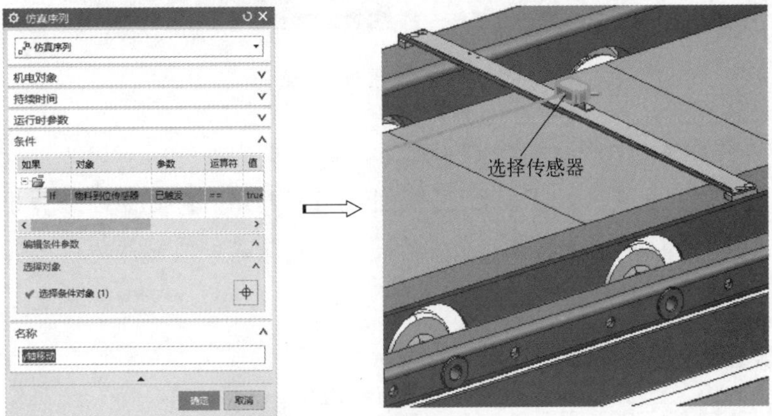

图 5-129　设置条件（3）

（4）创建仿真序列——z 轴下移 1

31　单击【主页】选项卡上【自动化】组中的【仿真序列】按钮，弹出【仿真序列】对话框，选择如图 5-130 所示的对象：z 轴位置，设置时间＝默认，定位＝－150mm，名称为“z 轴下移 1”。

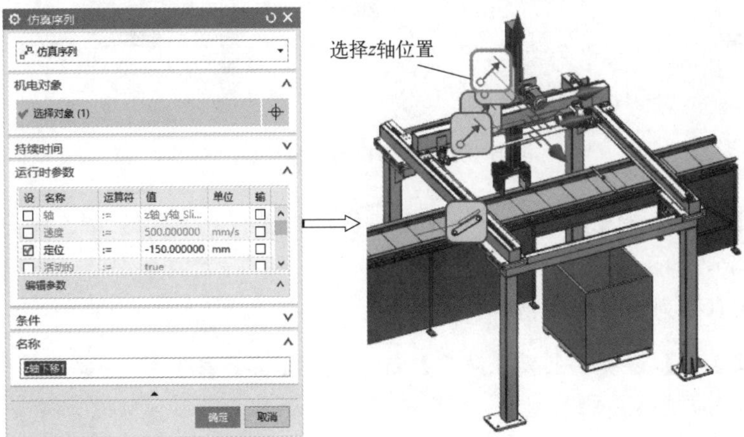

图 5-130　选择机电对象（4）

32　展开【条件】选项，选择条件对象：物料到位传感器，设置已触发＝true，单击【确定】按钮完成，如图 5-131 所示。

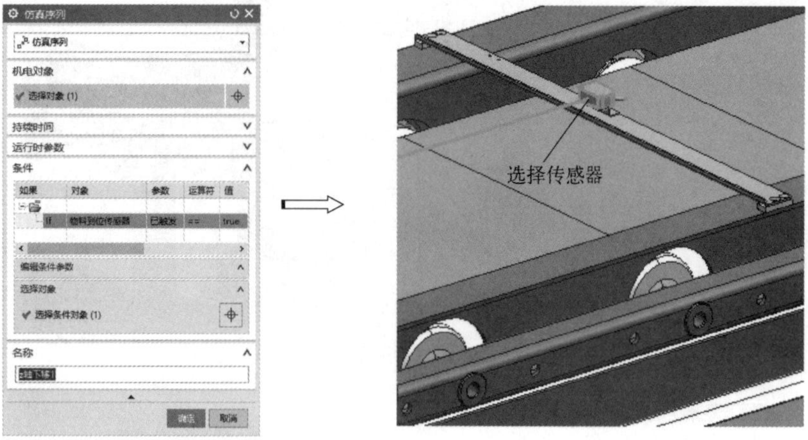

图 5-131　设置条件（4）

（5）创建仿真序列——夹爪夹紧

33　单击【主页】选项卡上【自动化】组中的【仿真序列】按钮，弹出【仿真序列】对话框，选择如图 5-132 所示的对象：活动夹爪位置，设置时间＝默认，定位＝27mm，名称为“夹爪夹紧”。

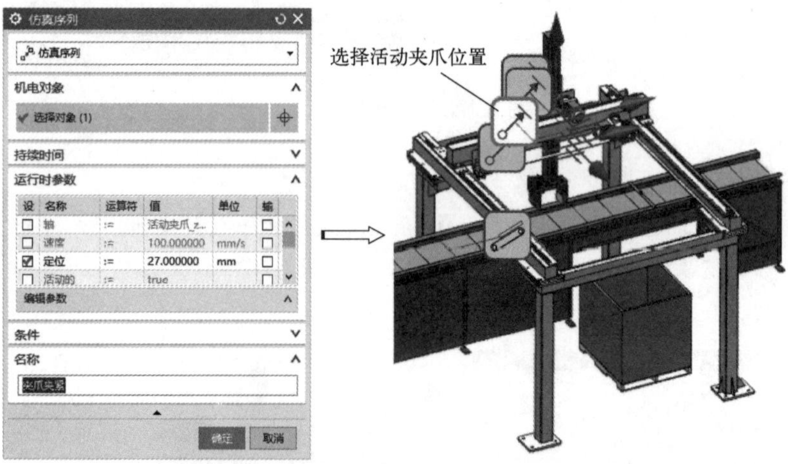

图 5-132　选择机电对象（5）

34　展开【条件】选项，选择条件对象：拾取放置传感器，设置已触发＝true，单击【确定】按钮完成，如图 5-133 所示。

（6）创建仿真序列——夹持物料

35　单击【主页】选项卡上【自动化】组中的【仿真序列】按钮，弹出【仿真序列】对话框，选择如图 5-134 所示的对象：z 轴固定副，设置：时间＝默认，连接＝拾取放置传感器，名称为“夹持物料”。

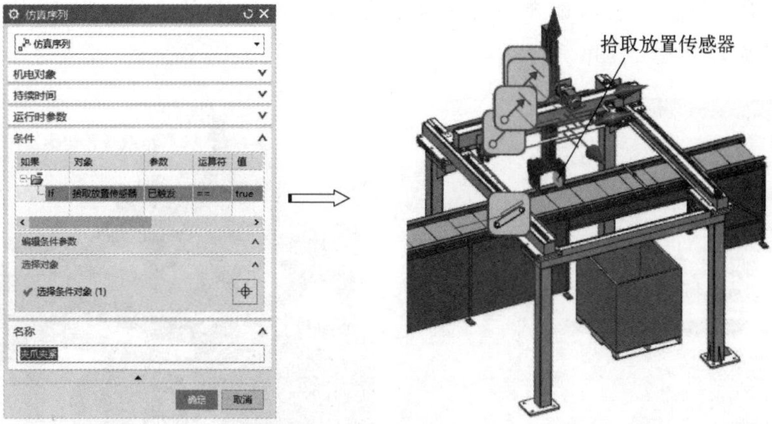

图 5-133　设置条件（5）

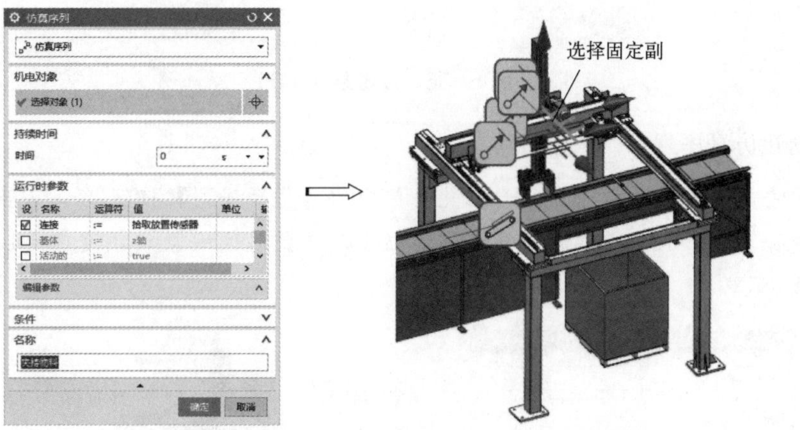

图 5-134　创建仿真序列（1）

（7）创建仿真序列——z 轴复位 1

36　单击【主页】选项卡上【自动化】组中的【仿真序列】按钮，弹出【仿真序列】对话框，选择如图 5-135 所示的对象：z 轴位置，设置时间＝默认，定位＝0mm，名称为“z 轴复位 1”。

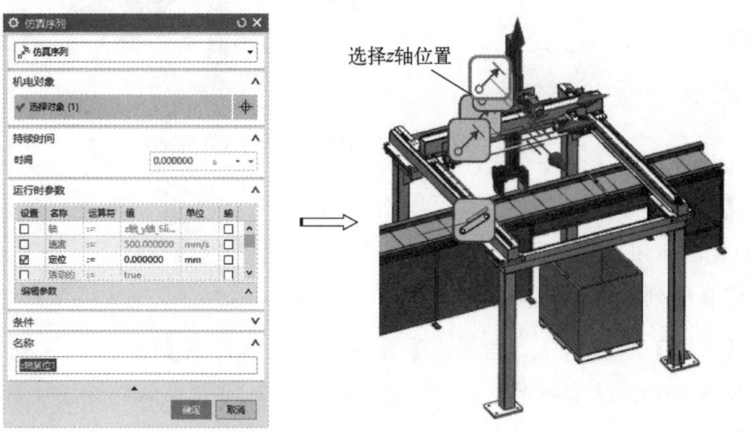

图 5-135　选择机电对象（6）

37　展开【条件】选项，选择条件对象：拾取放置传感器，设置已触发＝true，单击【确定】按钮完成，如图 5-136 所示。

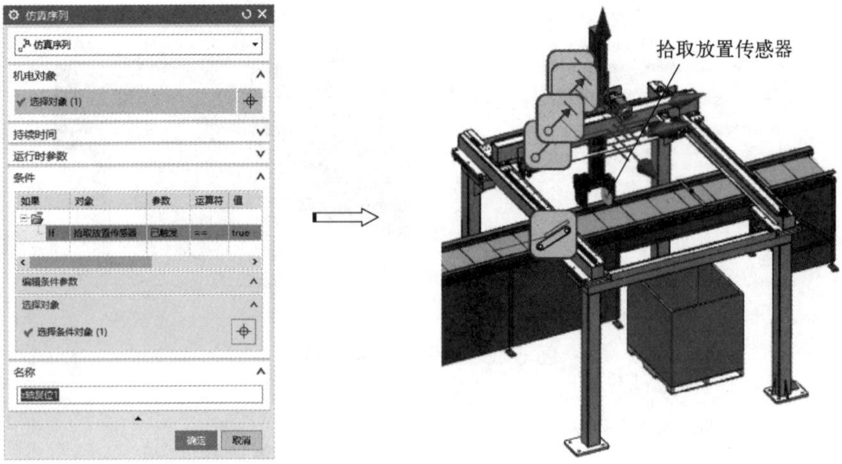

图 5-136　设置条件（6）

（8）创建仿真序列——x 轴移动

38　单击【主页】选项卡上【自动化】组中的【仿真序列】按钮，弹出【仿真序列】对话框，选择如图 5-137 所示的对象：x 轴位置，设置时间＝默认，定位＝1000mm，名称为“x 轴移动”。

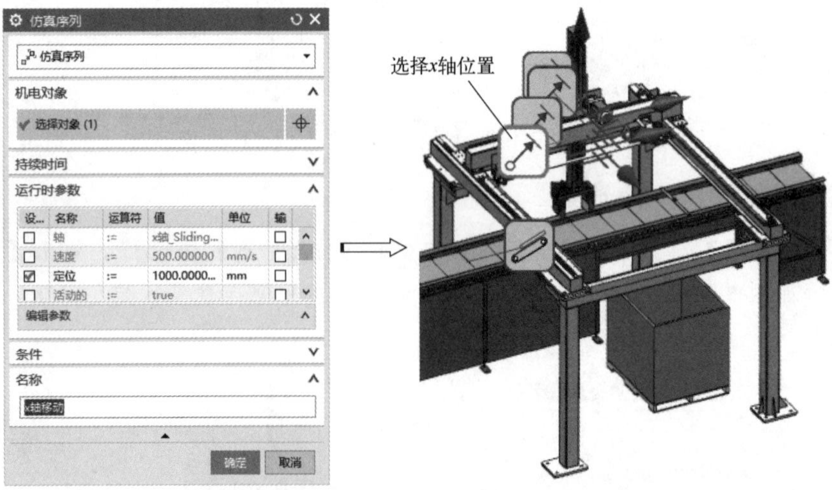

图 5-137　选择机电对象（7）

39　展开【条件】选项，选择条件对象：拾取放置传感器，设置已触发＝true，单击【确定】按钮完成，如图 5-138 所示。

（9）创建仿真序列——z 轴下移 2

40　单击【主页】选项卡上【自动化】组中的【仿真序列】按钮，弹出【仿真序列】对话框，选择如图 5-139 所示的对象：z 轴位置，设置时间＝默认，定位＝－150mm，名称为“z 轴下移 2”。

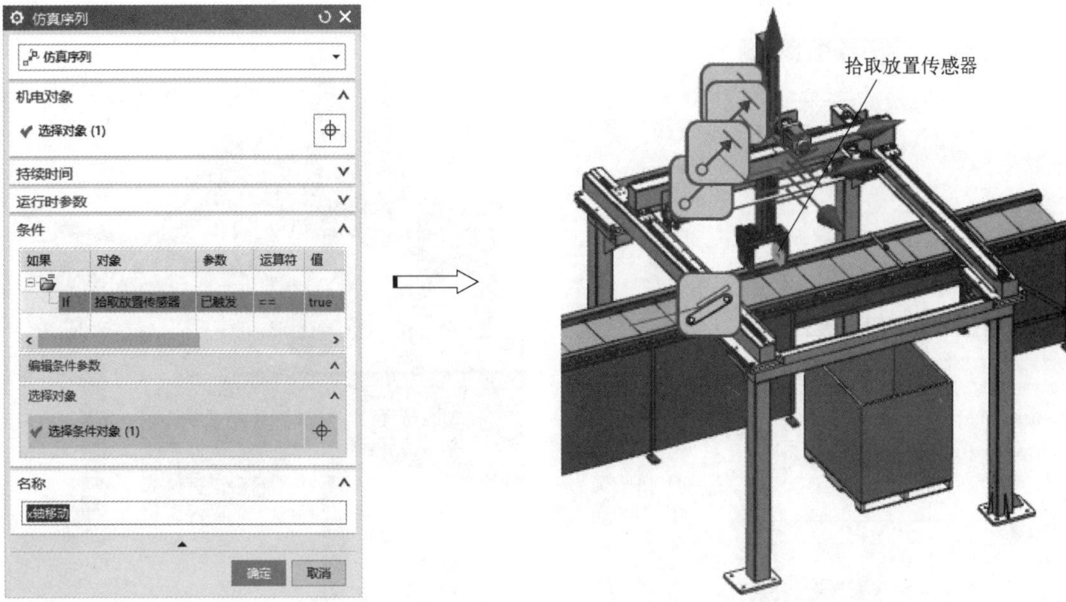

图 5-138　设置条件（7）

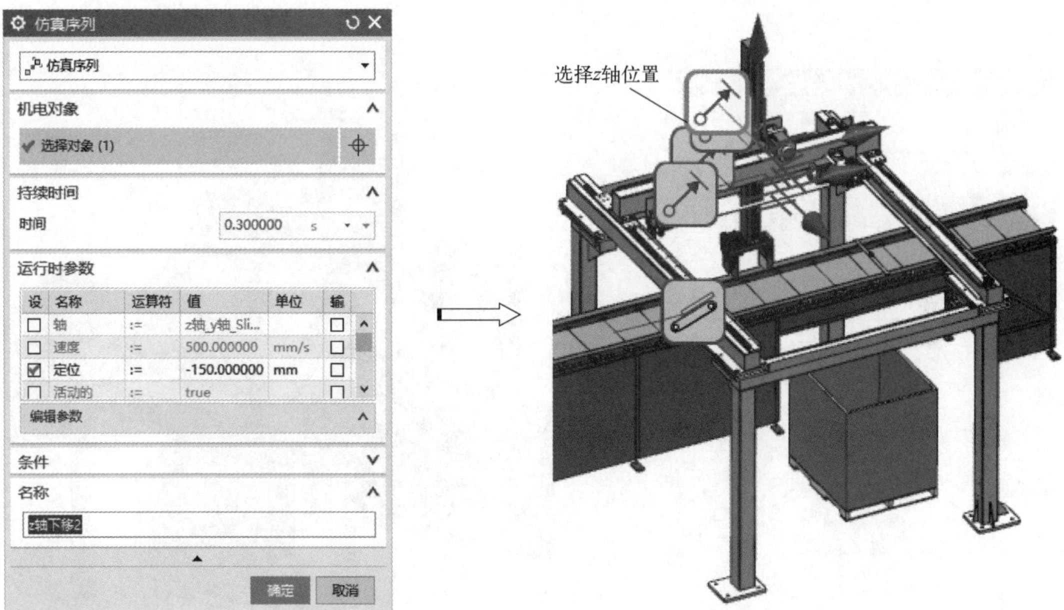

图 5-139　选择机电对象（8）

41　展开【条件】选项，选择条件对象：拾取放置传感器，设置已触发＝true，单击【确定】按钮完成，如图 5-140 所示。

（10）创建仿真序列——松开物料

42　单击【主页】选项卡上【自动化】组中的【仿真序列】按钮，弹出【仿真序列】对话框，选择如图 5-141 所示的对象：z 轴固定副，设置时间＝默认，连接＝null，名称为“松开物料”。

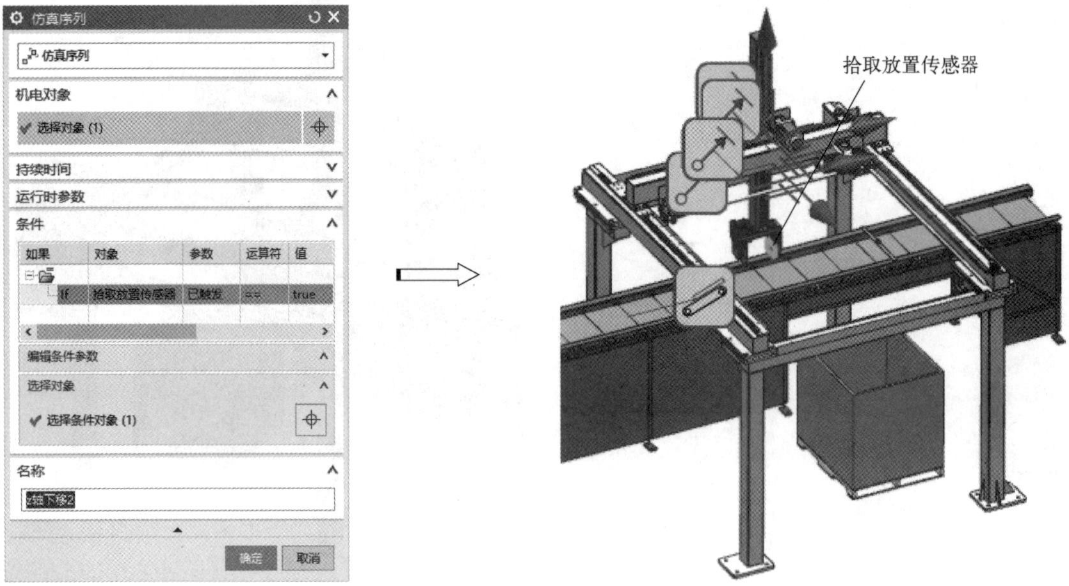

图 5-140　设置条件（8）

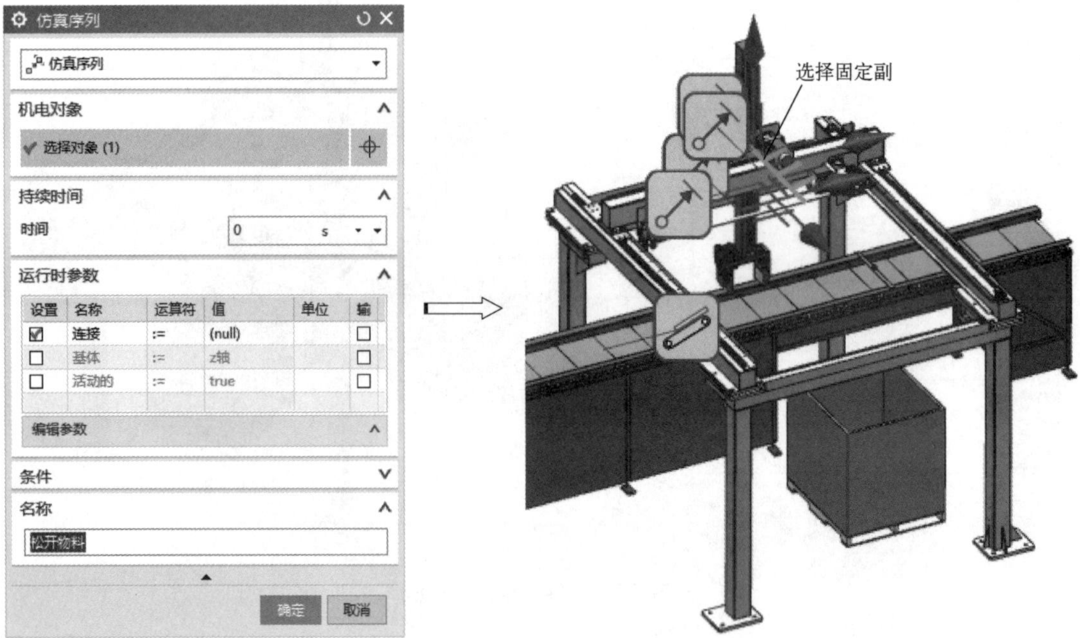

图 5-141　创建仿真序列（2）

（11）创建仿真序列——夹爪复位

43　单击【主页】选项卡上【自动化】组中的【仿真序列】按钮，弹出【仿真序列】对话框，选择如图 5-142 所示的对象：活动夹爪位置，设置时间＝默认，定位＝0mm，名称为“夹爪复位”。

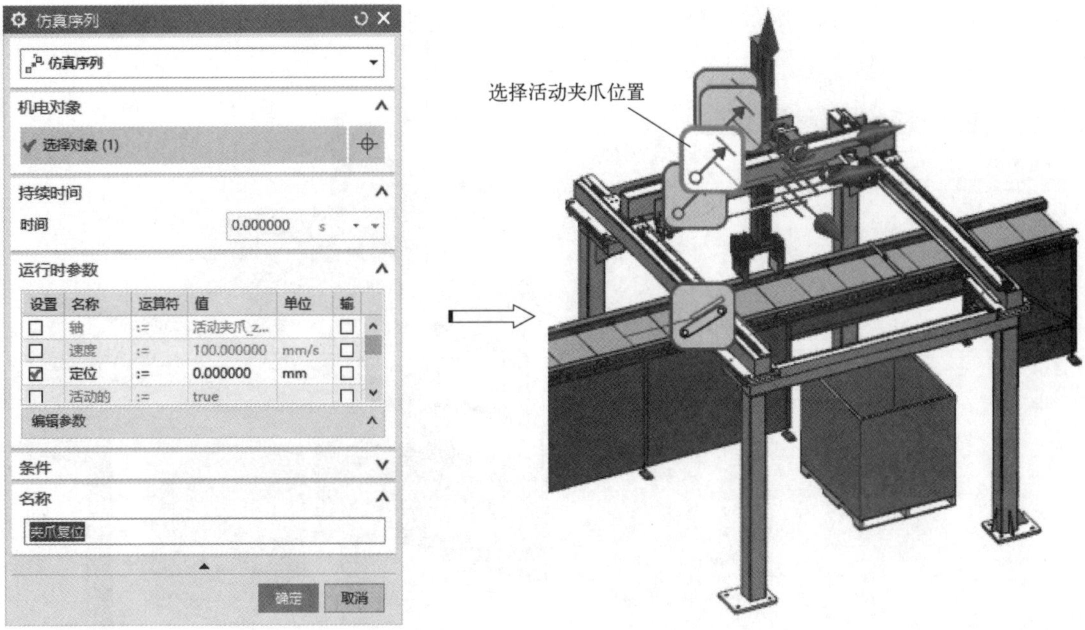

图 5-142　创建夹爪复位仿真序列

(12) 创建仿真序列——z 轴复位 2

44　单击【主页】选项卡上【自动化】组中的【仿真序列】按钮，弹出【仿真序列】对话框，选择如图 5-143 所示的对象：z 轴位置，设置时间＝默认，定位＝0mm，名称为“z 轴复位 2”。

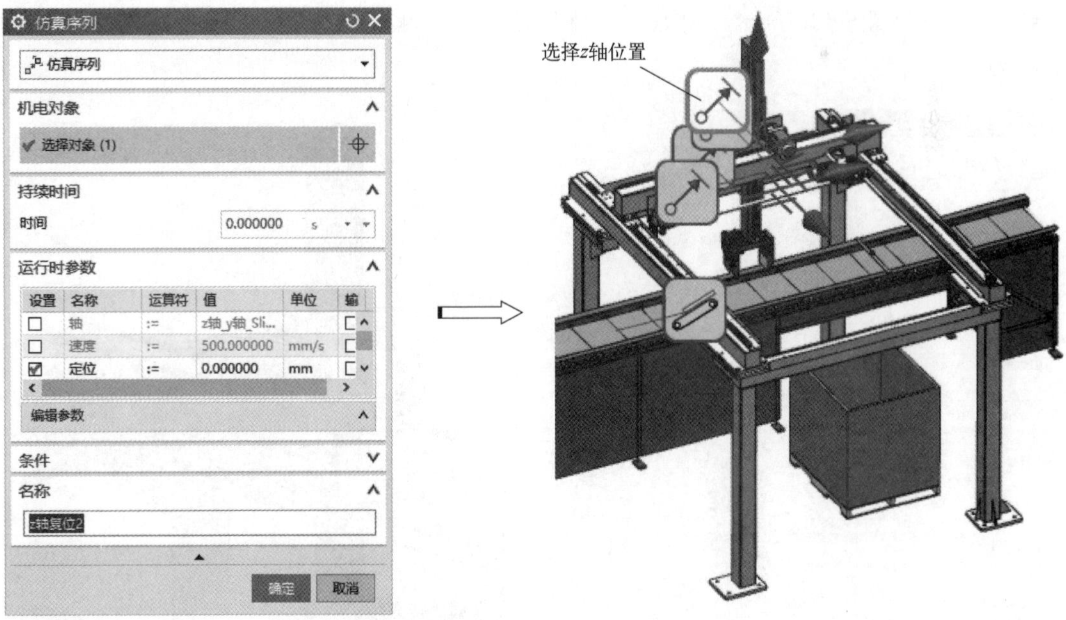

图 5-143　创建 z 轴复位 2 仿真序列

(13) 创建仿真序列——x 轴复位

45　单击【主页】选项卡上【自动化】组中的【仿真序列】按钮，弹出【仿真序列】

对话框，选择如图 5-144 所示的对象：x 轴位置，设置时间＝默认，定位＝0mm，名称为“x 轴复位”。

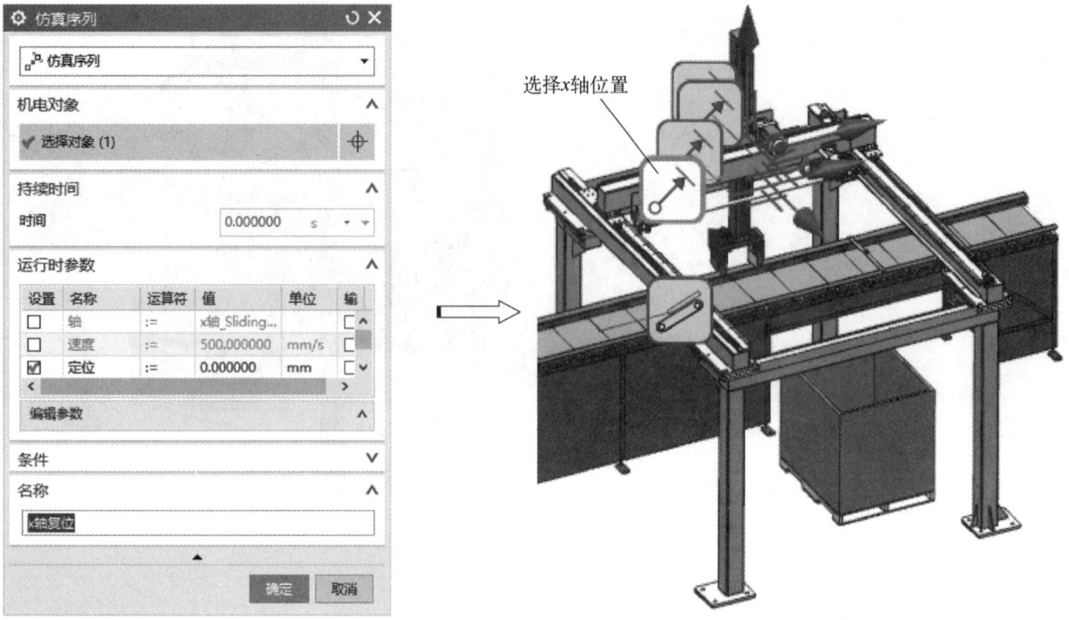

图 5-144 创建 x 轴复位仿真序列

（14）创建仿真序列——y 轴复位

46 单击【主页】选项卡上【自动化】组中的【仿真序列】按钮，弹出【仿真序列】对话框，选择如图 5-145 所示的对象：y 轴位置，设置时间＝默认，定位＝0mm，名称为“y 轴复位”。

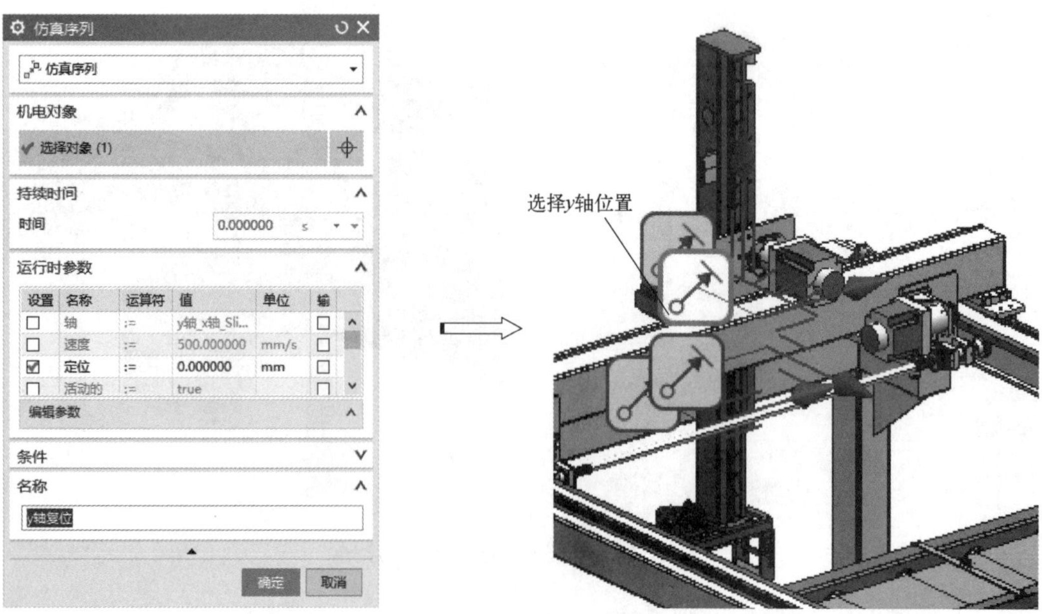

图 5-145 创建 y 轴复位仿真序列

(15) 创建仿真序列——新物料

47 单击【主页】选项卡上【自动化】组中的【仿真序列】按钮，弹出【仿真序列】对话框，选择如图 5-146 所示的对象：对象源，设置时间＝0.001s，活动的＝true，名称为“新物料”。

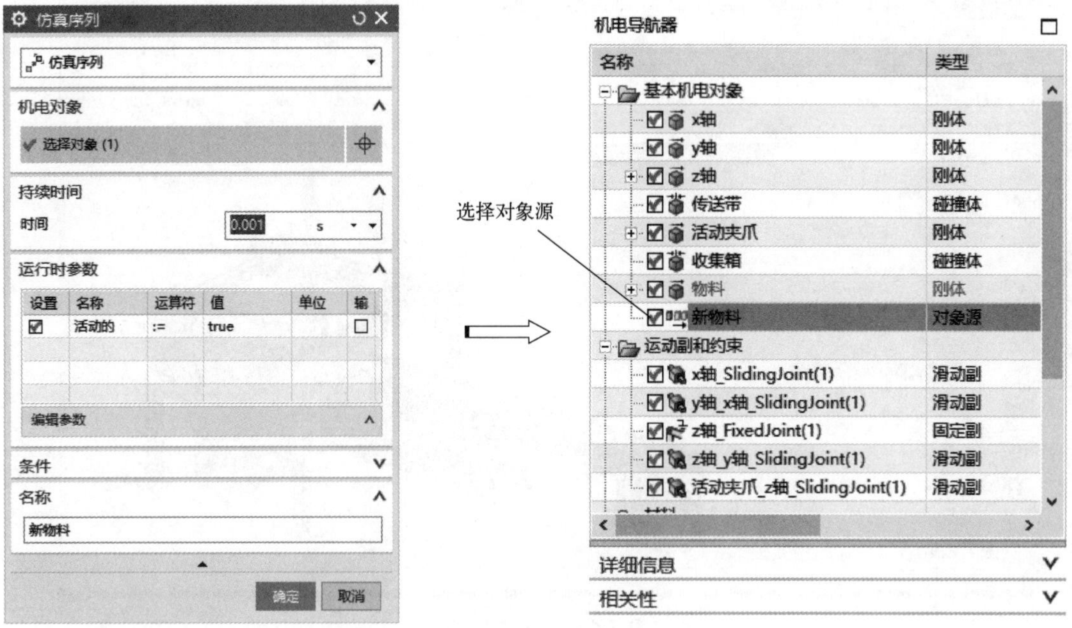

图 5-146 创建新物料

(16) 序列链接

48 单击【资源条】上的【序列导航器】图标，按住鼠标左键链接相关序列，如图 5-147 所示。

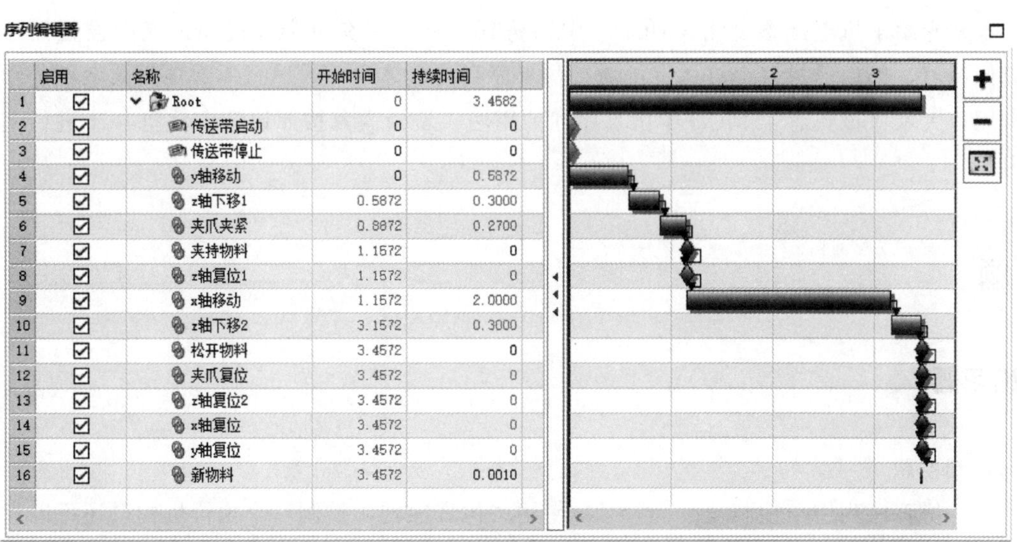

图 5-147 序列链接

6. 仿真播放

49 单击【主页】选项卡上【仿真】组中的【播放】按钮▶，在图形区显示运动过程的仿真，如图 5-148 所示。

5-10

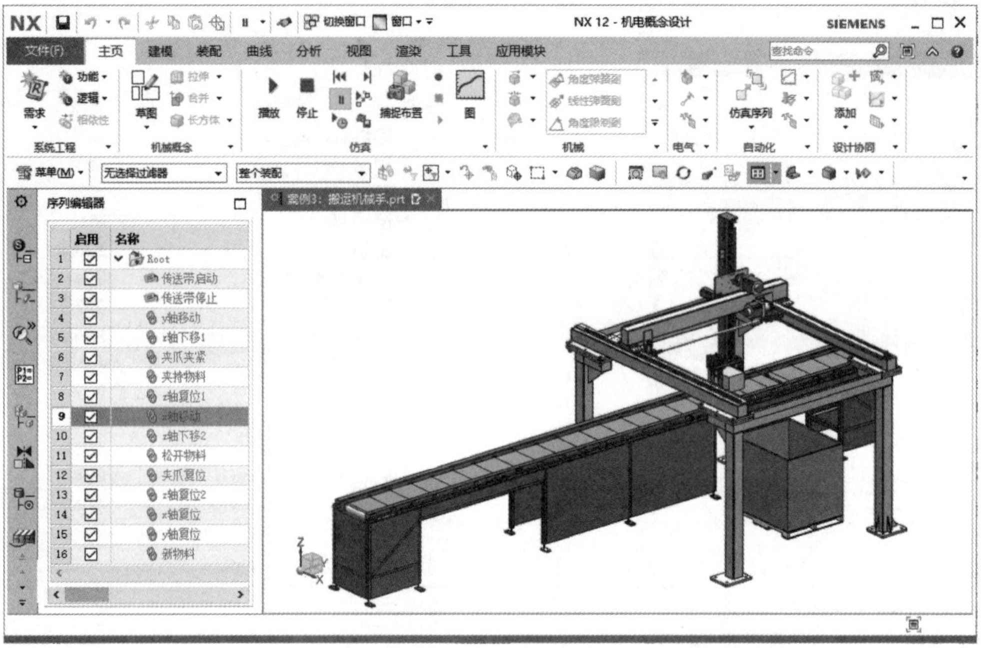

图 5-148 仿真播放

5.3 本章小结

本章介绍了机电概念设计（MCD）中的仿真序列，并在每个关键知识点中设置操作案例以便练习，最后通过三个具体案例演练仿真序列的具体应用。通过本章项目式案例的学习和应用，大家应该熟悉了 MCD 中仿真序列的用法，希望大家按照讲解方法进一步进行实例练习。

习题

理论习题

1. 填空题

(1) 仿真序列用于控制__________，使用“仿真序列”控制一个执行机构，还可以控制运动副。除此以外，在仿真序列中还可以创建__________来确定何时触发参数改变。

(2) __________中显示机械系统中创建的所有仿真序列。可以用于管理仿真序列在何时或者何种条件下开始执行，还可以用来控制执行机构或者其他对象在不同时刻的不同状态。

（3）__________用于改变对象的刚体显示属性，如颜色、透明度和可见性等。

2. 简答题

（1）简述如何在序列编辑器中链接、断开仿真序列。

（2）举例说明显示更改器的两种使用方式。

上机习题

1. 习题一

如习题图 1 所示，根据案例和视频创建吸盘搬运物料仿真序列。

动作流程描述：当平台上有物料时，上下臂带动吸盘下降，吸住物料后，再上升回到初始位置。然后左右臂带动上下臂和吸盘，将物料搬运至物料箱上方后，吸盘松开，物料掉入物料箱中，左右臂带动上下臂和吸盘回到初始位置。当左右臂复位时，出现下一个物料，循环重复搬运物料的动作。

2. 习题二

如习题图 2 所示，根据案例和视频创建吸盘搬运物料仿真序列。

5-11

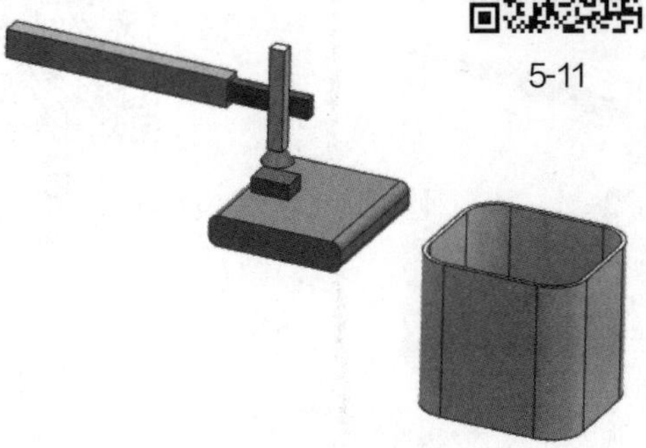

习题图 1　案例 1

5-12

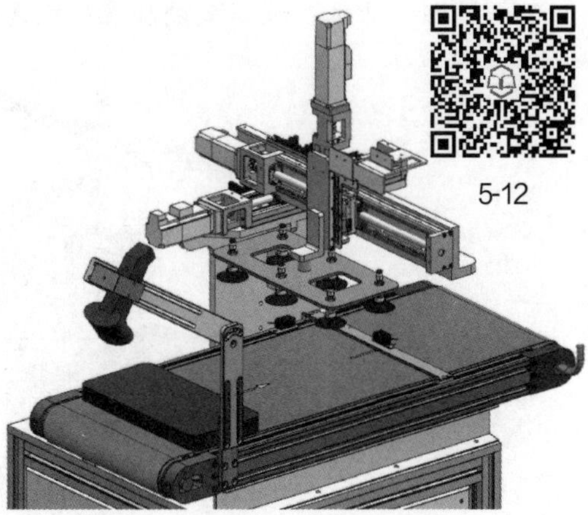

习题图 2　案例 2

动作流程描述：当检测传感器检测到传送带上有物料时，传送带启动。当到位传感器检测到物料时，三轴升降臂带动吸盘下降，吸住物料。然后三轴升降臂上升后平移跨过检测装置，下降放置物料在传送带上继续移动，循环重复物料检测动作。

3. 习题三

如习题图 3 所示，根据案例和视频创建推杆分拣物料仿真序列。

动作流程描述：当第二类物料在传送带上移动时，若检测到第一类物料，推杆伸出将其推送到分拣传送带上；若检测到第二类物料，推杆伸出将其推送到另一条分拣传送带上，循环重复物料分拣动作。

4. 习题四

如习题图 4 所示，根据案例和视频创建夹爪搬运物料仿真序列。

5-13

5-14

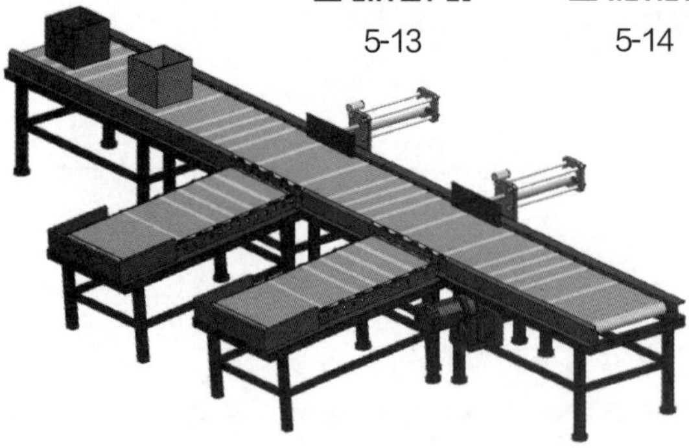

习题图 3　气缸驱动的输送机

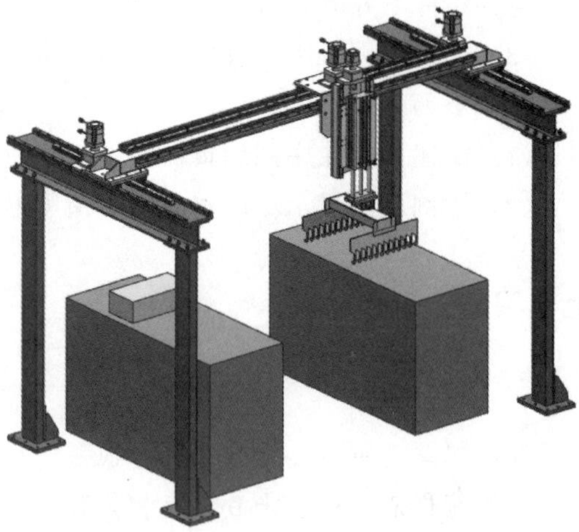

习题图 4　龙门式自动运输抓取机构

动作流程描述：从一个台面上将物料搬运到另外一个台面。升降机械手沿三轴移动到物料上方，抓取物料。然后升降机械手再次沿三轴移动并将其放置到另外一个台面，松开卡爪，机械臂复位。

5. 习题五

如习题图 5 所示，根据案例和视频创建吸盘搬运物料仿真序列。

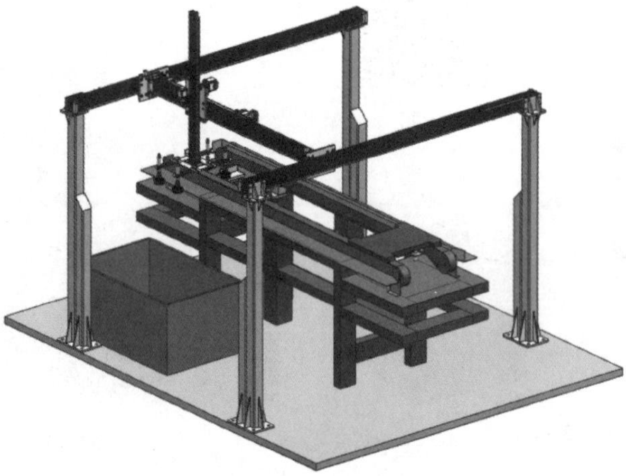

5-15

习题图 5　案例 5

动作流程描述：当传送带上有物料时，传送带启动，检测传感器检测到物料，挡板上升托起物料，同时机械臂移动到位，抓取物料。然后机械臂移动到收集箱上方再释放物料。当新物料检测传感器出现信号，新物料出现，循环重复搬运物料的动作。

第6章

信号与信号适配器

6.1 信号与信号适配器的核心知识

在机电概念设计中，信号（Signal）用于实现运动控制与外部信息交互，分为输入与输出两种信号类型。其中，输入信号是从外部输入到 MCD 模型的信号，输出信号则是从 MCD 模型输出到外部设备的信号。信号适配器的作用是通过对数据的判断或者处理，为 MCD 对象提供新的信号，以支持运动或者行为控制。新的信号也能够输出到外部设备或其他 MCD 模型中。从某种程度上讲，信号适配器是一种生成信号形成逻辑的组织管理方式：由它提供的数据参与到运算过程中，获得计算结果后产生新的信号，把新信号通过输出连接传递给外界或者 NX MCD 模型系统中。

本章将介绍 MCD 信号与信号适配器的相关知识，包括显示更改器、符号表与信号以及信号适配器。

6.1.1 信号

可将信号连接到 MCD 物理对象，以控制其运行时的参数或输出运行时的状态参数。利用信号命令可创建布尔型、整数型和双精度型信号。

技术要点：信号有输入与输出两种信号类型。输入信号是从外部输入到 MCD 模型的信号，输出信号则是从 MCD 模型输出到外部设备的信号。

单击【主页】选项卡上【电气】组中的【信号】按钮，弹出【信号】对话框，如图 6-1 所示，其参数含义如表 6-1 所示。

图 6-1 【信号】对话框

表 6-1 【信号】对话框相关选项参数含义

序号	参数名称		参数含义
1	设置	连接运行时参数	选中表示信号与 MCD 对象直接关联，取消表示信号不与任何 MCD 对象直接关联
2		选择机电对象	选中【连接运行时参数】之后可以选择机电对象
3		IO 类型	指定输入或输出类型
4		数据类型	指定布尔型或整数型或双精度型
5	初始值		设置信号初始值
6	名称		定义信号的名称

6.1.2 符号表

符号表用于创建或导入命名信号的符号，可以从外部源（如 STEP7）或 Teamcenter 字典中导入 .asc 或 .txt 格式的符号表文件。

单击【主页】选项卡上【电气】组中的【符号表】按钮，弹出【符号表】对话框，如图 6-2 所示，其参数含义如表 6-2 所示。

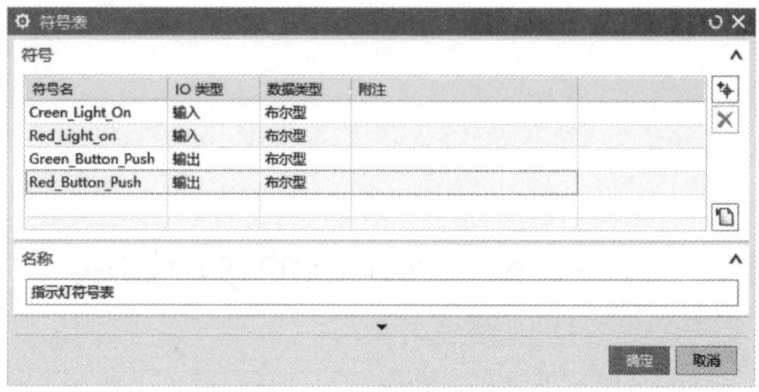

图 6-2 【符号表】对话框

表 6-2 【符号表】对话框相关选项参数含义

序号	参数名称		参数含义
1	符号	添加	添加符号
2		删除	删除符号
3		从外部资源导入符号	单击按钮，可从外部文件导入符号
4	名称		定义信号表的名称

操作实例 1——信号和符号表实例

如图 6-3 所示为红绿显示屏，当红色按钮按下时显示红色，绿色按钮按下时显示绿色。

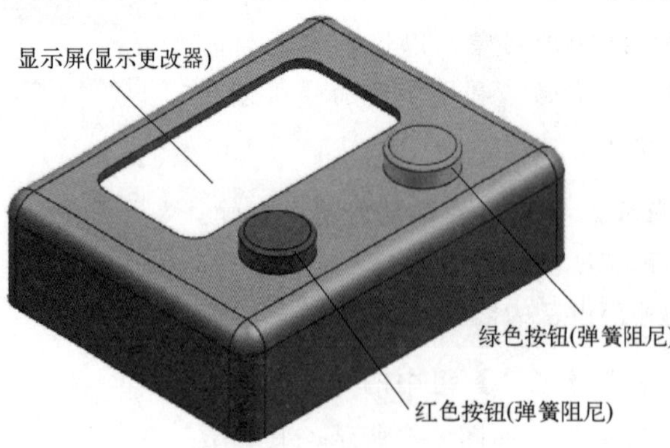

图 6-3 红绿显示屏

操作步骤

6-1

1. 打开文件

01 启动 NX 后，在功能区单击【主页】选项卡上【标准】组中的【打开】按钮，打开素材文件“实例 \ 第 6 章 \ 操作实例 1——信号和符号表实例 .prt”。

2. 创建符号表

02 单击【主页】选项卡上【电气】组中的【符号表】按钮，弹出【符号表】对话框，单击【新建符号】按钮，增加两个符号并命名，单击【确定】按钮完成，如图 6-4 所示。

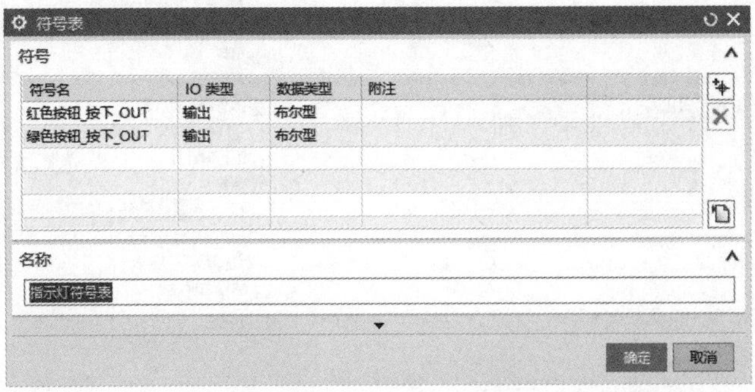

图 6-4 添加符号

3. 创建信号

03 单击【主页】选项卡上【电气】组中的【信号】按钮，弹出【信号】对话框，【IO 类型】选为“输出”，【数据类型】选为“布尔型”，【信号名称】设为“红色按钮_按下_OUT”，单击【确定】按钮完成，如图 6-5 所示。

04 单击【主页】选项卡上【电气】组中的【信号】按钮，弹出【信号】对话框，【IO 类型】选为“输出”，【数据类型】选为“布尔型”，【信号名称】设为“绿色按钮_按下_OUT”，单击【确定】按钮完成，如图 6-6 所示。

图 6-5 【信号】对话框（1）

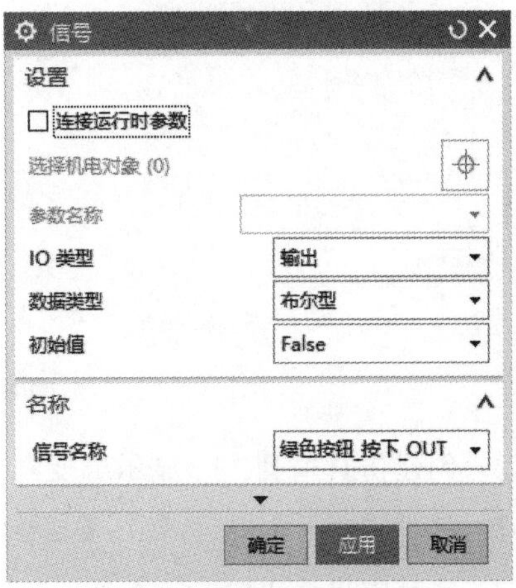

图 6-6 【信号】对话框（2）

4. 创建仿真序列

（1）创建仿真序列——红色按钮按下

05　单击【主页】选项卡上【自动化】组中的【仿真序列】按钮，弹出【仿真序列】对话框，选择如图 6-7 所示的对象：红色按钮_按下_OUT，设置时间=0s，值=true，名称为“红色按钮按下”。

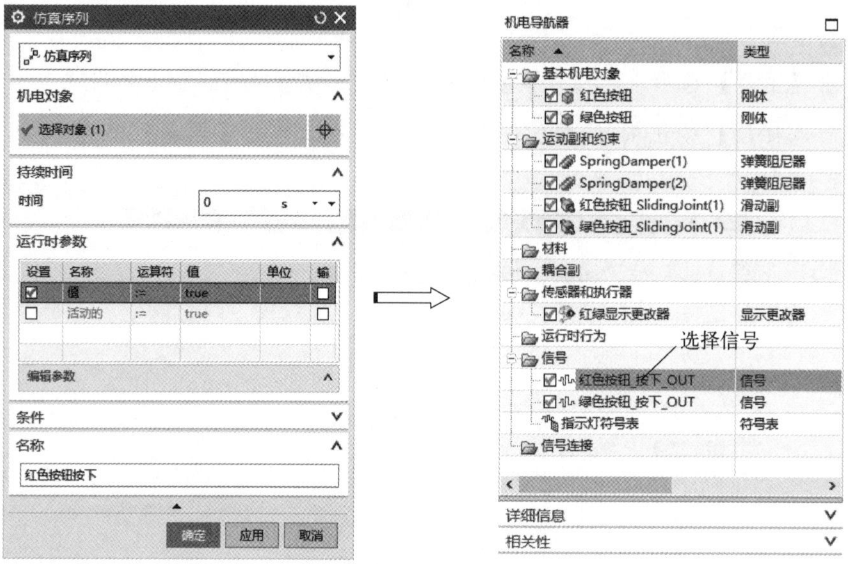

图 6-7　创建仿真序列（1）

06　展开【条件】选项，选择条件对象：红色按钮滑动副，设置定位<=1，单击【确定】按钮完成，如图 6-8 所示。

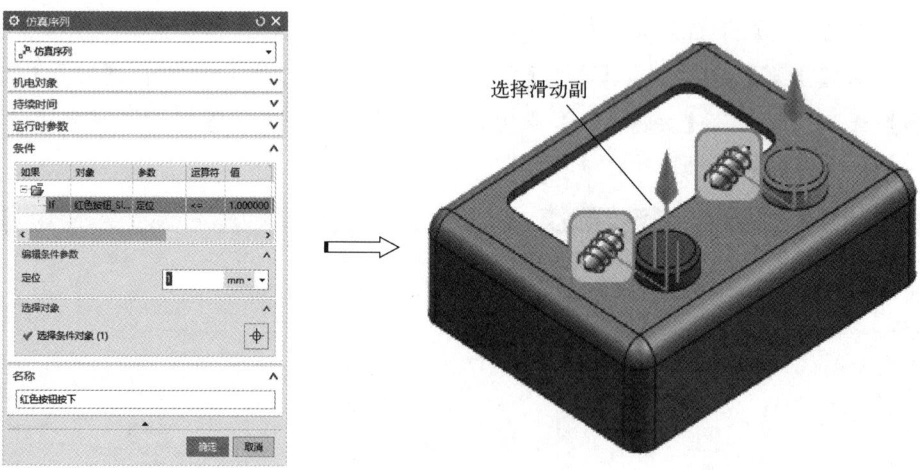

图 6-8　设置条件（1）

（2）创建仿真序列——显示屏变红

07　单击【主页】选项卡上【自动化】组中的【仿真序列】按钮，弹出【仿真序列】对话框，选择如图 6-9 所示的对象：红绿显示更改器，设置时间=0s，执行模式=Once，颜色=186，名称为“显示屏变红”。

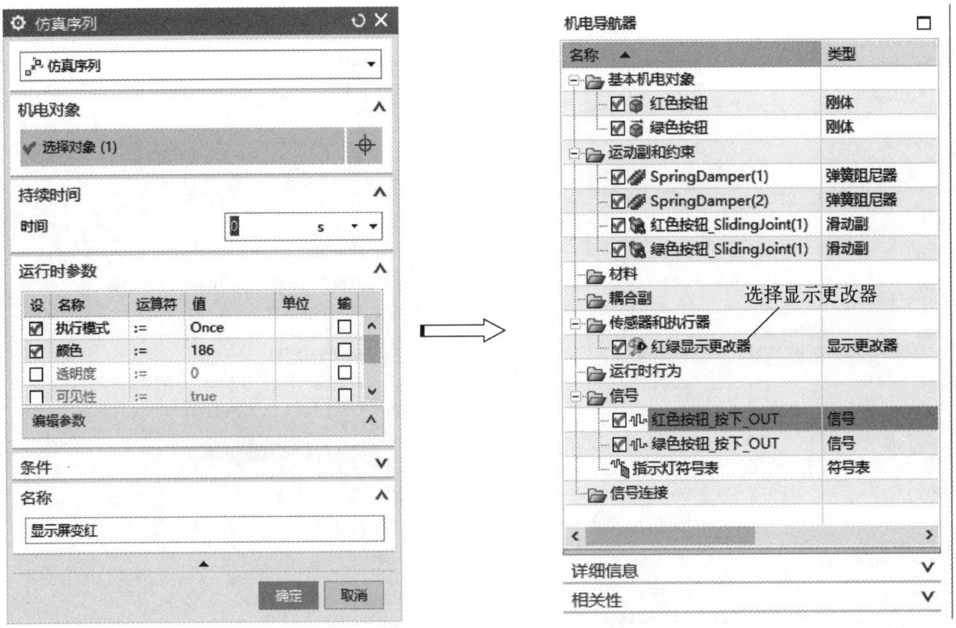

图 6-9　创建仿真序列（2）

08　展开【条件】选项，选择条件对象：红色按钮_按下_OUT，设置值＝true，单击【确定】按钮完成，如图 6-10 所示。

图 6-10　设置条件（2）

（3）创建仿真序列——绿色按钮按下

09　单击【主页】选项卡上【自动化】组中的【仿真序列】按钮，弹出【仿真序列】对话框，选择如图 6-11 所示的对象：绿色按钮_按下_OUT，设置时间＝0s，值＝true，名称为“绿色按钮按下”。

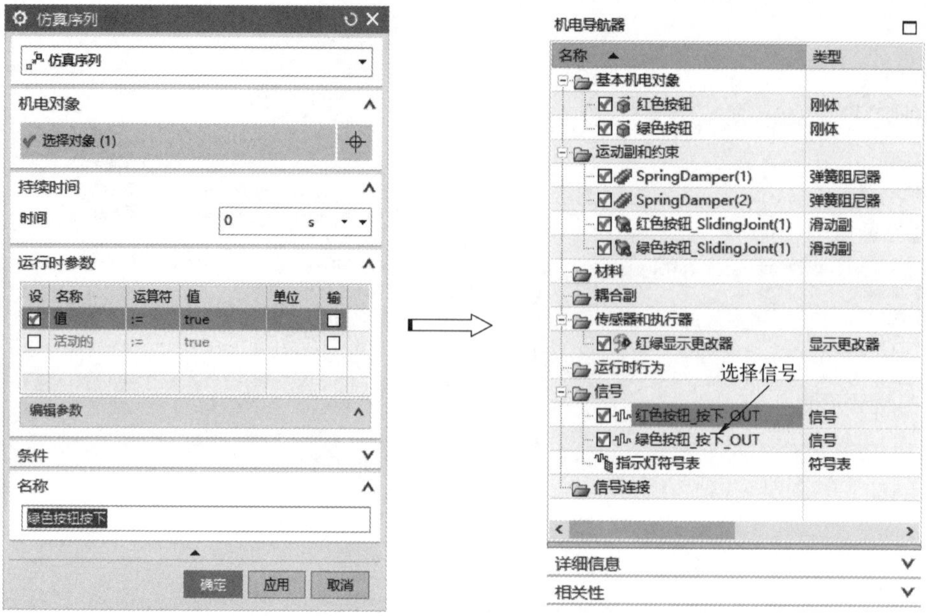

图 6-11　创建仿真序列（3）

10　展开【条件】选项，选择条件对象：绿色按钮滑动副，设置定位<=1，单击【确定】按钮完成，如图 6-12 所示。

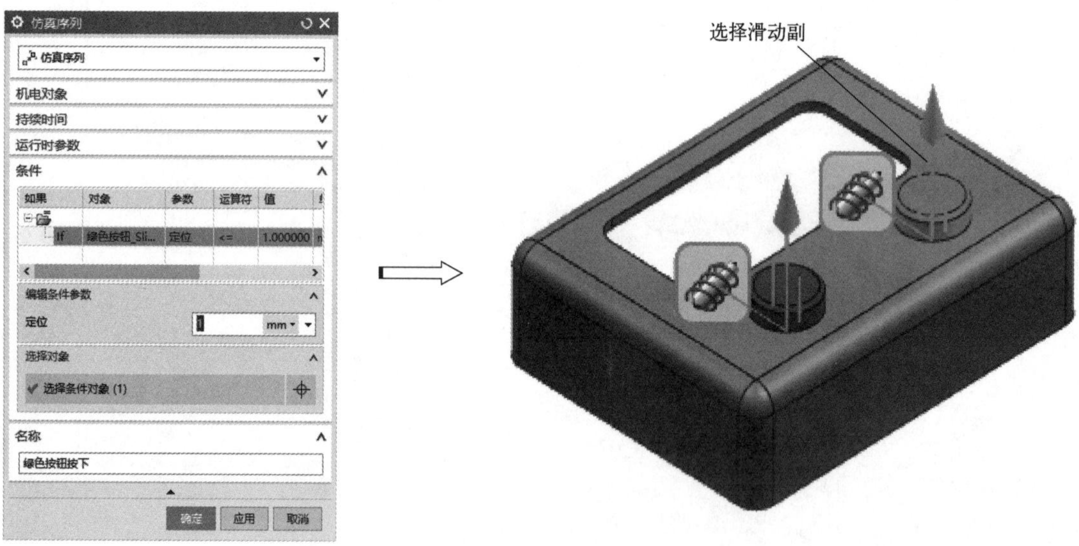

图 6-12　设置条件（3）

（4）创建仿真序列——显示屏变绿

11　单击【主页】选项卡上【自动化】组中的【仿真序列】按钮，弹出【仿真序列】对话框，选择如图 6-13 所示的对象：红绿显示更改器，设置时间=0s，执行模式=Once，颜色=36，名称为“显示屏变绿”。

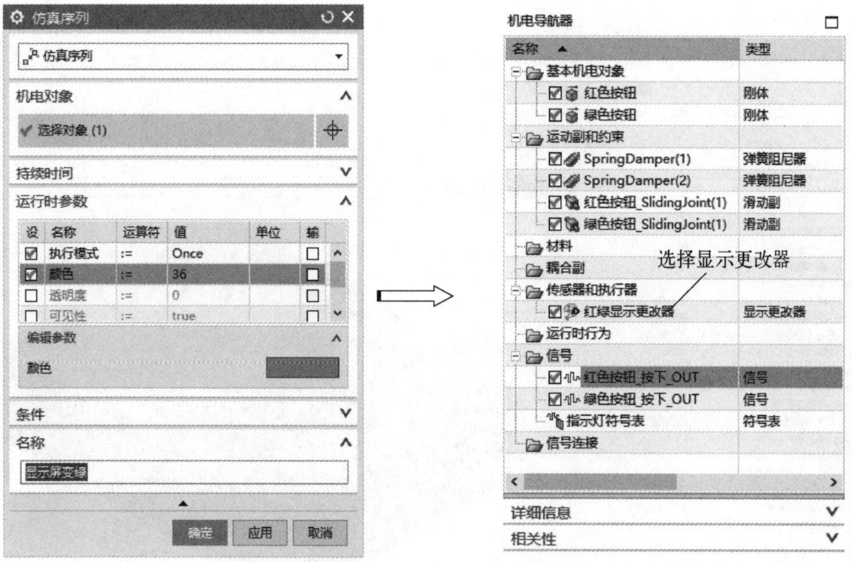

图 6-13　创建仿真序列（4）

12　展开【条件】选项，选择条件对象：绿色按钮_按下_OUT，设置值=true，单击【确定】按钮完成，如图 6-14 所示。

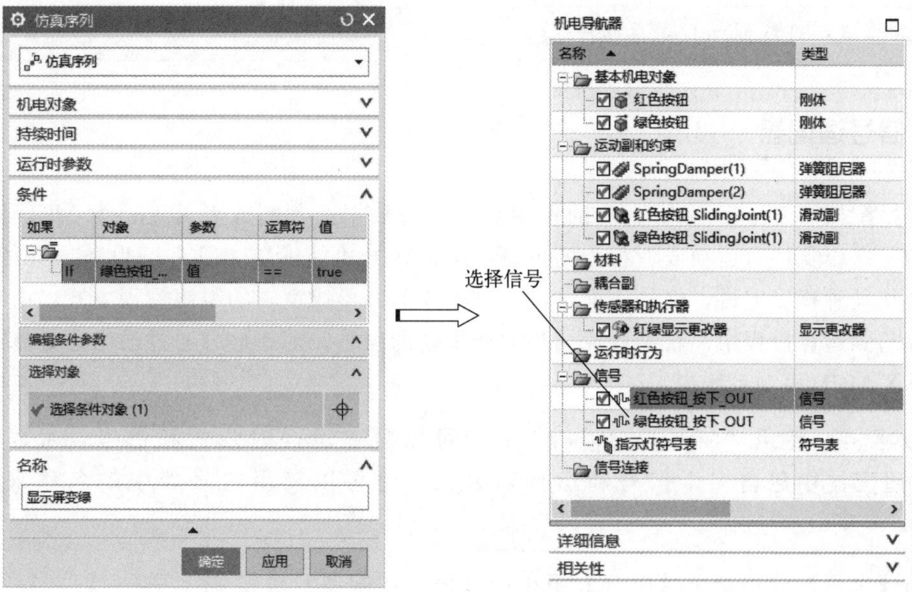

图 6-14　设置条件（4）

5. 播放仿真

13　单击【主页】选项卡上【仿真】组中的【播放】按钮▶，在图形区显示运动过程。按下红色按钮时指示灯变红，按下绿色按钮时指示灯变绿，如图 6-15 所示。

6-2

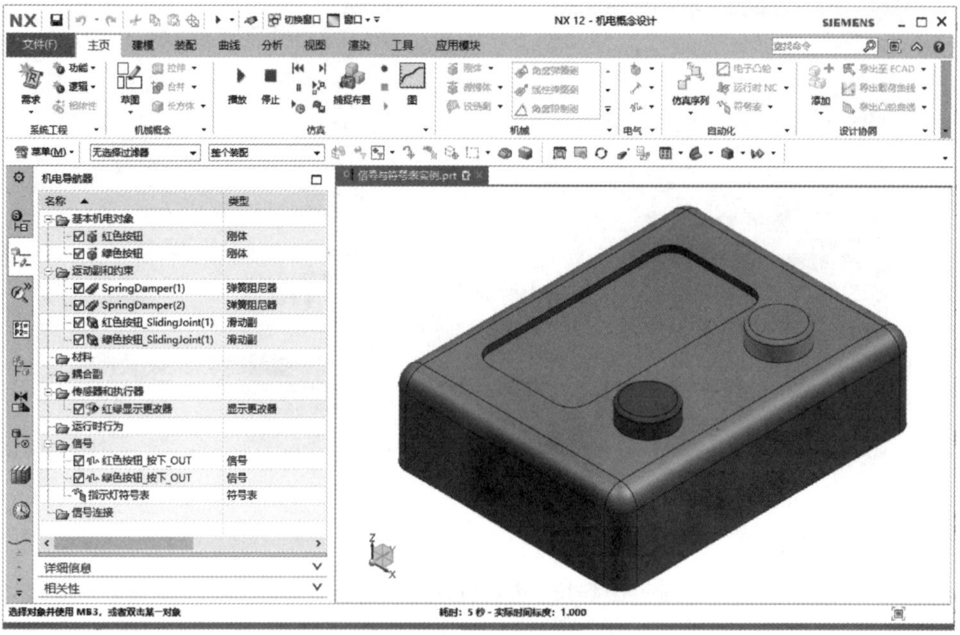

图 6-15　播放仿真

技术要点：红绿显示只能生效一次。

6.1.3　信号适配器

信号适配器（Signal Adapter）的作用是通过对数据的判断或者处理，为 MCD 对象提供新的信号，以支持对运动或者行为的控制。新的信号也能够输出到外部设备或其他 MCD 模型中。从某种程度上讲，信号适配器是一种生成信号形成逻辑的组织管理方式：由它提供的数据参与到运算过程中，获得计算结果后产生新的信号，把新信号通过输出连接传递给外界或者 NX MCD 模型系统中。

技术要点：使用“Signal Adapter”命令可以封装运行时公式和信号。可以在一个信号适配器中包含多个信号和运行时公式，也可以使用符号表中的名称来命名信号。

单击【主页】选项卡上【电气】组中的【信号适配器】按钮，弹出【信号适配器】对话框，如图 6-16 所示，其参数含义如表 6-3 所示。

技术要点：（1）输入信号是从外部输入到 MCD 模型的信号，输出信号则是从 MCD 模型输出到外部设备的信号。（2）输出信号可以是一个或多个参数或信号的函数。（3）输入信号只能用于公式中，不能指定公式。（4）参数可以是一个或多个参数或信号的函数。

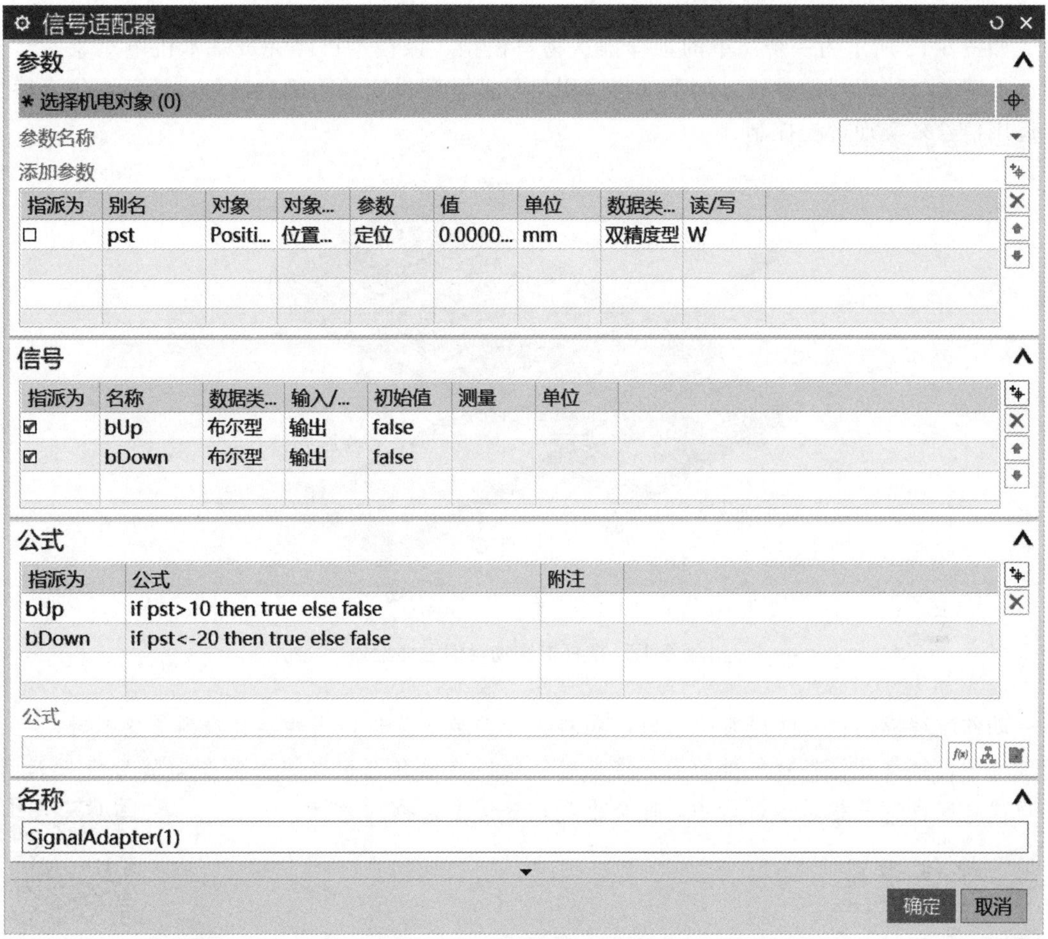

图 6-16 【信号适配器】 对话框

表 6-3 【信号适配器】 对话框相关选项参数含义

序号	参数名称		参数含义
1	参数	选择机电对象	选择需要将其参数添加到信号适配器的机电对象
2		参数名称	显示选定物理对象中的参数
3		添加	在参数表中添加参数
4		参数表	显示添加的参数及其所有属性值，并允许更改这些值
5	信号	添加	在信号表中添加一个信号
6		信号表	显示添加的信号及其所有属性值，并允许更改这些值
7	公式	当选择信号列表中的信号或参数列表中参数左边的复选框时，该信号或参数将被添加到此列表中，并允许为其添加公式	
8		添加	将“公式”框中显示的公式分配给选定的参数或信号。添加一个新公式，以便使用一个公式作为另一个函数中的变量
9		公式表	当在信号表或参数表中选择(勾选)信号或参数旁边的复选框时，该信号或参数将被添加到该表中，并允许为其分配一个公式
10		公式框	允许选择、输入或编辑公式
11		插入函数	向选定的参数或信号添加新函数
12	名称		定义信号适配器的名称

操作实例 2——信号适配器实例

如图 6-17 所示为一个简单的推杆推送物料模型，该模型已经完成基本机电对象、运动副、传感器与执行器的设置。接下来将应用信号适配器设定输入输出信号，然后在仿真序列中运用信号来实现过程控制。

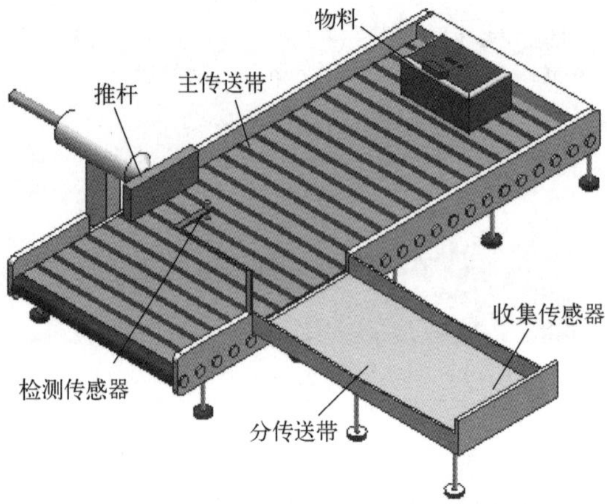

图 6-17　推杆推送物料信号适配器

动作流程描述： 主传送带启动时，物料在传送带上传送，当物料触碰到传感器时，主传送带暂停，推杆外伸将物料推动到分传送带。物料在分传送带传送并汇集，随后推杆返回。每当推杆完成物料推送后，新物料就会出现，分传送带持续运行。

操作步骤

6-3

1. 打开文件

01　启动 NX 后，在功能区单击【主页】选项卡上【标准】组中的【打开】按钮，打开素材文件“实例\第 6 章\操作实例 2——信号适配器实例 .prt”。

技术要点：案例文件已完成基本机电对象、运动副和传感器执行创建，本案例仅创建信号适配器。

2. 创建控制输入信号

技术要点：控制信号作为输入信号，通常由 PLC 输入到 MCD 之中，主要来源于 PLC 的线圈输出。

（1）创建主传送带信号

02　选择机电对象。单击【主页】选项卡上【电气】组中的【信号适配器】按钮，弹出【信号适配器】对话框，选择机电对象为“主传送带”，【参数名称】为“活动的”，单击【添加参数】按钮，【别名】为“主传送带状态”，如图 6-18 所示。

03　添加输入信号。单击【信号】选项中的【添加】按钮，添加“主传送带动作_IN”输入信号，如图 6-19 所示。

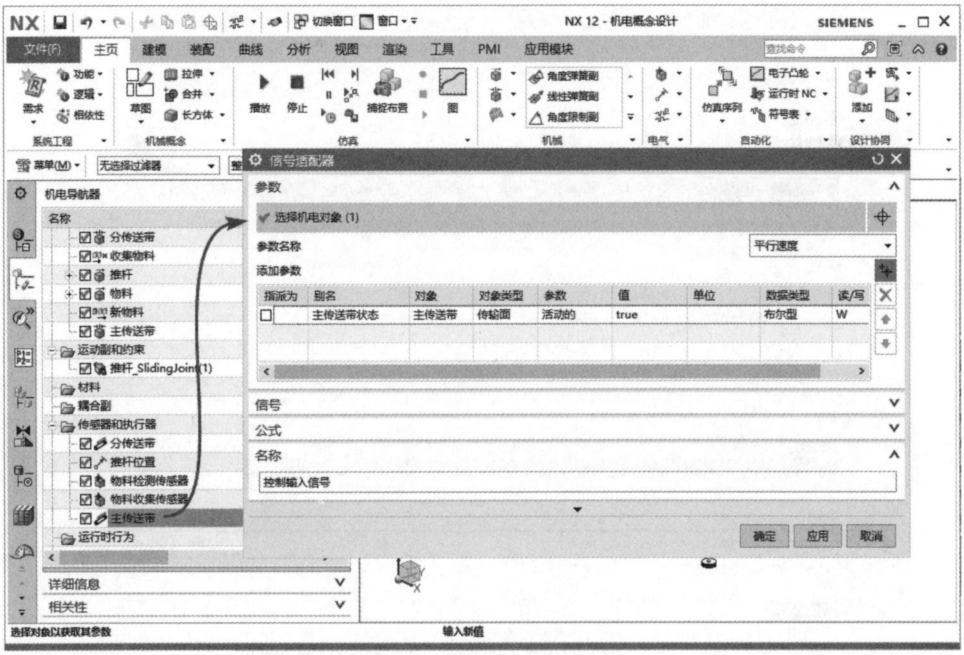

图 6-18　选择机电对象（1）

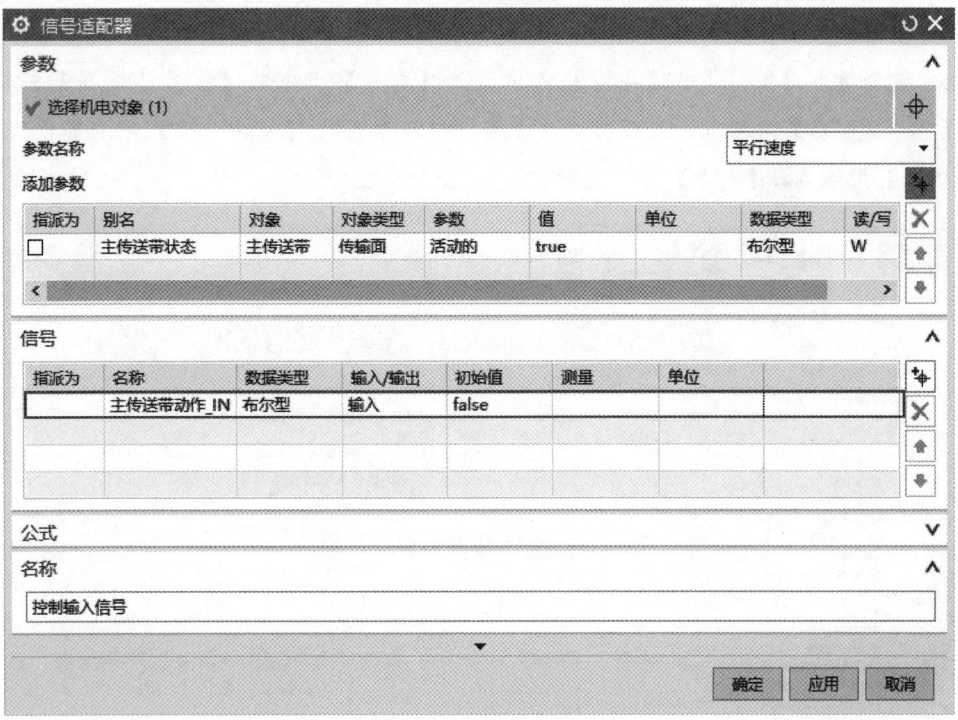

图 6-19　添加信号（1）

04　添加公式。选中“主传送带状态”，勾选【指派为】选项，把它输入到“公式”，输入公式表达式：If(主传送带动作_IN) Then (true) Else (false)，如图 6-20 所示。

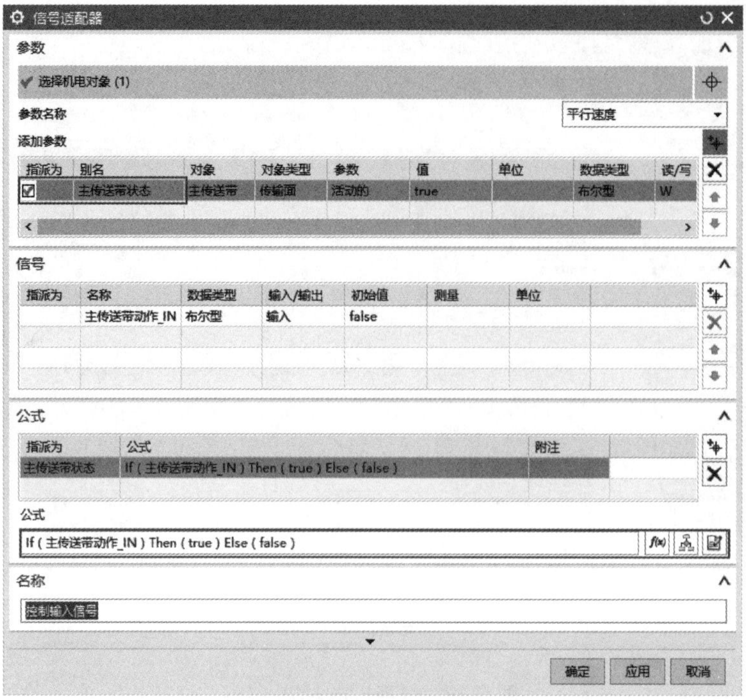

图 6-20　输入表达式（1）

（2）创建推杆动作输入信号

05　选择机电对象。单击【主页】选项卡上【电气】组中的【信号适配器】按钮，弹出【信号适配器】对话框，选择机电对象为“推杆位置”，【参数名称】为“定位”，单击【添加参数】按钮，【别名】为“推杆位置”，如图 6-21 所示。

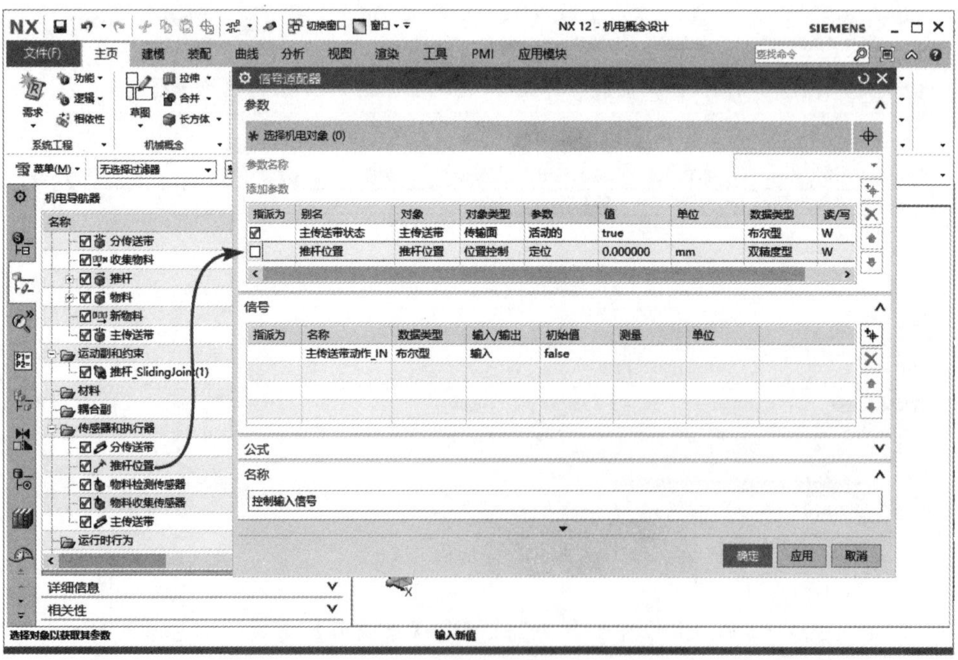

图 6-21　选择机电对象（2）

06 添加输入信号。单击【信号】选项中的【添加】按钮，添加“推杆动作_IN”输入信号，如图 6-22 所示。

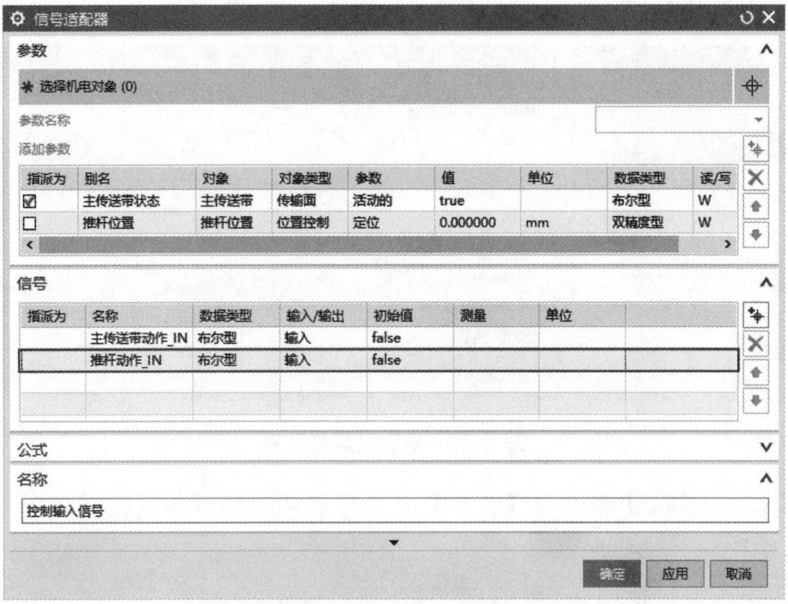

图 6-22 添加信号（2）

07 添加公式。选中“推杆位置”，勾选【指派为】选项，把它输入到“公式”，输入公式表达式：If(推杆动作_IN) Then (80) Else (0)，如图 6-23 所示。

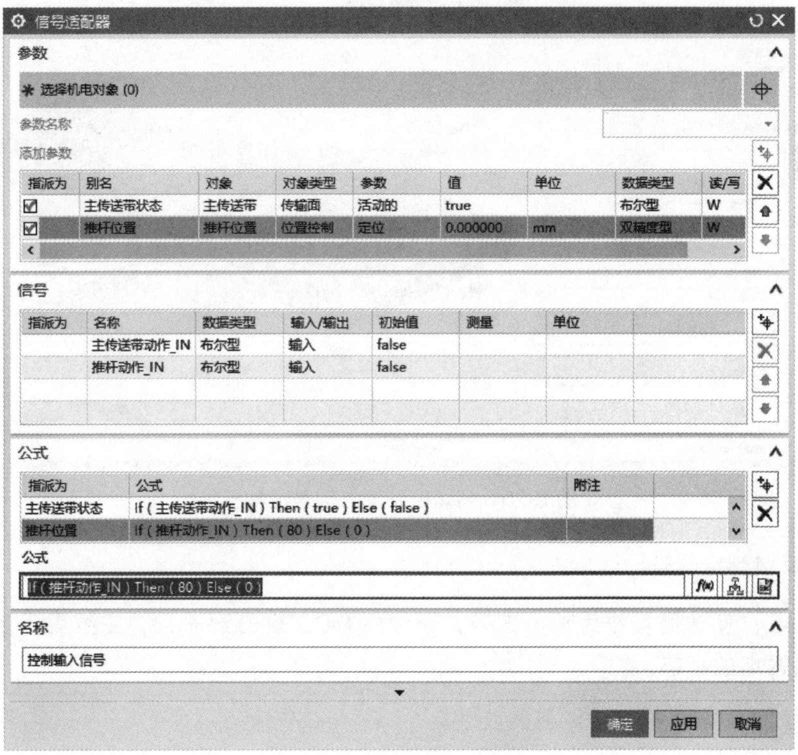

图 6-23 输入表达式（2）

08　单击【信号适配器】对话框中的【确定】按钮，弹出【将符号添加至符号表】对话框，单击【新符号表】按钮，弹出【符号表】对话框，直接单击【确定】按钮，返回【将符号添加至符号表】对话框，单击【确定】按钮完成，如图 6-24 所示。

图 6-24　创建设置符号表

09　在【机电导航器】窗口的【信号】下显示创建的控制输入信号适配器，如图 6-25 所示。

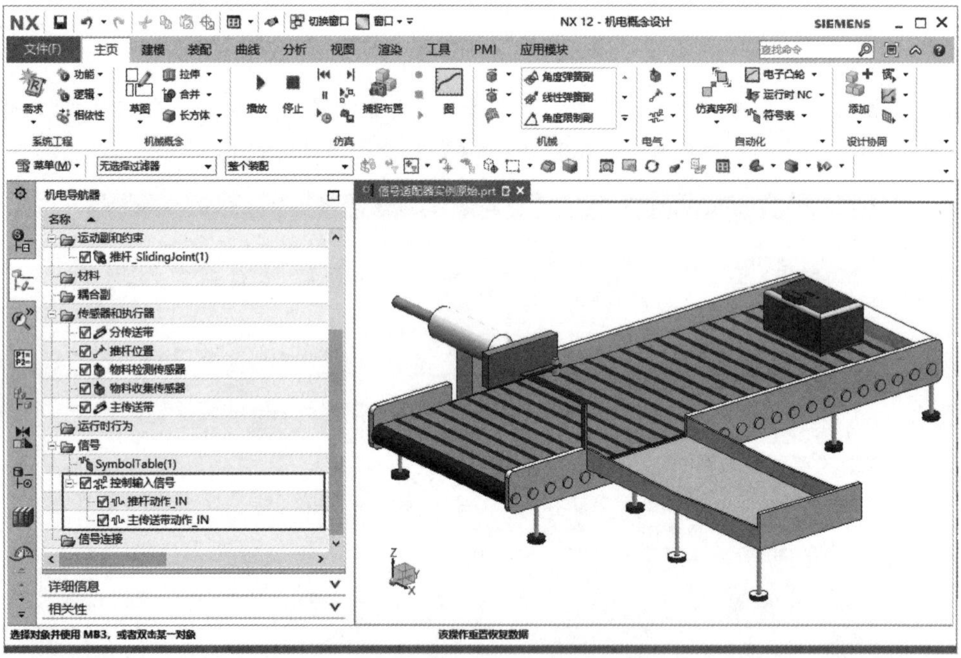

图 6-25　创建控制输入信号适配器

3. 创建反馈输出信号

技术要点：反馈信号作为输出信号，通常由 MCD 输出到 PLC，主要用于控制 PLC 中常开与常闭触点的状态。

(1) 创建推杆位置输出信号

10　选择机电对象。单击【主页】选项卡上【电气】组中的【信号适配器】按钮，弹出【信号适配器】对话框，选择机电对象为“推杆”运动副，【参数名称】为“定位”，单击【添加参数】按钮，【别名】为“推杆位置”，如图 6-26 所示。

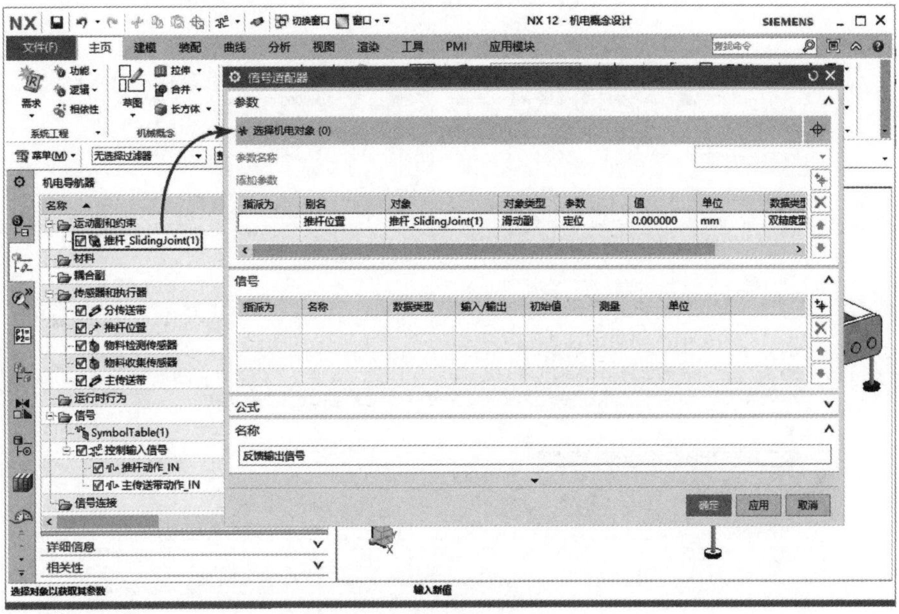

图 6-26　选择机电对象（3）

11　添加输出信号。单击【信号】选项中的【添加】按钮，添加“推杆_原位_OUT”“推杆_到位_OUT”2 个输出信号，如图 6-27 所示。

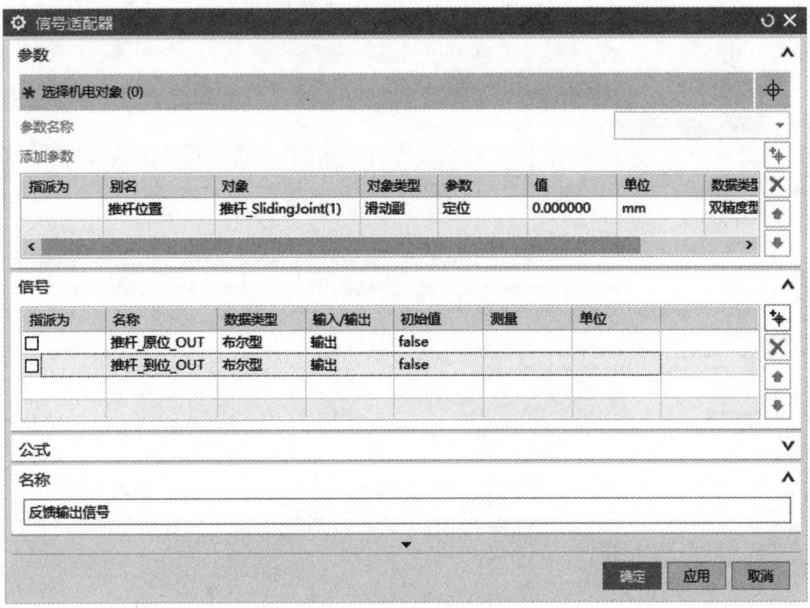

图 6-27　添加信号（3）

12　添加公式。选中“推杆_原位_OUT”“推杆_到位_OUT”，勾选【指派为】选项，把它输入到“公式”，分别输入公式表达式：If(推杆位置<=1)Then(true)Else(false)、If(推杆位置>=79)Then(true)Else(false)，如图 6-28 所示。

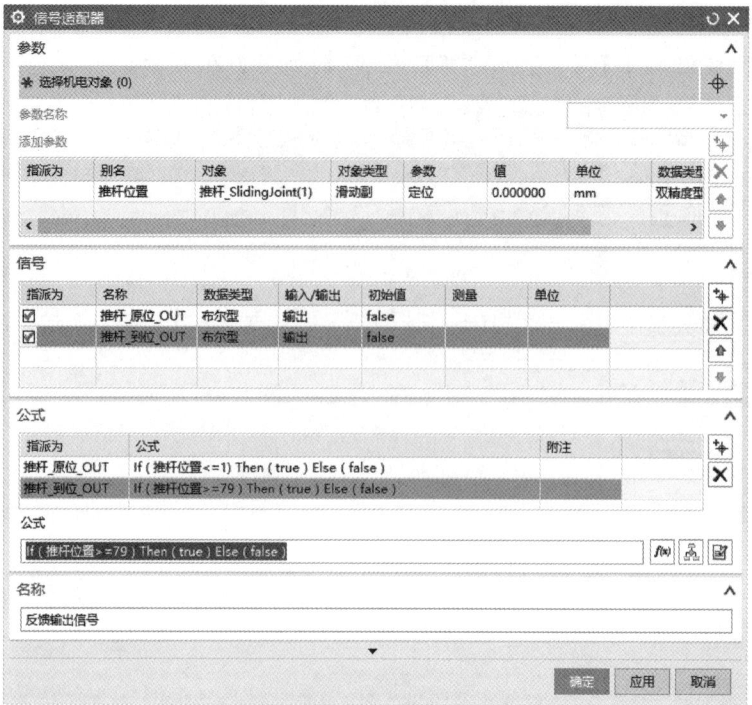

图 6-28　输入表达式（3）

（2）创建检测位置输出信号

13　重复上述过程，单击【主页】选项卡上【电气】组中的【信号适配器】按钮，弹出【信号适配器】对话框，选择机电对象为“物料检测传感器”，【参数名称】为“已触发”，添加信号“检测传感器_OUT”与公式“检测传感器_OUT=检测传感器”，如图 6-29 所示。

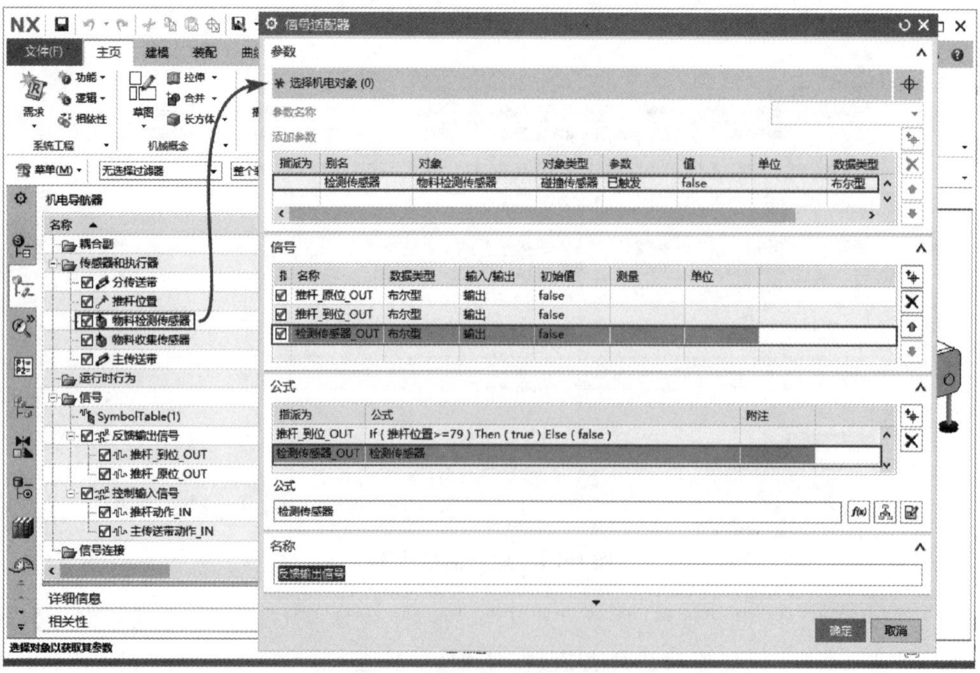

图 6-29　设置检测传感器输出信号

14 单击【信号适配器】对话框中的【确定】按钮，弹出【将符号添加至符号表】对话框，直接单击【确定】按钮，在【机电导航器】窗口的【信号】下显示创建的反馈输出信号适配器，如图 6-30 所示。

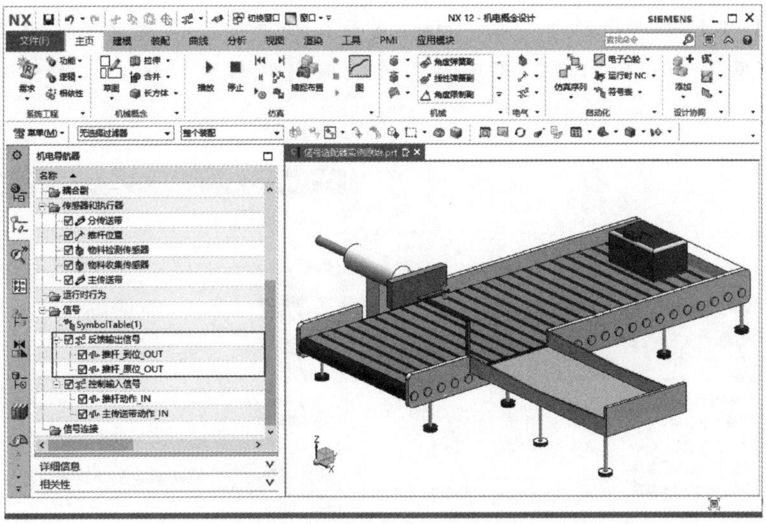

图 6-30 创建控制输出信号适配器

4. 创建仿真序列

(1) 新建仿真序列——主传送带启动

15 单击【主页】选项卡上【自动化】组中的【仿真序列】按钮，弹出【仿真序列】对话框，在【机电对象】中选择控制输入信号，【持续时间】中设置时间＝0s，【运行时参数】中设置主传送带_IN＝true，【条件】中设置：选择条件对象＝反馈输出信号；检测传感器_OUT＝false，即当传感器未检测到物料时，启动主传送带，如图 6-31 所示。

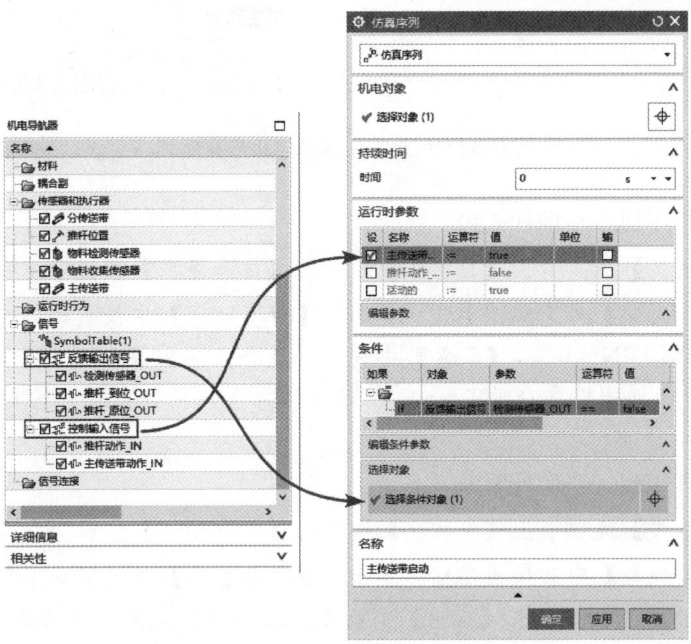

图 6-31 创建主传送带启动仿真序列

（2）新建仿真序列——主传送带停止

16 单击【主页】选项卡上【自动化】组中的【仿真序列】按钮，弹出【仿真序列】对话框，在【机电对象】中选择控制输入信号，【持续时间】中设置时间=0s，【运行时参数】中设置主传送带_IN=false，【条件】中设置：选择条件对象=反馈输出信号；检测传感器_OUT=true，即当传感器检测到物料时，停止主传送带，如图 6-32 所示。

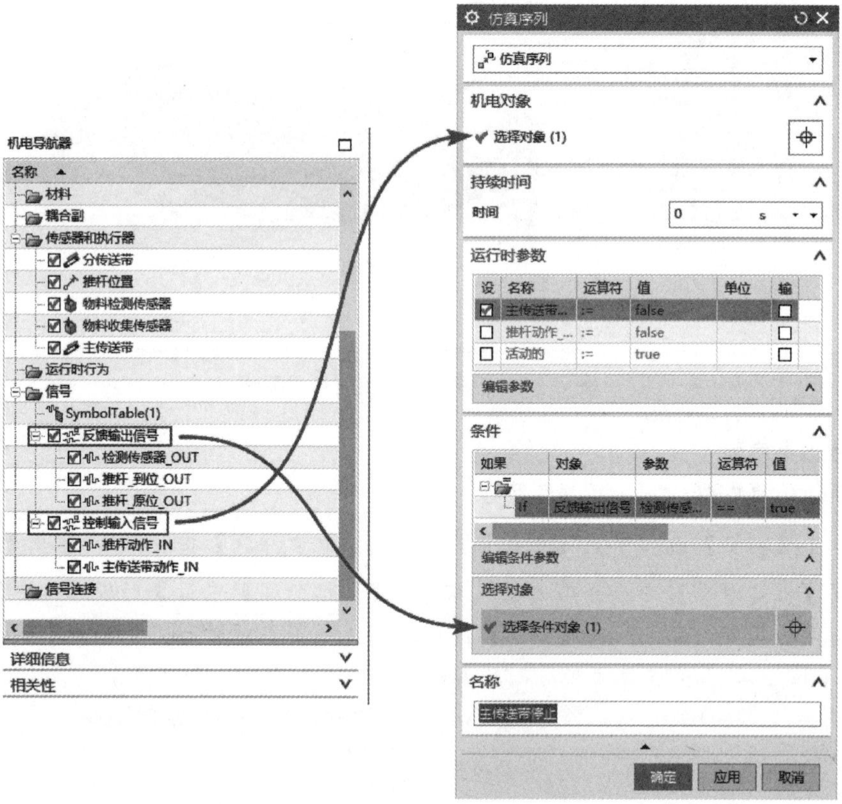

图 6-32 创建主传送带停止仿真序列

（3）新建仿真序列——推杆推出

17 单击【主页】选项卡上【自动化】组中的【仿真序列】按钮，弹出【仿真序列】对话框，在【机电对象】中选择控制输入信号，【持续时间】中设置时间=0s，【运行时参数】中设置推杆动作_IN=true，【条件】中设置：选择条件对象=反馈输出信号；推杆_原位_OUT=true 和检测传感器_OUT=true，即当传感器检测到物料且推杆处于原位时，推杆推物料，如图 6-33 所示。

（4）新建仿真序列——推杆缩回

18 单击【主页】选项卡上【自动化】组中的【仿真序列】按钮，弹出【仿真序列】对话框，在【机电对象】中选择控制输入信号，【持续时间】中设置时间=0s，【运行时参数】中设置推杆动作_IN=false，【条件】中设置：选择条件对象=反馈输出信号；推杆_到位_OUT=true，即当推杆推出到位后，推杆缩回原位，如图 6-34 所示。

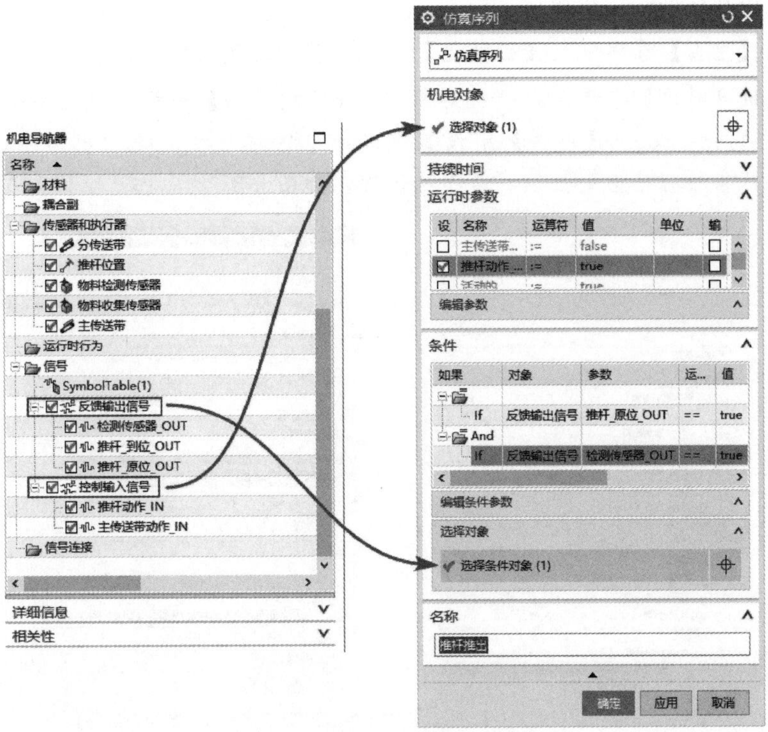

图 6-33　创建推杆推出仿真序列

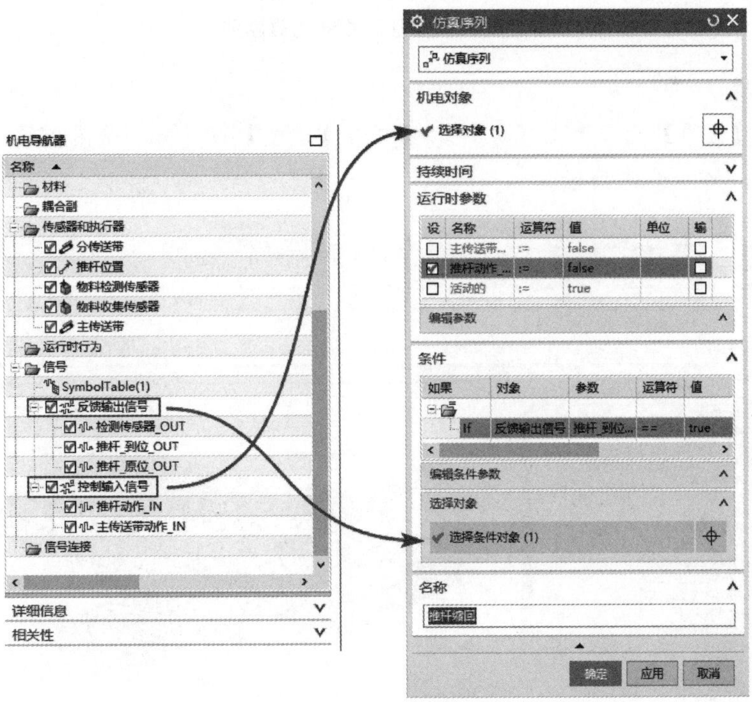

图 6-34　创建推杆缩回仿真序列

(5) 新建仿真序列——新物料

19 单击【主页】选项卡上【自动化】组中的【仿真序列】按钮，弹出【仿真序列】对话框，在【机电对象】中选择新物料对象源，【持续时间】中设置时间=0s，【运行时参数】中设置活动的=true，【条件】中设置：选择条件对象=反馈输出信号；推杆_到位_OUT=true，即当推杆推出到位后，新物料出现，如图 6-35 所示。

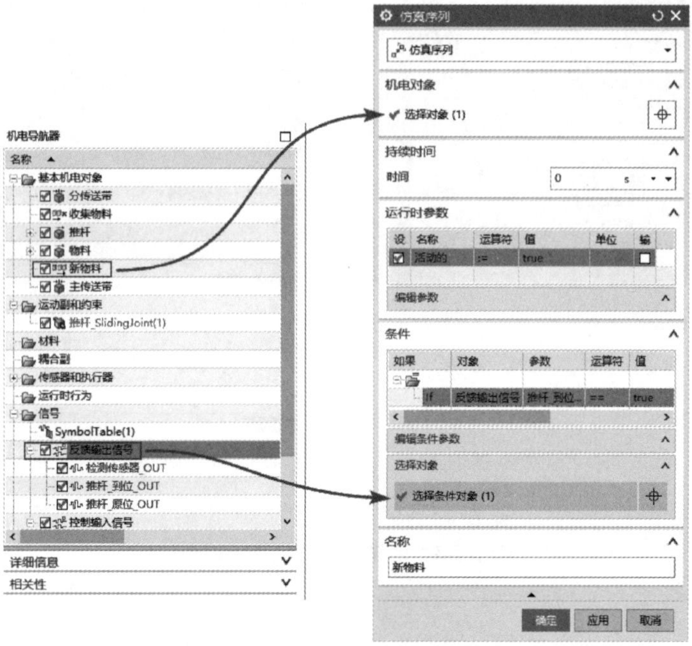

图 6-35 创建新物料仿真序列

5. 仿真播放

20 单击【主页】选项卡上【仿真】组中的【播放】按钮，在图形区显示运动过程，如图 6-36 所示。

6-4

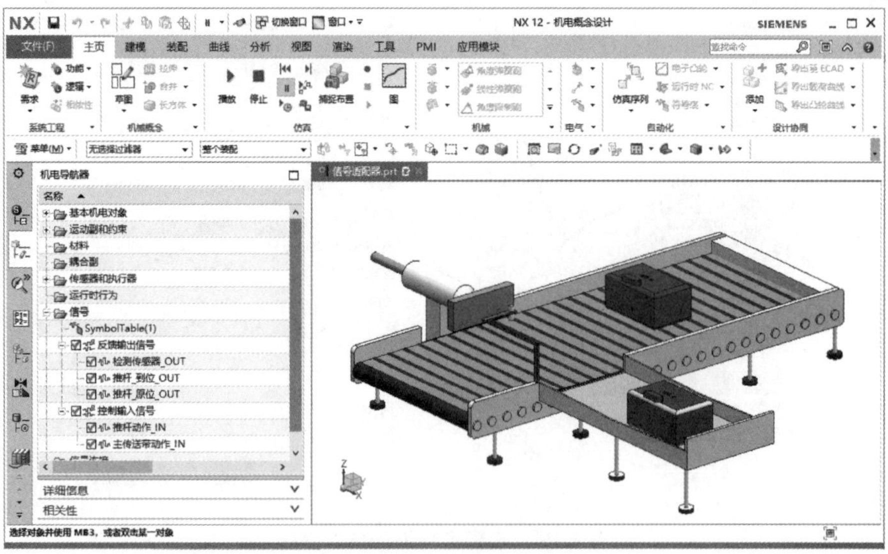

图 6-36 仿真播放

6.2 信号与信号适配器的案例

下面通过三个例子来讲解 MCD 中信号适配器的创建步骤和方法，包括礼盒分拣机构、机械手搬运物料机构以及分度转台物料搬运机构。

6.2.1 案例 1：礼盒分拣机构

以礼盒分拣机构为例来讲解信号适配器创建的操作方法和步骤，并进行仿真，如图 6-37 所示。

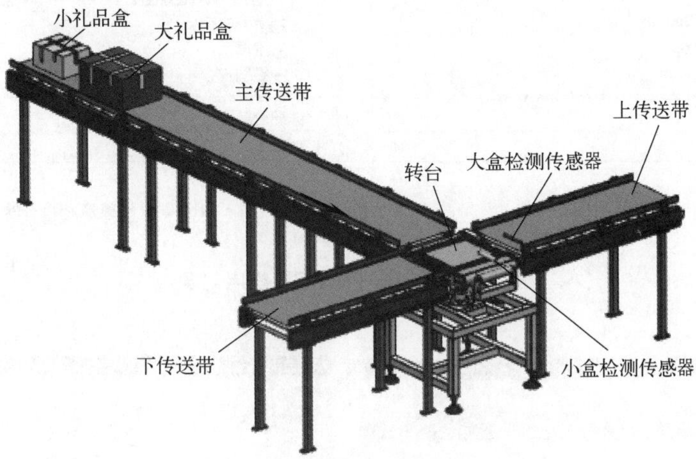

图 6-37　礼盒分拣机构模型

动作流程描述：大、小礼品盒在传送带上传动。当大盒检测传感器与小盒检测传感器均有信号时，转台旋转−90°，转台传送带启动，将大礼品盒传送到上传送带；当大盒检测传感器无信号而小盒检测传感器有信号时，转台旋转 90°，转台传送带启动，将小礼品盒传送到下传送带。此后重复上述循环动作。

6.2.1.1　礼盒分拣机构信号适配器的设计思路分析

使用信号适配器进行序列仿真的解决方案主要分为三部分：创建 NX MCD 机电对象、创建信号适配器、创建仿真序列。

1. 创建 NX MCD 机电对象

在 NX 机电概念设计中，首先创建各个零件刚体和碰撞体，设置实体质量等参数，然后创建运动副（包括铰链副等），最后创建传感器与执行器（包括传输面、碰撞传感器和位置控制），如图 6-38 所示。

2. 创建信号适配器

创建控制输入信号和反馈输出信号两个信号适配器，把传感器和执行器中除传感器之外的其他传输面、位置控制作为参数对象，创建控制输入信号；把传感器和执行器中的各种传感器（如碰撞传感器）以及运动副约束中的各种运动副作为参数对象，创建反馈输出信号，如图 6-39 所示。

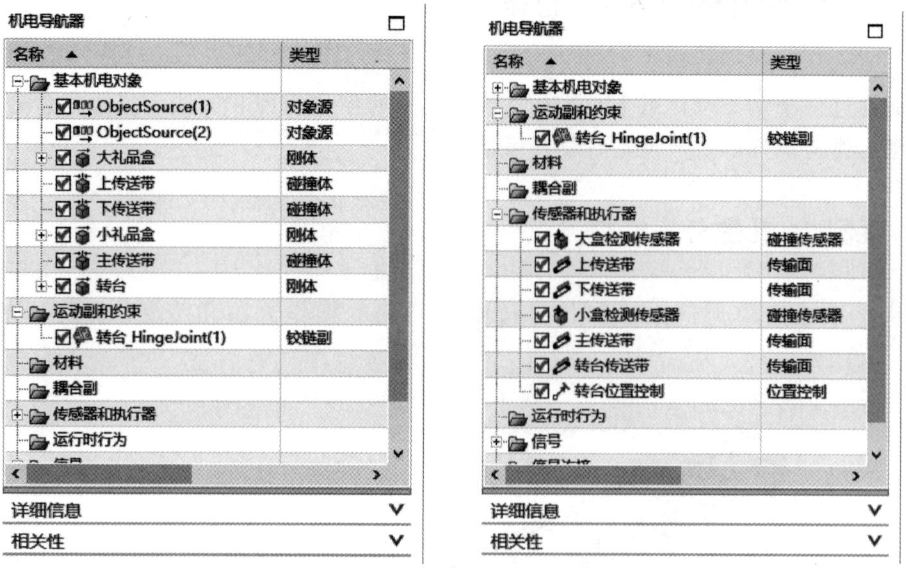

(a) 创建基本机电对象　　(b) 创建传感器和执行器

图 6-38　创建 NX MCD 机电对象

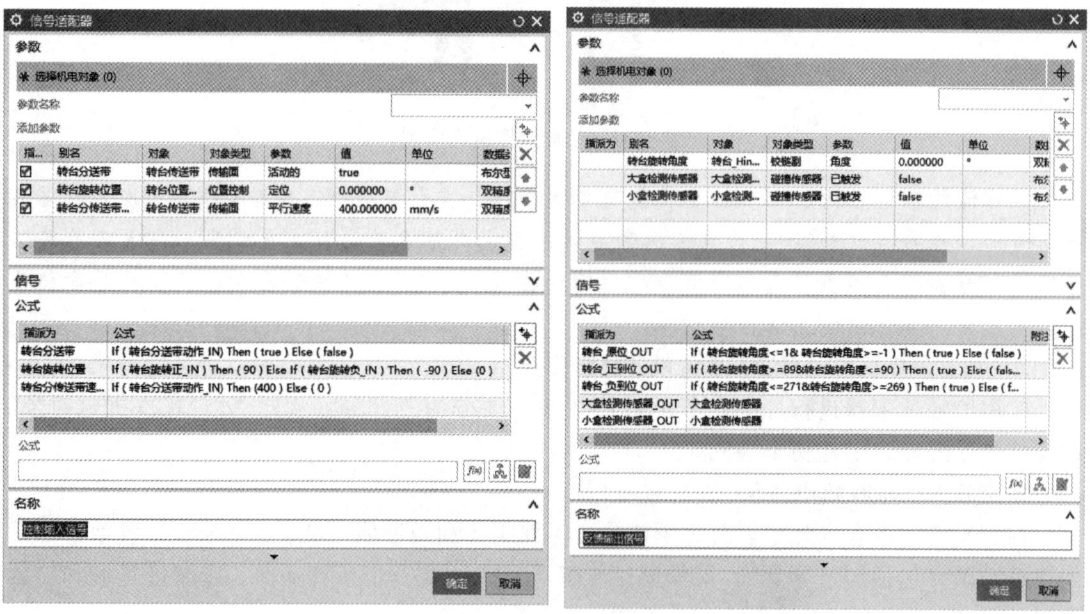

(a) 控制输入信号　　(b) 反馈输出信号

图 6-39　创建信号适配器

3. 创建仿真序列

通过仿真序列驱动信号实现礼盒分拣运动，如图 6-40 所示。

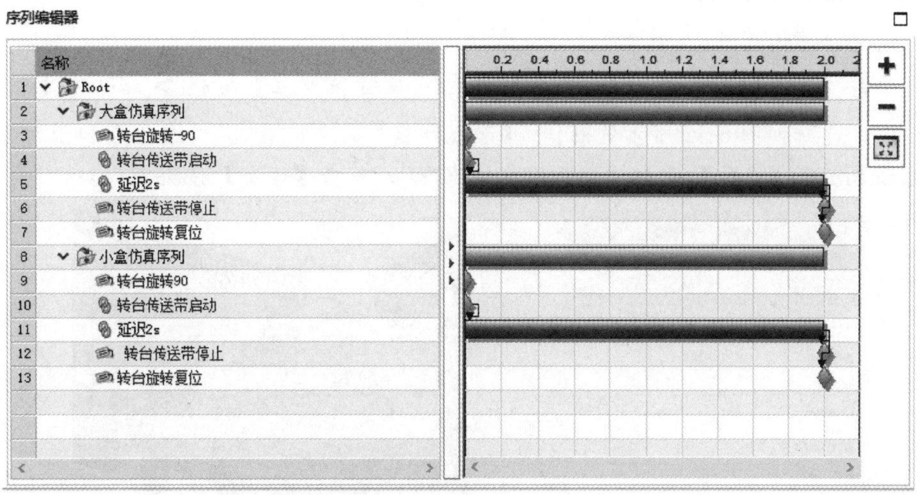

图 6-40　创建仿真序列

6.2.1.2　礼盒分拣机构信号适配器的操作过程

6-5

操作步骤

1. 打开文件

01　启动 NX 后，在功能区中单击【主页】选项卡中【标准】组中的【打开】按钮，打开素材文件“实例\第 6 章\案例 1：礼盒分拣机构信号适配器案例 .prt”，进入机电概念设计用户界面，如图 6-41 所示。

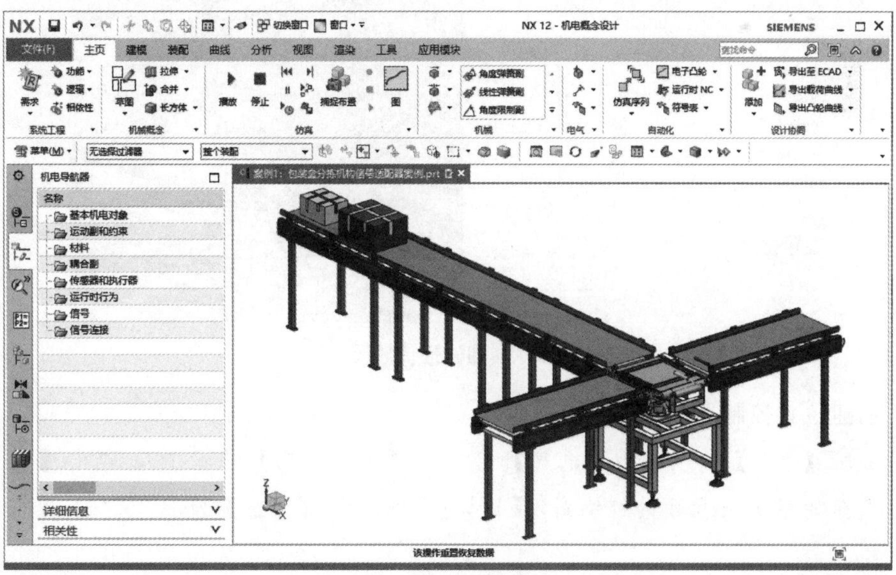

图 6-41　机电概念设计用户界面

技术要点：本案例已经完成基本机电对象、运动副和耦合副的设置，此处不再重复说明。

2. **创建传感器与执行器**

（1）定义碰撞传感器

02 单击【主页】选项卡上【电气】组中的【碰撞传感器】按钮，弹出【碰撞传感器】对话框，选择如图 6-42 所示的刚体，【碰撞形状】选为“直线”，选择点和坐标系，【长度】设为 300mm，【名称】设为“大盒检测传感器”，单击【确定】按钮完成。

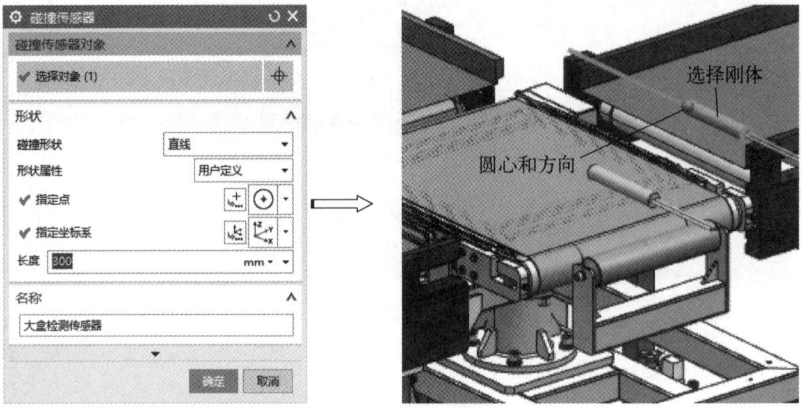

图 6-42　创建碰撞传感器（1）

03 单击【主页】选项卡上【电气】组中的【碰撞传感器】按钮，弹出【碰撞传感器】对话框，选择如图 6-43 所示的刚体，【碰撞形状】选为“直线”，选择点和坐标系，【长度】设为 300mm，【名称】设为“小盒检测传感器”，单击【确定】按钮完成。

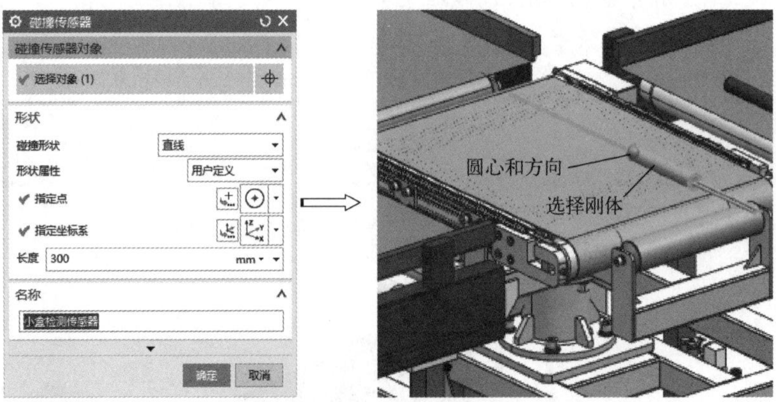

图 6-43　创建碰撞传感器（2）

（2）创建位置控制

04 单击【主页】选项卡上【电气】组中的【位置控制】按钮，弹出【位置控制】对话框，选择如图 6-44 所示的铰链副，【目标】设为 0°，【速度】设为 45°/s，单击【确定】按钮完成。

（3）创建传输面

05 单击【主页】选项卡上【机械】组中的【传输面】按钮，弹出【传输面】对话框，选择如图 6-45 所示的面和方向，【平行速度】设为 1000mm/s，【名称】设为“主传送带”，单击【确定】按钮完成。

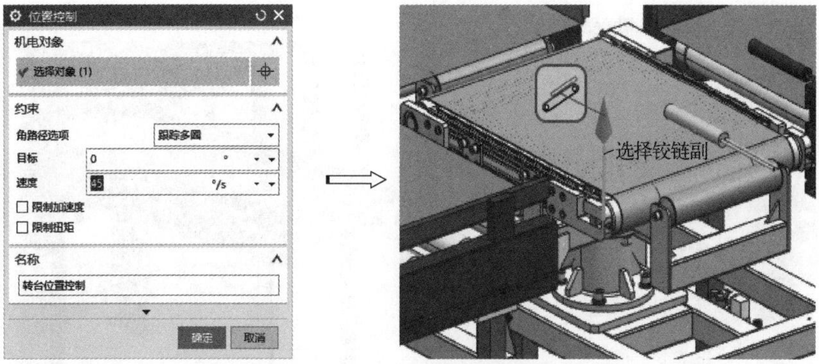

图 6-44　创建位置控制

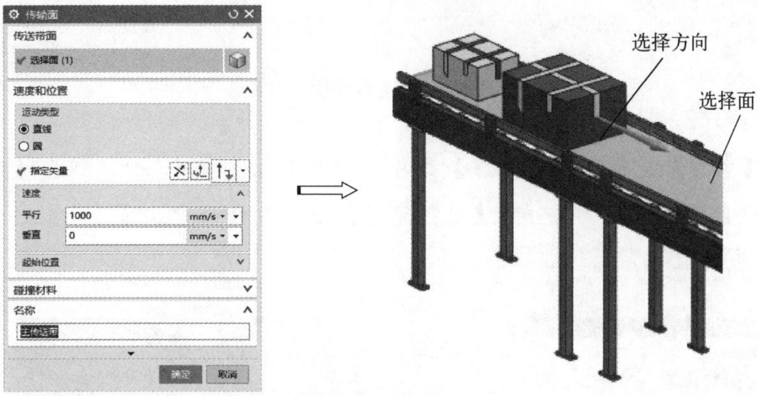

图 6-45　创建传输面（1）

06　单击【主页】选项卡上【机械】组中的【传输面】按钮，弹出【传输面】对话框，选择如图 6-46 所示的面和方向，【平行速度】设为 500mm/s，【名称】设为“上传送带”，单击【确定】设按钮完成。

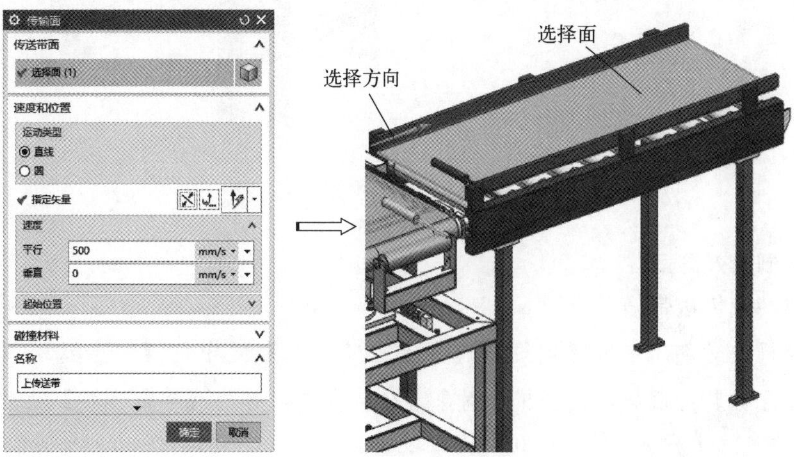

图 6-46　创建传输面（2）

07　单击【主页】选项卡上【机械】组中的【传输面】按钮，弹出【传输面】对话框，选择如图 6-47 所示的面和方向，【平行速度】设为 500mm/s，【名称】设为“下传送带”，单击【确定】按钮完成。

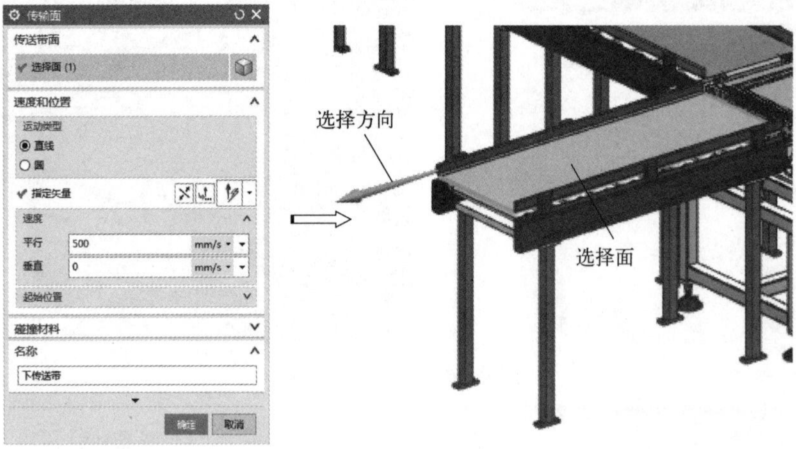

图 6-47　创建传输面（3）

08　单击【主页】选项卡上【机械】组中的【传输面】按钮，弹出【传输面】对话框，选择如图 6-48 所示的面和方向，【平行速度】设为 500mm/s，【名称】设为“转台传送带”，单击【确定】按钮完成。

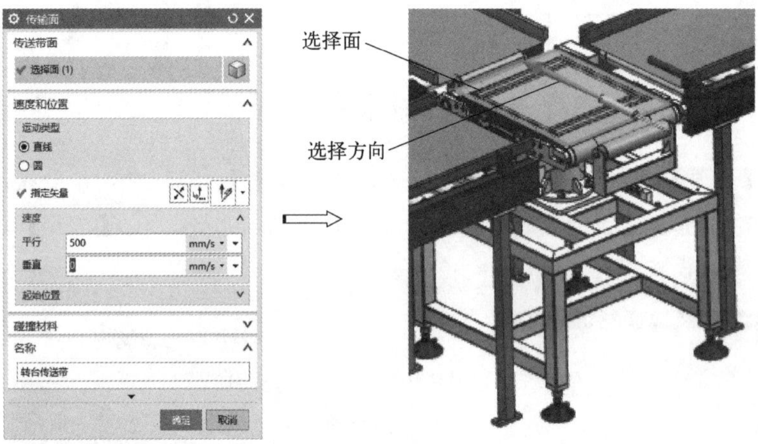

图 6-48　创建传输面（4）

3. 创建控制输入信号

（1）创建转台传送带信号

09　选择机电对象。单击【主页】选项卡上【电气】组中的【信号适配器】按钮，弹出【信号适配器】对话框，选择机电对象为“转台传送带”，【参数名称】为“平行速度”，【别名】为“转台传送带速度”，如图 6-49 所示。

10　添加输入信号。单击【信号】选项中的【添加】按钮，添加“转台传送带动作_IN”输入信号，如图 6-50 所示。

11　添加公式。选中“转台传送带速度”，勾选【指派为】选项，把它输入到“公式”，输入公式表达式：If(转台传送带动作_IN)Then(500)Else(0)，如图 6-51 所示。

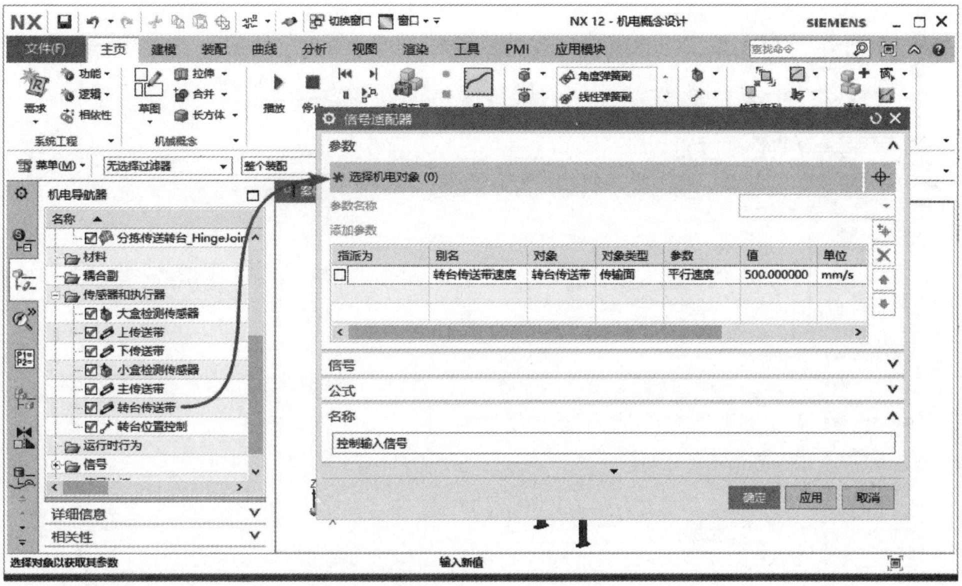

图 6-49　选择机电对象

图 6-50　添加输入信号

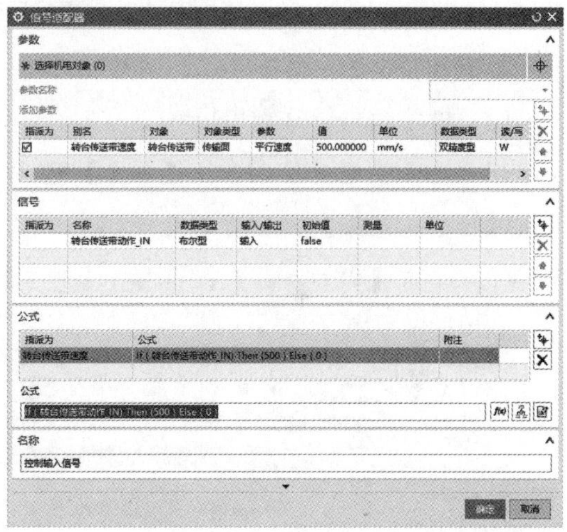

图 6-51　输入表达式（1）

（2）创建转台位置输入信号

12　同理，单击【主页】选项卡上【电气】组中的【信号适配器】按钮，弹出【信号适配器】对话框，选择机电对象为“转台位置控制”，【参数名称】为“定位”，添加“转台旋转正_IN”“转台旋转负_IN”信号，输入公式：If（转台旋转正_IN）Then (90）Else If（转台旋转负_IN）Then（−90）Else（0），单击【确定】按钮完成，如图 6-52 所示。

13　单击【信号适配器】对话框中的【确定】按钮，弹出【将符号添加至符号表】对话框，单击【新符号表】按钮，弹出【符号表】对话框，直接单击【确定】按钮，返回【将符号添加至符号表】对话框，单击【确定】按钮完成。

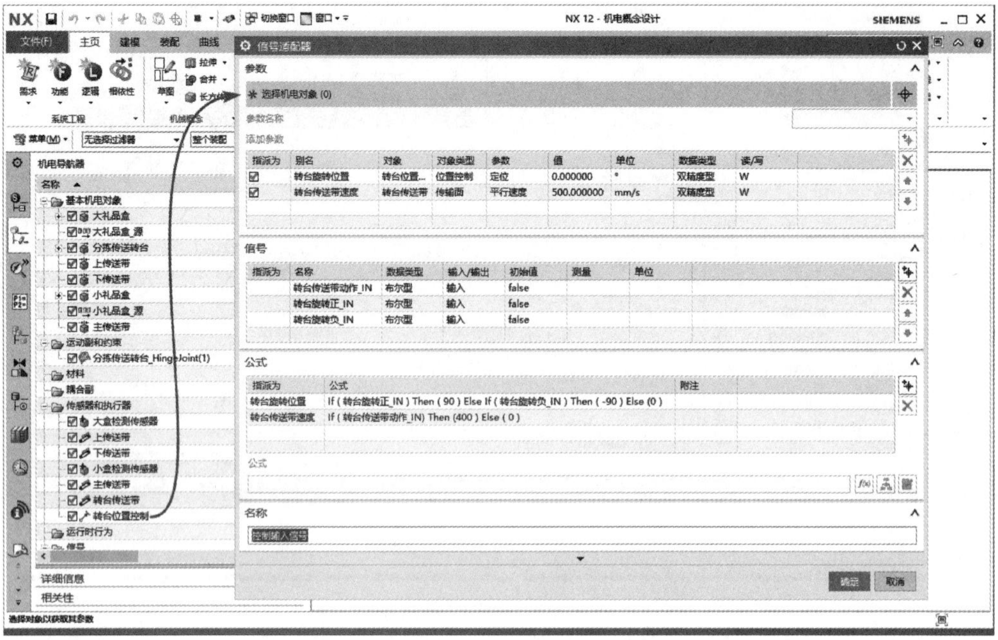

图 6-52 创建转台位置输入信号和表达式

4. **创建反馈输出信号**

(1) 创建转台位置输出信号

14 选择机电对象。单击【主页】选项卡上【电气】组中的【信号适配器】按钮，弹出【信号适配器】对话框，选择机电对象为“分拣传送转台”运动副，【参数名称】为“角度”，单击【添加参数】按钮，【别名】为“转台旋转位置”，如图 6-53 所示。

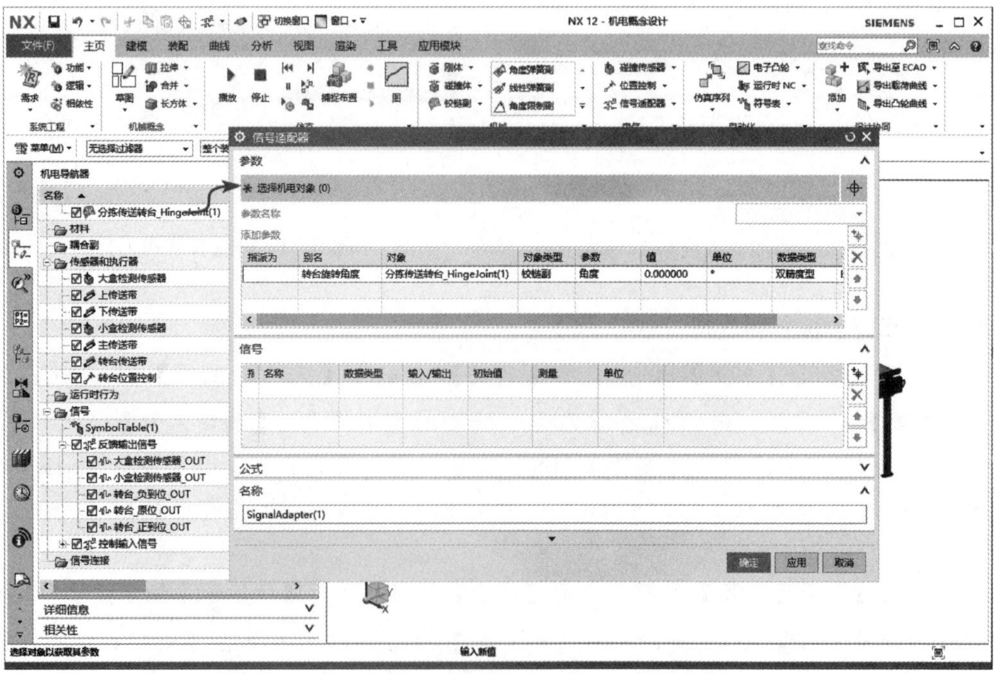

图 6-53 选择机电对象

15 添加输出信号。单击【信号】选项中的【添加】按钮，添加“转台_原位_OUT”“转台_正到位_OUT”“转台_负到位_OUT”3个输出信号，如图6-54所示。

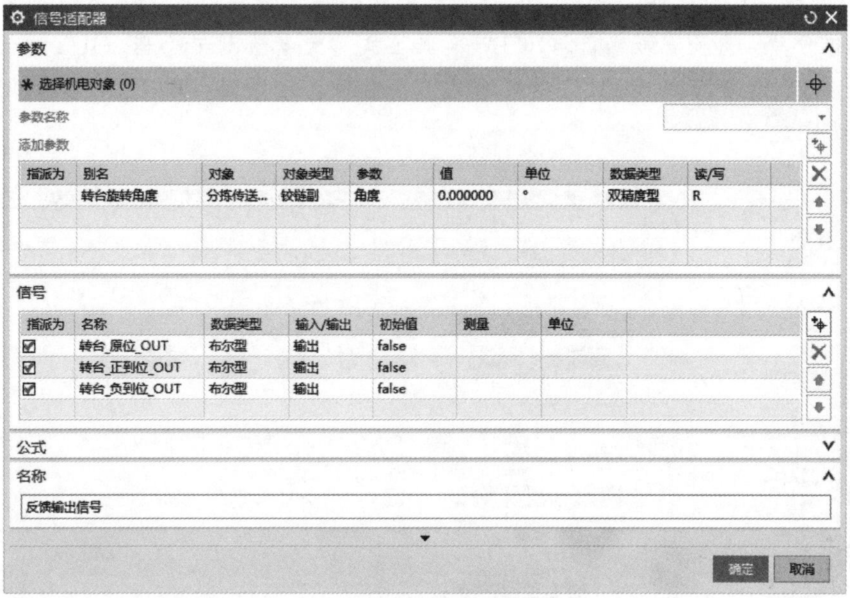

图6-54 添加输出信号

16 添加公式。选中“转台_原位_OUT”“转台_正到位_OUT”“转台_负到位_OUT”，勾选【指派为】选项，把它们输入到“公式”，分别输入公式表达式：If(转台旋转角度<=1& 转台旋转角度>=−1)Then(true)Else(false)；If(转台旋转角度>=89& 转台旋转角度<=90)Then(true)Else(false)；If(转台旋转角度<=271& 转台旋转角度>=269)Then(true)Else(false)，如图6-55所示。

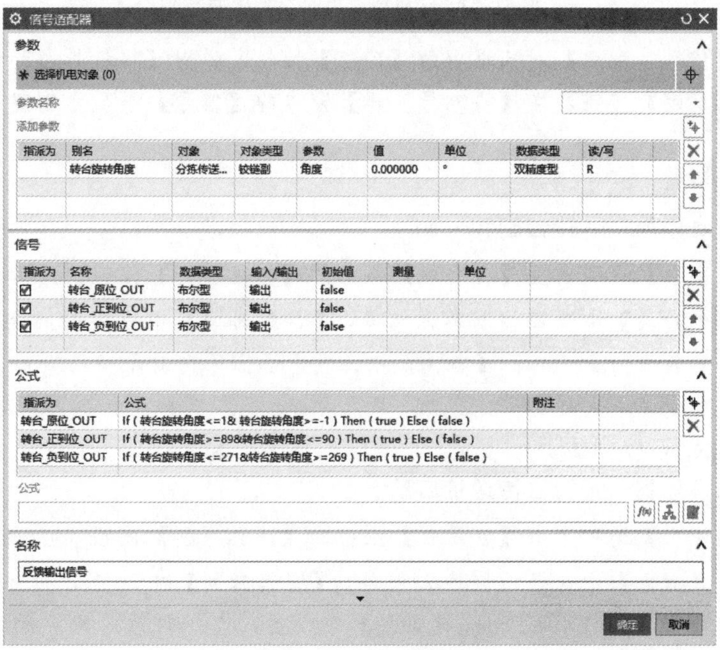

图6-55 输入表达式（2）

(2) 创建检测输出信号

17 重复上述过程，单击【主页】选项卡上【电气】组中的【信号适配器】按钮，弹出【信号适配器】对话框，选择机电对象为“物料检测传感器”，【参数名称】为“已触发”，添加信号“大盒检测传感器_OUT”及其公式“大盒检测传感器_OUT=大盒检测传感器”、“小盒检测传感器_OUT”及其公式“小盒检测传感器_OUT=小盒检测传感器”，如图 6-56 所示。

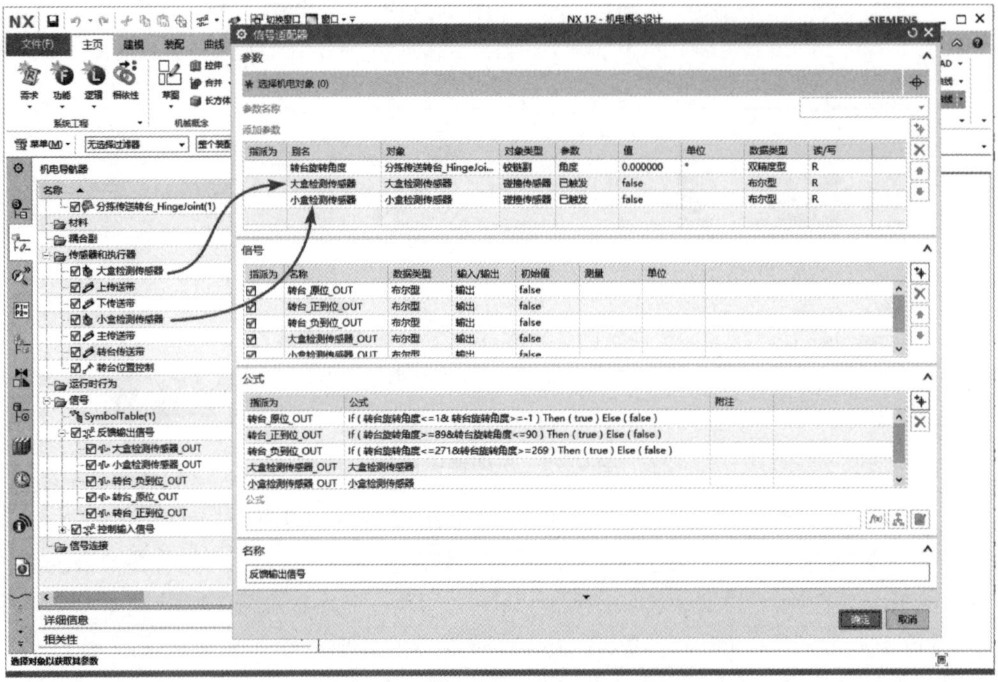

图 6-56 设置检测传感器输出信号

18 单击【信号适配器】对话框中的【确定】按钮，弹出【将符号添加至符号表】对话框，直接单击【确定】按钮，在【机电导航器】窗口的【信号】下显示创建的反馈输出信号适配器。

5. 创建仿真序列

(1) 新建仿真序列——转台旋转-90°

19 单击【主页】选项卡上【自动化】组中的【仿真序列】按钮，弹出【仿真序列】对话框，在【机电对象】中选择控制输入信号，【持续时间】中设置时间=0s，【运行时参数】中设置转台旋转负_IN=true，【条件】中设置：选择条件对象=反馈输出信号；大盒检测传感器_OUT=true、小盒检测传感器_OUT=true，即当两个传感器检测到物料时，转台旋转-90°，如图 6-57 所示。

(2) 新建仿真序列——转台传送带启动

20 单击【主页】选项卡上【自动化】组中的【仿真序列】按钮，弹出【仿真序列】对话框，在【机电对象】中选择控制输入信号，【持续时间】中设置时间=0s，【运行时参数】中设置转台分传送带_IN=True，【条件】中设置：选择条件对象=反馈输出信号；转台_负到位_OUT=true，即当转台旋转到位时，启动转台传送带，如图 6-58 所示。

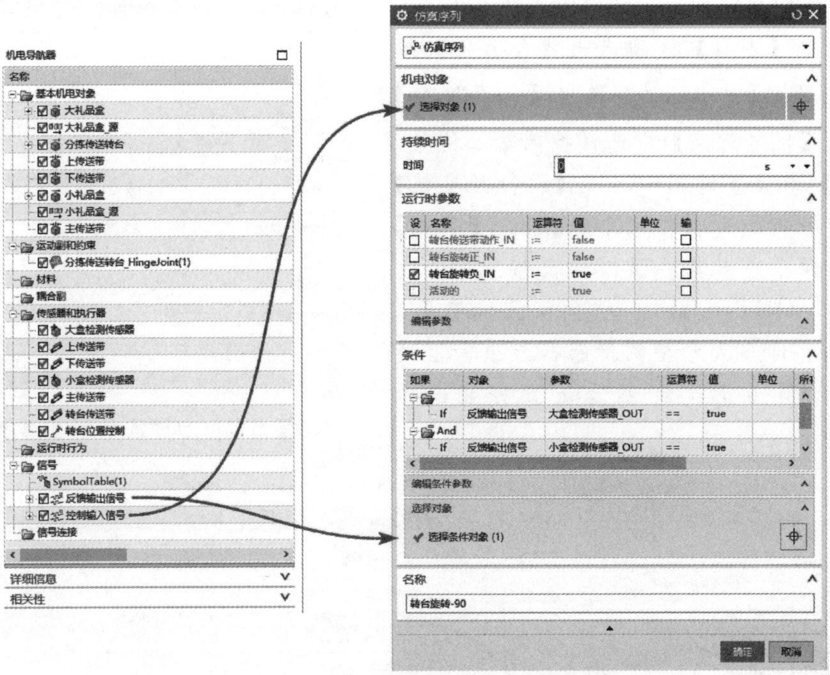

图 6-57　创建转台旋转-90° 仿真序列

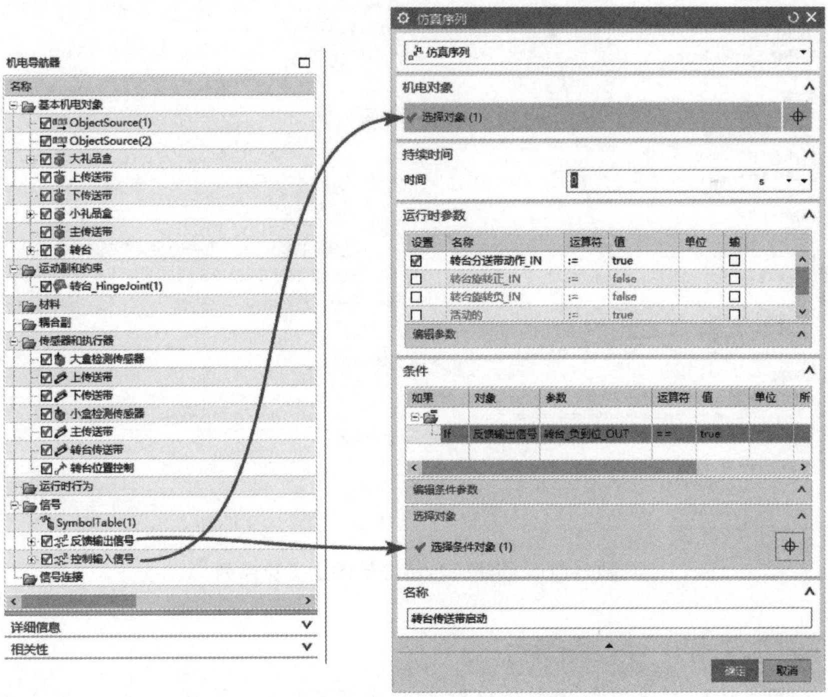

图 6-58　创建转台传送带启动仿真序列

（3）新建仿真序列——延迟 2s

21　单击【主页】选项卡上【自动化】组中的【仿真序列】按钮，弹出【仿真序列】对话框，在【持续时间】中设置时间＝2s，进行 2s 延迟，如图 6-59 所示。

(4) 新建仿真序列——转台传送带停止

22 单击【主页】选项卡上【自动化】组中的【仿真序列】按钮，弹出【仿真序列】对话框，在【机电对象】中选择控制输入信号，【持续时间】中设置时间＝0s，【运行时参数】中设置转台分传送带动作_IN＝false，【条件】中设置：选择条件对象＝反馈输出信号；大盒检测传感器_OUT＝false、小盒检测传感器_OUT＝false，即当大盒检测传感器与小盒检测传感器均无信号时，转台传送带停止，如图 6-60 所示。

图 6-59 创建延迟 2s 仿真序列

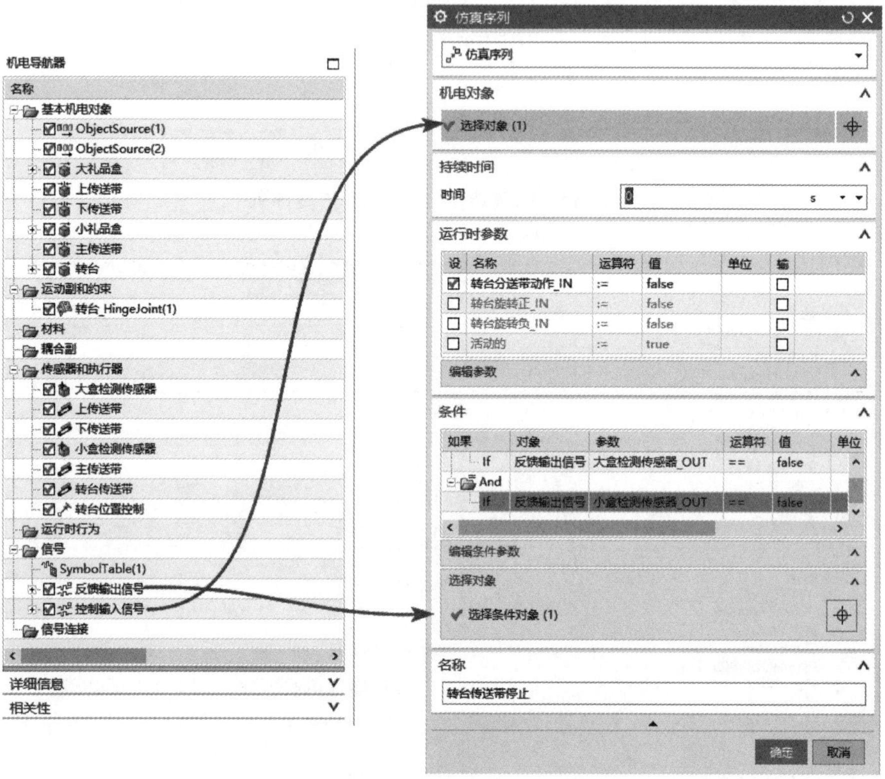

图 6-60 创建转台传送带停止仿真序列

(5) 新建仿真序列——转台旋转复位

23 单击【主页】选项卡上【自动化】组中的【仿真序列】按钮，弹出【仿真序列】对话框，在【机电对象】中选择控制输入信号，【持续时间】中设置时间＝0s，【运行时参数】中设置转台旋转正_IN＝false、转台旋转负_IN＝false，【条件】中设置：选择条件对象＝反馈输出信号；大盒检测传感器_OUT＝false、小盒检测传感器_OUT＝false，即当大盒检测传感器与小盒检测传感器均无信号时，转台复位，如图 6-61 所示。

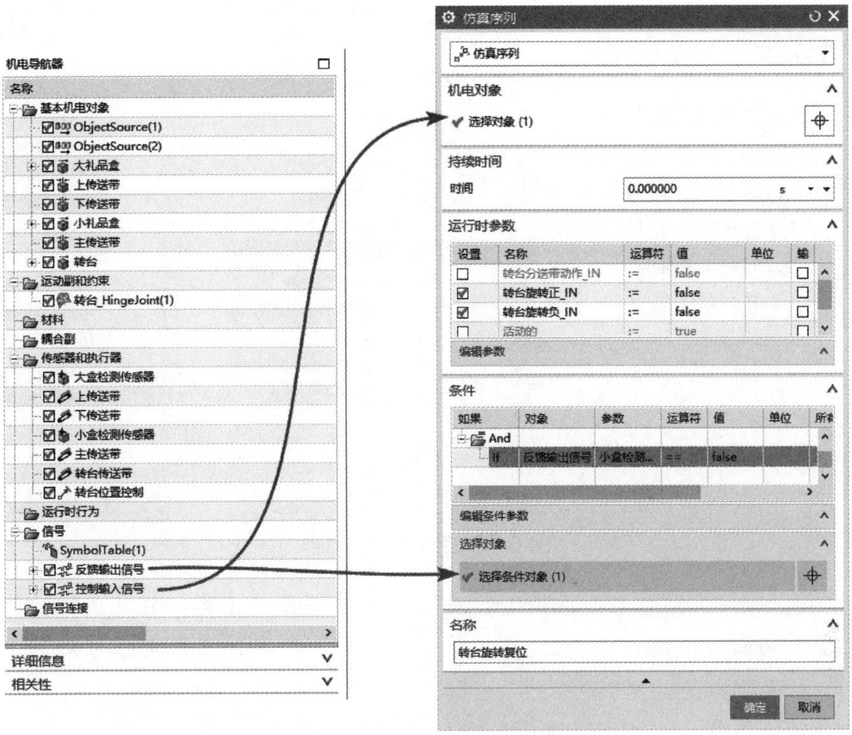

图 6-61　创建转台旋转复位仿真序列

(6) 链接仿真序列

24　单击【资源条】上的【序列导航器】图标，按住鼠标左键链接相关序列，如图 6-62 所示。

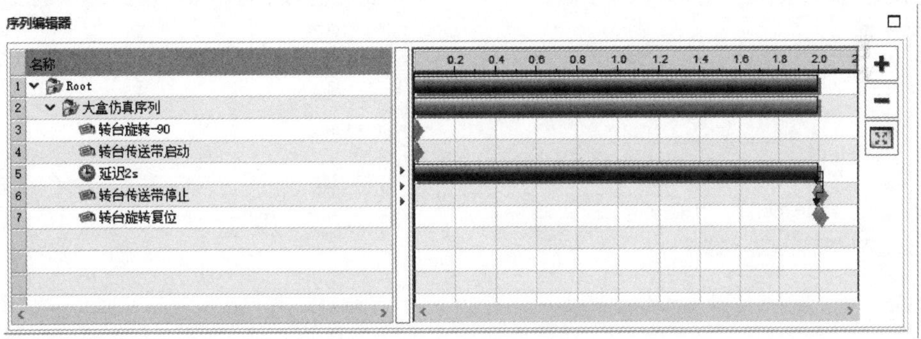

图 6-62　链接仿真序列

(7) 创建新组复制仿真序列

25　在【序列导航器】窗口中选中“大盒仿真序列”，单击鼠标右键选择【复制】命令，然后选择“转台旋转复位”序列，单击鼠标右键选择【粘贴】命令，如图 6-63 所示。

(8) 修改仿真序列——转台旋转 90°

26　双击仿真序列“转台旋转 90”，弹出【仿真序列】对话框，在【机电对象】中选择控制输入信号，【持续时间】中设置时间＝0s，【运行时参数】中设置转台旋转正_IN＝true，

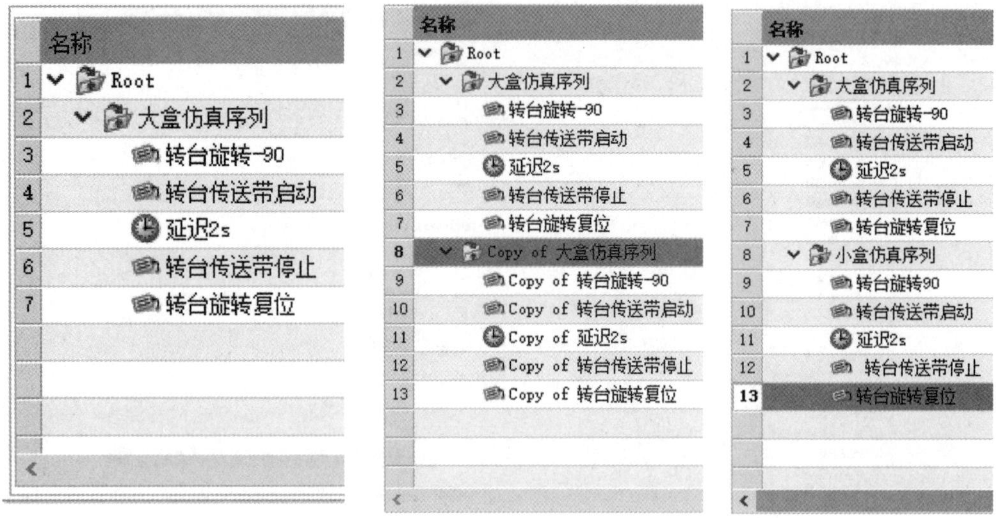

图 6-63　复制仿真序列

【条件】中设置：选择条件对象=反馈输出信号；大盒检测传感器_OUT=false、小盒检测传感器_OUT=ture，即当大盒检测传感器无信号、小盒检测传感器有信号时，转台正向旋转 90°，如图 6-64 所示。

（9）修改仿真序列——转台传送带启动

27　双击仿真序列“转台传送带启动”，弹出【仿真序列】对话框，在【机电对象】中选择控制输入信号，【持续时间】中设置时间=0s，【运行时参数】中设置转台分传送带_IN=true，【条件】中设置：选择条件对象=反馈输出信号；转台_正到位_OUT=true，即当转台旋转正到位时，转台传送带启动，如图 6-65 所示。

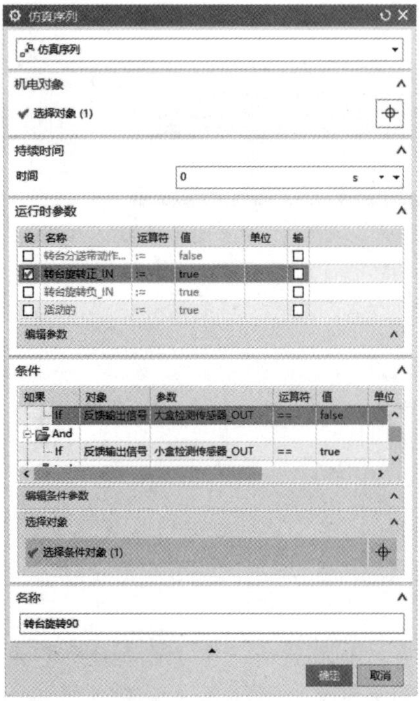

图 6-64　修改转台旋转 90° 仿真序列

图 6-65　修改转台传送带启动仿真序列

6. **仿真播放**

28 单击【主页】选项卡上【仿真】组中的【播放】按钮▶，在图形区显示运动过程仿真，如图 6-66 所示。

6-6

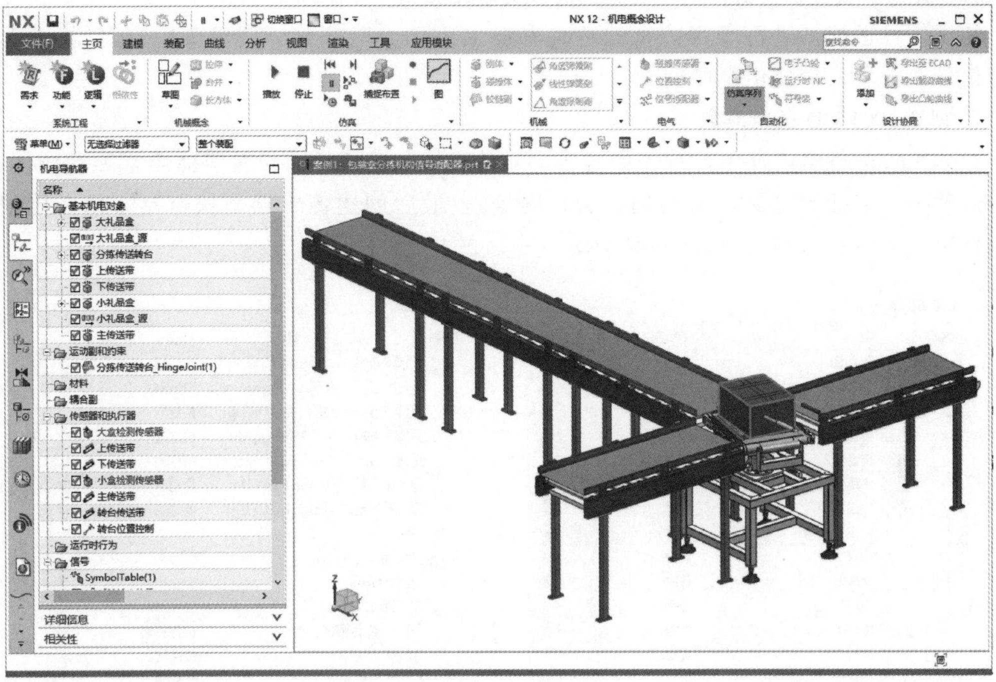

图 6-66 仿真播放

6.2.2 案例 2：机械手搬运物料机构

以机械手搬运物料机构为例来讲解信号适配器创建的操作方法和步骤，并进行仿真，如图 6-67 所示。

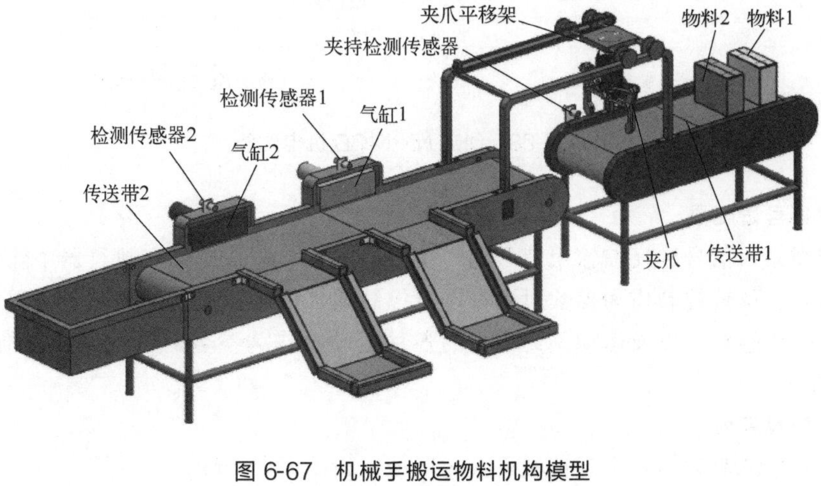

图 6-67 机械手搬运物料机构模型

动作流程描述： 物料 1 与物料 2 分别在传送带上移动。当夹持检测传感器检测到物料时，夹持物料并移动到传送带 2 上。当检测传感器 1 检测到物料 1 时，气缸 1 动作，推送物料 1；当检测传感器 2 检测到物料 2 时，气缸 2 动作，推送物料 2，同时搬运机构和气缸复位，此后重复上述循环动作。

6.2.2.1 机械手搬运物料机构信号适配器的设计思路分析

使用信号适配器进行序列仿真的解决方案主要分为三部分：创建 NX MCD 机电对象、创建信号适配器、创建仿真序列。

1. 创建 NX MCD 机电对象

在 NX 机电概念设计中，首先创建各个零件刚体和碰撞体，设置实体质量等参数，然后创建运动副（包括铰链副、滑动副、齿轮副等），最后创建传感器与执行器（包括传输面、碰撞传感器和位置控制），如图 6-68 所示。

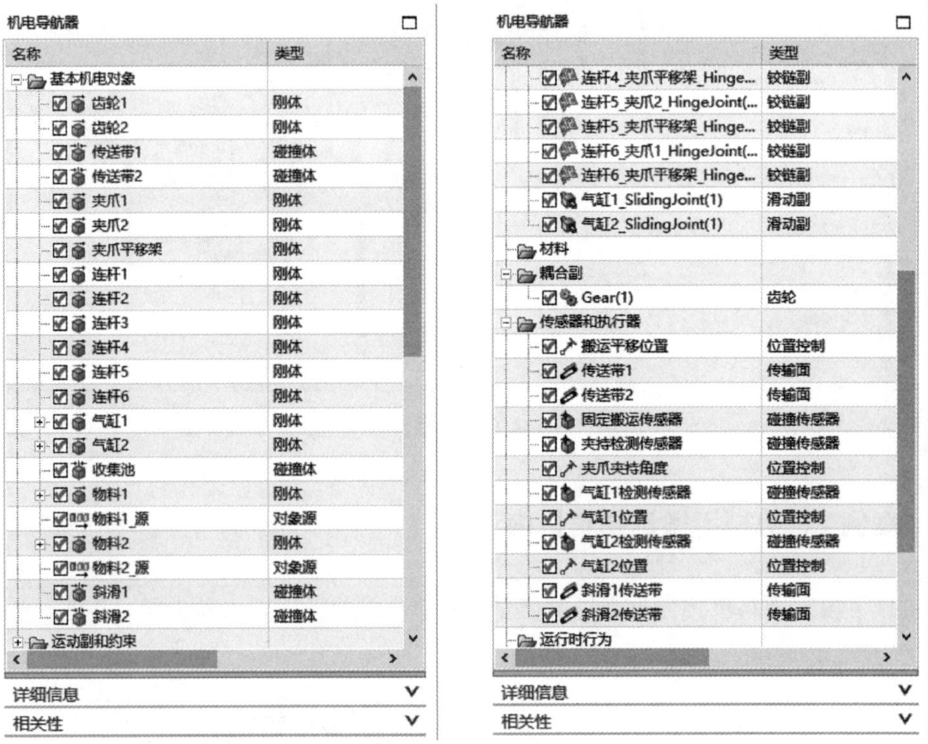

(a) 创建基本机电对象　　(b) 创建传感器和执行器

图 6-68　创建 NX MCD 机电对象

2. 创建信号适配器

创建控制输入信号和反馈输出信号两个信号适配器，把传感器和执行器中除传感器之外的其他传输面、位置控制作为参数对象，创建控制输入信号；把传感器和执行器中的各种传感器（如碰撞传感器）以及运动副约束中的各种运动副作为参数对象，创建反馈输出信号，如图 6-69 所示。

3. 创建仿真序列

通过仿真序列驱动信号实现机械手搬运运动，如图 6-70 所示。

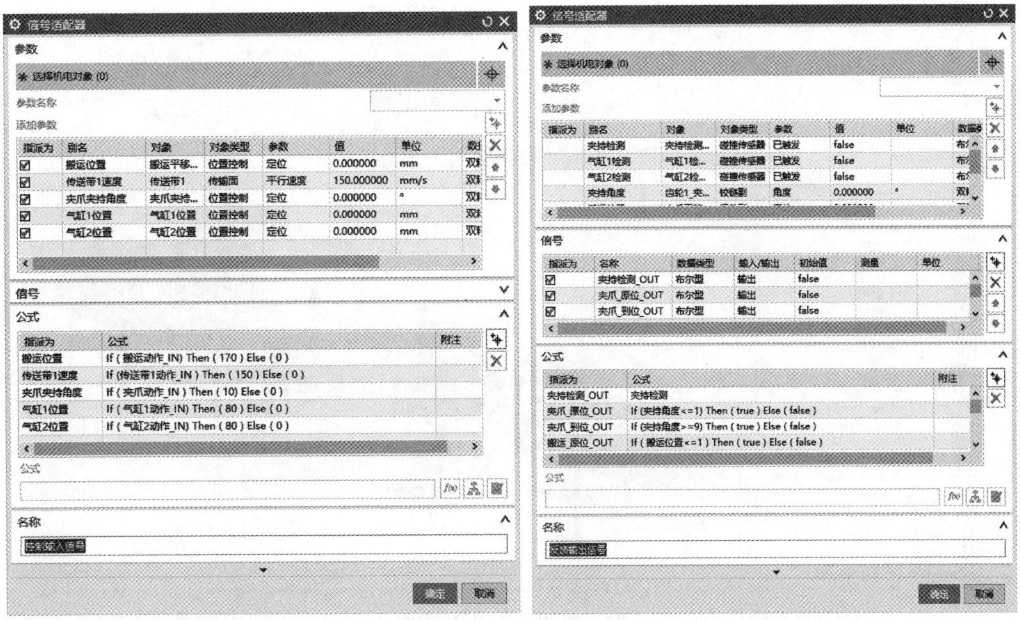

(a) 控制输入信号　　　　(b) 反馈输出信号

图 6-69　创建信号适配器

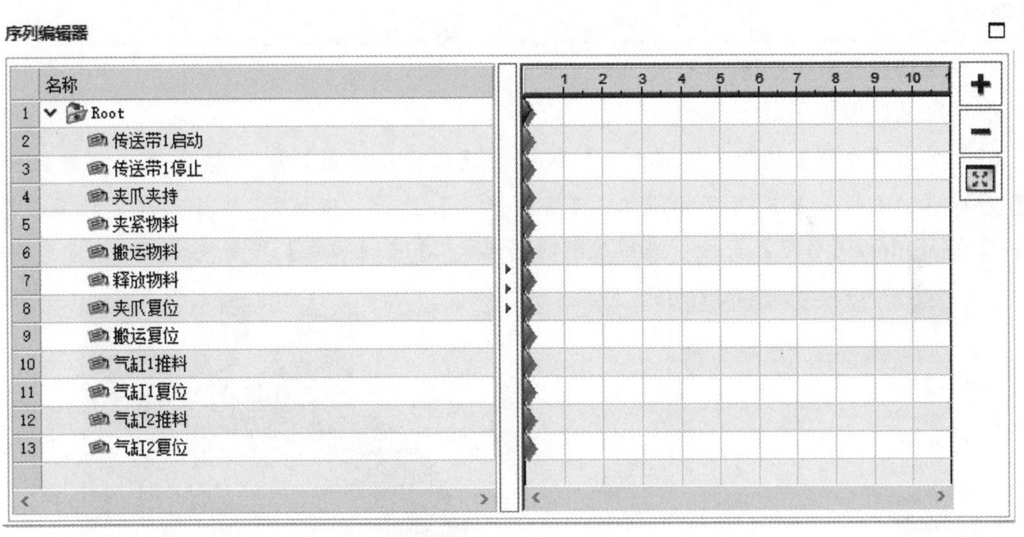

图 6-70　创建仿真序列

6.2.2.2　机械手搬运物料机构信号适配器的操作过程

6-7

操作步骤

1. 打开文件

01　启动 NX 后，在功能区单击【主页】选项卡上【标准】组中的【打开】按钮，打开素材文件“实例\第 6 章\案例 2：机械手搬运物料机构信号适配器案例 .prt”，进入机电概念设计用户界面，如图 6-71 所示。

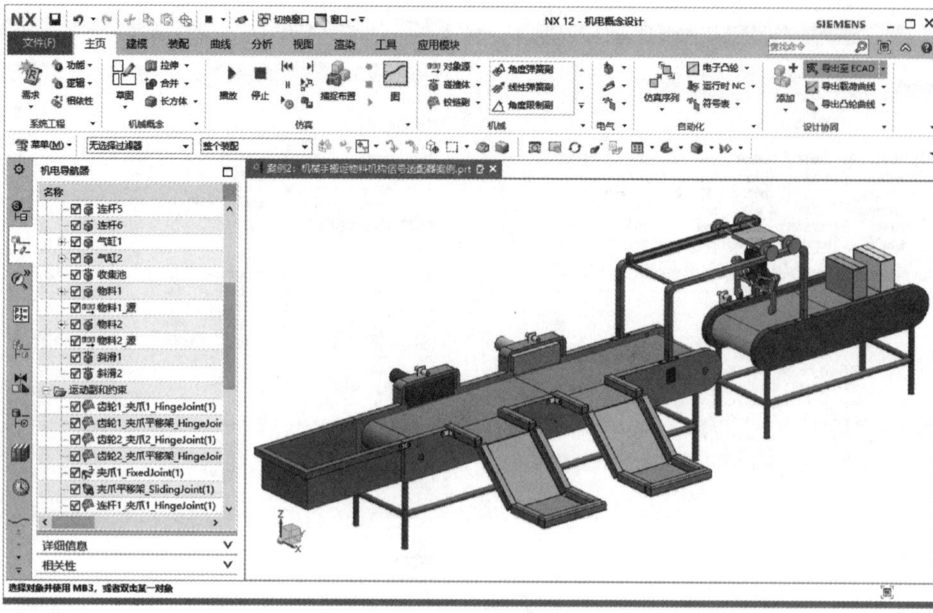

图 6-71　机电概念设计用户界面

技术要点：本案例已经完成基本机电对象、运动副和耦合副的设置，此处不再重复说明。

2. 创建传感器与执行器

（1）定义碰撞传感器

02　单击【主页】选项卡上【电气】组中的【碰撞传感器】按钮，弹出【碰撞传感器】对话框，选择如图 6-72 所示刚体，【碰撞形状】选为“直线”，选择点和坐标系，【长度】设为 30mm，【名称】设为“夹持检测传感器”，单击【确定】按钮完成。

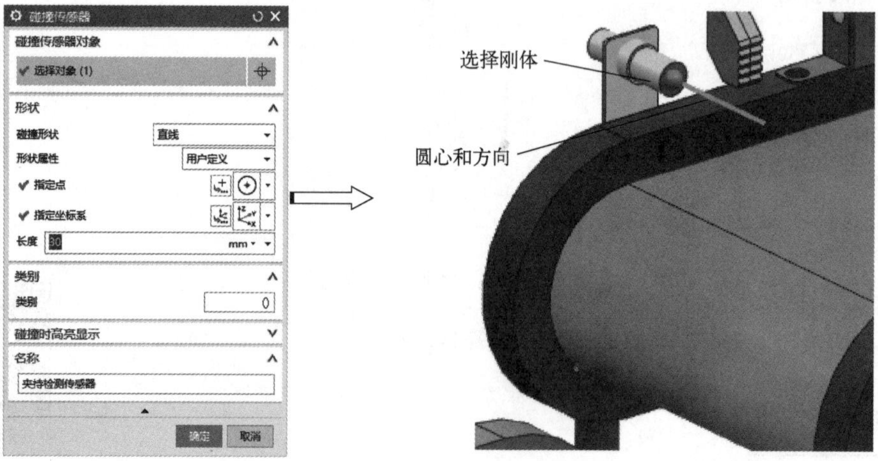

图 6-72　创建碰撞传感器（1）

03　单击【主页】选项卡上【电气】组中的【碰撞传感器】按钮，弹出【碰撞传感器】对话框，选择如图 6-73 所示刚体，【碰撞形状】选为“直线”，选择点和坐标系，【长度】设为 100mm，【类别】设为“1”，【名称】设为“气缸 1 检测传感器”，单击【确定】按钮完成。

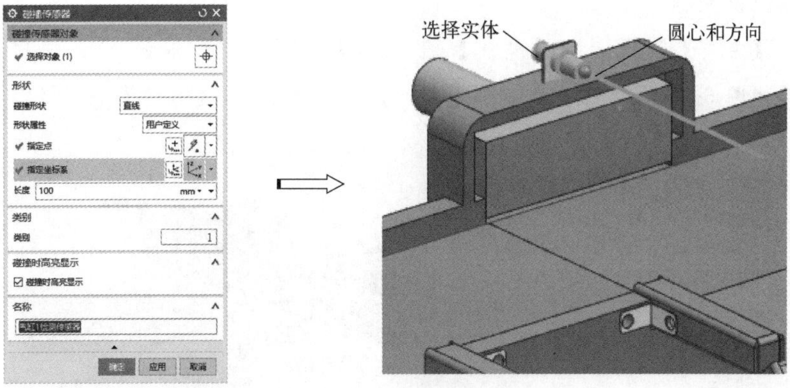

图 6-73 创建碰撞传感器（2）

04 单击【主页】选项卡上【电气】组中的【碰撞传感器】按钮，弹出【碰撞传感器】对话框，选择如图 6-74 所示刚体，【碰撞形状】选为“直线”，选择点和坐标系，【长度】设为 100mm，【类别】设为“2”，【名称】设为“气缸 2 检测传感器”，单击【确定】按钮完成。

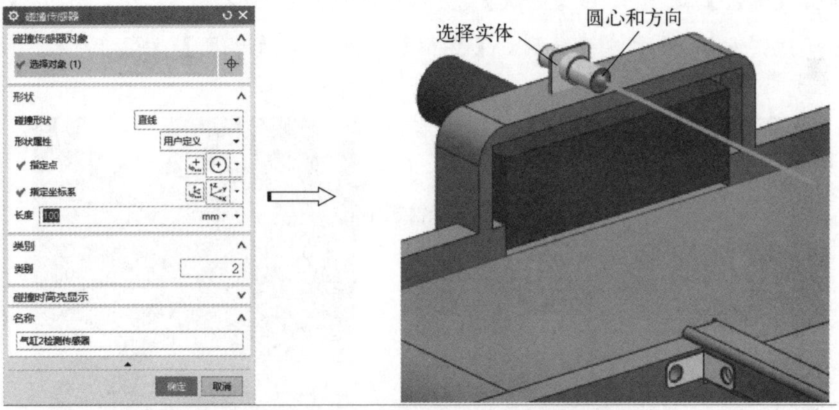

图 6-74 创建碰撞传感器（3）

05 单击【主页】选项卡上【电气】组中的【碰撞传感器】按钮，弹出【碰撞传感器】对话框，选择如图 6-75 所示刚体，【碰撞形状】选为“方块”，【类别】设为“0”，【名称】设为“固定搬运传感器”，单击【确定】按钮完成。

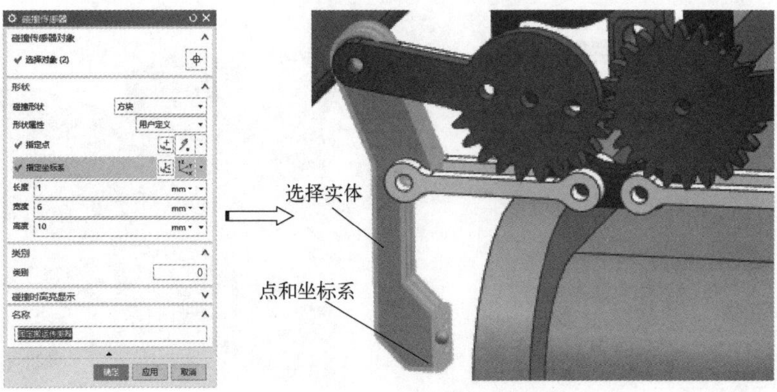

图 6-75 创建碰撞传感器（4）

（2）创建位置控制

06　单击【主页】选项卡上【电气】组中的【位置控制】按钮，弹出【位置控制】对话框，选择如图 6-76 所示的滑动副，【目标】设为 0mm，【速度】设为 500mm/s，单击【确定】按钮完成。

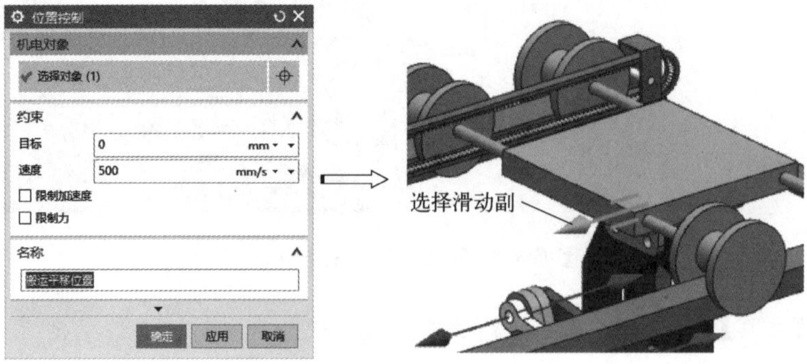

图 6-76　创建位置控制（1）

07　单击【主页】选项卡上【电气】组中的【位置控制】按钮，弹出【位置控制】对话框，选择如图 6-77 所示的铰链副，【目标】设为 0°，【速度】为 100°/s，单击【确定】按钮完成。

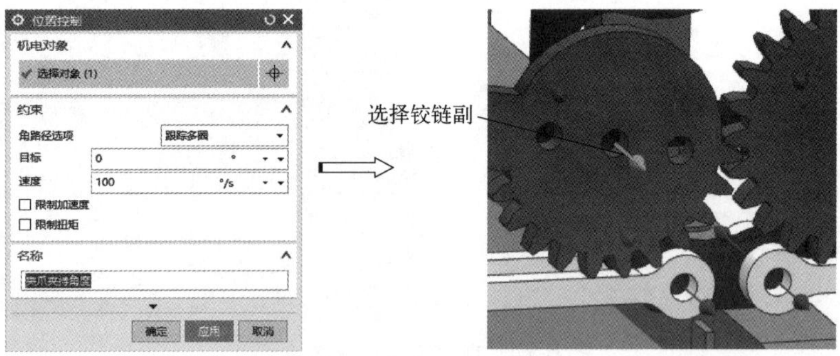

图 6-77　创建位置控制（2）

08　单击【主页】选项卡上【电气】组中的【位置控制】按钮，弹出【位置控制】对话框，选择如图 6-78 所示的滑动副，【目标】设为 0mm，【速度】设为 500mm/s，单击【确定】按钮完成。

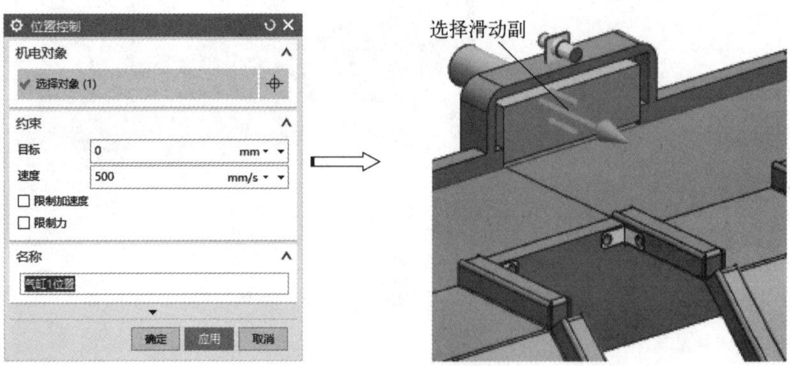

图 6-78　创建位置控制（3）

09 单击【主页】选项卡上【电气】组中的【位置控制】按钮，弹出【位置控制】对话框，选择如图 6-79 所示的滑动副，【目标】设为 0mm，【速度】设为 500mm/s，单击【确定】按钮完成。

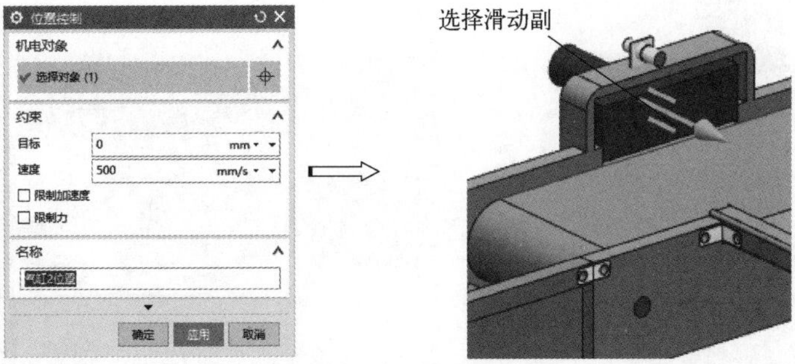

图 6-79 创建位置控制（4）

（3）创建传输面

10 单击【主页】选项卡上【机械】组中的【传输面】按钮，弹出【传输面】对话框，选择如图 6-80 所示的面和方向，【平行速度】设为 150mm/s，【名称】设为“传送带1”，单击【确定】按钮完成。

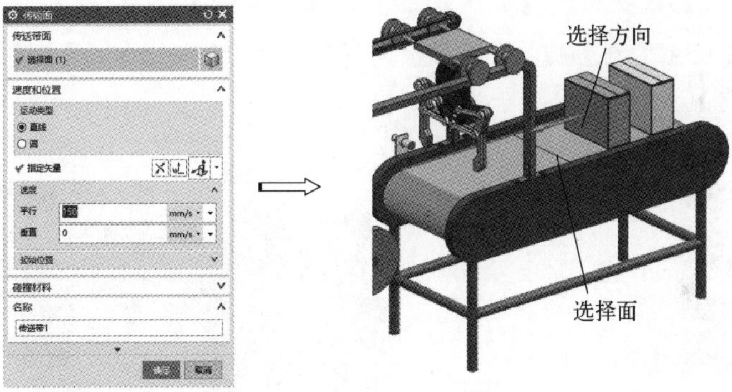

图 6-80 创建传输面（1）

11 单击【主页】选项卡上【机械】组中的【传输面】按钮，弹出【传输面】对话框，选择如图 6-81 所示的面和方向，【平行速度】设为 150mm/s，【名称】设为“传送带2”，单击【确定】按钮完成。

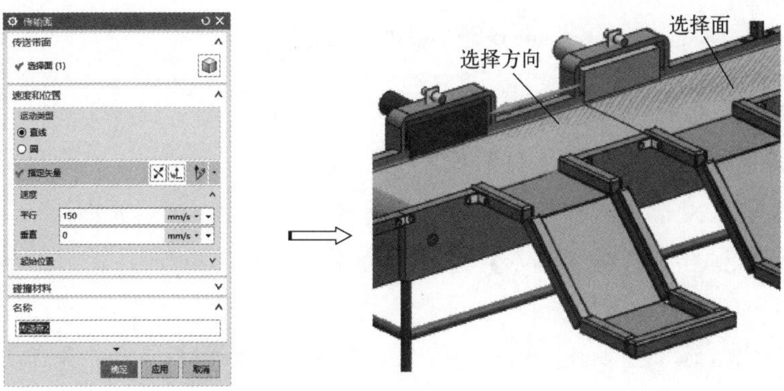

图 6-81 创建传输面（2）

12　单击【主页】选项卡上【机械】组中的【传输面】按钮，弹出【传输面】对话框，选择如图 6-82 所示的面和方向，【平行速度】设为 150mm/s，【名称】设为“斜滑 1 传送带”，单击【确定】按钮完成。

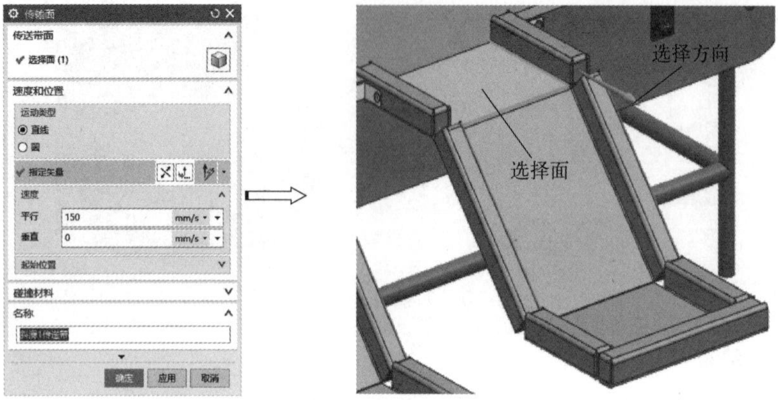

图 6-82　创建传输面（3）

13　单击【主页】选项卡上【机械】组中的【传输面】按钮，弹出【传输面】对话框，选择如图 6-83 所示的面和方向，【平行速度】设为 150mm/s，【名称】设为“斜滑 2 传送带”，单击【确定】按钮完成。

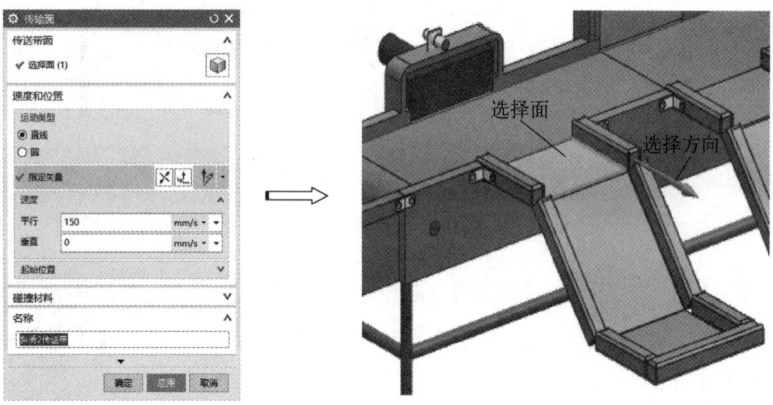

图 6-83　创建传输面（4）

3. 创建控制输入信号

14　选择机电对象。单击【主页】选项卡上【电气】组中的【信号适配器】按钮，弹出【信号适配器】对话框，选择机电对象并分别设置别名，如图 6-84 所示。

15　添加输入信号。单击【信号】选项中的【添加】按钮，添加 5 个输入信号，如图 6-85 所示。

16　添加公式。选中“参数”组中的参数，勾选【指派为】选项，输入公式表达式，如图 6-86 所示。

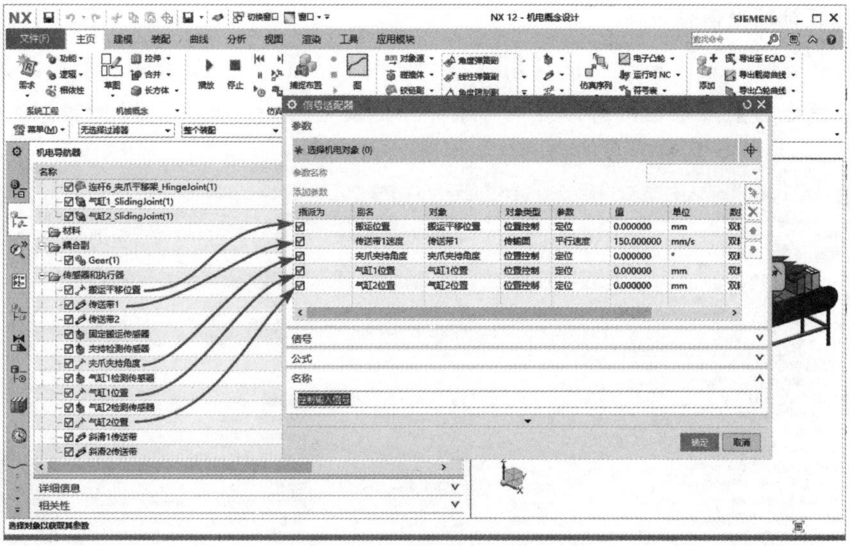

图 6-84　选择机电对象（1）

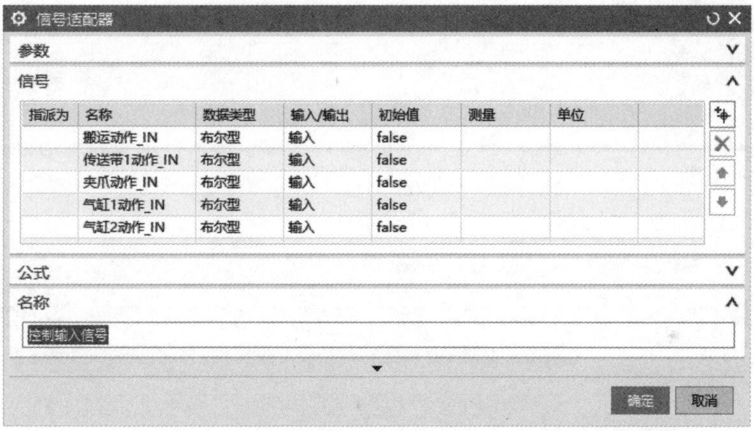

图 6-85　添加信号（1）

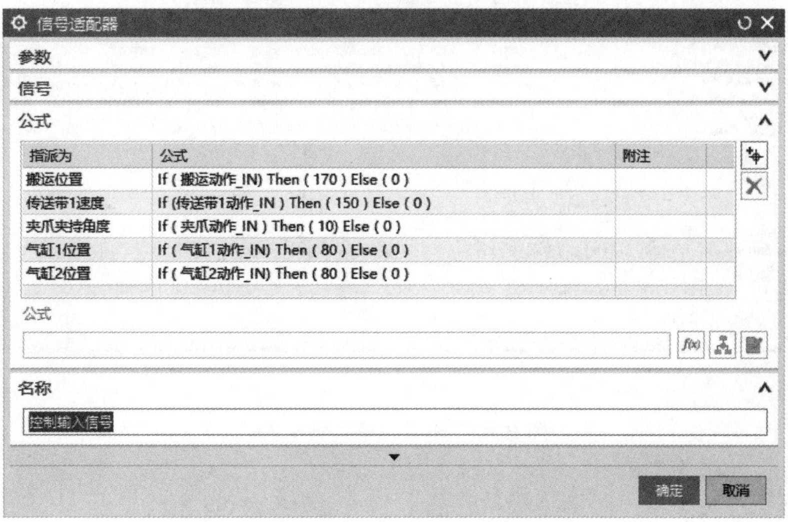

图 6-86　输入表达式（1）

4. 创建反馈输出信号

17 选择机电对象。单击【主页】选项卡上【电气】组中的【信号适配器】按钮，弹出【信号适配器】对话框，选择机电对象并分别设置别名，如图 6-87 所示。

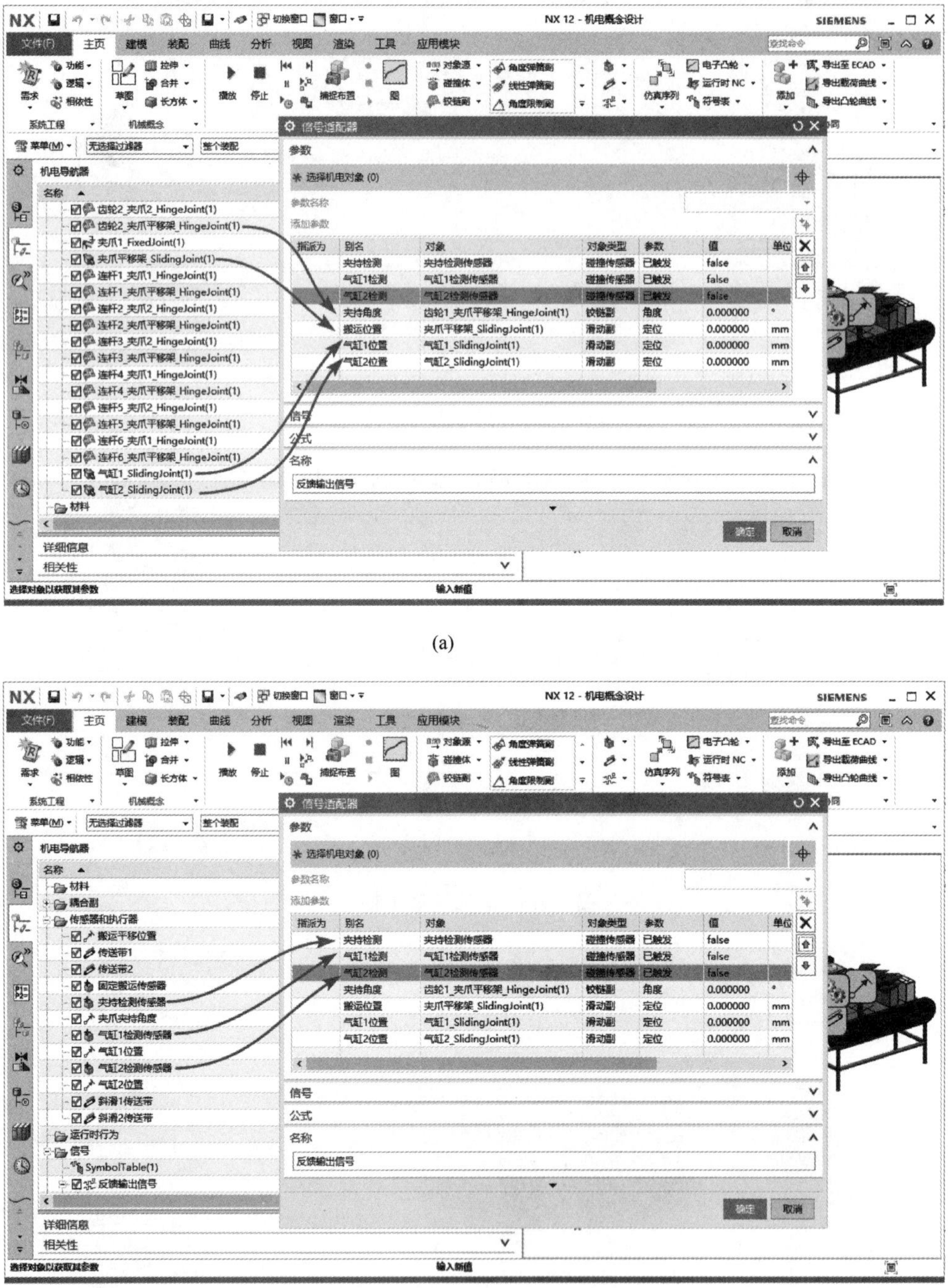

(a)

(b)

图 6-87 选择机电对象（2）

18 添加输出信号。单击【信号】选项中的【添加】按钮，添加 11 个输出信号，如图 6-88 所示。

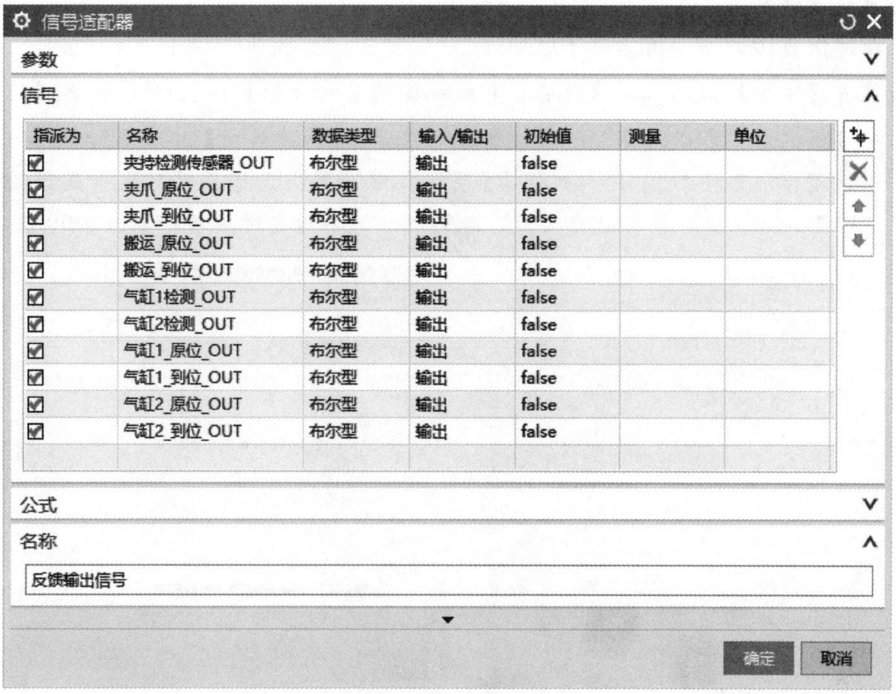

图 6-88　添加信号（2）

19　添加公式。选中“信号”组中的信号，勾选【指派为】选项，输入公式表达式，如图 6-89 所示。

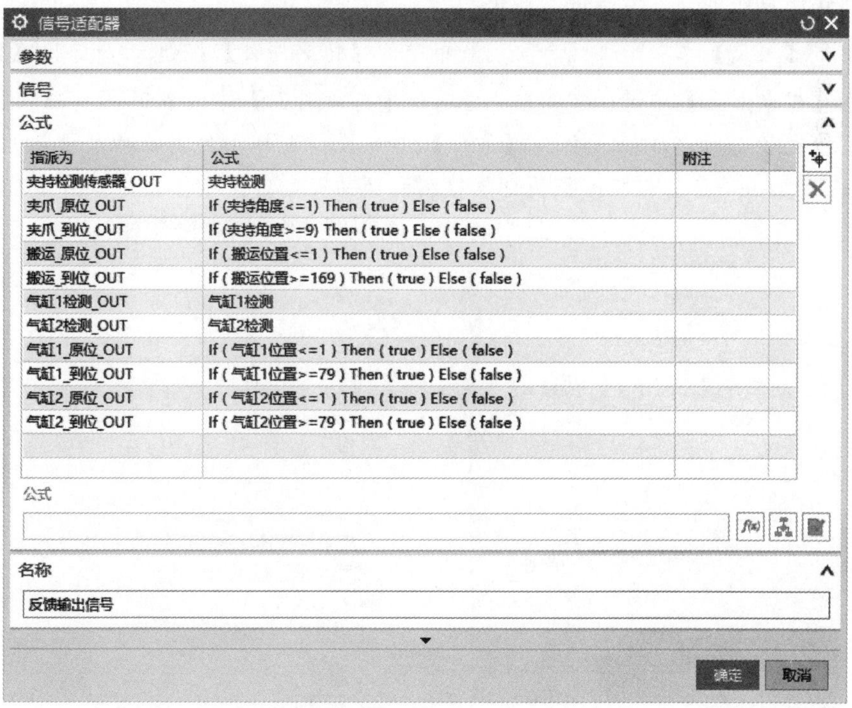

图 6-89　输入表达式（2）

5. 创建仿真序列

（1）新建仿真序列——传送带 1 启动

20 单击【主页】选项卡上【自动化】组中的【仿真序列】按钮，弹出【仿真序列】对话框，在【机电对象】中选择对象=控制输入信号，【持续时间】中设置时间=0s，【运行时参数】中设置传送带 1 动作_IN=true，【条件】中设置：选择条件对象=反馈输出信号；夹持检测_OUT=false，即当夹持检测传感器无信号时，传送带启动，如图 6-90 所示。

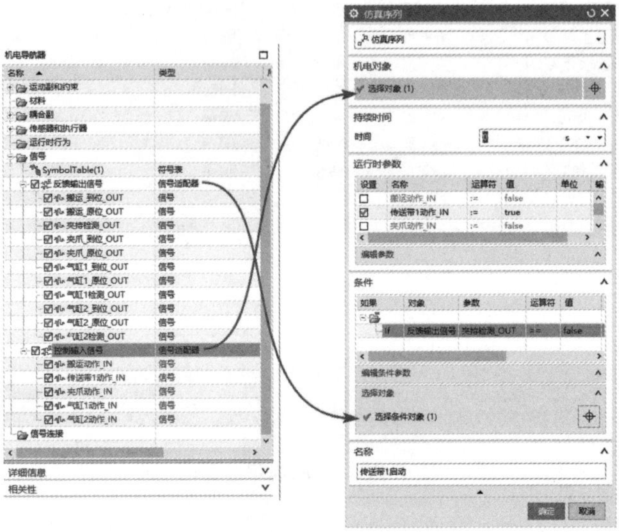

图 6-90 创建传送带 1 启动仿真序列

（2）新建仿真序列——传送带 1 停止

21 单击【主页】选项卡上【自动化】组中的【仿真序列】按钮，弹出【仿真序列】对话框，在【机电对象】中选择控制输入信号，【持续时间】中设置时间=0s，【运行时参数】中设置传送带 1 动作_IN=false，【条件】中设置：选择条件对象=反馈输出信号；夹持检测_OUT=true，即当夹持检测传感器检测到产品时，传送带停止，如图 6-91 所示。

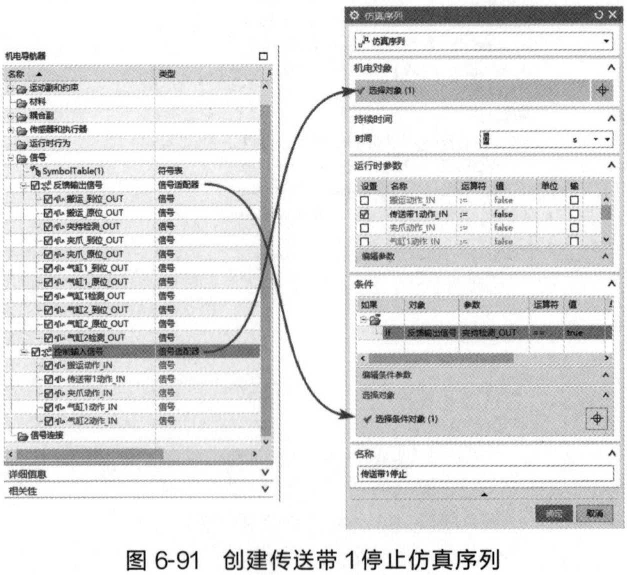

图 6-91 创建传送带 1 停止仿真序列

（3）新建仿真序列——夹爪夹持

22　单击【主页】选项卡上【自动化】组中的【仿真序列】按钮，弹出【仿真序列】对话框，在【机电对象】中选择控制输入信号，【持续时间】中设置时间＝0s，【运行时参数】中设置夹爪动作_IN＝false，【条件】中设置：选择条件对象＝反馈输出信号；夹持检测_OUT＝true、夹爪_原位_OUT＝true，即当夹持检测传感器检测到产品时，夹爪收缩，夹持物料，如图 6-92 所示。

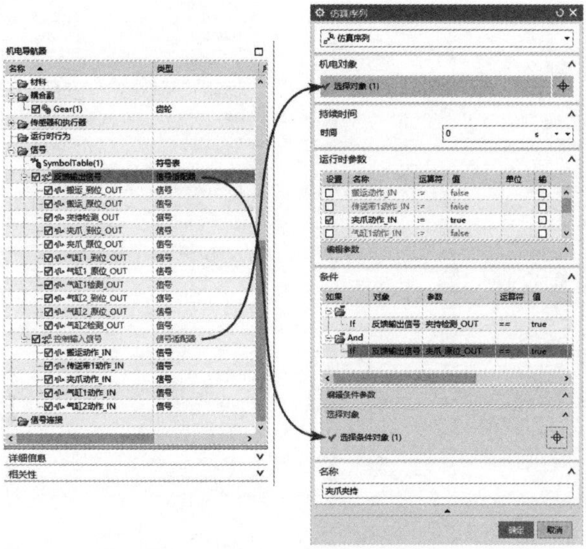

图 6-92　创建夹爪夹持仿真序列

（4）新建仿真序列——夹紧物料

23　单击【主页】选项卡上【自动化】组中的【仿真序列】按钮，弹出【仿真序列】对话框，在【机电对象】中选择夹爪固定副，【持续时间】中设置时间＝0s，【运行时参数】中设置连接＝固定搬运传感器，【条件】中设置：选择条件对象＝反馈输出信号；夹爪_到位_OUT＝true，即当夹爪夹持到位时，夹紧拾取物料，如图 6-93 所示。

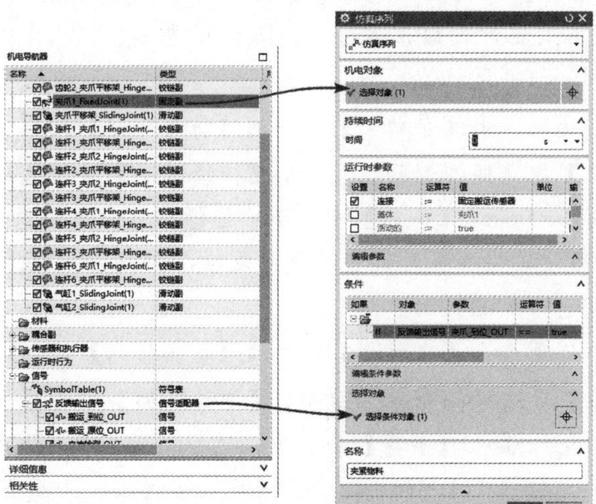

图 6-93　创建夹紧物料仿真序列

(5) 新建仿真序列——搬运物料

24 单击【主页】选项卡上【自动化】组中的【仿真序列】按钮，弹出【仿真序列】对话框，在【机电对象】中选择控制输入信号，【持续时间】中设置时间=0s，【运行时参数】中设置搬运动作_IN=true，【条件】中设置：选择条件对象=反馈输出信号；搬运_原位_OUT=true、夹爪_到位_OUT=true，即当夹爪夹持到位时，开始搬运物料，如图 6-94 所示。

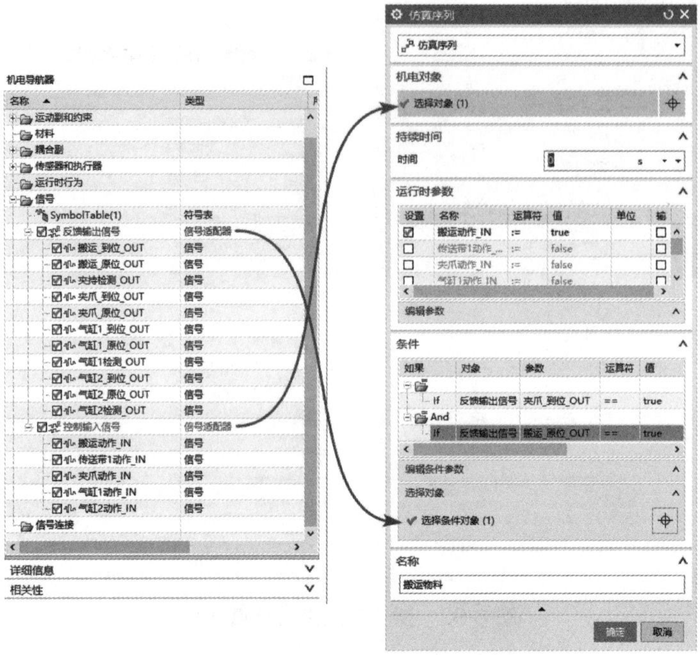

图 6-94 创建搬运物料仿真序列

(6) 新建仿真序列——释放物料

25 单击【主页】选项卡上【自动化】组中的【仿真序列】按钮，弹出【仿真序列】对话框，在【机电对象】中选择夹爪固定副，【持续时间】中设置时间=0s，【运行时参数】中设置连接=null，【条件】中设置：选择条件对象=反馈输出信号；搬运_到位_OUT=true，即当搬运机构平移到位时，释放物料，如图 6-95 所示。

(7) 新建仿真序列——夹爪复位

26 单击【主页】选项卡上【自动化】组中的【仿真序列】按钮，弹出【仿真序列】对话框，在【机电对象】中选择控制输入信号，【持续时间】中设置时间=0s，【运行时参数】中设置夹爪动作_IN=false，【条件】中设置：选择条件对象=反馈输出信号；搬运_到位_OUT=true，即当搬运机构到位时，夹爪张开复位，如图 6-96 所示。

(8) 新建仿真序列——搬运复位

27 单击【主页】选项卡上【自动化】组中的【仿真序列】按钮，弹出【仿真序列】对话框，在【机电对象】中选择控制输入信号，【持续时间】中设置时间=0s，【运行时参数】中设置搬运动作_IN=false，【条件】中设置：选择条件对象=反馈输出信号；搬运_到位_OUT=true、夹爪_原位_OUT=true，即当搬运机构到位、夹爪复位时，搬运机构返回复位，如图 6-97 所示。

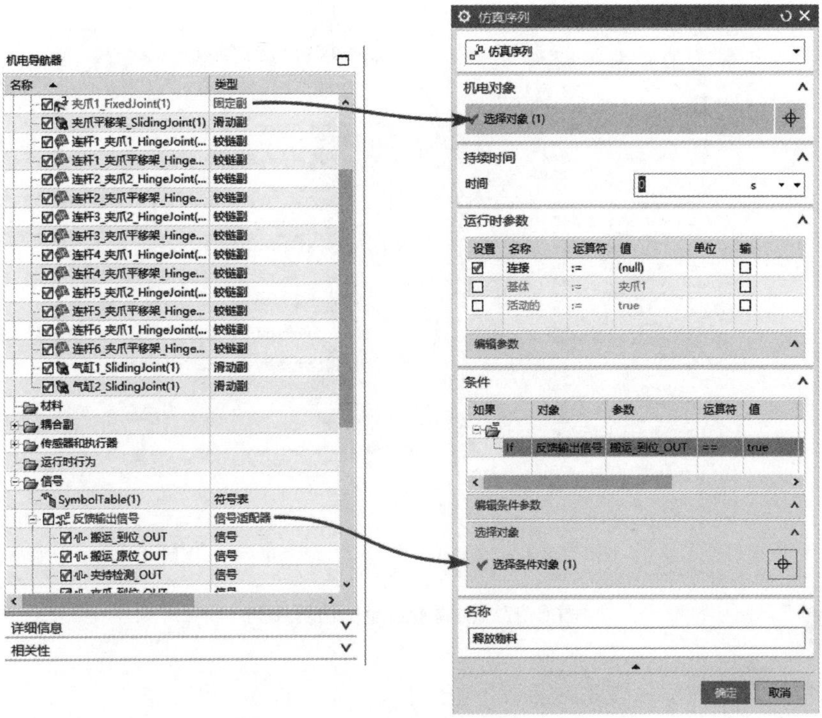

图 6-95 创建释放物料仿真序列

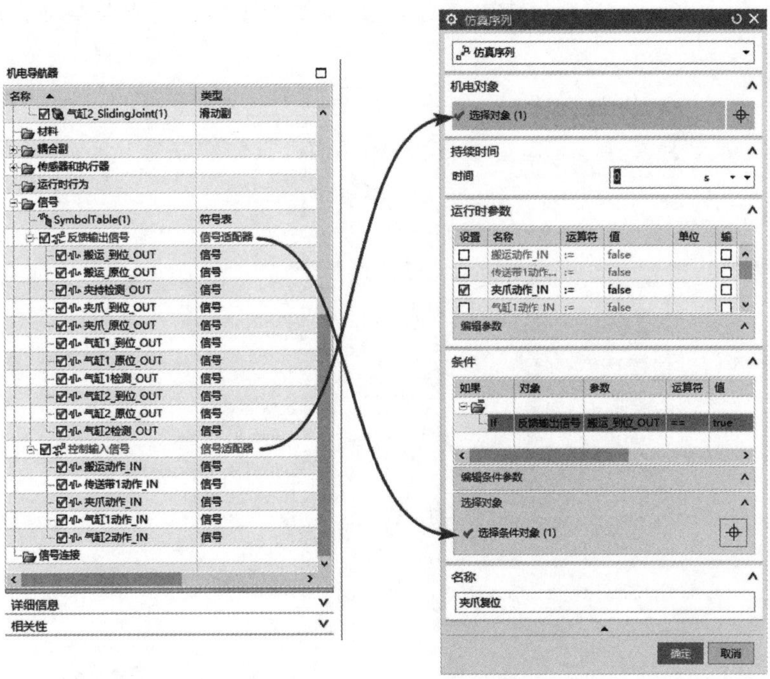

图 6-96 创建夹爪复位仿真序列

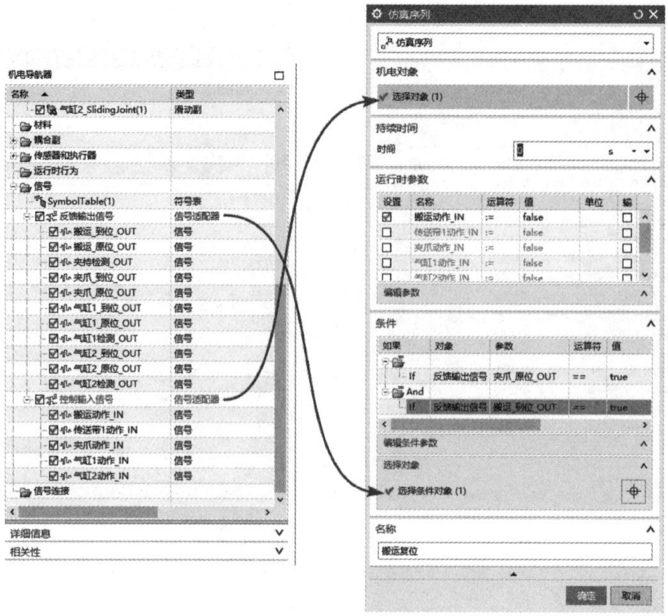

图 6-97　创建搬运复位仿真序列

(9) 新建仿真序列——气缸 1 推料

28　单击【主页】选项卡上【自动化】组中的【仿真序列】按钮，弹出【仿真序列】对话框，在【机电对象】中选择控制输入信号，【持续时间】中设置时间＝0s，【运行时参数】中设置气缸 1 动作_IN＝true，【条件】中设置：选择条件对象＝反馈输出信号；气缸 1 检测_OUT＝true、气缸 1_原位_OUT＝true，即当气缸 1 检测到有信号时，推送物料，如图 6-98 所示。

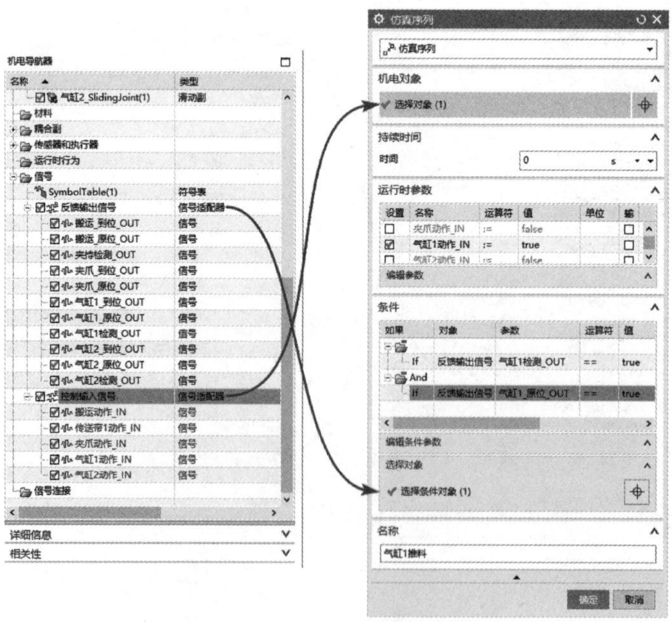

图 6-98　创建气缸 1 推料仿真序列

（10）新建仿真序列——气缸 1 复位

29　单击【主页】选项卡上【自动化】组中的【仿真序列】按钮，弹出【仿真序列】对话框，在【机电对象】中选择控制输入信号，【持续时间】中设置时间＝0s，【运行时参数】中设置气缸 1 动作_IN＝false，【条件】中设置：选择条件对象＝反馈输出信号；气缸 1_到位_OUT＝true，即当气缸 1 到位时，气缸 1 返回复位，如图 6-99 所示。

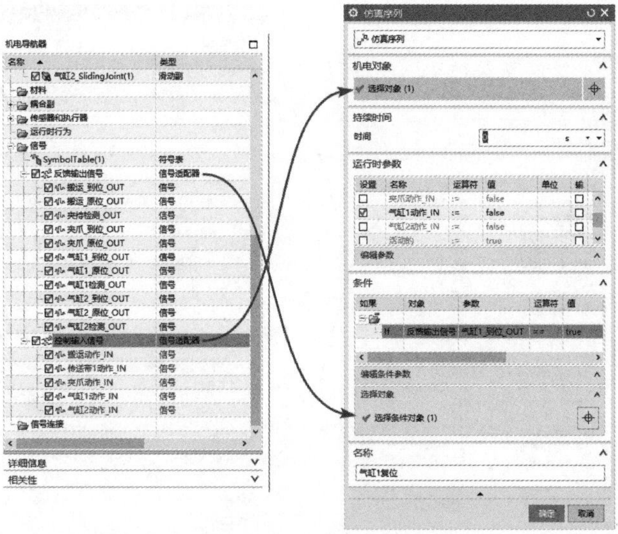

图 6-99　创建气缸 1 复位仿真序列

（11）新建仿真序列——气缸 2 推料

30　单击【主页】选项卡上【自动化】组中的【仿真序列】按钮，弹出【仿真序列】对话框，在【机电对象】中选择控制输入信号，【持续时间】中设置时间＝0s；【运行时参数】中设置气缸 2 动作_IN＝true，【条件】中设置：选择条件对象＝反馈输出信号；气缸 2 检测_OUT＝true、气缸 2_原位_OUT＝true，即当气缸 2 检测到有信号时，推送物料，如图 6-100 所示。

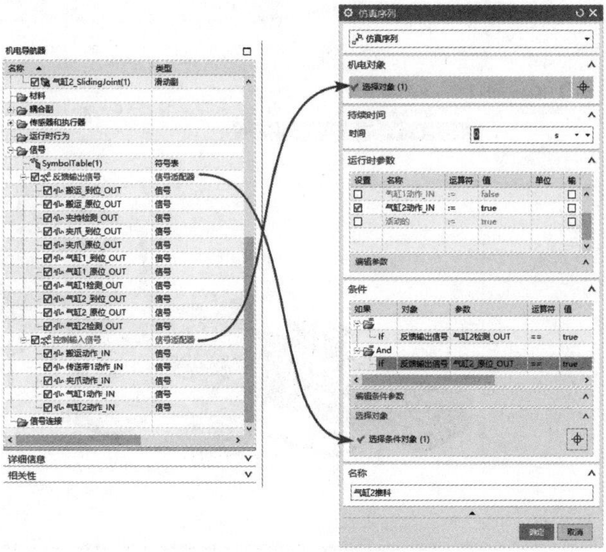

图 6-100　创建气缸 2 推料仿真序列

（12）新建仿真序列——气缸 2 复位

31 单击【主页】选项卡上【自动化】组中的【仿真序列】按钮，弹出【仿真序列】对话框，在【机电对象】中选择控制输入信号，【持续时间】中设置时间＝0s，【运行时参数】中设置气缸 2 动作_IN＝false，【条件】中设置：选择条件对象＝反馈输出信号；气缸 2_到位_OUT＝true，即当气缸 1 到位时，气缸 2 返回复位，如图 6-101 所示。

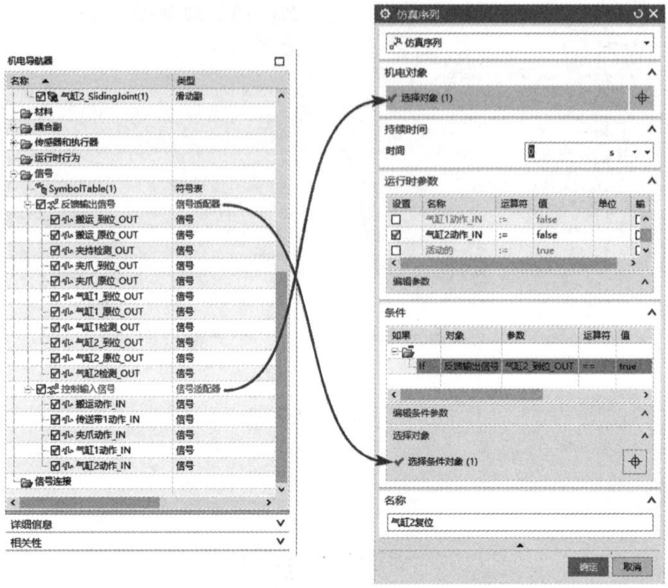

图 6-101 创建气缸 2 复位仿真序列

6. 仿真播放

32 单击【主页】选项卡上【仿真】组中的【播放】按钮，在图形区显示运动过程，如图 6-102 所示。

6-8

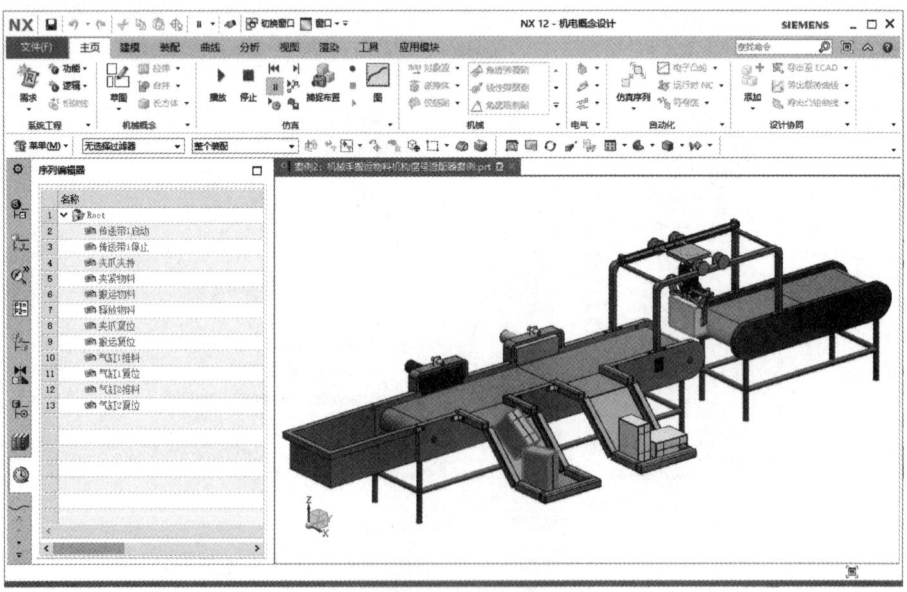

图 6-102 仿真播放

6.2.3 案例 3：分度转台物料搬运机构

以分度转台物料搬运机构为例来讲解信号适配器创建的操作方法和步骤，并进行仿真，如图 6-103 所示。

动作流程描述：物料通过传送带移动到指定位置，然后夹爪夹取物料，将其放置到托盘上。接着夹爪复位，转盘旋转 60°，新的物料产生。当转盘上累计放置了五个物料时，机构自动收集一个物料，此后重复上述循环动作。

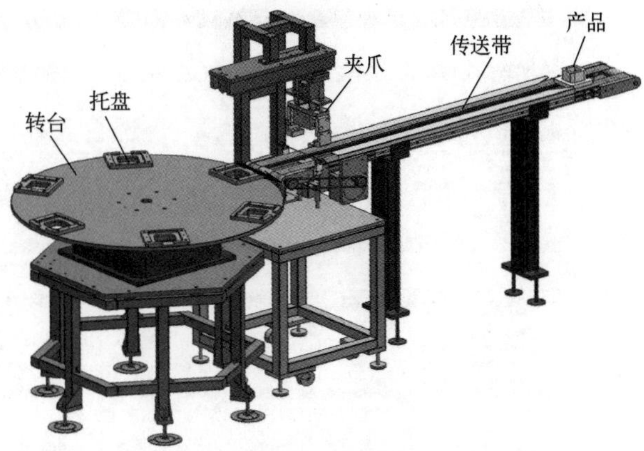

图 6-103　分度转台物料搬运机构模型

6.2.3.1 分度转台物料搬运机构信号适配器的设计思路分析

使用信号适配器进行序列仿真的解决方案主要分为三部分：创建 NX MCD 机电对象、创建信号适配器、创建仿真序列。

1. **创建 NX MCD 机电对象**

在 NX 机电概念设计中，首先创建各个零件刚体和碰撞体，设置实体质量等参数，然后创建运动副（包括铰链副等），最后创建传感器与执行器（包括传输面、碰撞传感器和位置控制），如图 6-104 所示。

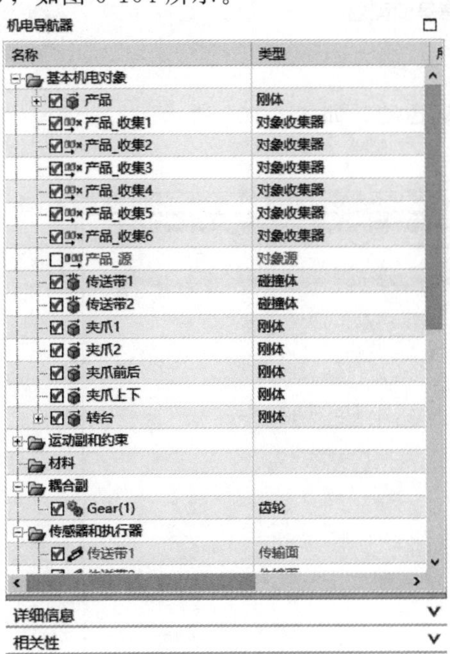

(a) 创建基本机电对象

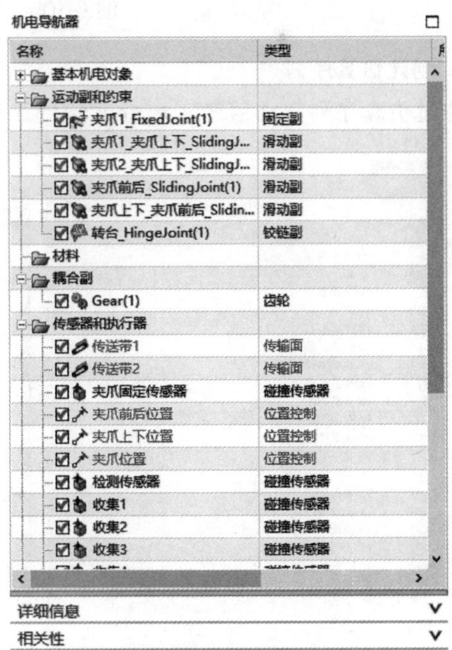

(b) 创建传感器和执行器

图 6-104　创建 NX MCD 机电对象

2. 创建信号适配器

创建控制输入信号和反馈输出信号两个信号适配器，把传感器和执行器中除传感器之外的其他传输面、位置控制作为参数对象创建控制输入信号；把传感器和执行器中的各种传感器（如碰撞传感器）以及运动副约束中的各种运动副作为参数对象，创建反馈输出信号，如图 6-105 所示。

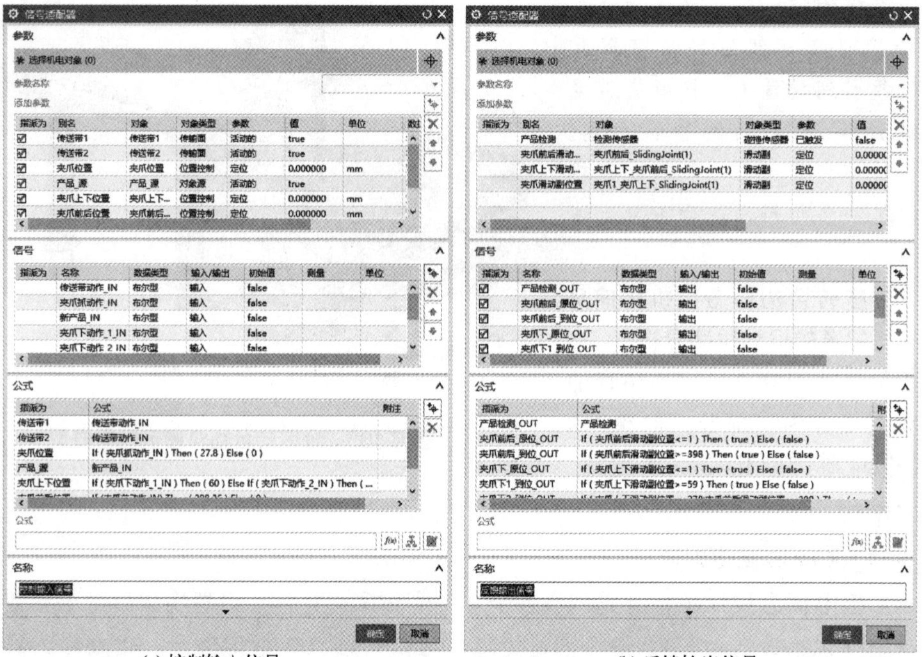

(a) 控制输入信号　　(b) 反馈输出信号

图 6-105　创建信号适配器

3. 创建仿真序列

通过仿真序列驱动信号实现分度转台物料搬运运动，如图 6-106 所示。

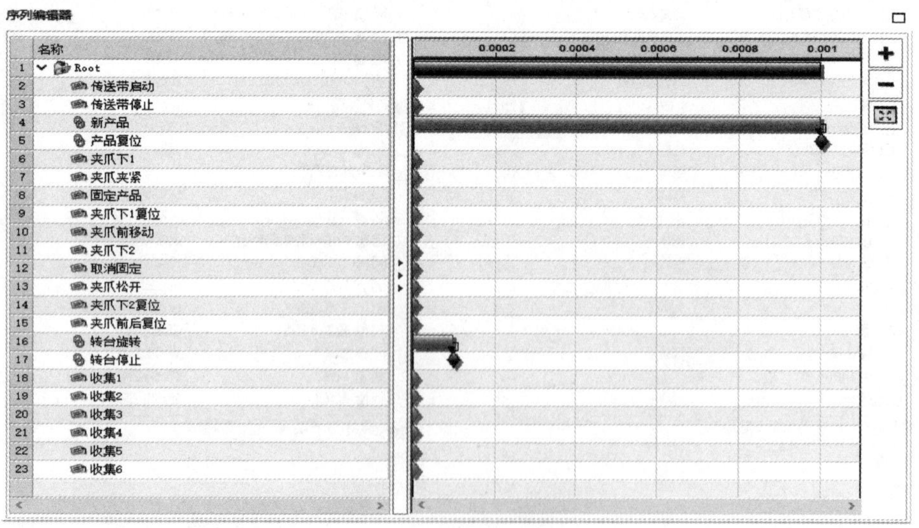

图 6-106　创建仿真序列

6.2.3.2　分度转台物料搬运机构信号适配器的操作过程

6-9

操作步骤

1. **打开文件**

01　启动 NX 后，在功能区单击【主页】选项卡上【标准】组中的【打开】按钮，打开素材文件“实例\第 6 章\案例 3：分度转台物料搬运机构信号适配器 .prt”，进入机电概念设计用户界面，如图 6-107 所示。

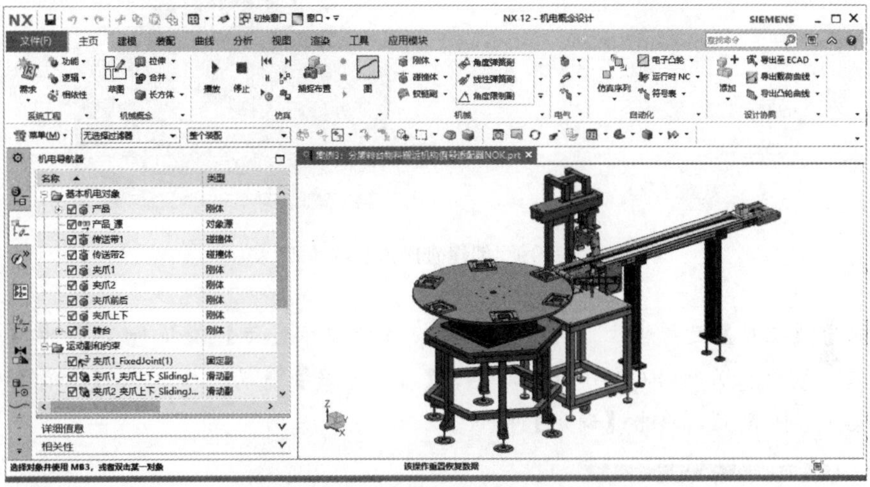

图 6-107　机电概念设计用户界面

> **技术要点：本案例已经完成基本机电对象、运动副和耦合副的设置，此处不再重复说明。**

2. **创建传感器与执行器**

（1）定义碰撞传感器

02　单击【主页】选项卡上【电气】组中的【碰撞传感器】按钮，弹出【碰撞传感器】对话框，选择如图 6-108 所示实体，【碰撞形状】选为“圆柱”，【名称】设为“检测传感器”，单击【确定】按钮完成。

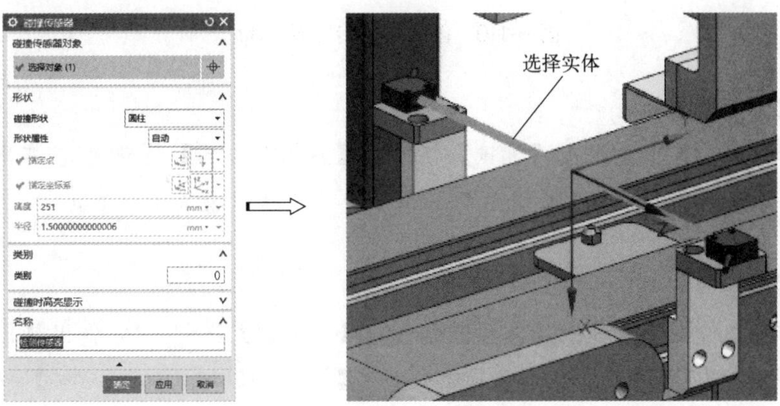

图 6-108　创建碰撞传感器（1）

03 单击【主页】选项卡上【电气】组中的【碰撞传感器】按钮，弹出【碰撞传感器】对话框，选择如图 6-109 所示实体，【碰撞形状】选为“方块”，【名称】设为“夹爪固定传感器”，单击【确定】按钮完成。

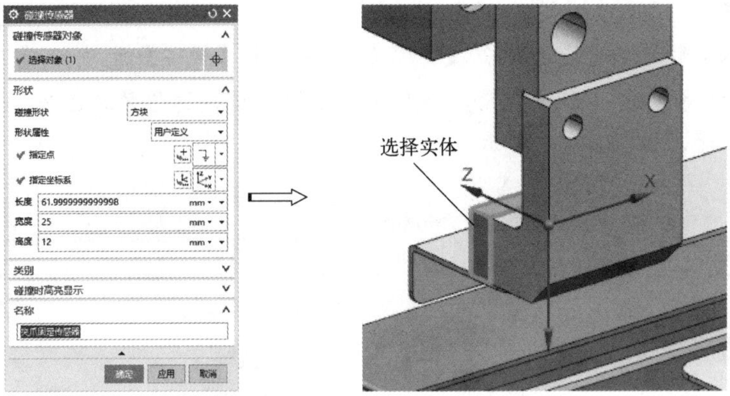

图 6-109　创建碰撞传感器（2）

04 单击【主页】选项卡上【电气】组中的【碰撞传感器】按钮，弹出【碰撞传感器】对话框，依次选择如图 6-110 所示实体，【碰撞形状】选为“方块”，【名称】依次分别设为“收集 1～收集 6”，单击【确定】按钮完成。

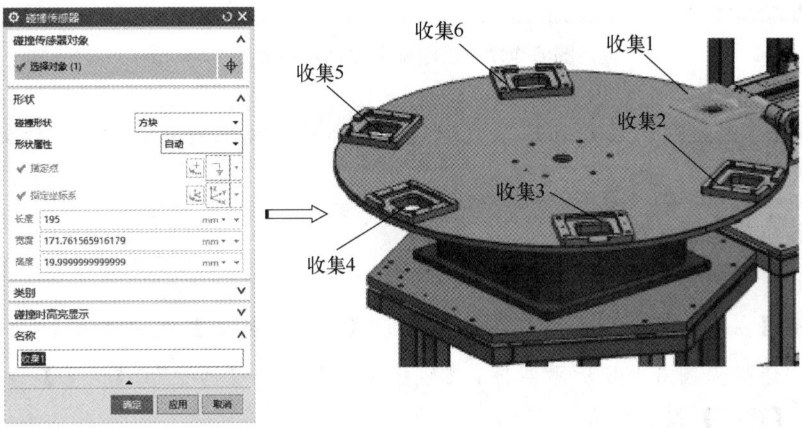

图 6-110　创建碰撞传感器（3）

（2）定义对象收集器

05 单击【主页】选项卡上【机械】组中的【对象收集器】按钮，弹出【对象收集器】对话框，依次选择如图 6-111 所示的 6 个碰撞传感器（收集 1～收集 6），单击【确定】按钮完成。

（3）创建传输面

06 单击【主页】选项卡上【机械】组中的【传输面】按钮，弹出【传输面】对话框，选择如图 6-112 所示的面和方向，【平行速度】设为 150mm/s，【名称】设为“传送带 1”，单击【确定】按钮完成。

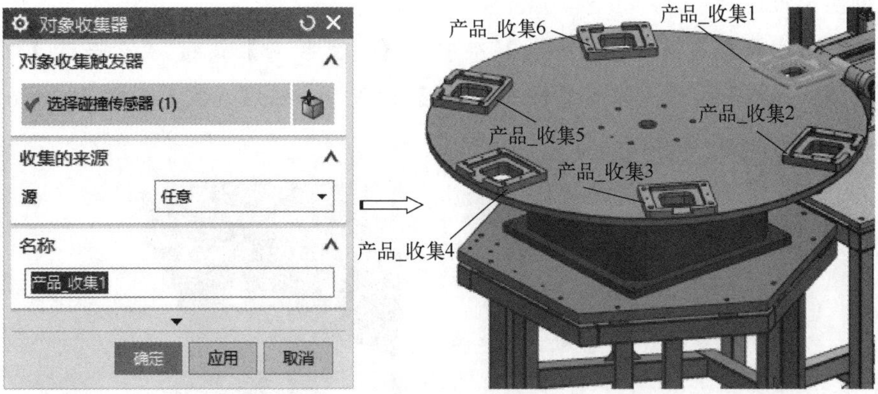

图 6-111　创建对象收集器

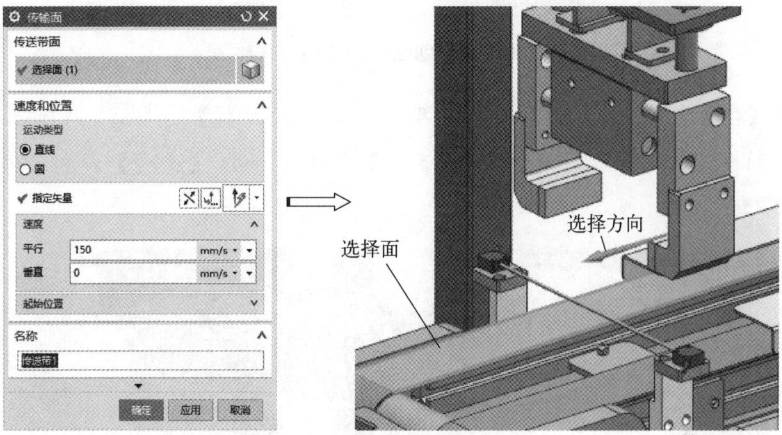

图 6-112　创建传输面（1）

07　单击【主页】选项卡上【机械】组中的【传输面】按钮，弹出【传输面】对话框，选择如图 6-113 所示的面和方向，【平行速度】设为 150mm/s，【名称】设为“传送带1”，单击【确定】按钮完成。

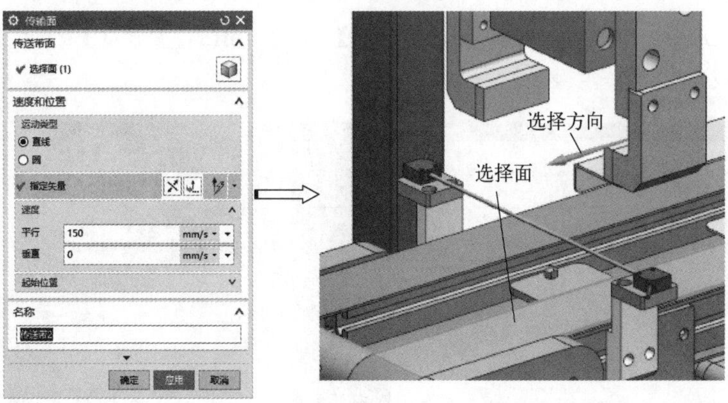

图 6-113　创建传输面（2）

（4）创建位置控制

08　单击【主页】选项卡上【电气】组中的【位置控制】按钮，弹出【位置控制】对话框，选择如图 6-114 所示的滑动副，【目标】设为 0mm，【速度】设为 100mm/s，单击【确定】按钮完成。

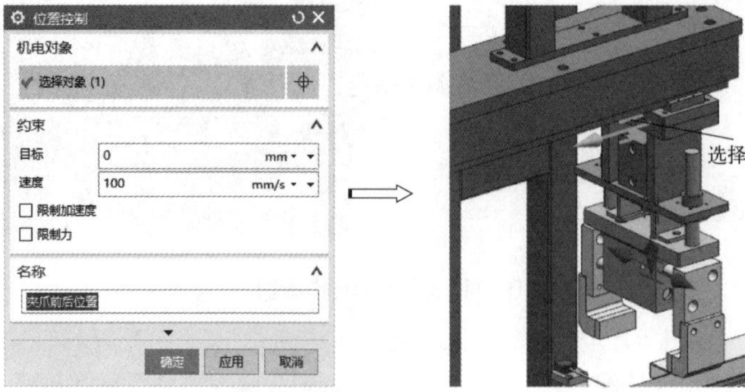

图 6-114　创建位置控制（1）

09　单击【主页】选项卡上【电气】组中的【位置控制】按钮，弹出【位置控制】对话框，选择如图 6-115 所示的滑动副，【目标】设为 0mm，【速度】设为 100mm/s，单击【确定】按钮完成。

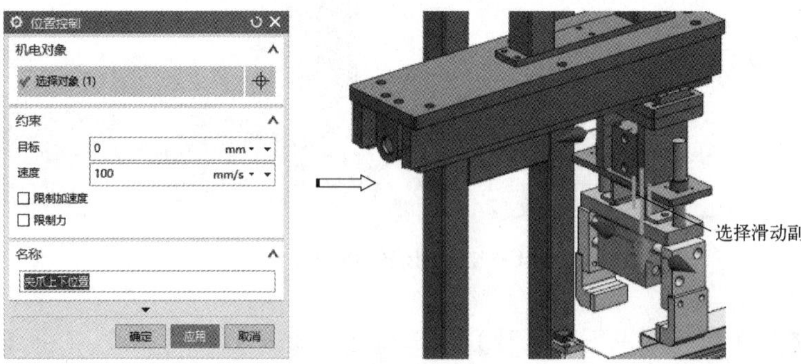

图 6-115　创建位置控制（2）

10　单击【主页】选项卡上【电气】组中的【位置控制】按钮，弹出【位置控制】对话框，选择如图 6-116 所示的滑动副，【目标】设为 0mm，【速度】设为 20mm/s，单击【确定】按钮完成。

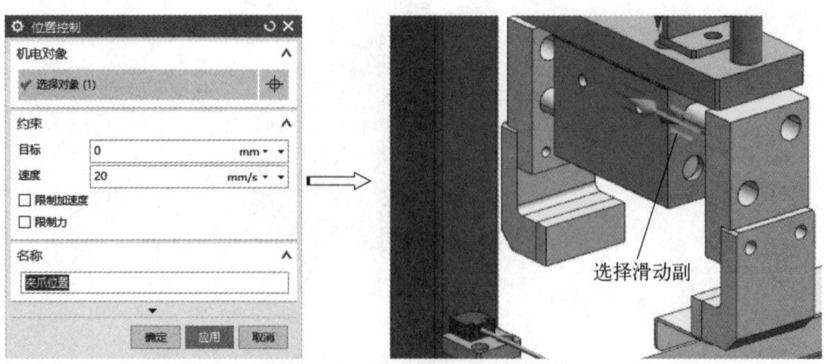

图 6-116　创建位置控制（3）

11　单击【主页】选项卡上【电气】组中的【位置控制】按钮，弹出【位置控制】对话框，选择如图 6-117 所示的铰链副，【目标】设为 0°，【速度】设为 100°/s，单击【确定】按钮完成。

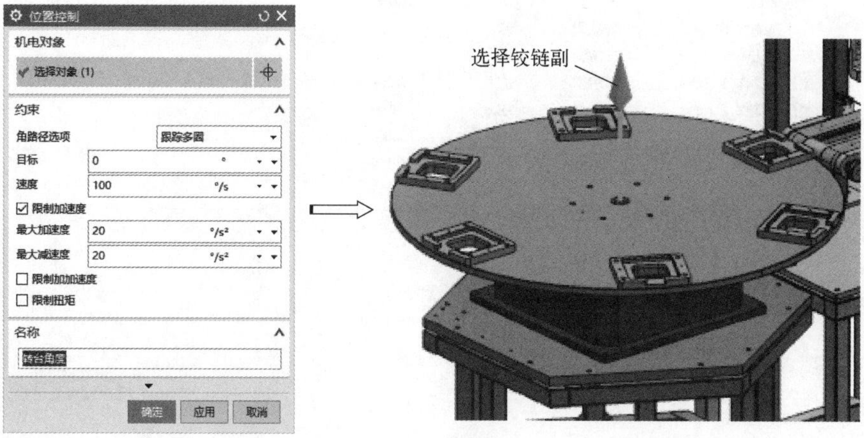

图 6-117　创建位置控制（4）

3. **创建控制输入信号**

12　选择机电对象。单击【主页】选项卡上【电气】组中的【信号适配器】按钮，弹出【信号适配器】对话框，选择机电对象并分别设置别名，如图 6-118 所示。

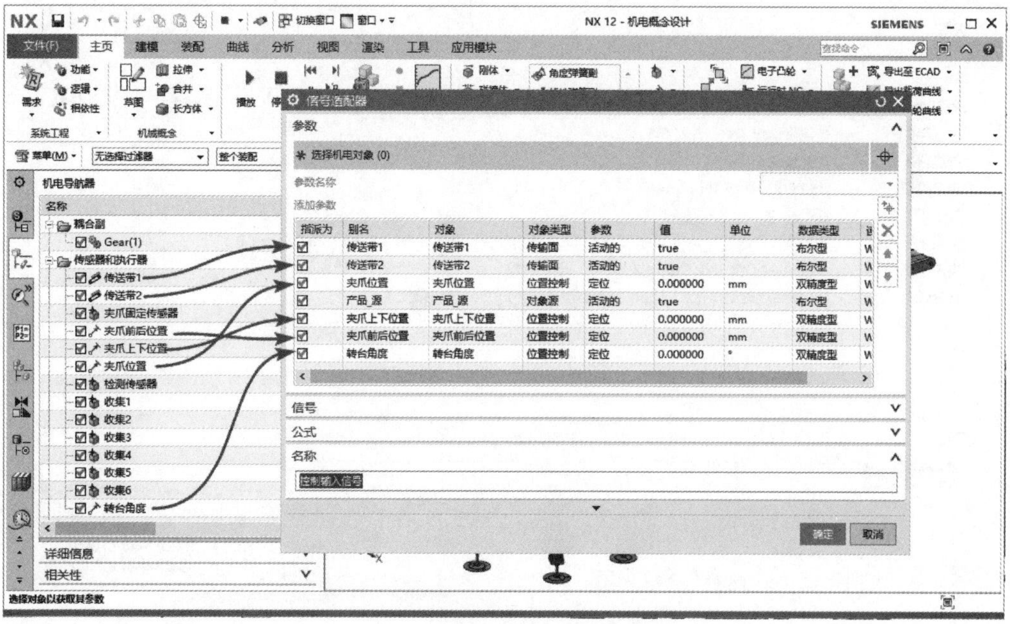

图 6-118　选择机电对象（1）

13　添加输入信号。单击【信号】选项中的【添加】按钮，添加 5 个输入信号，如图 6-119 所示。

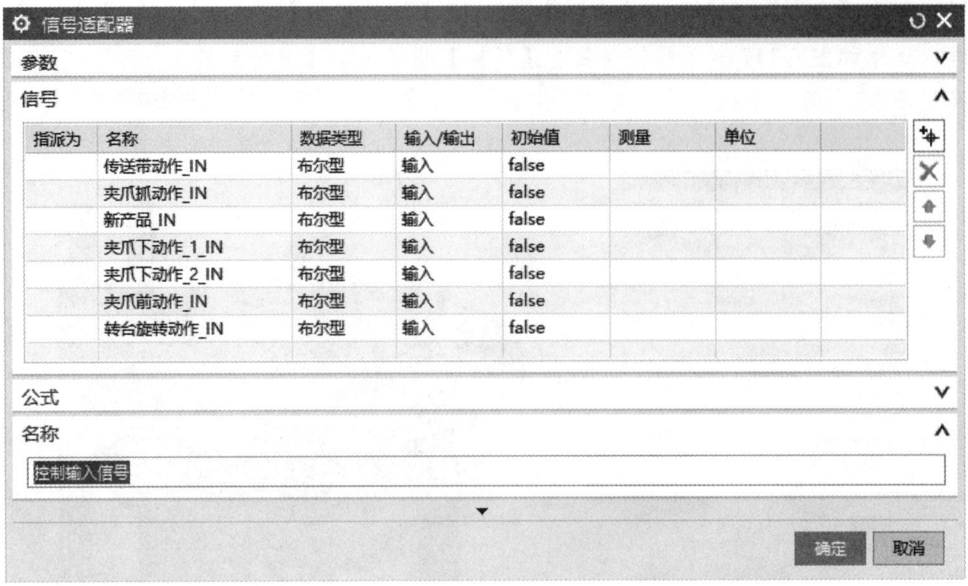

图 6-119 添加信号（1）

14 添加公式。选中“参数”组中的参数，勾选【指派为】选项，输入公式表达式，如图 6-120 所示。

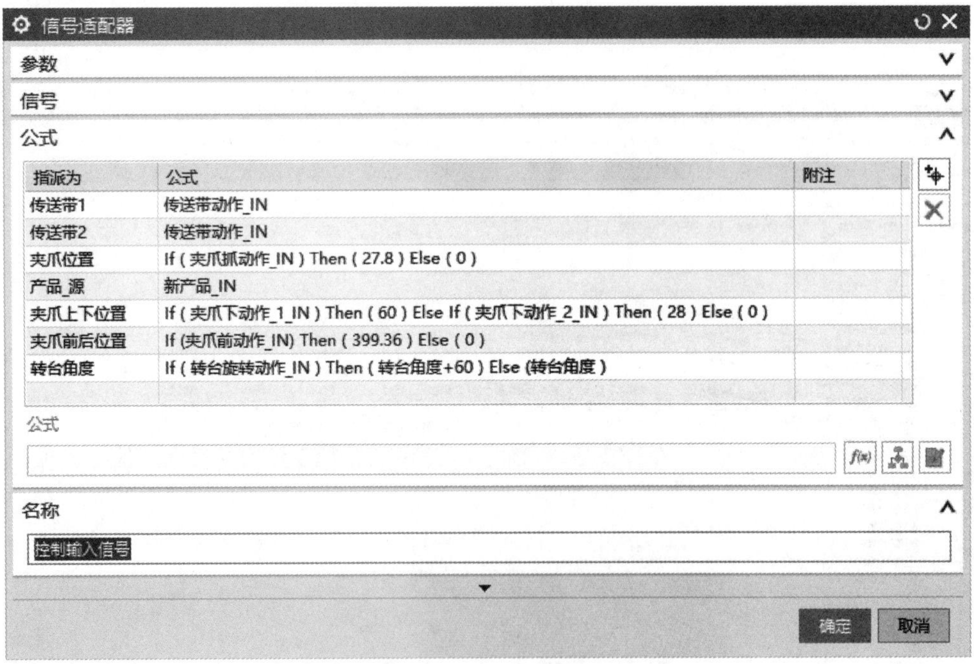

图 6-120 输入表达式（1）

4. 创建反馈输出信号

15 选择机电对象。单击【主页】选项卡上【电气】组中的【信号适配器】按钮，弹出【信号适配器】对话框，选择机电对象并分别设置别名，如图 6-121 所示。

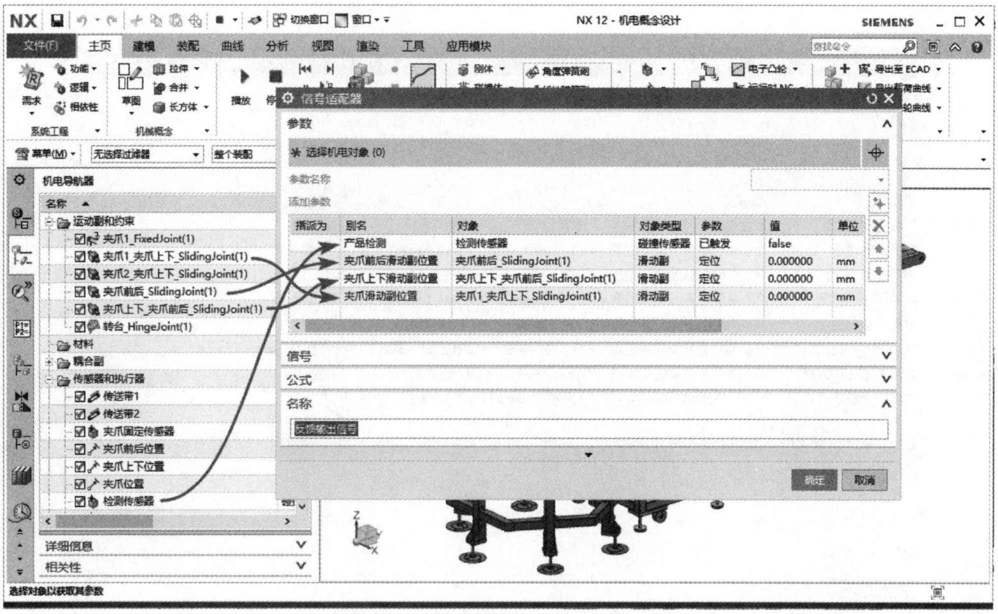

图 6-121　选择机电对象（2）

16　添加输出信号。单击【信号】选项中的【添加】按钮，添加 11 个输出信号，如图 6-122 所示。

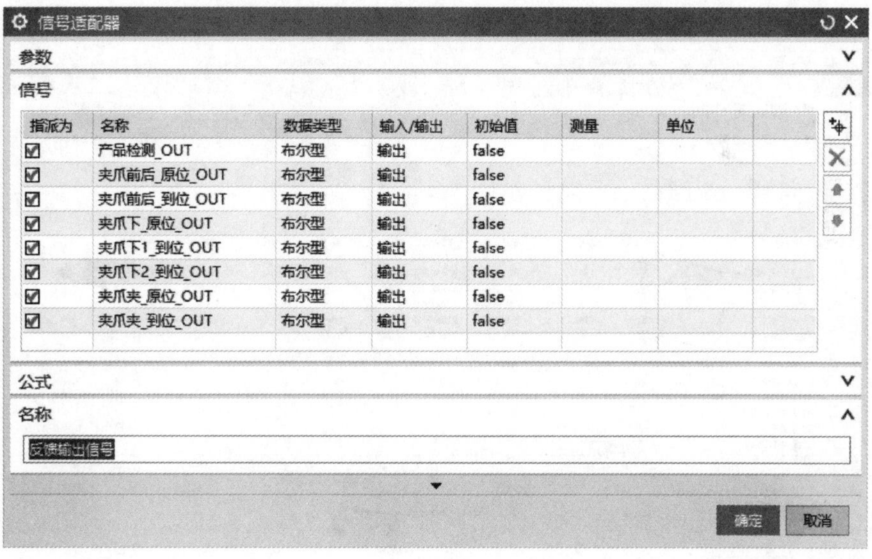

图 6-122　添加信号（2）

17　添加公式。选中“信号”组中的信号，勾选【指派为】选项，输入公式表达式，如图 6-123 所示。

5. 创建收集输入信号

18　选择机电对象。单击【主页】选项卡上【电气】组中的【信号适配器】按钮，弹出【信号适配器】对话框，选择机电对象并分别设置别名，如图 6-124 所示。

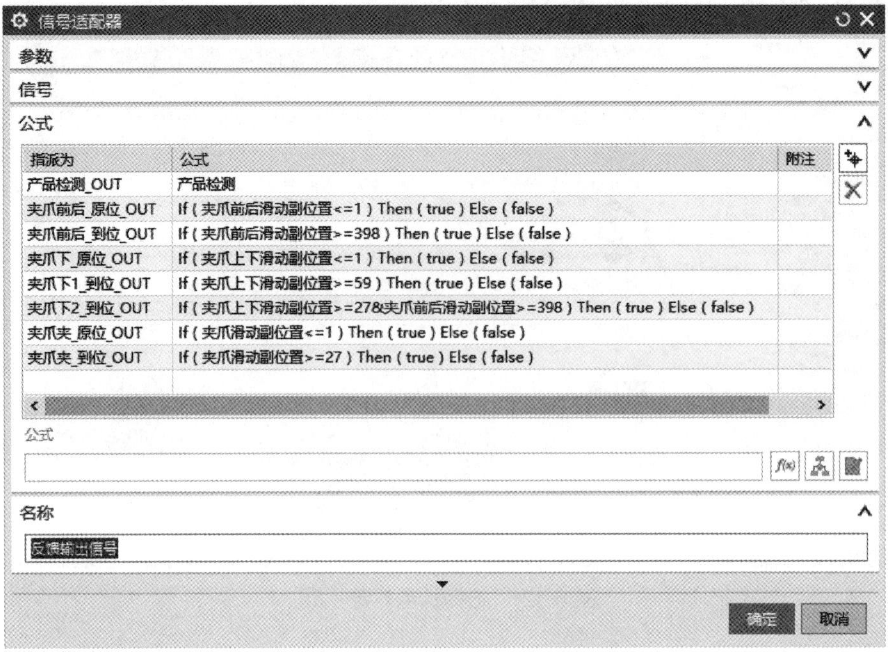

图 6-123　输入表达式（2）

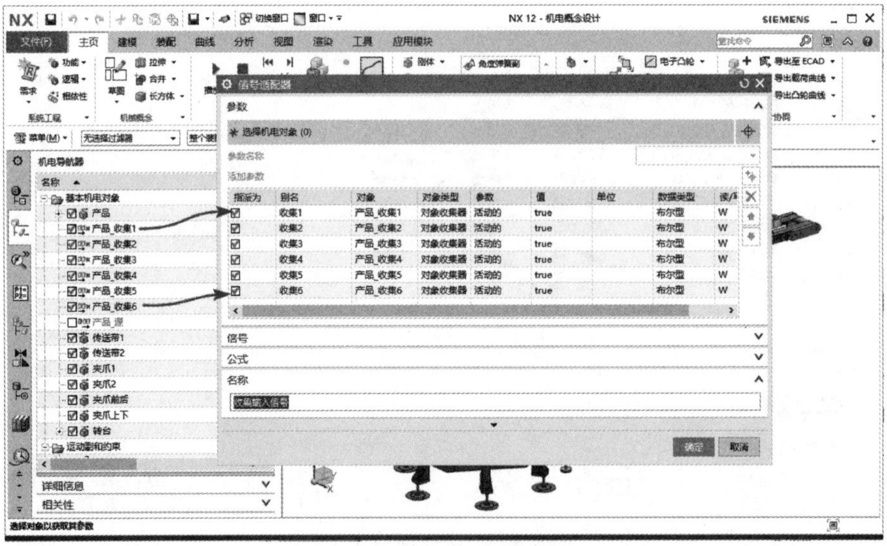

图 6-124　选择机电对象（3）

19　添加输入信号。单击【信号】选项中的【添加】按钮，添加 6 个输入信号，如图 6-125 所示。

20　添加公式。选中“信号”组中的信号，勾选【指派为】选项，输入公式表达式，如图 6-126 所示。

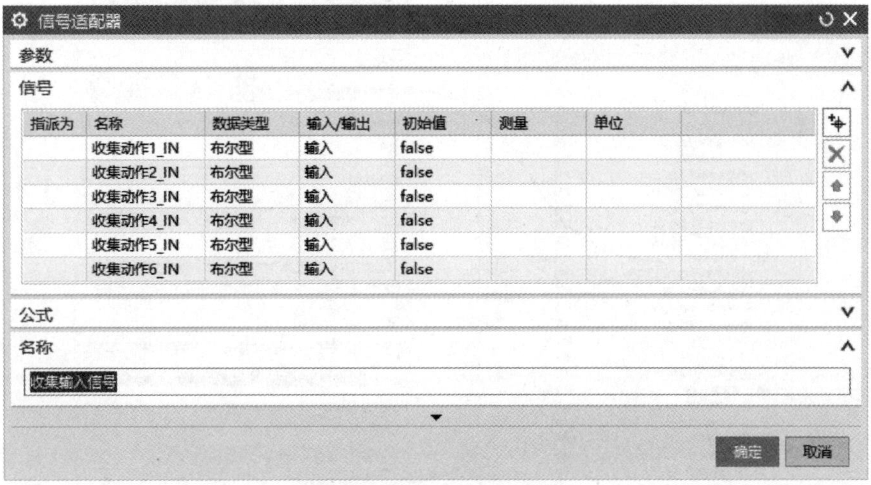

图 6-125　添加信号（3）

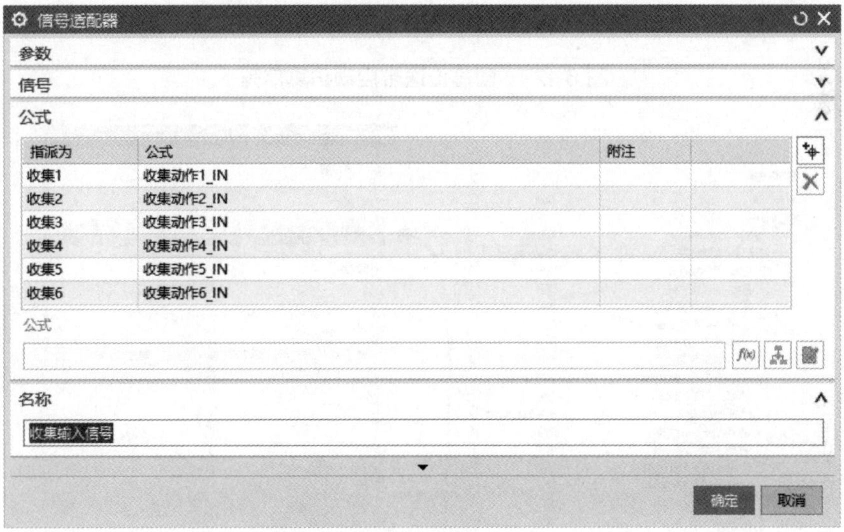

图 6-126　输入表达式（3）

6. 创建仿真序列

（1）新建仿真序列——传送带启动

21　单击【主页】选项卡上【自动化】组中的【仿真序列】按钮，弹出【仿真序列】对话框，在【机电对象】中选择控制输入信号，【持续时间】中设置时间=0s，【运行时参数】中设置传送带动作_IN=true，【条件】中设置：选择条件对象=控制输入信号；新产品_IN=false，即当新产品不出现时，传送带启动，如图 6-127 所示。

（2）新建仿真序列——传送带停止

22　单击【主页】选项卡上【自动化】组中的【仿真序列】按钮，弹出【仿真序列】对话框，在【机电对象】中选择控制输入信号，【持续时间】中设置时间=0s，【运行时参数】中设置传送带动作_IN=false，【条件】中设置：选择条件对象=反馈输出信号；产品检测_OUT=true，即当检测传感器检测到产品时，传送带停止，如图 6-128 所示。

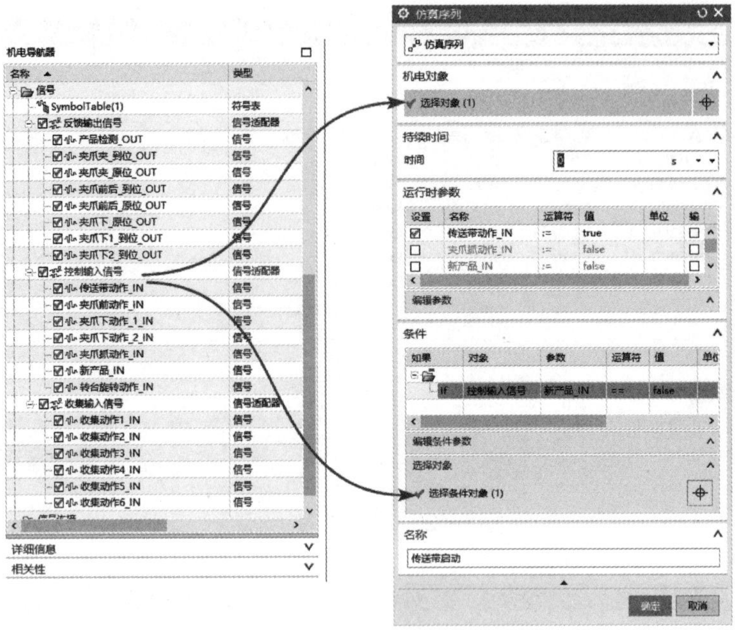

图 6-127　创建传送带启动仿真序列

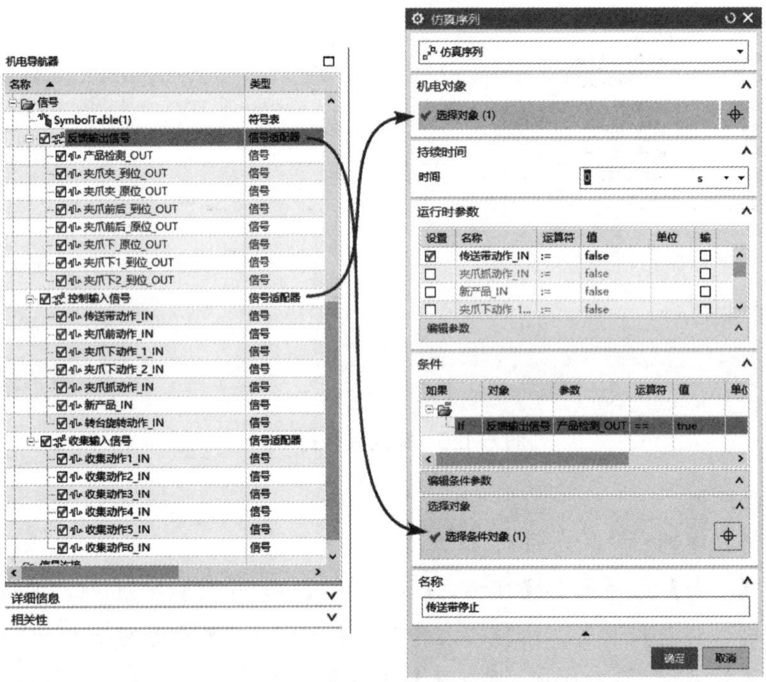

图 6-128　创建传送带停止仿真序列

（3）新建仿真序列——新产品

23　单击【主页】选项卡上【自动化】组中的【仿真序列】按钮，弹出【仿真序列】对话框，在【机电对象】中选择控制输入信号，【持续时间】中设置时间＝0.001s，【运行时参数】中设置新产品_IN＝true，【条件】中设置：选择条件对象＝反馈输出信号；夹爪前后_原位_OUT＝true，即当夹爪的前后滑动副复位时，新产品出现，如图 6-129 所示。

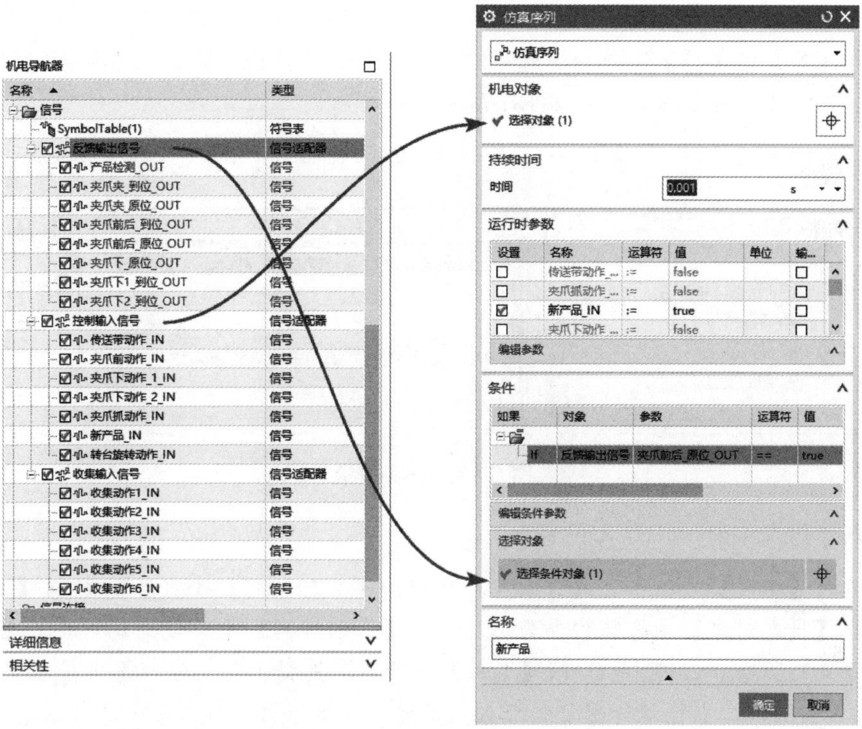

图 6-129　创建新产品仿真序列

(4) 新建仿真序列——产品复位

24　单击【主页】选项卡上【自动化】组中的【仿真序列】按钮，弹出【仿真序列】对话框，在【机电对象】中选择控制输入信号，【持续时间】中设置时间=0s，【运行时参数】中设置新产品_IN=false，即当对象源关闭时，产品复位，如图 6-130 所示。

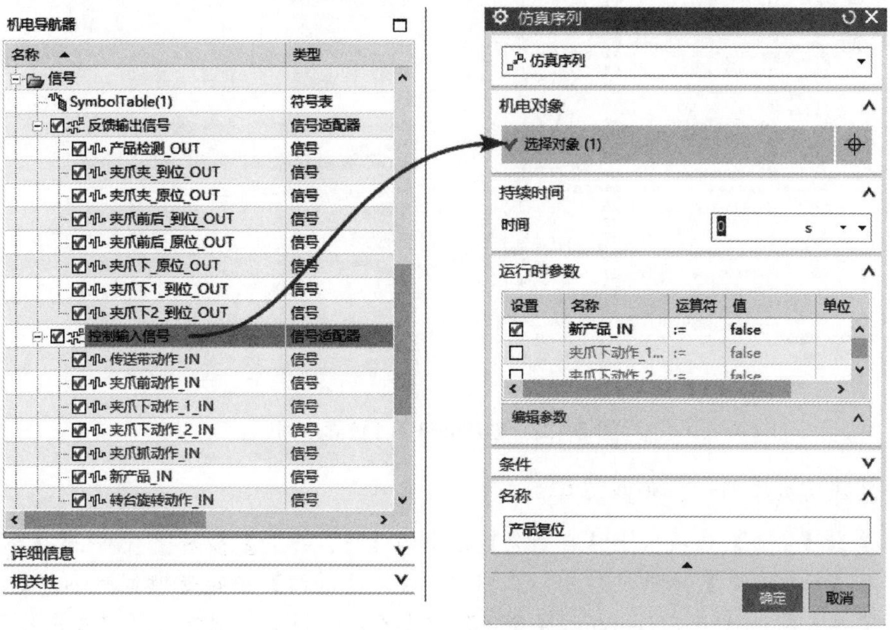

图 6-130　创建产品复位仿真序列

（5）序列链接

25　在【序列编辑器】窗口中，选中“新产品”序列，按住鼠标左键将其拖到“产品复位”序列，以实现序列链接，如图 6-131 所示。

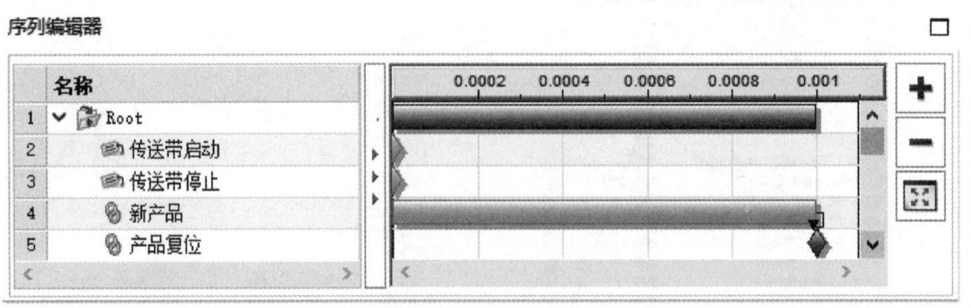

图 6-131　序列链接

（6）新建仿真序列——夹爪下 1

26　单击【主页】选项卡上【自动化】组中的【仿真序列】按钮，弹出【仿真序列】对话框，在【机电对象】中选择控制输入信号，【持续时间】中设置时间＝0s，【运行时参数】中设置夹爪下动作_1_IN＝true，【条件】中设置：选择条件对象＝反馈输出信号；产品检测_OUT＝true，即当检测传感器检测到产品时，夹爪下移，如图 6-132 所示。

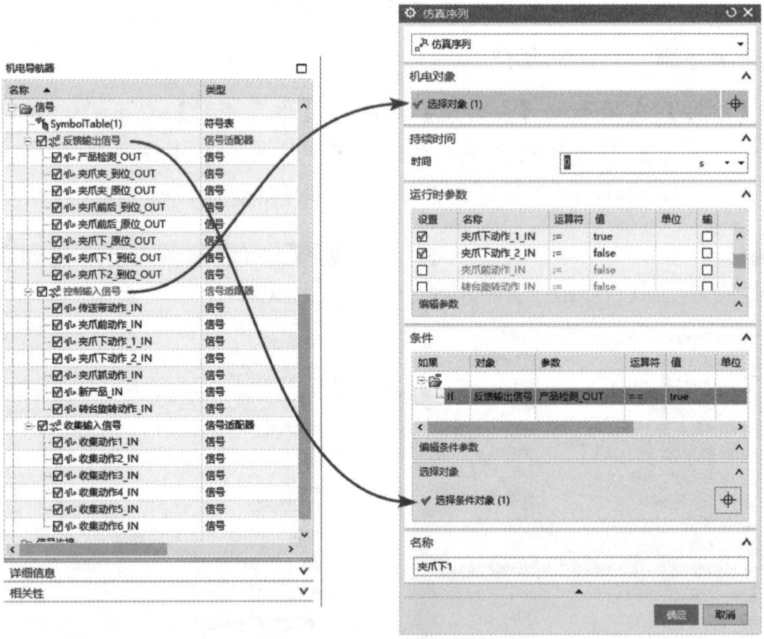

图 6-132　创建夹爪下 1 仿真序列

（7）新建仿真序列——夹爪夹紧

27　单击【主页】选项卡上【自动化】组中的【仿真序列】按钮，弹出【仿真序列】对话框，在【机电对象】中选择控制输入信号，【持续时间】中设置时间＝0s，【运行时参数】中设置夹爪抓动作_1_IN＝true，【条件】中设置：选择条件对象＝反馈输出信号；夹爪下 1_到位_OUT＝true，即当夹爪下动作完成后，夹爪夹紧产品，如图 6-133 所示。

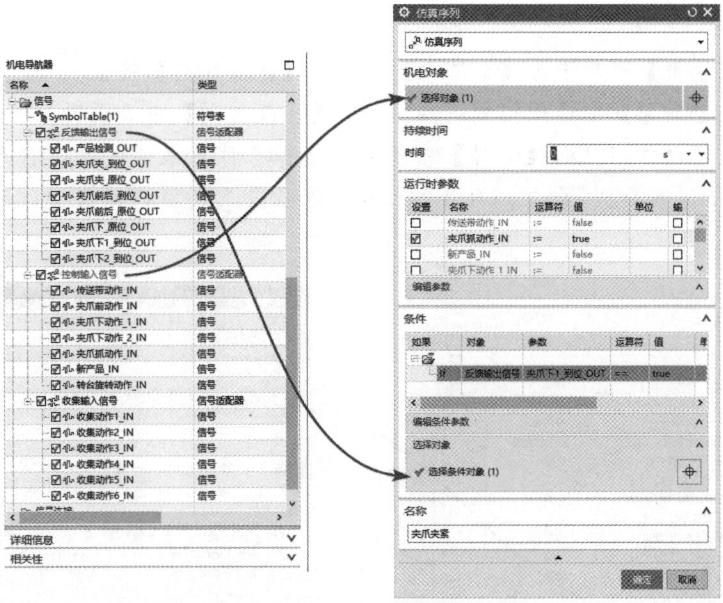

图 6-133　创建夹爪夹紧仿真序列

(8) 新建仿真序列——固定产品

28　单击【主页】选项卡上【自动化】组中的【仿真序列】按钮，弹出【仿真序列】对话框，【机电对象】中设置：选择对象＝固定副；【持续时间】中设置：时间＝0sec；【运行时参数】中设置：连接＝夹爪固定传感器；【条件】中设置：选择条件对象＝反馈输出信号，夹爪下1_到位_OUT＝true、夹爪夹_到位_OUT＝true，即当夹爪夹动作完成后，固定产品与夹爪为一体，如图6-134所示。

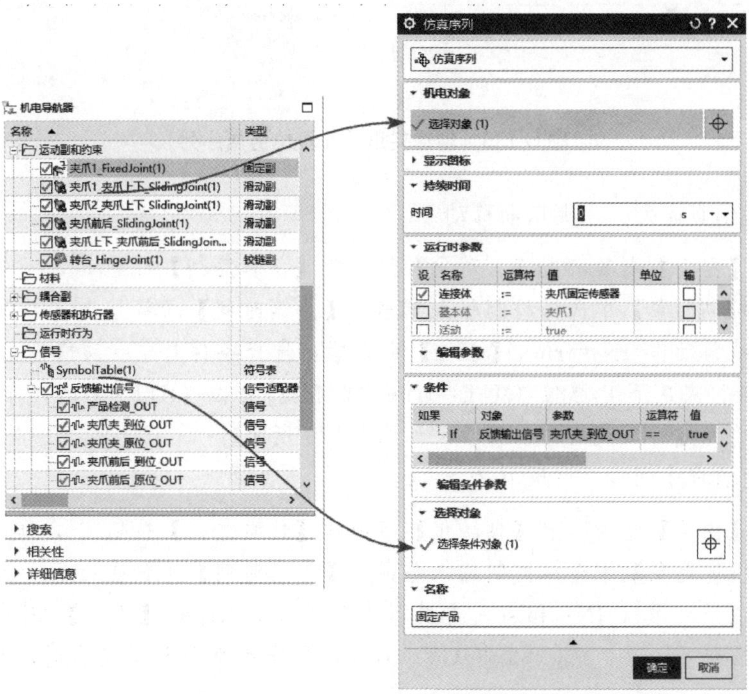

图 6-134　创建固定产品仿真序列

(9) 新建仿真序列——夹爪下 1 复位

29 单击【主页】选项卡上【自动化】组中的【仿真序列】按钮，弹出【仿真序列】对话框，在【机电对象】中选择控制输入信号，【持续时间】中设置时间=0s，【运行时参数】中设置夹爪下动作_1_IN，【条件】中设置：选择条件对象=反馈输出信号；夹爪下 1_到位_OUT=true、夹爪夹_到位_OUT=true，即当夹爪夹动作完成后，夹爪下复位，如图 6-135 所示。

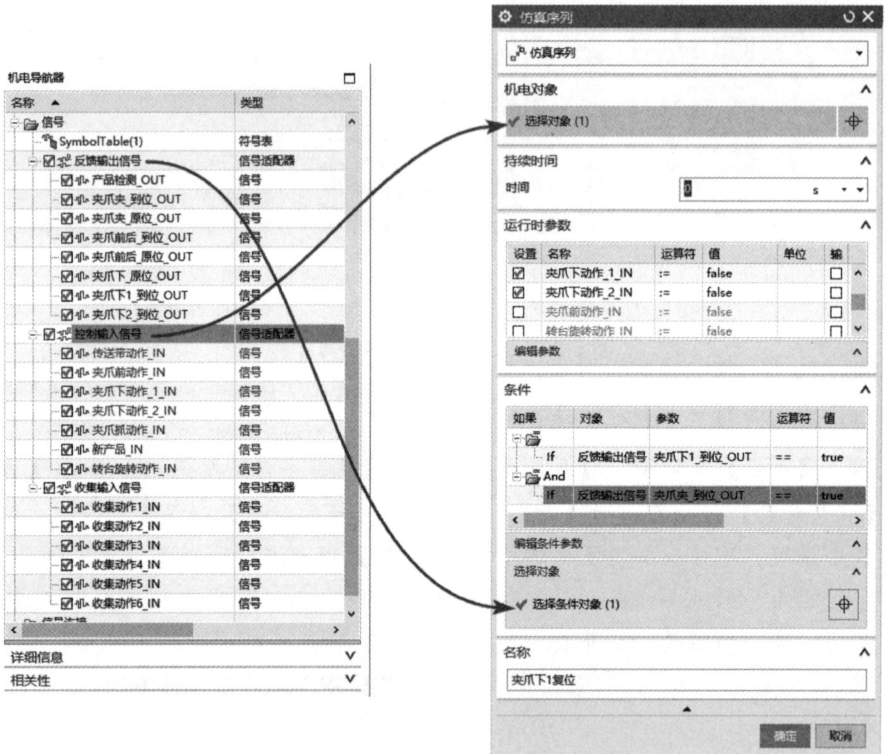

图 6-135 创建夹爪下 1 复位仿真序列

(10) 新建仿真序列——夹爪前移动

30 单击【主页】选项卡上【自动化】组中的【仿真序列】按钮，弹出【仿真序列】对话框，在【机电对象】中选择控制输入信号，【持续时间】中设置时间=0s，【运行时参数】中设置夹爪前动作_IN=true，【条件】中设置：选择条件对象=反馈输出信号；夹爪固定传感器=true、夹爪下 1_原位_OUT=true、夹爪夹_到位_OUT=true，即当夹爪夹动作和夹爪下复位均完成时，夹爪向前移动，如图 6-136 所示。

(11) 新建仿真序列——夹爪下 2

31 单击【主页】选项卡上【自动化】组中的【仿真序列】按钮，弹出【仿真序列】对话框，在【机电对象】中选择控制输入信号，【持续时间】中设置时间=0s，【运行时参数】中设置夹爪下动作_1_IN=false、夹爪下动作_2_IN=true，【条件】中设置：选择条件对象=反馈输出信号；夹爪前_到位_OUT=true，即当夹爪前移动完成时，夹爪向下运动，如图 6-137 所示。

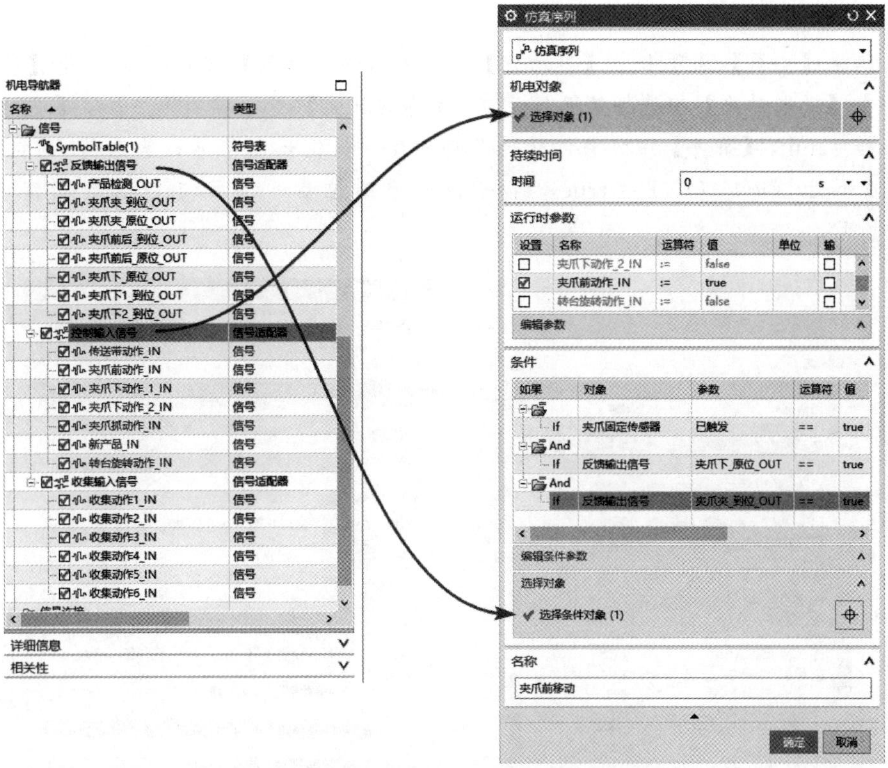

图 6-136　创建夹爪前移动仿真序列

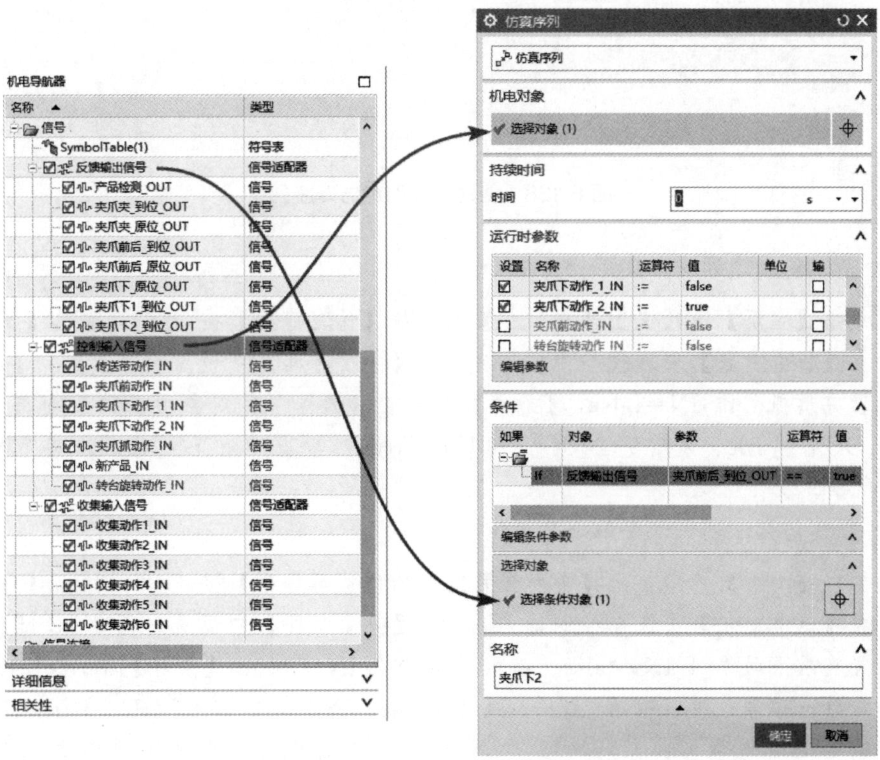

图 6-137　创建夹爪下 2 仿真序列

（12）新建仿真序列——取消固定

32 单击【主页】选项卡上【自动化】组中的【仿真序列】按钮，弹出【仿真序列】对话框，在【机电对象】中选择夹爪固定副，【持续时间】中设置时间=0s，【运行时参数】中设置连接=null，【条件】中设置：选择条件对象=反馈输出信号；夹爪前_到位_OUT=true、夹爪下2_到位_OUT=true，即当夹爪下到位后，产品与夹爪的固定取消，如图6-138所示。

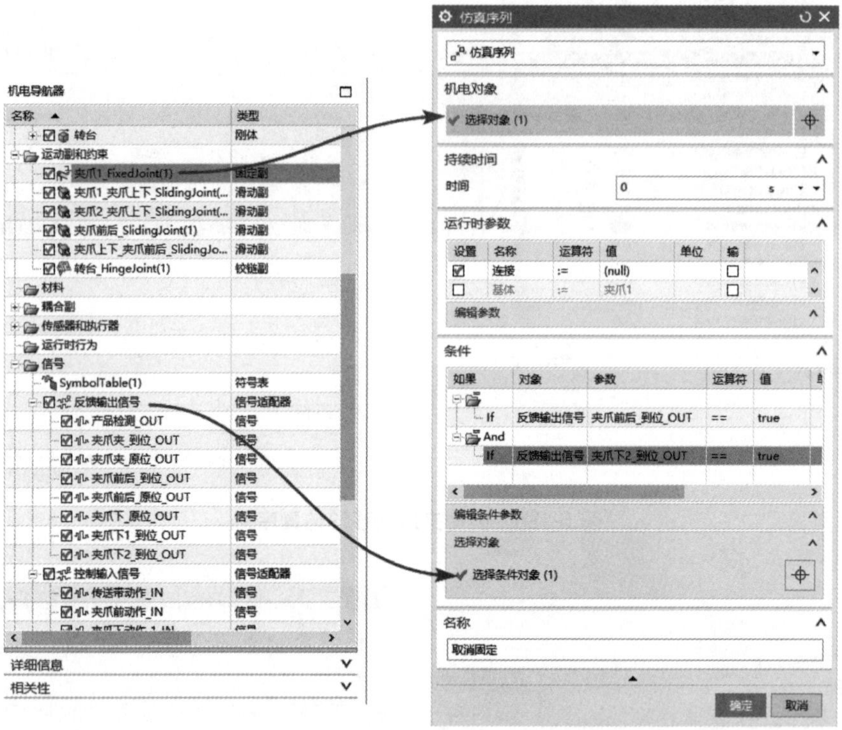

图 6-138 创建取消固定仿真序列

（13）新建仿真序列——夹爪松开

33 单击【主页】选项卡上【自动化】组中的【仿真序列】按钮，弹出【仿真序列】对话框，在【机电对象】中选择控制输入信号，【持续时间】中设置时间=0s，【运行时参数】中设置夹爪抓动作_IN=false，【条件】中设置：选择条件对象=反馈输出信号；夹爪前_到位_OUT=true、夹爪下2_到位_OUT=true，即当夹爪下到位后，夹爪松开，如图6-139所示。

（14）新建仿真序列——夹爪下2复位

34 单击【主页】选项卡上【自动化】组中的【仿真序列】按钮，弹出【仿真序列】对话框，在【机电对象】中选择控制输入信号，【持续时间】中设置时间=0s，【运行时参数】中设置夹爪下动作_1_IN=false、夹爪下动作_2_IN=false，【条件】中设置：选择条件对象=反馈输出信号；夹爪前后_到位_OUT=true、夹爪下2_到位_OUT=true、夹爪夹_原位_OUT=true，即当夹爪下2到位且夹爪松开到位后，夹爪下进行复位运动，如图6-140所示。

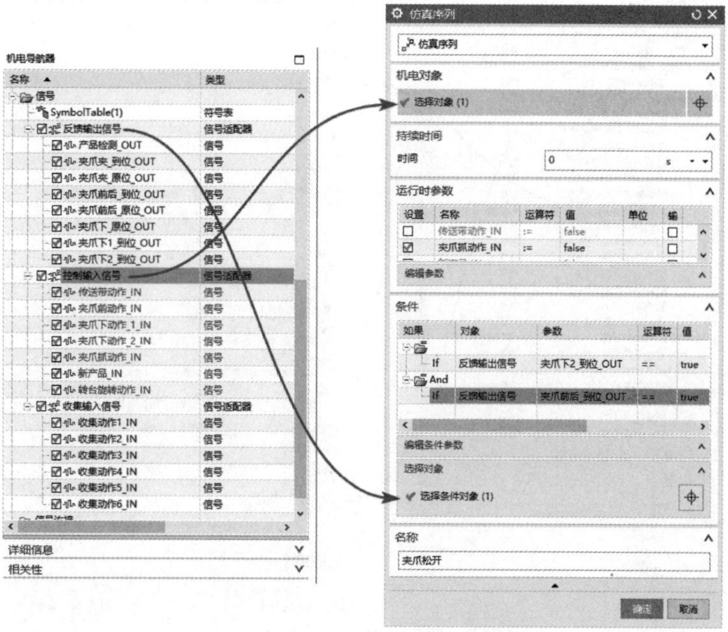

图 6-139 创建夹爪松开仿真序列

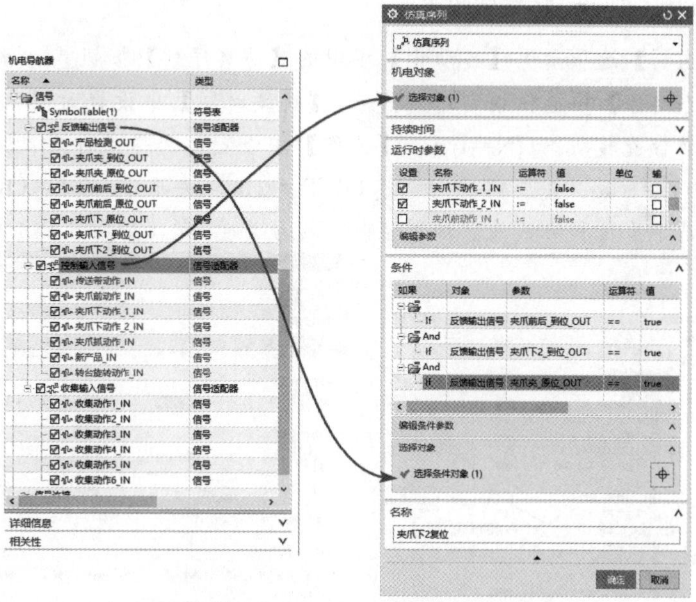

图 6-140 创建夹爪下 2 复位仿真序列

(15) 新建仿真序列——夹爪前后复位

35 单击【主页】选项卡上【自动化】组中的【仿真序列】按钮，弹出【仿真序列】对话框，在【机电对象】中选择控制输入信号，【持续时间】中设置时间=0s，【运行时参数】中设置夹爪前动作_IN=false，【条件】中设置：选择条件对象=反馈输出信号；夹爪夹_原位_OUT=true、夹爪前后_到位_OUT=true、夹爪下_原位_OUT=true，即当夹爪夹原位、夹爪下原位和夹爪前后均到位时，夹爪前后复位，如图 6-141 所示。

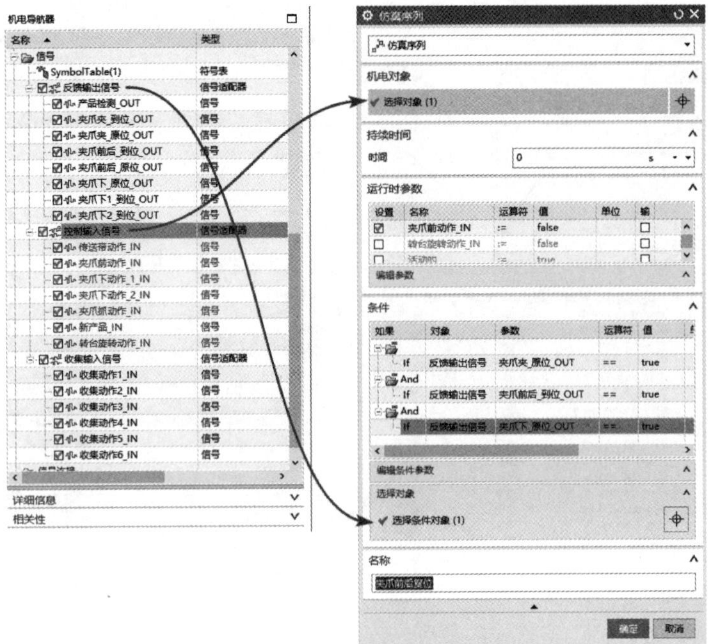

图 6-141　创建夹爪前后复位仿真序列

(16) 新建仿真序列——转台旋转

36　单击【主页】选项卡上【自动化】组中的【仿真序列】按钮，弹出【仿真序列】对话框，在【机电对象】中选择控制输入信号，【持续时间】中设置时间＝0.0001s，【运行时参数】中设置转台旋转动作_IN＝true，【条件】中设置：选择条件对象＝反馈输出信号；夹爪夹_原位_OUT＝true、夹爪前后_到位_OUT＝true、夹爪下_原位_OUT＝true，即当夹爪夹原位、夹爪下原位和夹爪前后均到位时，转台旋转60°，如图6-142所示。

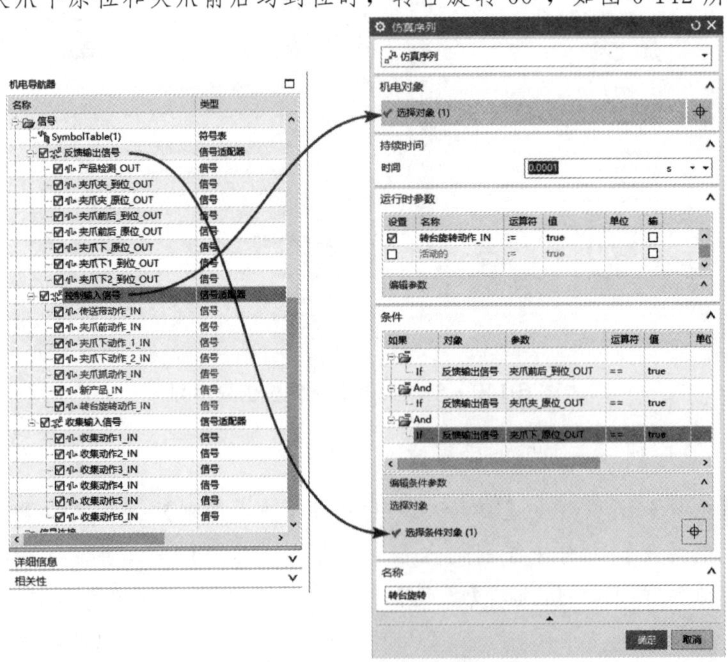

图 6-142　创建转台旋转仿真序列

（17）新建仿真序列——转台停止

37 单击【主页】选项卡上【自动化】组中的【仿真序列】按钮，弹出【仿真序列】对话框，在【机电对象】中选择控制输入信号，【持续时间】中设置时间=0s，【运行时参数】中设置转台旋转动作_IN=false，如图 6-143 所示。

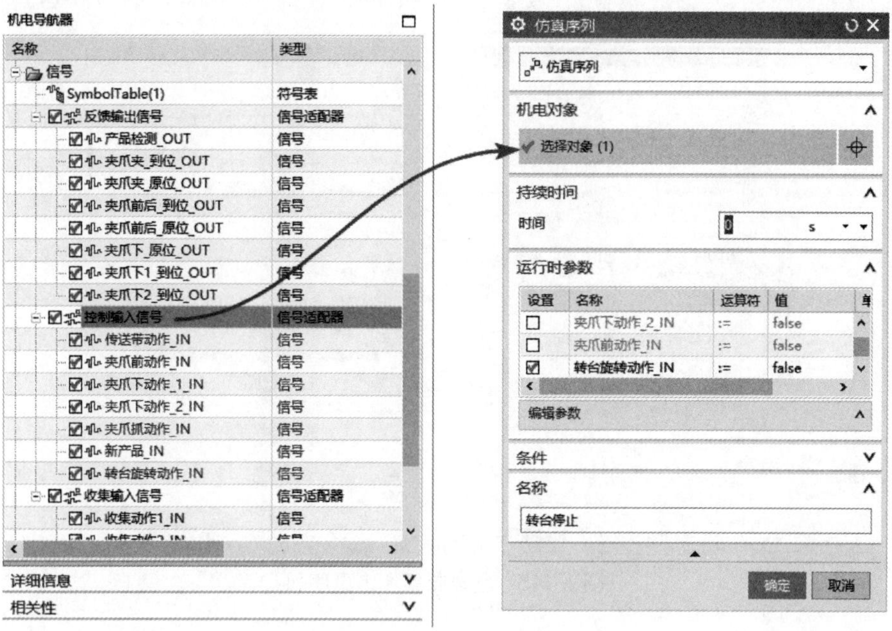

图 6-143 创建转台停止仿真序列

（18）序列链接

38 在【序列编辑器】窗口中，选中“转台旋转”序列，按住鼠标左键将其拖到“转台停止”序列，以实现序列链接，如图 6-144 所示。

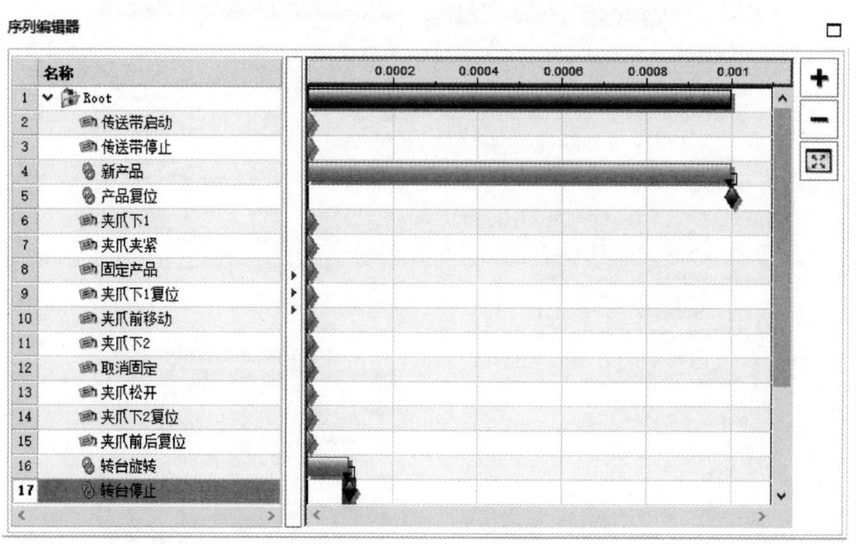

图 6-144 序列链接

（19）新建仿真序列——收集 1

39　单击【主页】选项卡上【自动化】组中的【仿真序列】按钮，弹出【仿真序列】对话框，在【机电对象】中选择收集输入信号，【持续时间】中设置时间=0s，【运行时参数】中设置收集动作 1_IN=true、收集动作 2～6_IN=false，【条件】中设置：选择条件对象=产品_收集 1～6（对象收集器）；收集 1～5=true、收集 6=false，如图 6-145 所示。

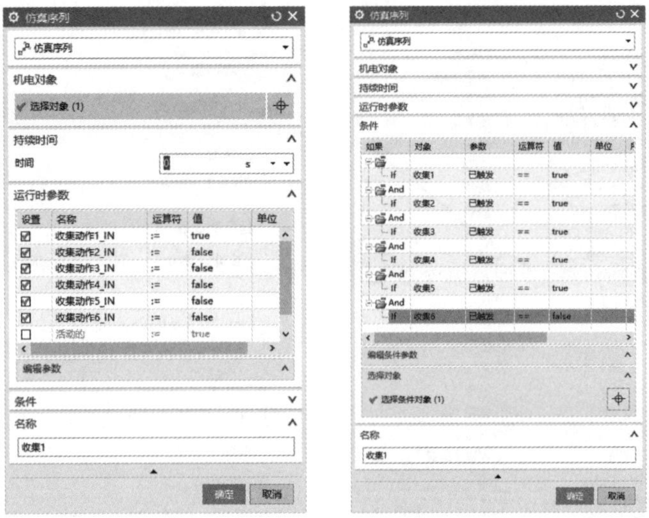

图 6-145　创建收集 1 仿真序列

（20）新建仿真序列——收集 2

40　单击【主页】选项卡上【自动化】组中的【仿真序列】按钮，弹出【仿真序列】对话框，在【机电对象】中选择收集输入信号，【持续时间】中设置时间=0s，【运行时参数】中设置收集动作 2_IN=true、收集动作 1、3～6_IN=false，【条件】中设置：选择条件对象=产品_收集 1～6（对象收集器）；收集 2～6=true、收集 1=false，如图 6-146 所示。

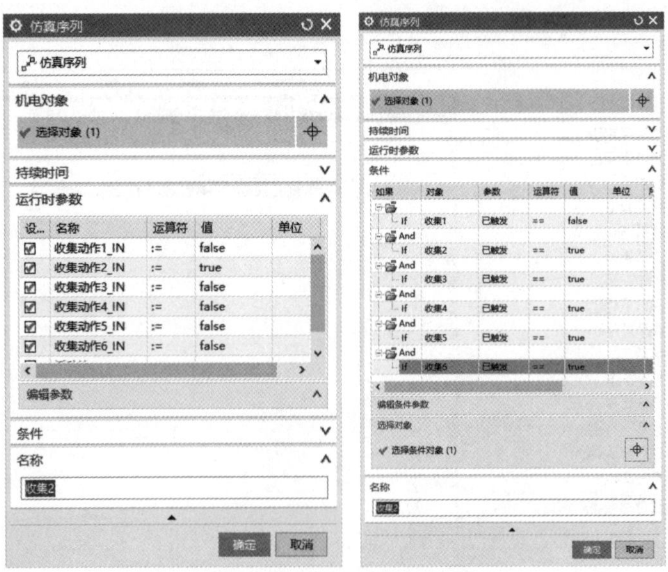

图 6-146　创建收集 2 仿真序列

（21）新建仿真序列——收集 3

41 单击【主页】选项卡上【自动化】组中的【仿真序列】按钮，弹出【仿真序列】对话框，在【机电对象】中选择收集输入信号，【持续时间】中设置时间＝0s，【运行时参数】中设置收集动作 3_IN＝true、收集动作 1～2、4～6_IN＝false，【条件】中设置：选择条件对象＝产品_收集 1～6（对象收集器）；收集 1、3～6＝true，收集 2＝false，如图 6-147 所示。

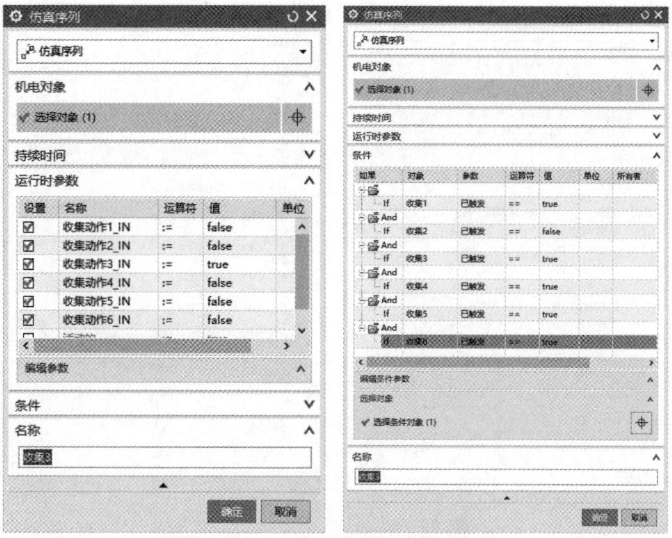

图 6-147 创建收集 3 仿真序列

（22）新建仿真序列——收集 4

42 单击【主页】选项卡上【自动化】组中的【仿真序列】按钮，弹出【仿真序列】对话框，在【机电对象】中选择收集输入信号，【持续时间】中设置时间＝0s，【运行时参数】中设置收集动作 4_IN＝true、收集动作 1～3、5～6_IN＝false，【条件】中设置：选择条件对象＝产品_收集 1～6（对象收集器）；收集 1～2、4～6＝true，收集 3＝false，如图 6-148 所示。

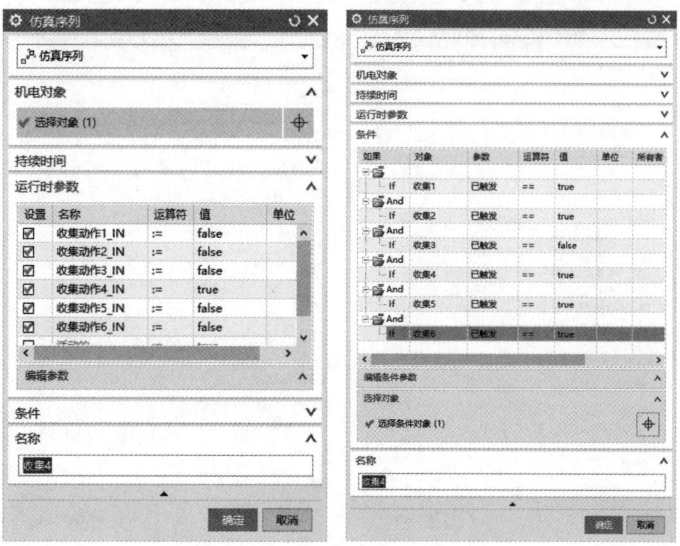

图 6-148 创建收集 4 仿真序列

（23）新建仿真序列——收集 5

43 单击【主页】选项卡上【自动化】组中的【仿真序列】按钮，弹出【仿真序列】对话框，在【机电对象】中选择收集输入信号，【持续时间】中设置时间=0s，【运行时参数】中设置收集动作 5_IN=true、收集动作 1～4、6_IN=false，【条件】中设置：选择条件对象=产品_收集 1～6（对象收集器）；收集 1～3、5～6=true，收集 4=false，如图 6-149 所示。

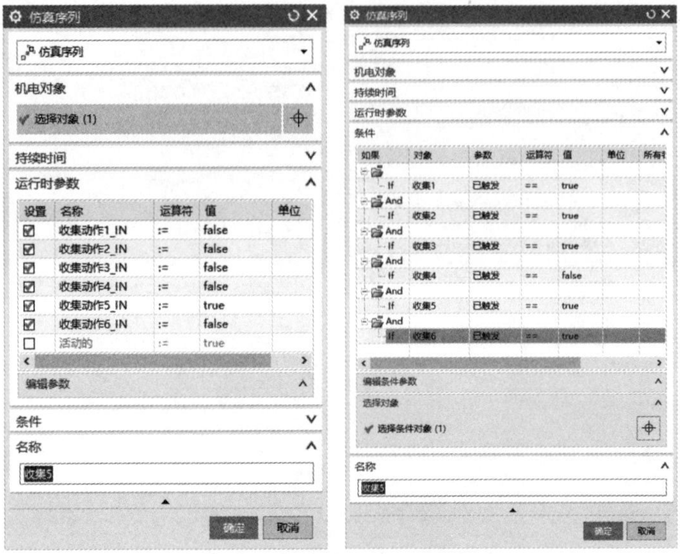

图 6-149 创建收集 5 仿真序列

（24）新建仿真序列——收集 6

44 单击【主页】选项卡上【自动化】组中的【仿真序列】按钮，弹出【仿真序列】对话框，在【机电对象】中选择收集输入信号，【持续时间】中设置时间=0s，【运行时参数】中设置收集动作 6_IN=true、收集动作 1～5_IN=false，【条件】中设置：选择条件对象=产品_收集 1～6（对象收集器）；收集 1～4、6=true，收集 5=false，如图 6-150 所示。

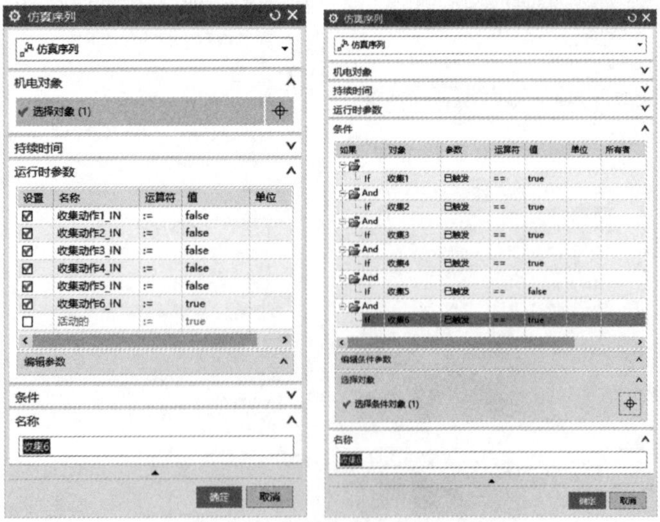

图 6-150 创建收集 6 仿真序列

7. 仿真播放

6-10

45 单击【主页】选项卡上【仿真】组中的【播放】按钮，在图形区显示运动过程，如图 6-151 所示。

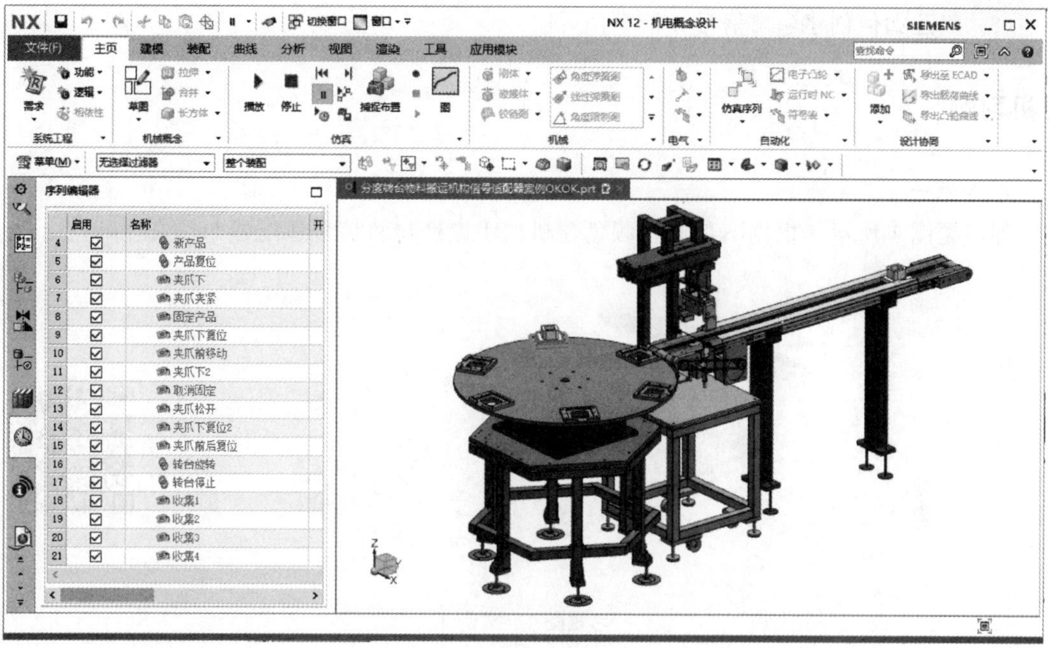

图 6-151 仿真播放

6.3 本章小结

本章介绍了机电概念设计中的信号与信号适配器，并在每个关键知识点中设置操作案例以便练习，最后通过三个具体案例演练信号与信号适配器的具体应用。通过本章项目式案例的学习和应用，大家应该熟悉了 MCD 中信号与信号适配器的用法，希望大家按照讲解的方法进一步进行实例练习。

习题

理论习题

1. 填空题

（1）信号用于________________，符号表用于____________________________。

（2）信号适配器的作用是___________________为 MCD 对象提供新的信号，以支持对运动或者行为的控制。新的信号也能够输出到外部设备或其他 MCD 模型中。

（3）信号适配器可看作是一种生成信号的形成逻辑组织管理方式，由________，把新信号通过输出连接传给外界或者 NX MCD 模型系统中去。

2. 简答题

（1）简述如何创建输入信号，请举例说明。

（2）简述如何创建输出信号，请举例说明。

上机习题

1. 习题一

如习题图 1 所示，根据案例和视频创建机械手搬运物料信号适配器与仿真序列。

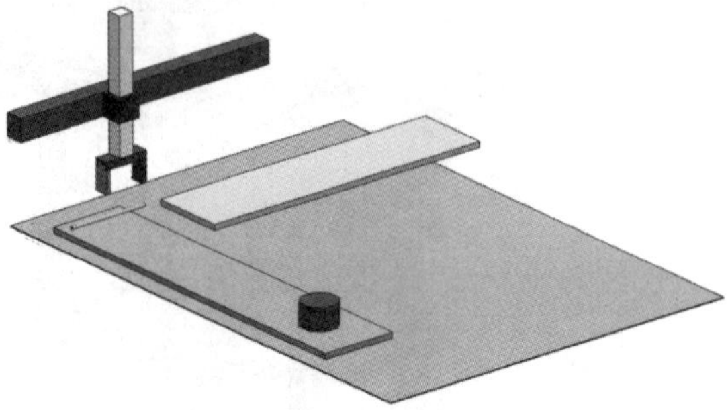

6-11

习题图 1　案例 1

动作流程描述： 当物料沿着左侧传送带移动，碰到传感器后传送带停止，机械手抓取物料并将其转移到右侧传送带。当输送 y 轴到位，转盘复位时，出现下一个物料，循环重复搬运物料的动作。

2. 习题二

如习题图 2 所示，根据案例和视频创建吸盘搬运物料信号适配器和仿真序列。

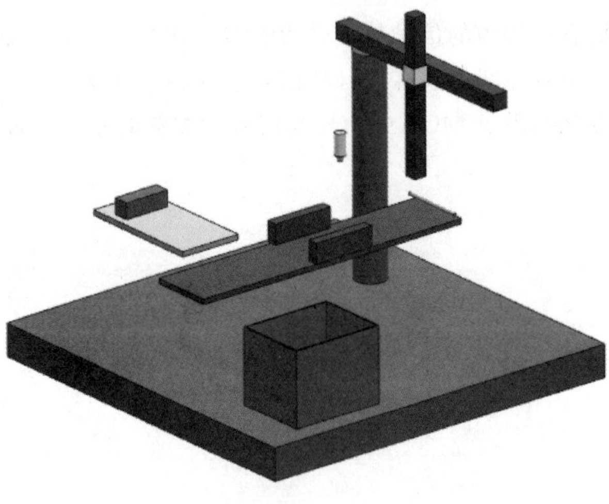

6-12

习题图 2　案例 2

动作流程描述： 物料沿着传送移动到下一个传送带，当传感器检测到物料时，整形块运动整形物料，当物料触发检测传感器时，抓取物料并放置到物料箱中；当物料达到 3 个时物料箱收集物料；当左右滑块到位时，出现下一个物料，循环重复搬运物料的动作。

3. 习题三

如习题图 3 所示，根据案例和视频创建推杆推送物料信号适配器和仿真序列。

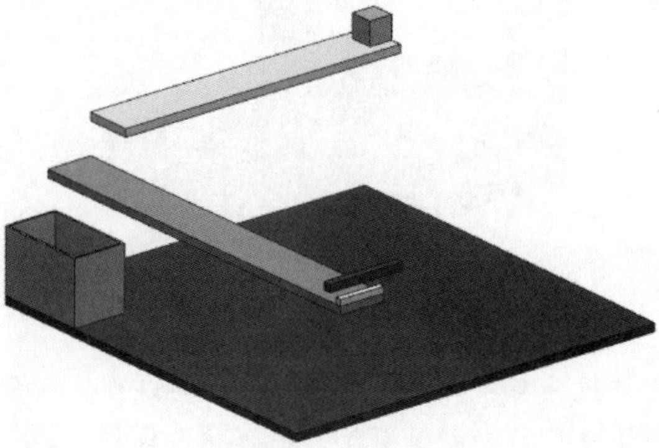

习题图 3 案例 3

6-13

动作流程描述：传送带启动后，物料在传送带上移动，同时小车运动到传送带的另一侧，且推杆处于缩回状态；当物料触碰到传感器后，推杆伸出，将物料推送到小车中，然后推杆缩回；当下一个物料到位后，循环重复推杆推送物料的动作。

4. 习题四

如习题图 4 所示，根据案例和视频创建机械手拨料仿真序列。

6-14

习题图 4 案例 4

动作流程描述：物料在传送带上移动，当检测传感器检测到物料时，搬运机械手抓取物料放到物料箱中；当搬运机械手搬运到位时，出现下一个物料，循环重复搬运物料的动作。

5. 习题五

如习题图 5 所示，根据案例和视频创建螺丝机上螺丝信号适配器与仿真序列。

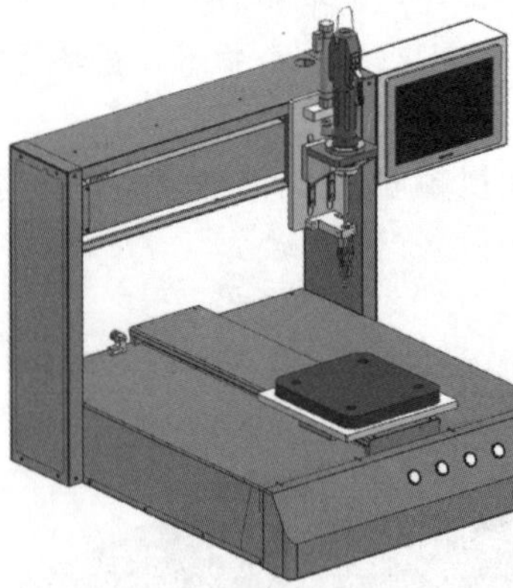

习题图 5　案例 5

6-15

动作流程描述： 当螺丝机头复位时，生成新螺丝，新螺丝固定到电批端部；平台和电批移动，上第 1 个螺丝，电批复位后生成新螺丝；平台和电批移动，上第 2 个螺丝，电批复位后生成新螺丝；平台和电批移动，上第 3 个螺丝，电批复位后生成新螺丝；平台和电批移动，上第 4 个螺丝，电批复位后生成新螺丝；4 个螺丝上好后平台收集器收集，然后，循环重复上述上螺丝的动作。

第7章

基于S7-PLCSIM Advanced虚拟调试

7.1 虚拟调试概述

软件在环虚拟调试是指使用 NX MCD 软件完成虚拟设备的机械设计并赋予运动属性，再通过虚拟 PLC 与 NX MCD 软件进行通信，实现对程序逻辑和设备的调试。软件在环虚拟调试需要 TIA Portal、PLCSIM 和 PLCSIM Advanced 等接口软件支持。本章将介绍 MCD 基于 S7-PLCSIM Advanced 软件在环虚拟调试，包括外部信号配置、信号映射以及典型虚拟调试案例等内容。

7.1.1 虚拟调试

7.1.1.1 虚拟调试简介

虚拟调试通过把虚拟世界的产线模型与物理世界的真实控制设备进行连接，实现对复杂生产系统的功能测试。虚拟设备的模型是指通过数字化技术建立完全相同的模型，这些模型可以完整映射真实的工作场景，执行设置好的程序，也就是说它们的动作可以和现实的动作高度一致，通过模拟和测试，可以在早期阶段就发现系统故障点，这样可以使现场的调试速度更快，风险更低。同时缩短上市周期，降低成本，提高生产系统的灵活性和生产力。

虚拟调试系统分软件在环（Software in Loop，SiL）和硬件在环（Hardware in Loop，HiL）两类，软件在环是把整体设备完全虚拟化，即由虚拟 CPU、虚拟 HMI（人机界面）、虚拟信号、模型算法及虚拟机械模型组成；硬件在环是把设备主要的硬件接入仿真环境中，使用真实 HMI、真实 CPU、现场 IO 设备与虚拟机械模型共同组成虚拟设备模型，如图 7-1 所示。

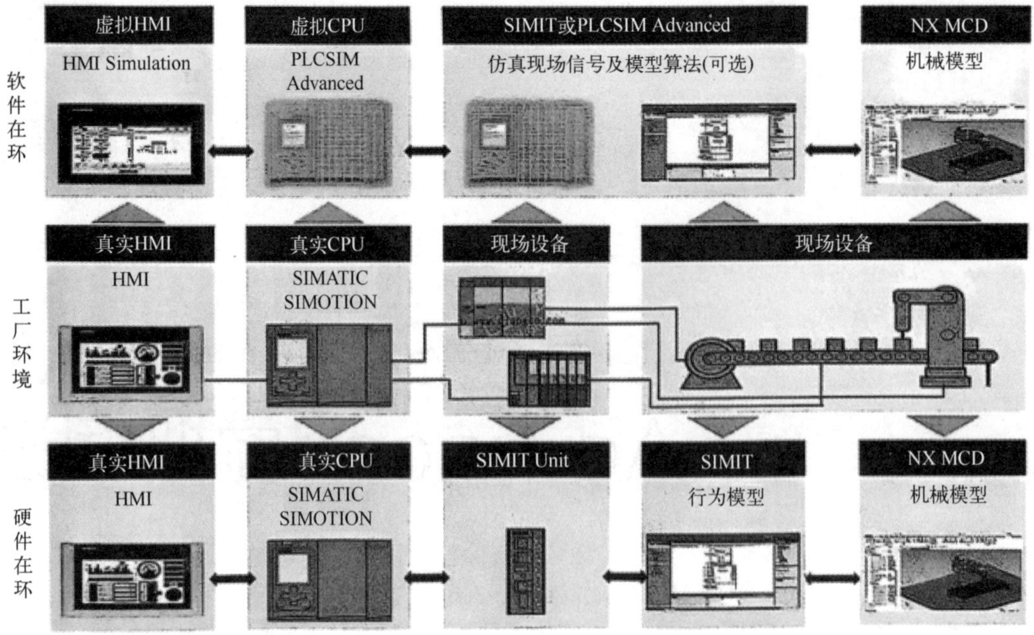

图 7-1 软件在环与硬件在环

7.1.1.2 硬件在环虚拟调试

硬件在环虚拟调试（Hardware-in-the-Loop，HiL）指的是将 PLC 程序下载到真实的 PLC 设备中，在 MCD 软件中完成虚拟设备的机械设计及运动属性赋予，真实 PLC 设备和 MCD 软件通过共有协议进行通信，完成对程序逻辑和设备的调试。通常可采用“S7-1500 PLC 设备＋OPC UA＋NX MCD”的解决方案实现硬件在环虚拟调试，此方案以 OPC UA 协议作为通信方式，如图 7-2 所示。

7.1.1.3 软件在环虚拟调试

软件在环虚拟调试（Software-in-the-Loop，SiL）指的是使用 MCD 软件完成虚拟设备的机械设计及运动属性赋予，通过虚拟 PLC 与 MCD 软件的通信，完成对程序逻辑和设备的调试，SiL 集成了机械和自动化的仿真环境。通常采用“TIA Portal＋PLCSIM Advanced＋NX MCD”的解决方案实现软件在环虚拟调试，此方案是基于 PLCSIM Advanced 严格的同步总线，为虚拟调试提供稳定的模拟，如图 7-3 所示。

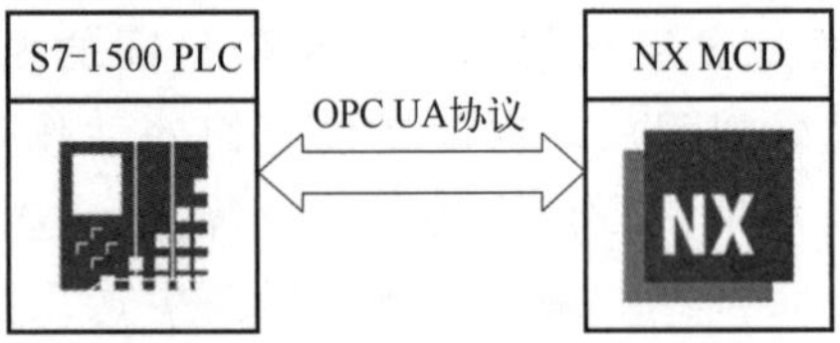

图 7-2 硬件在环虚拟调试

图 7-3 软件在环虚拟调试

7.1.2 基于 S7-PLCSIM Advanced 软件在环虚拟调试

基于 S7-PLCSIM Advanced 软件在环虚拟调试的整个环境由两部分组成：虚拟 PLC 和

MCD。其中，虚拟 PLC 用来处理运行逻辑并模拟 I/O 信号；MCD 用来显示数字化机器模型并进行模拟仿真，MCD 通过 PLCSIM Advanced（简称 PLCSIM Adv）提供的 API 接口与虚拟 PLC 进行通信。

整个环境需要软件 MCD 与 PLCSIM Advanced，MCD 与 PLCSIM Advanced 需安装在同一台计算机或者虚拟机上，此时信号传输路径如图 7-4 所示。

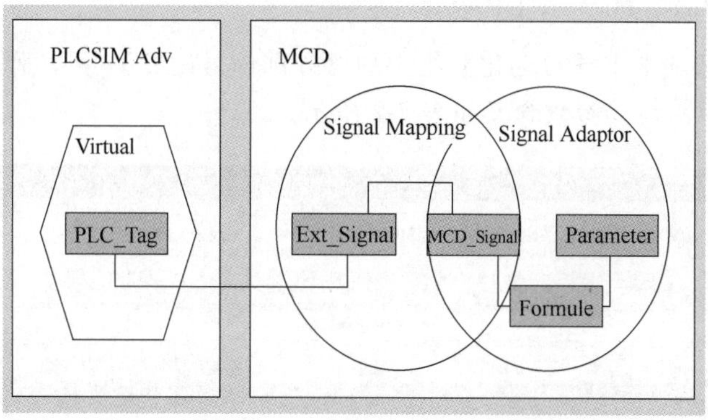

图 7-4 基于 S7-PLCSIM Advanced 软件在环虚拟调试的信号传输

☑ 信号输出路径：PLC 发出信号→MCD 中的 Signal→MCD 中的控制器→MCD 中的运动对象

☑ 信号输入路径：PLC 接收信号←MCD 中的 Signal←MCD 中的对象（传感器、位置或者其他对象）

基于 S7-PLCSIM Advanced 软件在环虚拟调试需要 MCD、TIA Portal、PLCSIM 和 PLCSIM Advanced 等软件支持，如表 7-1 所示。

表 7-1 MCD 信号与外部信号的映射关系表

软件	数量	要求
STEP 7Professional Portal	1	V14 或者更高版本
S7-PLCSIM Advanced	1	V2.0 或者更高版本
NX MCD	1	12.0 以上版本

PLCSIM Adv 程序和 MCD 程序必须在同一台计算机或同一虚拟机中运行。TIA Portal 与 PLCSIM Adv、MCD 的安装可分为两种情况：一是安装在同一台计算机，此时可直接下载 PLC 项目到 PLCSIM Adv 中的虚拟 PLC 中；二是安装在不同计算机，此时需通过桥接网卡的方式将 PLC 项目远程下载至虚拟 PLC。

7.2 基于 S7-PLCSIM Advanced 软件在环虚拟调试的核心知识

软件在环虚拟调试是指使用 NX MCD 软件完成虚拟设备的机械设计并赋予运动属性，再通过虚拟 PLC 与 NX MCD 软件进行通信，实现对程序逻辑和设备的调试。本节介绍 NX MCD 的关键知识。

7.2.1 外部信号配置

外部信号配置（External Signal Configuration）可以建立多种协议类型，以便使用外部信号实现协同仿真。MCD 支持的协议类型包括 MATLAB、OPC DA、OPC UA、PLCSIM Adv、Profinet、SHM、TCP、UDP 等。

单击【主页】选项卡上【自动化】组中的【外部信号配置】，弹出【外部信号配置】对话框，如图 7-5 所示，其参数含义如表 7-2 所示。

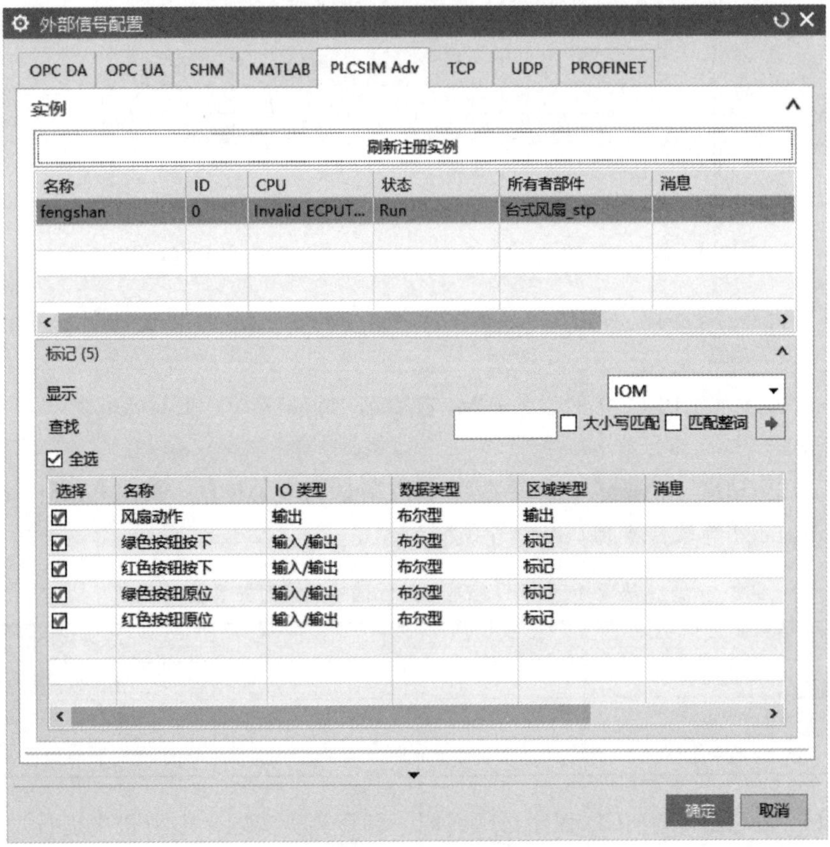

图 7-5 【外部信号配置】对话框

表 7-2 【外部信号配置】对话框相关选项参数含义

序号	参数名称		参数含义
1	实例	添加实例	选择 PLCSIM Adv V2.0 或更新版本的实例
2		刷新注册实例	刷新实例列表以加载已建立的 PLC 实例
3		实例列表	显示从 PLCSIM Adv 管理器检索的所有已注册的 PLC 实例，可以选择要使用的实例
4	标记	显示	选择在标记列表中显示的标记类型
5		查找	在文本框中输入指定文本，可以使用“大小写匹配”和“匹配整词”的选项在标记列表中搜索指定文本的项目
6		全选	选中标记列表中所有标记，以便对其进行映射
7		标记列表	显示当前选中的 PLC 实例所属的标记

7.2.2 信号映射

信号映射（Signal Mapping）用于将 MCD 信号与外部信号映射或取消映射，可以指定要在 MCD 中控制哪些信号，以及要在外部控制哪些信号。

单击【主页】选项卡上【自动化】组中的【信号映射】，弹出【信号映射】对话框，如图 7-6 所示，其参数含义如表 7-3 所示。

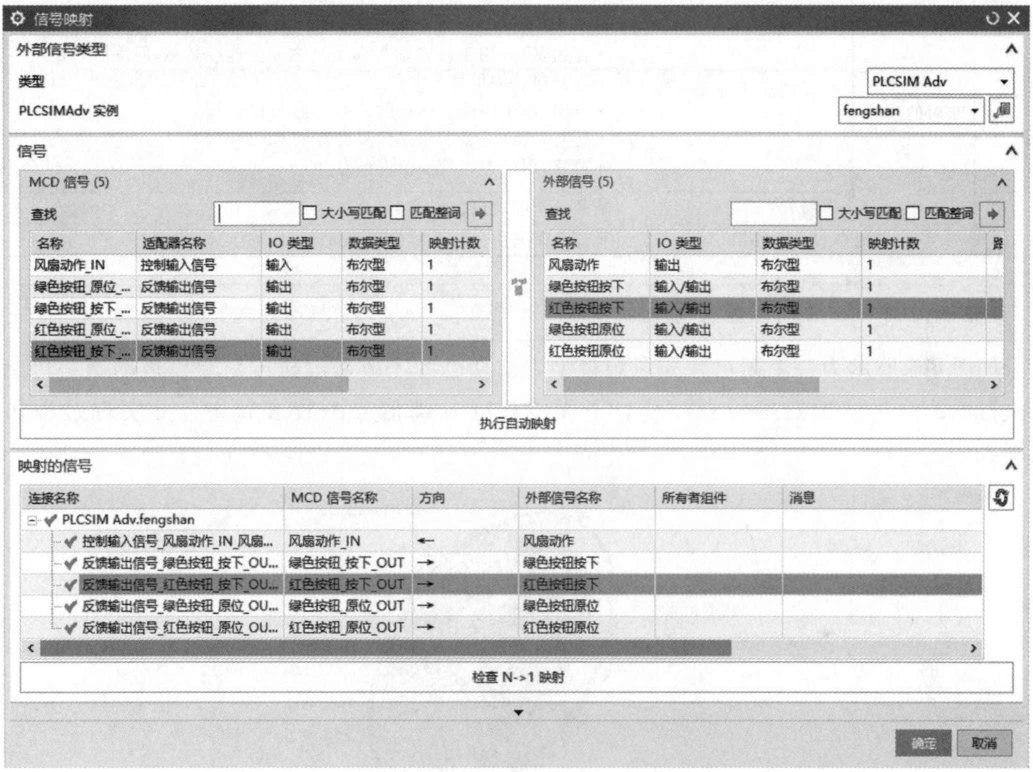

图 7-6 【信号映射】对话框

表 7-3 【信号映射】对话框相关选项参数含义

序号	参数名称		参数含义
1	外部信号类型	类型	选择映射的协议类型
2		协议类型列表	选择可以映射的协议类型列表
3		设置	打开【外部信号配置】对话框以创建新的配置
4	信号	查找	在文本框中输入指定文本，可以使用“大小写匹配”和“匹配整词”的选项在标记列表中搜索指定文本的项目
5		MCD 信号列表	用于显示可用的 MCD 信号及其信息： • 名称：在 MCD 中创建信号时指定的信号名称 • 适配器名称：封装信号的信号适配器名称 • IO 类型：输入或输出信号 • 数据类型：信号的数据类型 • 映射计数：MCD 信号被映射的次数 • 所有者组件：保存信号配置的 MCD 组件

续表

序号	参数名称		参数含义
6	信号	外部信号列表	用于显示可用的 MCD 信号及其信息： • 名称：在外部信号配置中指定的信号名称 • IO 类型：输入或输出信号 • 数据类型：信号的数据类型 • 映射计数：外部信号被映射的次数 • 所有者组件：保存信号配置的 MCD 组件
7	执行自动映射		将具有相同名称、IO 类型和数据类型的 MCD 信号与外部信号进行映射
8	映射的信号	映射的信号列表	显示 MCD 信号和外部信号之间建立的连接及以下信息： • 连接名称：用于设置输入和输出之间的连接名称，但重命名连接不会重命名其包含的信号 • 方向：用于快速识别映射信号的输入和输出 • 所有者组件：显示保存信号配置的 MCD 组件 • 消息：用于查看验证错误信息
9		断开	断开选定的映射信号连接
10	检查 N->1 映射		验证是否只由一个信号映射到 MCD 输入信号

操作实例——台式风扇虚拟调试实例

如图 7-7 所示为一个简单台式风扇模型，前期已经完成基本机电对象、运动副、传感器与执行器、信号适配器等设置工作，下面将建立外部信号配置和映射，并实现过程仿真控制。

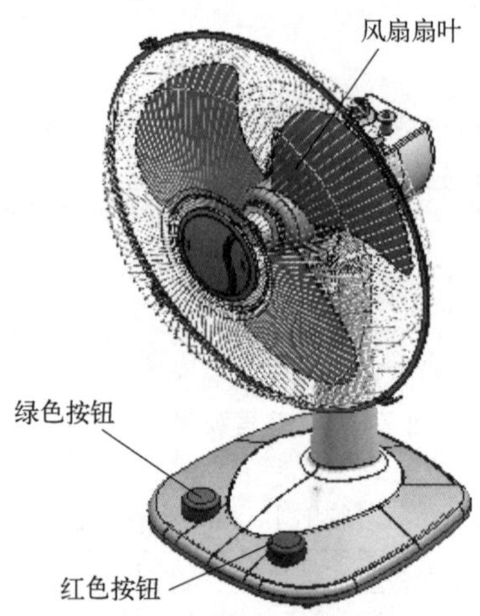

图 7-7 台式风扇模型

动作流程描述：当红色按钮复位时，按下绿色按钮，风扇转动；当绿色按钮复位时，按下红色按钮，风扇停止转动。

操作步骤

7-1

1. 打开文件

01 启动 NX 后，在功能区单击【主页】选项卡上【标准】组中的【打开】按钮，打开素材文件“\实例\第 7 章\操作实例——台式风扇虚拟调试实例 . prt”，如图 7-8 所示。

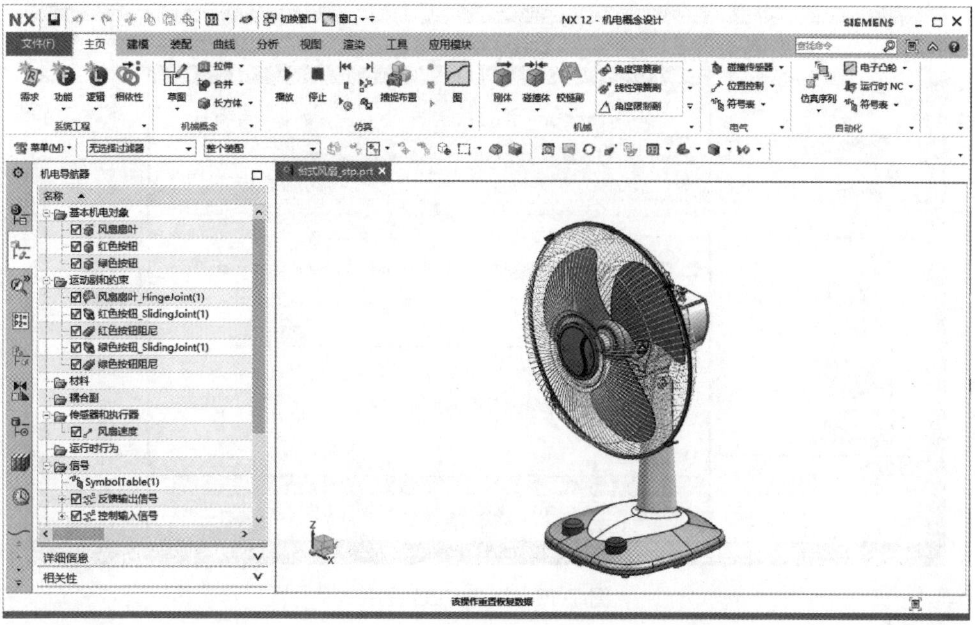

图 7-8　打开文件

2. S7-PLCSIM Advanced 信号连接

02　以管理员身份启动 PLCSIM Advanced 程序，显示【Control Panel】界面，选择【Online Access】模式为“PLCSIM”，单击【Start Virtual S7-1500 PLC】左侧图标，【Instance name】设为“fengshan”（名称不能为中文，至少三个字符），【PLC type】选为“Unspecified CPU 1500”，然后单击【Start】按钮即可启动虚拟 PLC，如图 7-9 所示。

技术要点：虚拟 PLC 成功启动后，PLC 显示黄灯，表示 PLC 上电并且处于 STOP 状态。

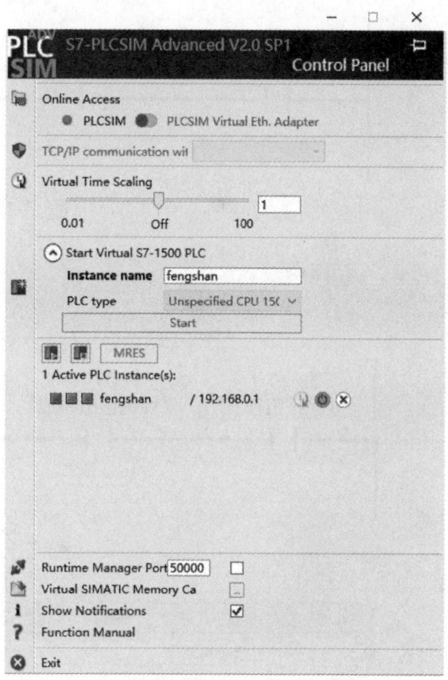

图 7-9　启动虚拟 PLC

3. 启动 Portal 并下载 PLC 程序

03　启动 Portal 后，打开素材文件“\实例\第 7 章\操作实例—台式风扇虚拟调试实例\台式风扇 PLC 程序\台式风扇 .ap15_1”，如图 7-10～图 7-12 所示。

04　编译。单击主工具栏上的【编译】按钮，编译（可以理解为检查程序是否有错误）程序并查看编译结果，如图 7-13 所示。

技术要点：编译无误后，则该程序编写完毕。如果梯形图存在错误，会出现提示，这时必须进行纠正，否则不能转入下一步的仿真分析。

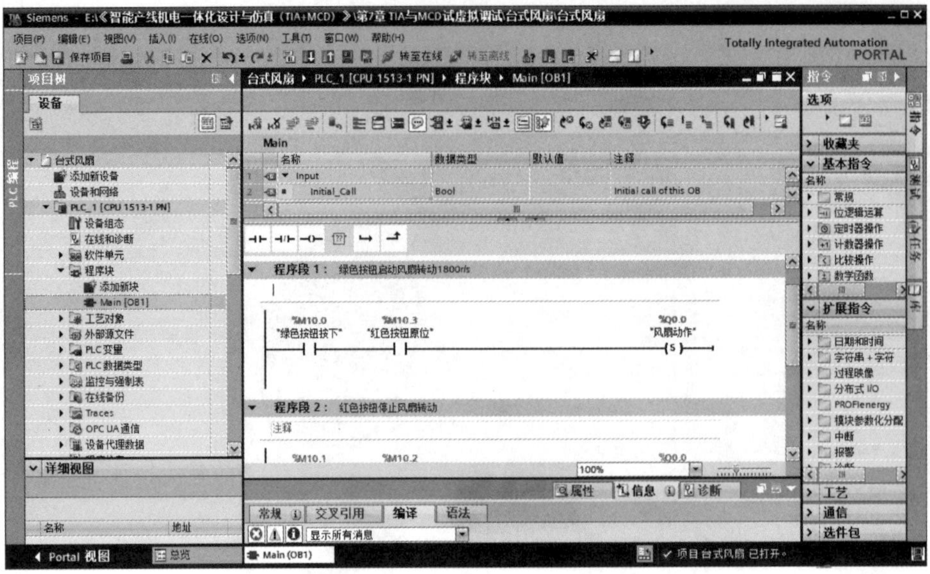

图 7-10　打开 PLC 程序

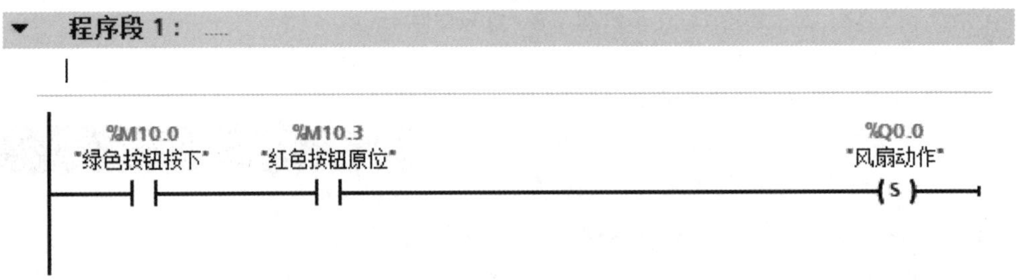

图 7-11　程序段 1：风扇转动

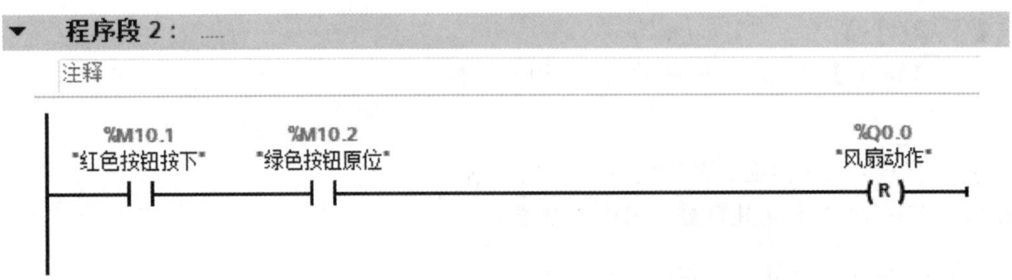

图 7-12　程序段 2：风扇停止

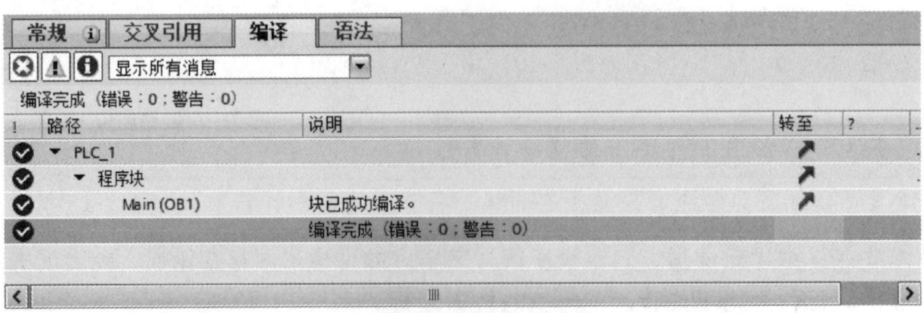

图 7-13　显示编译结果

05 下载。单击主工具栏上的【下载】按钮，系统弹出【下载预览】对话框，提示要把 TIA Portal 中的梯形图程序装载到 S7-PLCSIM V15.1 中，如图 7-14 所示。

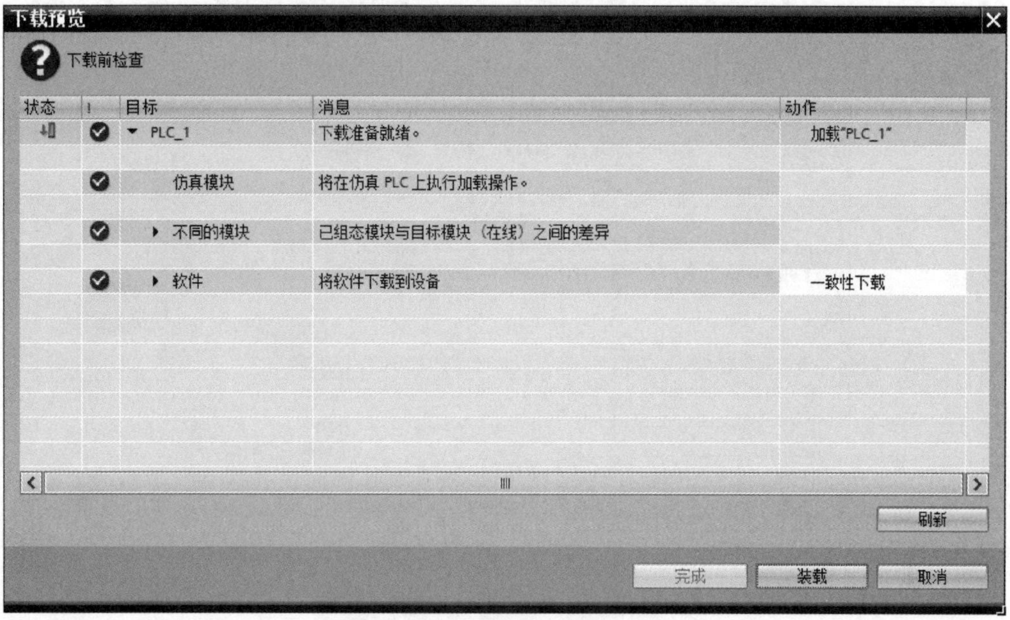

图 7-14 【下载预览】对话框

06 单击【装载】按钮就可以进行程序的下载，显示【下载结果】对话框，选择【启动模块】，单击【完成】按钮，如图 7-15 所示。

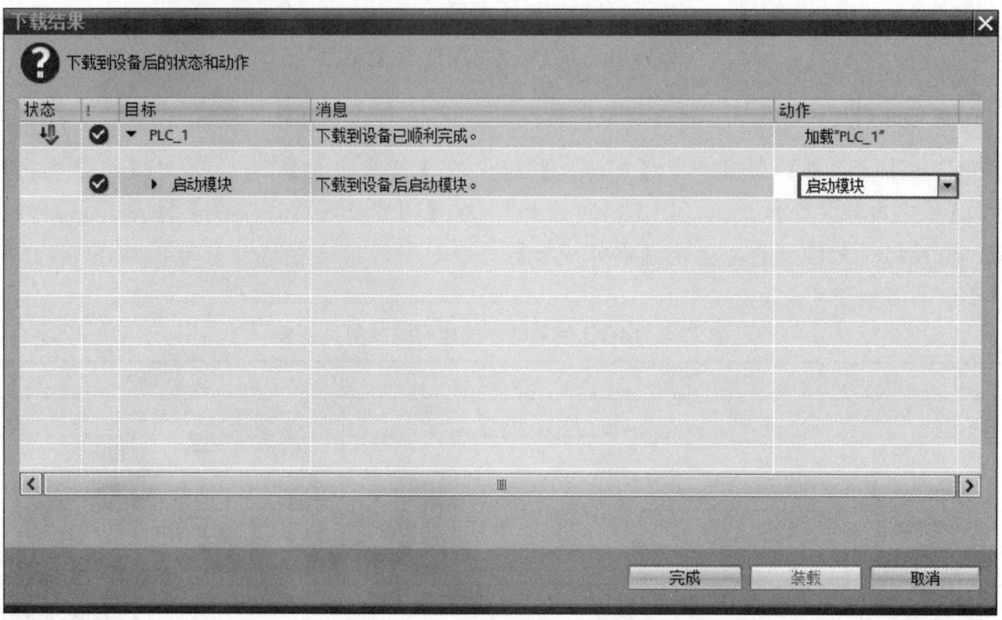

图 7-15 【下载结果】对话框

技术要点：程序下载后，S7-PLCSIM Advanced 所添加的虚拟 PLC 显示绿灯，表示 PLC 程序已经成功下载到虚拟 PLC 中，此时 PLC 为 RUN 状态。

4. 外部信号配置

07 单击【主页】选项卡上【自动化】组中的【外部信号配置】，弹出【外部信号配置】对话框，选择【PLCSIM Adv】选项卡，单击【刷新注册实例】按钮，【显示】选为“IOM”，勾选【全选】复选框，如图 7-16 所示。

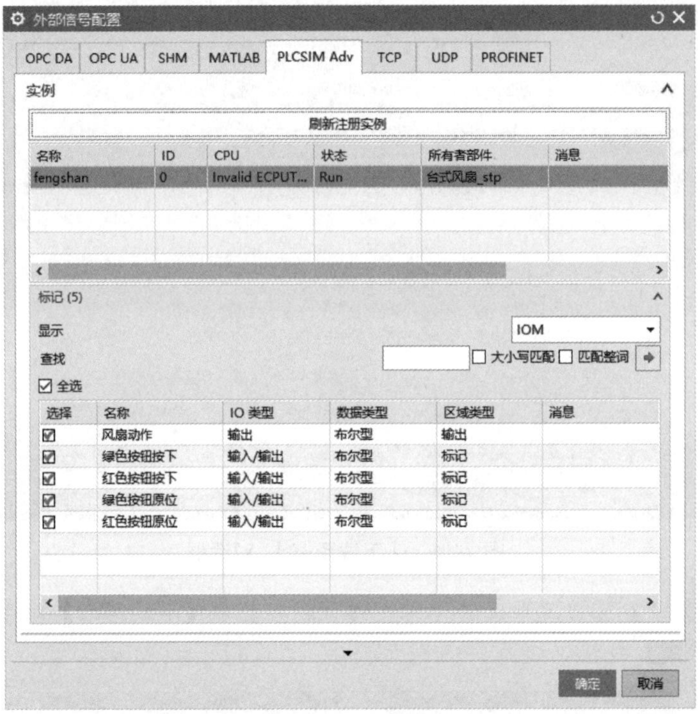

图 7-16 【外部信号配置】对话框

5. 信号映射

08 单击【主页】选项卡上【自动化】组中的【信号映射】，弹出【信号映射】对话框，【外部信号类型】设为“PLCSIM Adv”，在【PLCSIM Adv 实例】中选择创建的虚拟 PLC，然后选择对应信号，通过【信号映射】按钮一一对应进行信号映射，如图 7-17 所示，其映射关系如表 7-4 所示。

表 7-4 MCD 信号与外部信号的映射关系表

MCD 信号	方向	外部信号
风扇动作_IN	←	风扇动作
绿色按钮_按下_OUT	→	绿色按钮按下
红色按钮_按下_OUT	→	红色按钮按下
绿色按钮_原位_OUT	→	绿色按钮原位
红色按钮_原位_OUT	→	红色按钮原位

6. 仿真播放

09 单击【主页】选项卡上【仿真】组中的【播放】按钮，在图形区显示运动过程。按下红色按钮，指示灯变红；按下绿色按钮，指示灯变绿，如图 7-18 所示。

7-2

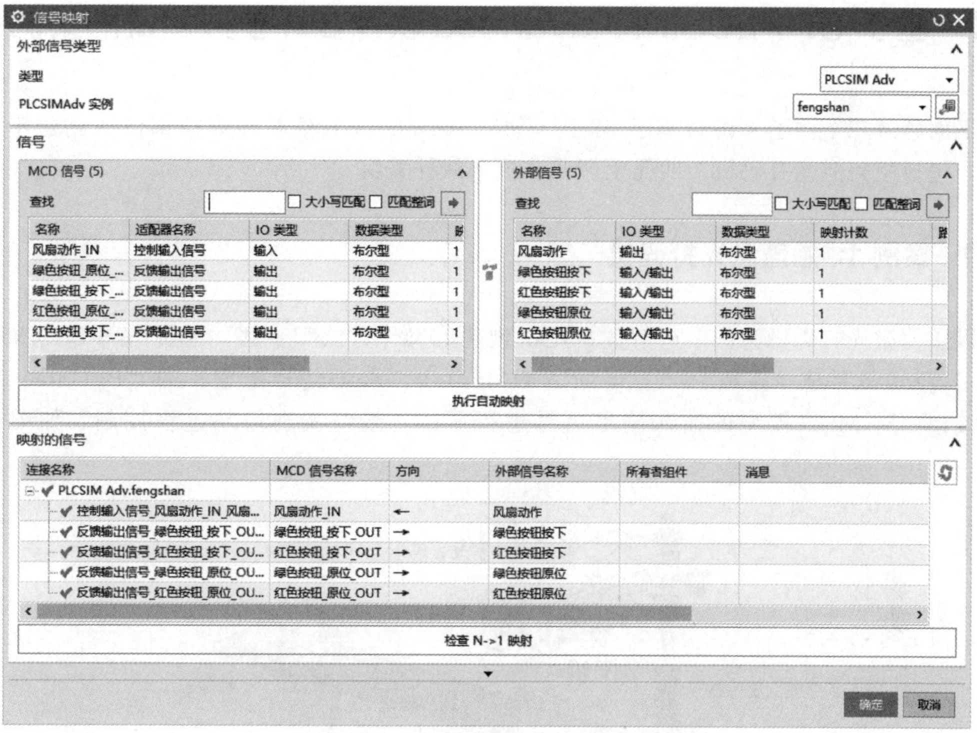

图 7-17 【信号映射】 对话框

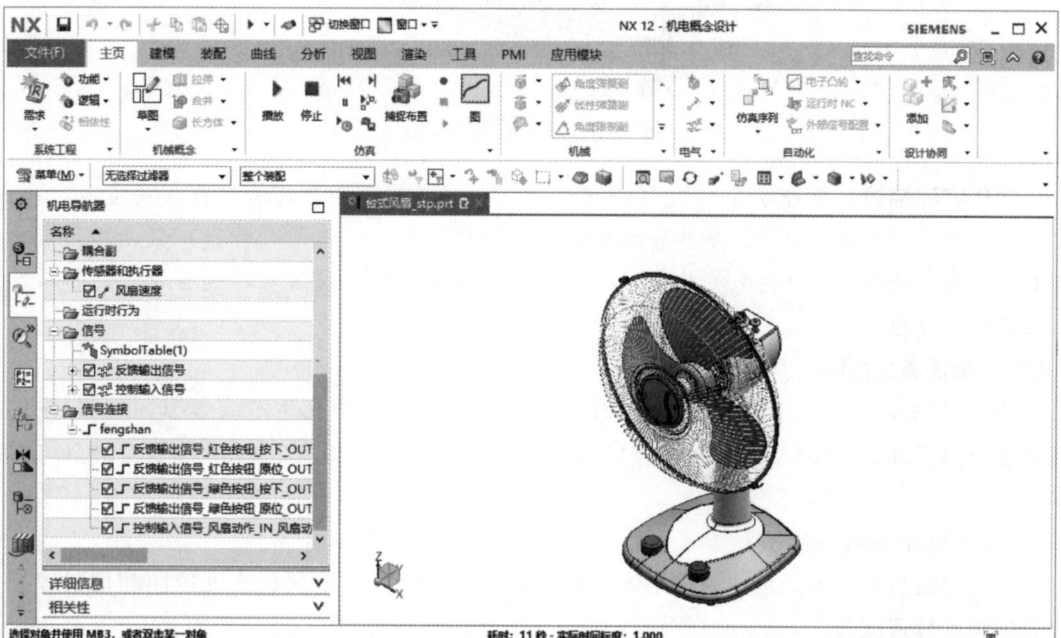

图 7-18 仿真播放

7.3 基于 S7-PLCSIM Advanced 软件在环虚拟调试的案例

下面通过三个例子来讲解基于 S7-PLCSIM Advanced 软件在环虚拟调试的创建步骤和方法，包括瓶盖激光打码机、冲孔生产线和流水线拧盖机。

7.3.1 案例 1：瓶盖激光打码机

以瓶盖激光打码机为例来讲解虚拟调试创建的操作方法和步骤，通过 S7-PLCSIM Advanced V2.0 软件建立虚拟 PLC，借助 NX MCD 中“外部信号配置”的“PLCSIM Adv”内部接口，对 MCD 模型的输入输出信号进行调试，最终实现运动过程控制，如图 7-19 所示。

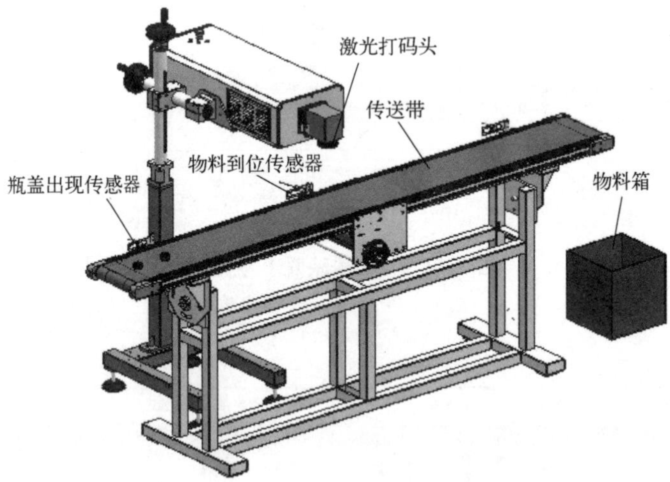

图 7-19 打码输送机模型

动作流程描述：瓶盖每隔 3s 输送到传送带上，当瓶盖出现传感器检测到瓶盖时，马上启动输送电机，传送带启动；当瓶盖到位传感器检测到瓶盖，传送带停止，激光打码启动，在瓶盖打码（此处为激活对象变换器），打码 2s 后，传送带再次启动，瓶盖输送到物料箱，此后重复上述循环动作。

7.3.1.1 瓶盖激光打码机虚拟调试的设计思路分析

使用“TIA Portal＋S7 PLCSIM Advanced＋NX MCD”冲孔生产线虚拟调试的解决方案主要分为三部分：NX MCD 配置与信号、PLC 组态及程序编写、PLC 与 NX MCD 虚拟调试。

1. NX MCD 配置与信号

首先创建机电对象，包括创建刚体、铰链副、滑动副、传输面、速度控制和位置控制，然后创建信号适配器。

最后创建控制输入信号和反馈输出信号 2 个信号适配器，把传感器和执行器中除传感器之外的其他传输面、位置控制作为参数对象创建控制输入信号；把传感器和执行器中的各种传感器（如碰撞传感器）以及运动副约束中的各种运动副作为参数对象，创建反馈输出信号，如图 7-20 所示。

(a) 控制输入信号　　　　(b) 反馈输出信号

图 7-20　创建信号适配器

2. 博途 TIA PLC 组态及程序编写

启动博途 Portal 15.1，首先创建 PLC 变量，然后编写程序，最后进行编译并下载到 S7-PLCSIM Advanced 虚拟 PLC 中，如图 7-21 所示。

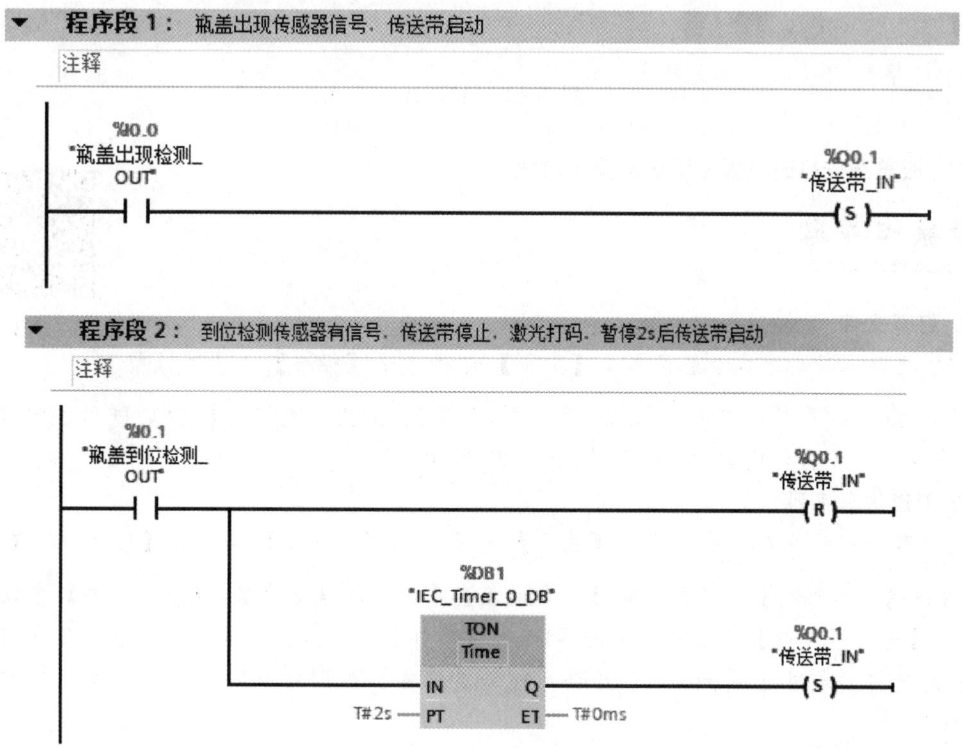

图 7-21　PLC 程序

3. **博途 TIA PLC 与 NX MCD 虚拟调试**

通过 S7-PLCSIM Advanced 创建虚拟 PLC 并完成启动后，在 NX MCD 中进行外部信号配置，完成信号映射，如图 7-22 所示。

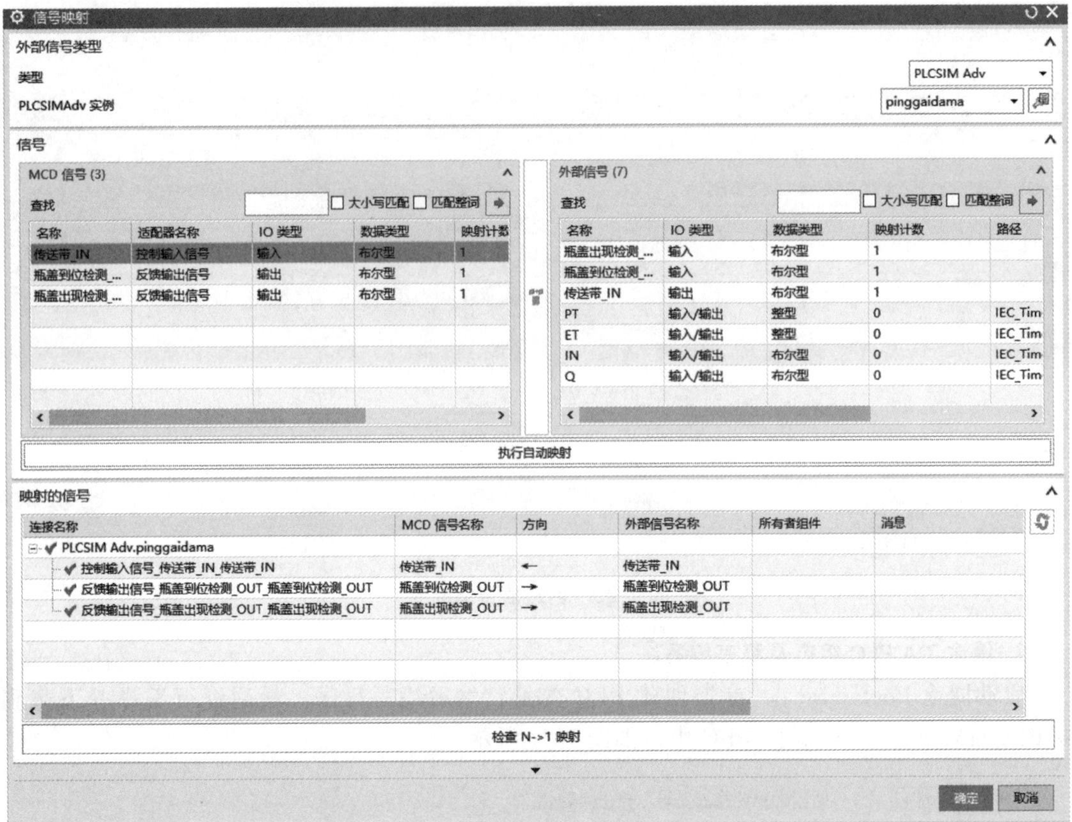

图 7-22 信号映射

7.3.1.2 瓶盖激光打码机虚拟调试的操作过程

操作步骤

7-3

1. **打开文件**

01 启动 NX 后，在功能区单击【主页】选项卡上【标准】组中的【打开】按钮，打开素材文件“\实例\第 7 章\案例 1：瓶盖激光打码机 PLC 联动控制虚拟调试案例\瓶盖激光打码机案例 . prt”，如图 7-23 所示。

2. **创建仿真序列**

02 激光打码仿真序列。单击【主页】选项卡上【自动化】组中的【仿真序列】按钮，弹出【仿真序列】对话框，在【机电对象】中选择瓶盖变换器，【持续时间】中设置时间＝0s，【运行时参数】中设置活动的＝true，【条件】中设置：选择条件对象＝激光打码传感器；激光打码传感器＝true，即当激光打码传感器检测到物料时，启动对象变换器，如图 7-24 所示。

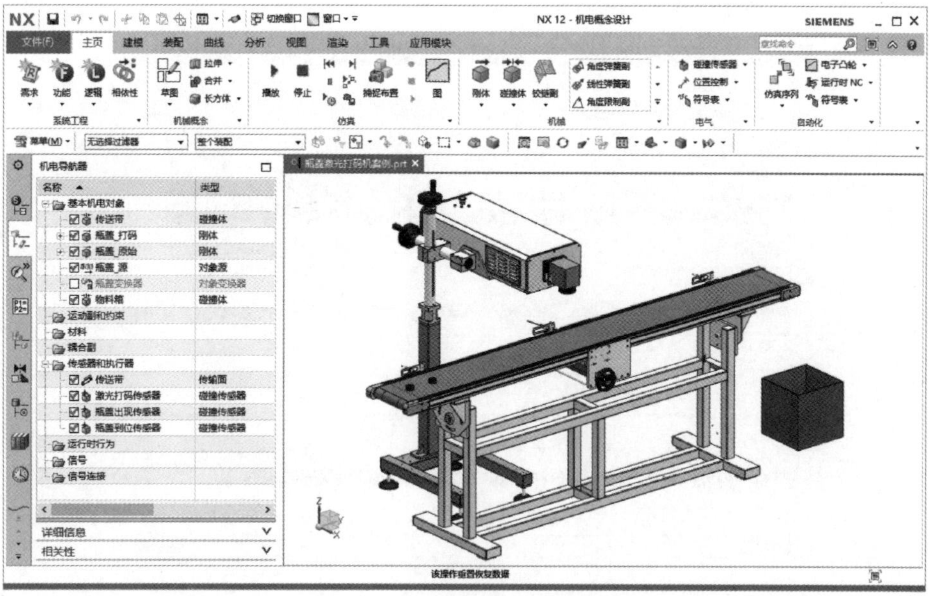

图 7-23　机电概念设计用户界面

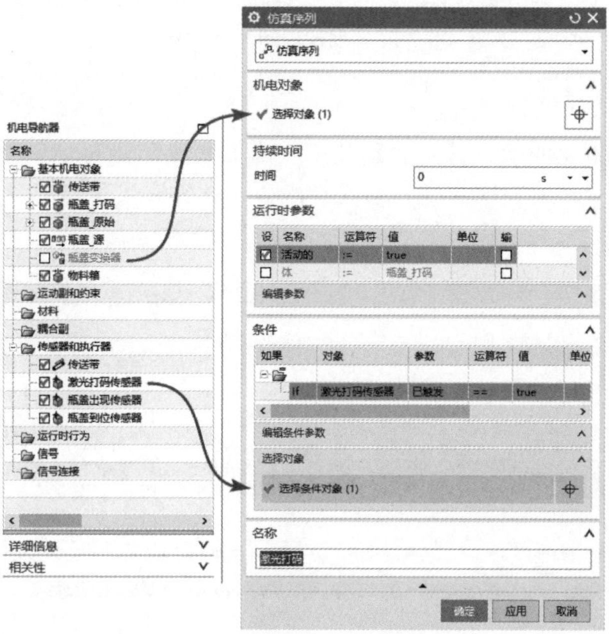

图 7-24　创建激光打码仿真序列

3. 创建信号适配器

(1) 创建控制输入信号

03　单击【主页】选项卡上【电气】组中的【信号适配器】按钮，弹出【信号适配器】对话框，选择机电对象为“传送带”，【参数名称】为“活动的”，单击【添加参数】按钮，【别名】为“主传送带启停”；单击【信号】选项中的【添加】按钮，添加“传送带_IN”输入信号；选中“传送带启停”，勾选【指派为】选项，把它输入到“公式”，输入公式表达式：传送带_IN，如图 7-25 所示。

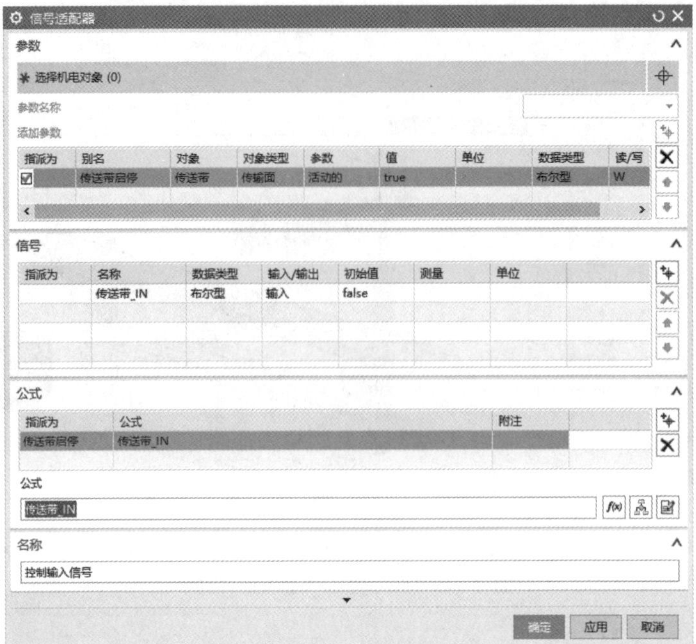

图 7-25　创建控制输入信号

（2）创建反馈输出信号

04　单击【主页】选项卡上【电气】组中的【信号适配器】按钮，弹出【信号适配器】对话框，分别选择机电对象：瓶盖出现传感器、瓶盖到位传感器，【参数名称】均设为“已触发”，对应添加 2 个输出信号及其公式，如图 7-26 所示。

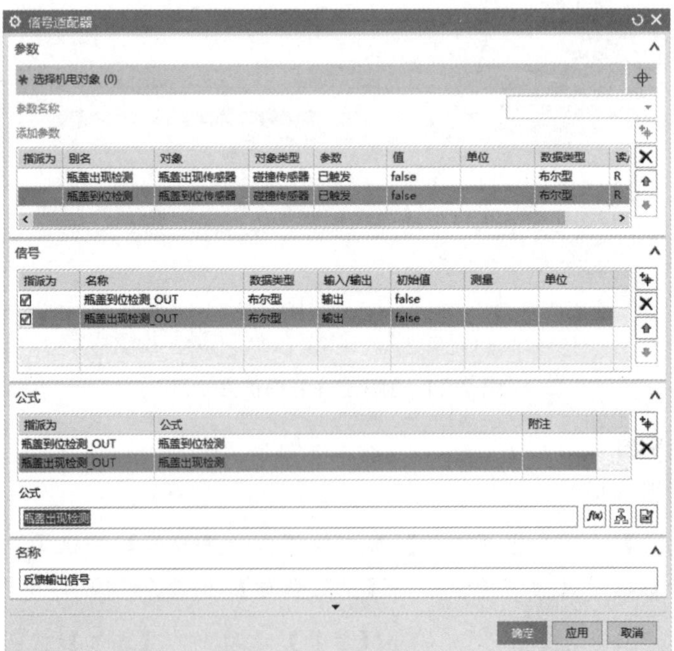

图 7-26　创建反馈输出信号

4. **启动 S7-PLCSIM Advanced 信号连接**

05　以管理员身份启动 PLCSIM Advanced 程序，显示【Control Panel】界面，选择【Online Access】模式为“PLCSIM”，单击【Start Virtual S7-1500 PLC】左侧⌄图标，【Instance name】设为“pinggaidama”（名称不能为中文，至少三个字符），【PLC type】选为“Unspecified CPU 1500”，然后单击【Start】按钮即可启动虚拟 PLC，如图 7-27 所示。

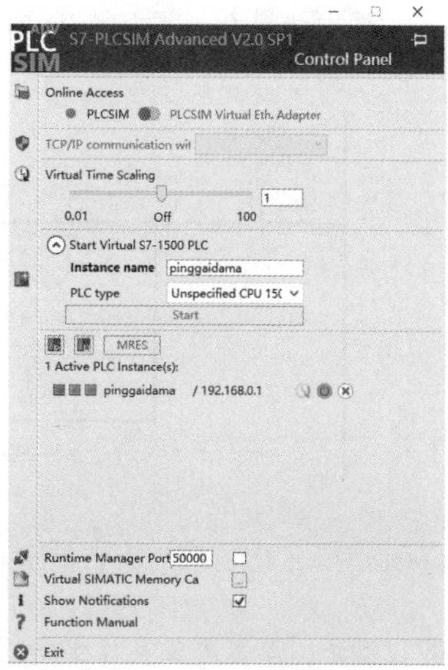

图 7-27　启动虚拟 PLC

5. **启动 Portal 并下载 PLC 程序**

06　启动 Portal 后，打开素材文件“实例\第 7 章\案例 1：瓶盖激光打码机 PLC 联动控制虚拟调试案例\瓶盖激光打码机\瓶盖激光打码机 . ap15_1”，如图 7-28～图 7-30 所示。

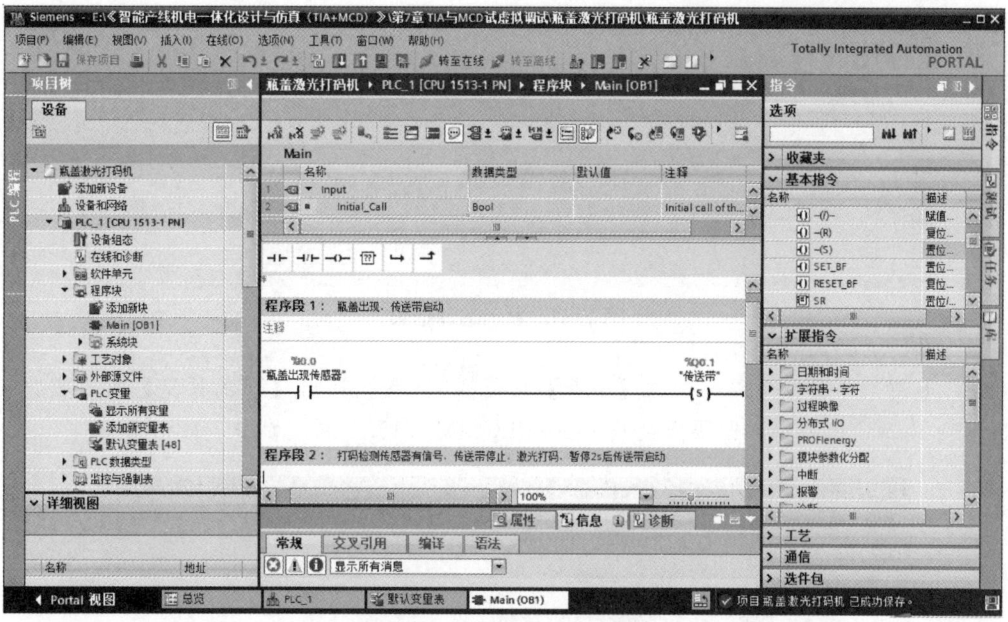

图 7-28　打开 PLC 程序

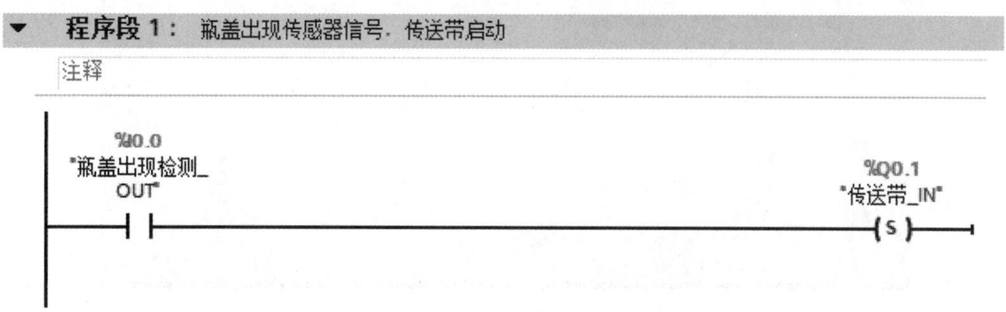

图 7-29　程序段 1：瓶盖出现

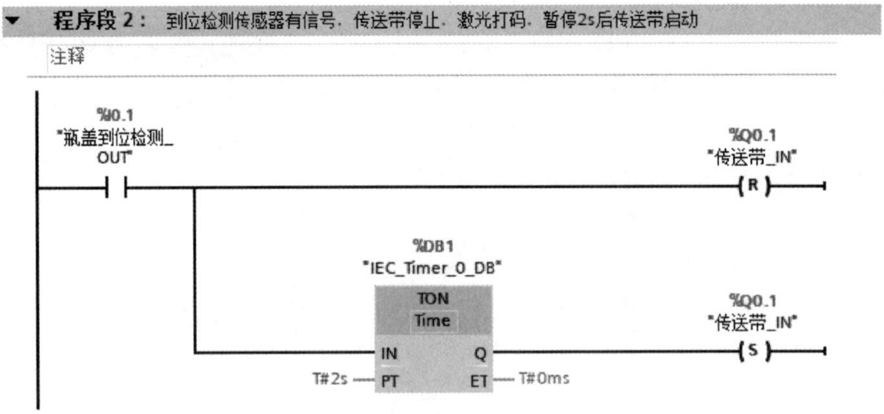

图 7-30 程序段 2：打码检测信号

07 编译。单击主工具栏上的【编译】按钮，编译（可以理解检查程序有没有错）程序并查看编译结果，如图 7-31 所示。

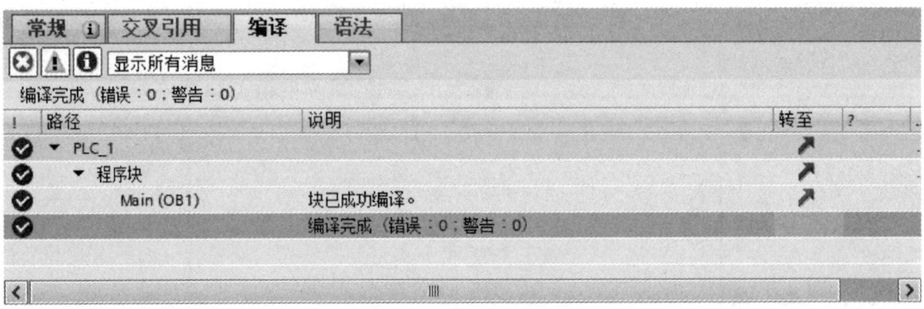

图 7-31 显示编译结果

08 下载。单击主工具栏上的【下载】按钮，系统弹出【下载预览】对话框，提示要把 TIA Portal 中的梯形图程序装载到 S7-PLCSIM V15.1 中，如图 7-32 所示。

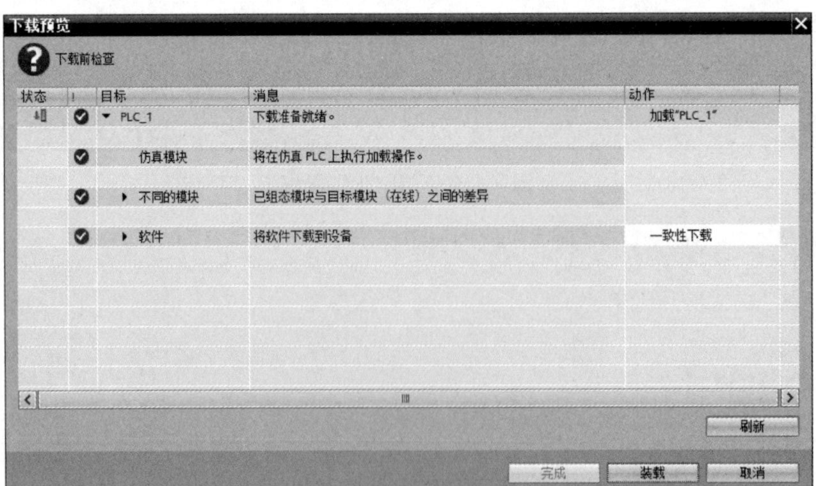

图 7-32 【下载预览】对话框

09　单击【装载】按钮就可以进行程序的下载，显示【下载结果】对话框，选择【启动模块】，单击【完成】按钮，如图 7-33 所示。

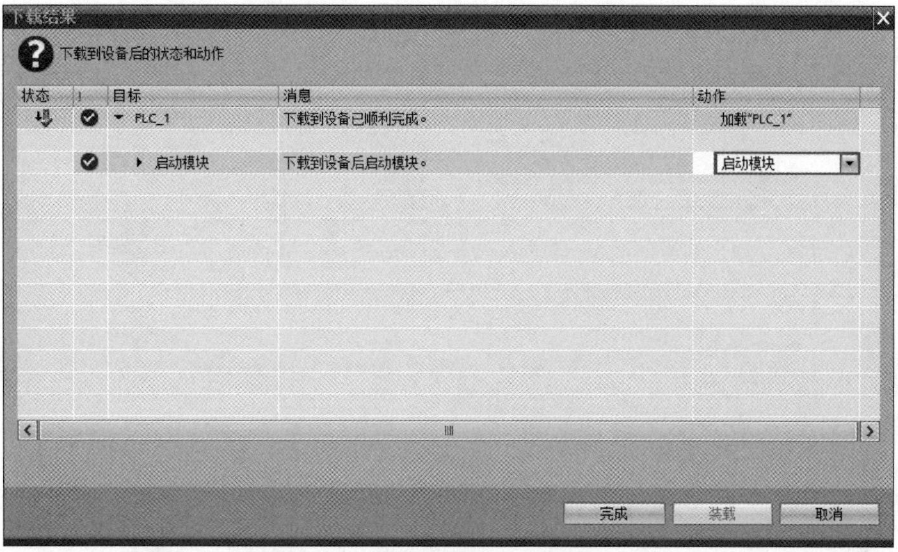

图 7-33　【下载结果】对话框

6. **博途 TIA PLC 与 NX MCD 虚拟调试**

10　外部信号配置。单击【主页】选项卡上【自动化】组中的【外部信号配置】，弹出【外部信号配置】对话框，选择【PLCSIM Adv】选项卡，单击【刷新注册实例】按钮，【显示】选为“IOM”，勾选【全选】复选框，如图 7-34 所示。

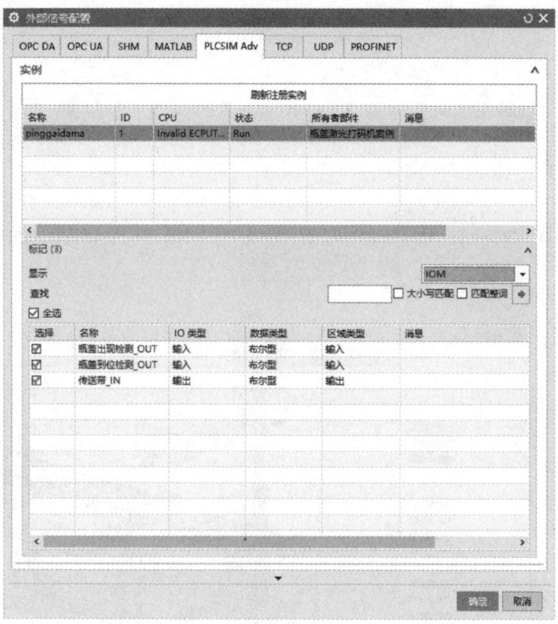

图 7-34　【外部信号配置】对话框

11　信号映射。单击【主页】选项卡上【自动化】组中的【信号映射】，弹出【信号映射】对话框，【外部信号类型】设为“PLCSIM Adv”，在【PLCSIM Adv 实例】中选择创建的虚拟 PLC，然后选择对应信号，通过【信号映射】按钮一一对应进行信号映射，如图 7-35 所示，其映射关系如表 7-5 所示。

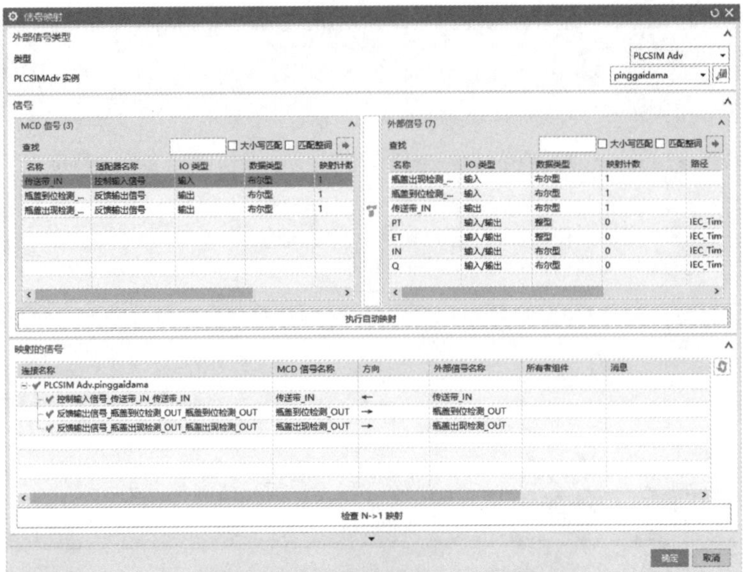

图 7-35 【信号映射】对话框

表 7-5 MCD 信号与外部信号的映射关系表

MCD 信号	方向	外部信号
传送带_IN	←	传送带_IN
瓶盖出现检测_OUT	→	瓶盖出现检测_OUT
瓶盖到位检测_OUT	→	瓶盖到位检测_OUT

7. 仿真播放

12 单击【主页】选项卡上【仿真】组中的【播放】按钮▶，在图形区显示运动过程。如图 7-36 所示。

7-4

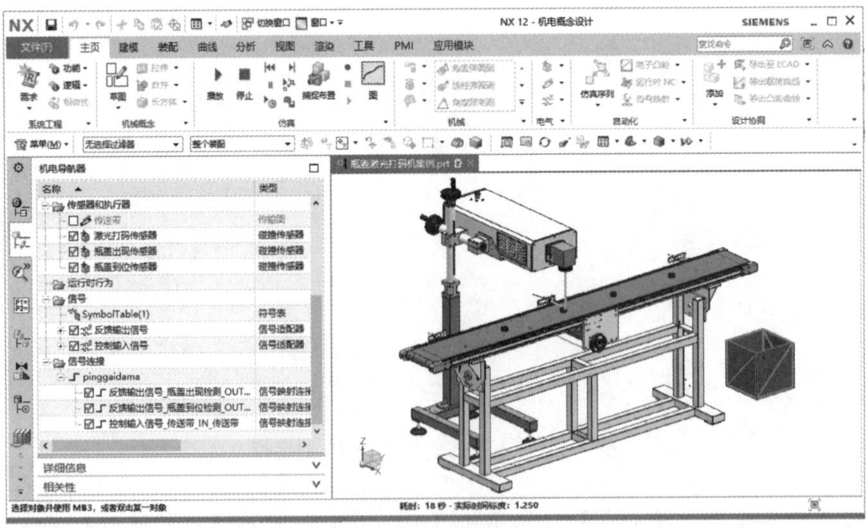

图 7-36 仿真播放

7.3.2 案例 2: 冲孔生产线

以冲压生产线为例来讲解虚拟调试创建的操作方法和步骤，通过 S7-PLCSIM Advanced V2.0 软件建立虚拟 PLC，借助 NX MCD 中“外部信号配置”的“PLCSIM Adv”接口，对 MCD 模型的输入输出信号进行调试，最终实现运动过程控制，如图 7-37 所示。

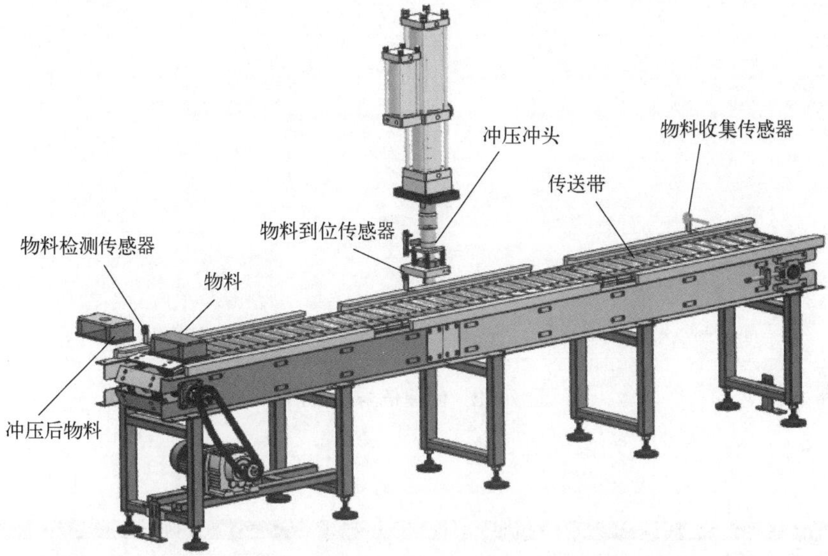

图 7-37 冲孔生产线模型

动作流程描述：当物料检测传感器检测到有产品时，启动传送带；当冲压检测传感器检测到产品到位时，传送带暂停，物料准备冲压；冲压冲头下压冲孔，停留 2s 后，冲压冲头复位，传送带重新启动；当物料收集传感器检测到产品时，产品被收集；下一个物料出现，循环重复上述动作。

7.3.2.1 冲孔生产线虚拟调试的设计思路分析

使用“TIA Portal＋S7 PLCSIM Advanced＋NX MCD”冲孔生产线虚拟调试的解决方案主要分为三部分：NX MCD 配置与信号、PLC 组态及程序编写、PLC 与 NX MCD 虚拟调试。

1. NX MCD 配置与信号

首先创建机电对象，包括创建刚体、铰链副、滑动副、传输面、速度控制和位置控制，然后创建信号适配器。

最后创建控制输入信号和反馈输出信号 2 个信号适配器，把传感器和执行器中除传感器之外的其他传输面、位置控制作为参数对象创建控制输入信号；把传感器和执行器中的各种传感器（如碰撞传感器）以及运动副约束中的各种运动副作为参数对象，创建反馈输出信号，如图 7-38 所示。

2. 博途 TIA PLC 组态及程序编写

启动博途 Portal 15.1，首先创建 PLC 变量，然后编写程序，最后进行编译并下载到 S7-PLCSIM Advanced 虚拟 PLC 中，如图 7-39 所示。

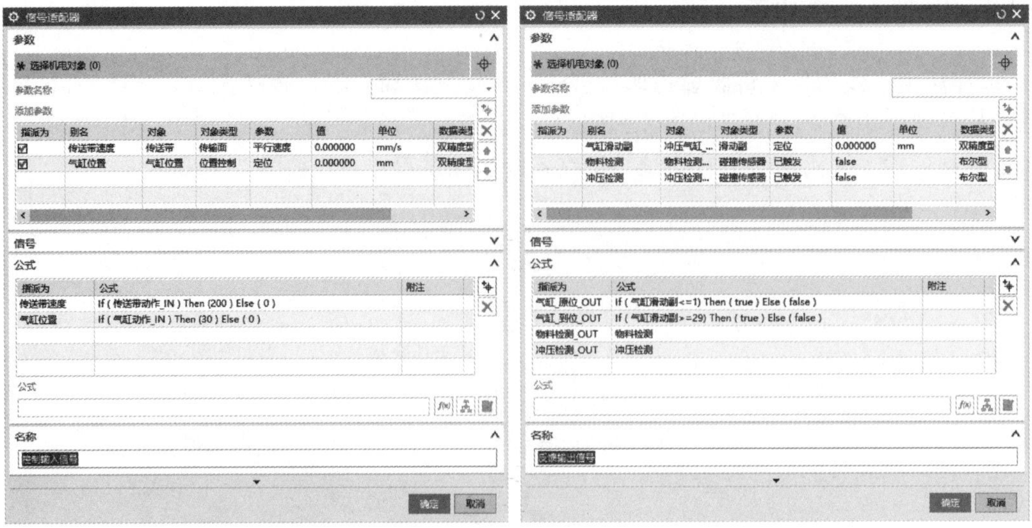

(a) 控制输入信号　　　　(b) 反馈输出信号

图 7-38　创建信号适配器

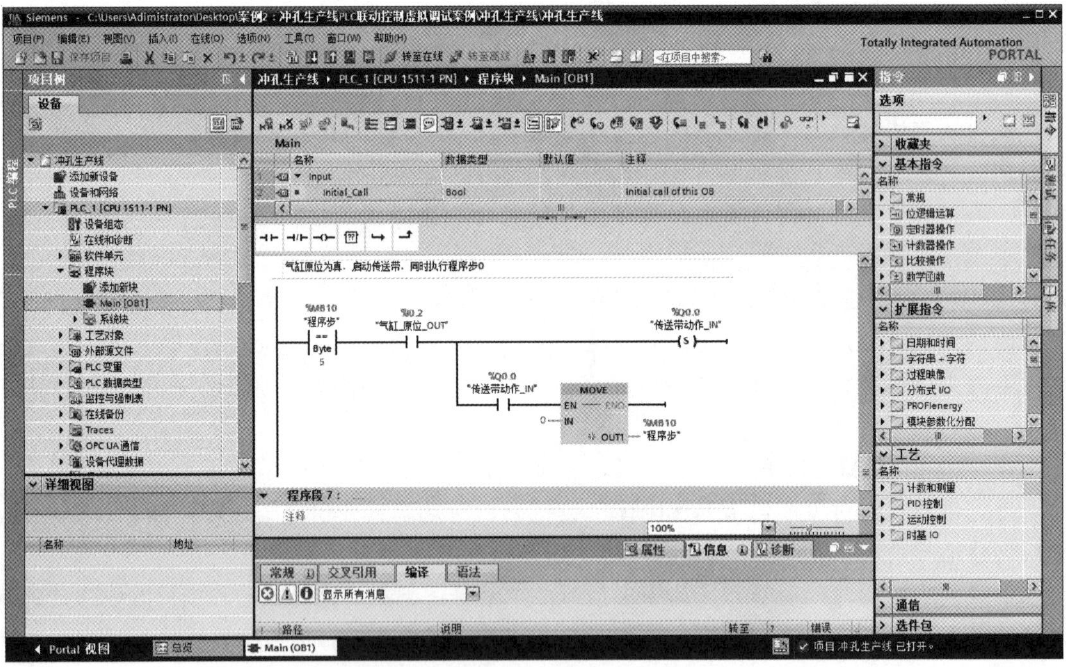

图 7-39　PLC 程序

3. 博途 TIA PLC 与 NX MCD 虚拟调试

通过 S7-PLCSIM Advanced 创建虚拟 PLC 并完成启动后，在 NX MCD 中进行外部信号配置，完成信号映射，如图 7-40 所示。

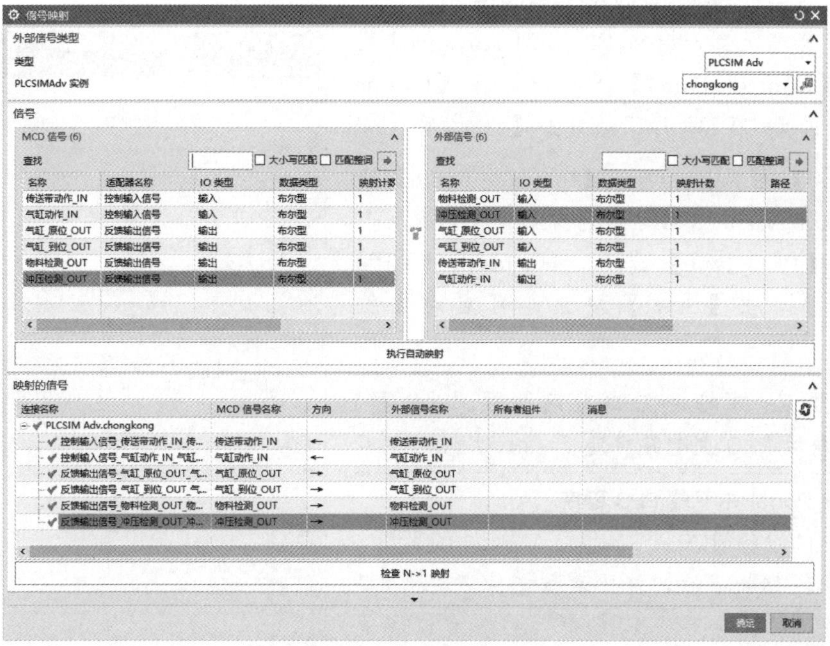

图 7-40 信号映射

7.3.2.2 冲孔生产线虚拟调试的操作过程

操作步骤

7-5

1. 打开文件

01 启动 NX 后，在功能区单击【主页】选项卡上【标准】组中的【打开】按钮，打开素材文件“实例\第 7 章\案例 2：冲孔生产线 PLC 联动控制虚拟调试案例\冲孔生产线案例 . prt”，进入机电概念设计用户界面，如图 7-41 所示。

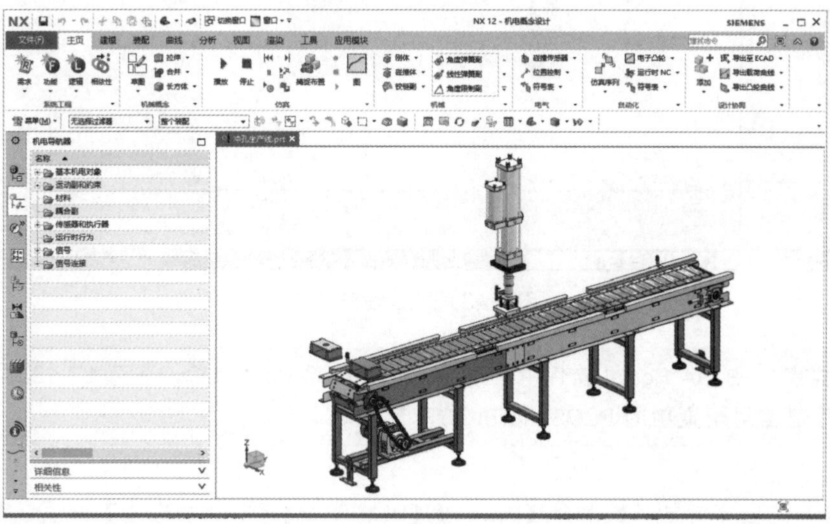

图 7-41 机电概念设计用户界面

2. 启动 S7-PLCSIM Advanced 信号连接

02 以管理员身份启动 PLCSIM Advanced 程序，显示【Control Panel】界面，选择【Online Access】模式为“PLCSIM”，单击【Start Virtual S7-1500 PLC】左侧图标，【Instance name】设为“chongkongxian”（名称不能为中文，至少三个字符），【PLC type】选为“Unspecified CPU 1500”，然后单击【Start】按钮即可启动虚拟 PLC，如图 7-42 所示。

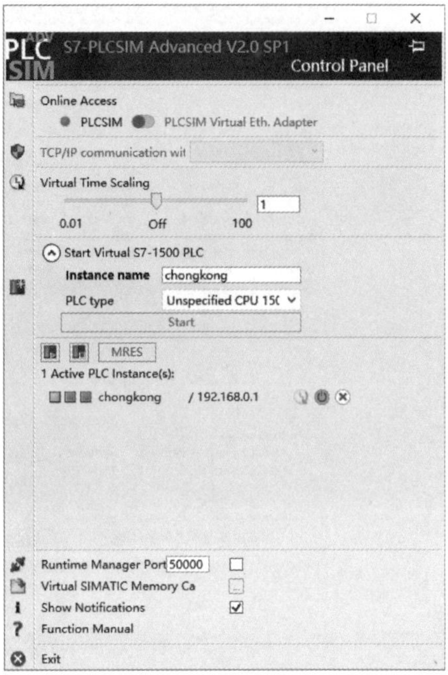

图 7-42 启动虚拟 PLC

技术要点：虚拟 PLC 成功启动后，PLC 显示黄灯，表示 PLC 上电并且处于 stop 状态。

3. 启动 Portal 并下载 PLC 程序

(1) PLC 设备组态

03 启动 Portal 后，打开素材文件“实例\第 7 章\案例 2：冲孔生产线 PLC 联动控制虚拟调试案例\冲孔生产线\冲孔生产线 . ap15_1”，如图 7-43 所示。

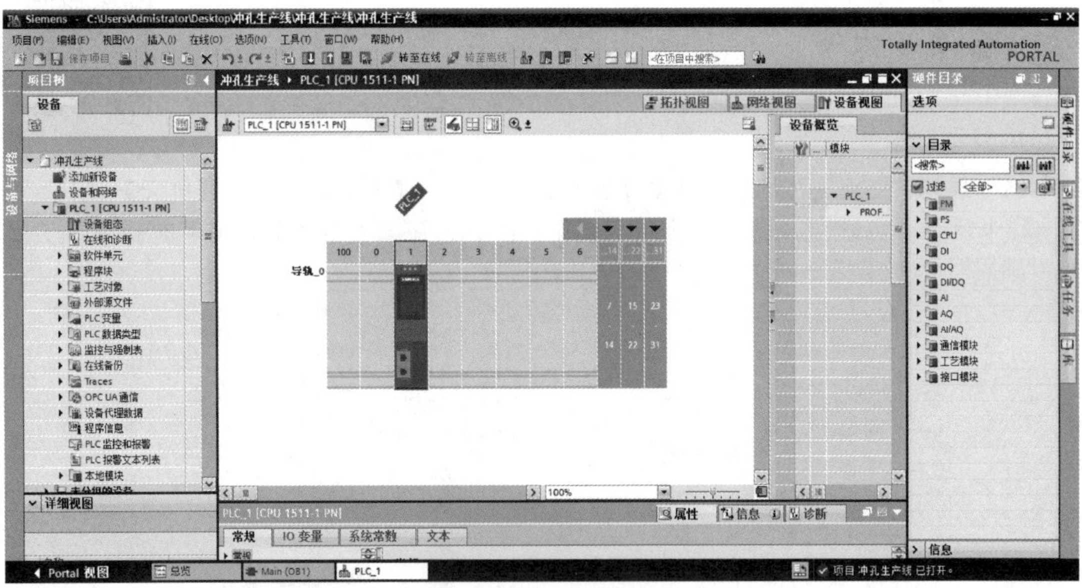

图 7-43 PLC 设备组态

技术要点：在 TIA Portal 软件中需添加 S7-1500 系列的 PLC，注意 S7-1200 暂不支持 NX MCD 外部信号配置中的 PLCSIM Adv 仿真功能。

(2) PLC 变量

04 展开左侧【项目树】中的【PLC-1】|【PLC 变量】|【默认变量表】节点，显示默认变量表界面，设置相关 I/O 分配表，如图 7-44 所示，其 I/O 分配如表 7-6 所示。

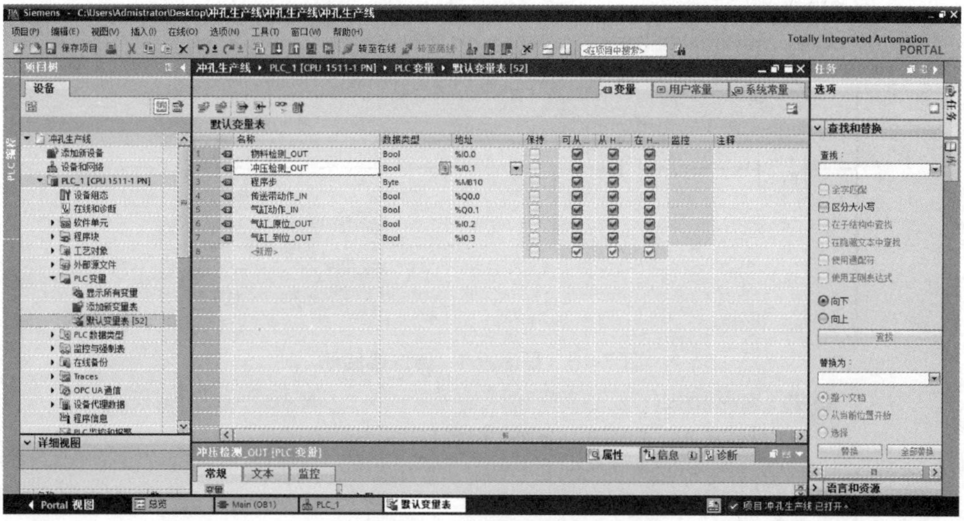

图 7-44 默认变量表

表 7-6 I/O 分配表

变量	类型	地址
物料检测_OUT	Bool	I0. 0
冲压检测_OUT	Bool	I0. 1
程序步	Byte	MB10
传送带动作_IN	Bool	Q0. 0
气缸动作_IN	Bool	Q0. 1
气缸_原位_OUT	Bool	I0. 2
气缸_到位_OUT	Bool	I0. 3

(3) PLC 程序

05 双击【项目树】窗口中的【程序块】|【Main】节点，打开程序块界面，编写 PLC 程序，如图 7-45～图 7-52 所示。

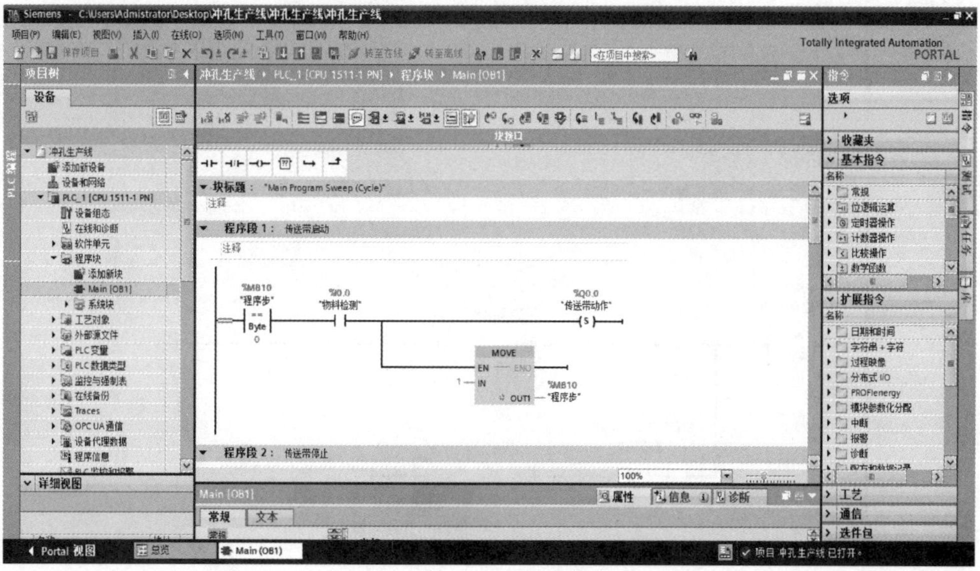

图 7-45 编写 PLC 程序

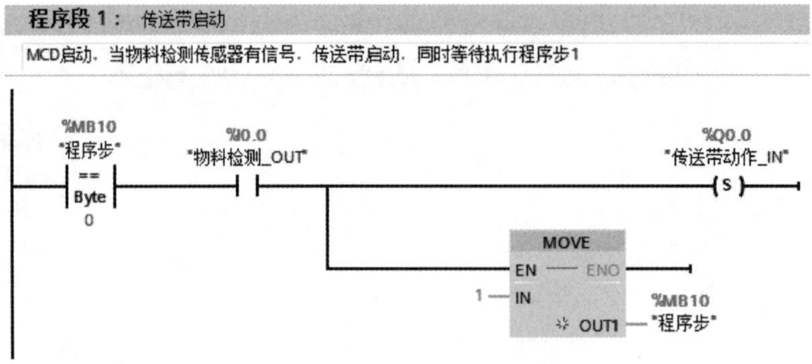

图 7-46 程序段 1：传送带启动

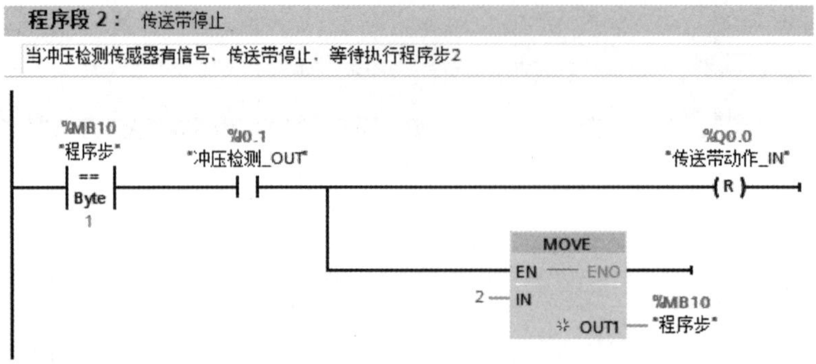

图 7-47 程序段 2：传送带停止

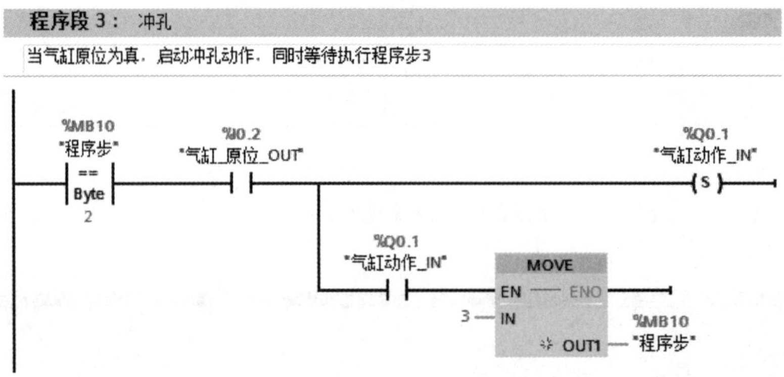

图 7-48 程序段 3：冲孔

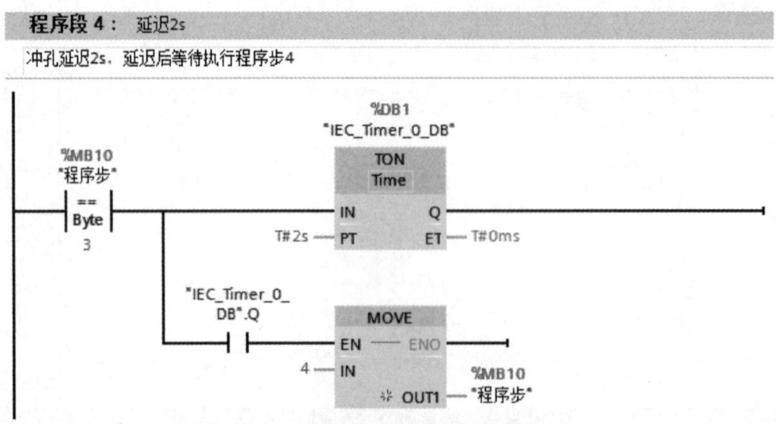

图 7-49 程序段 4：延迟 2s

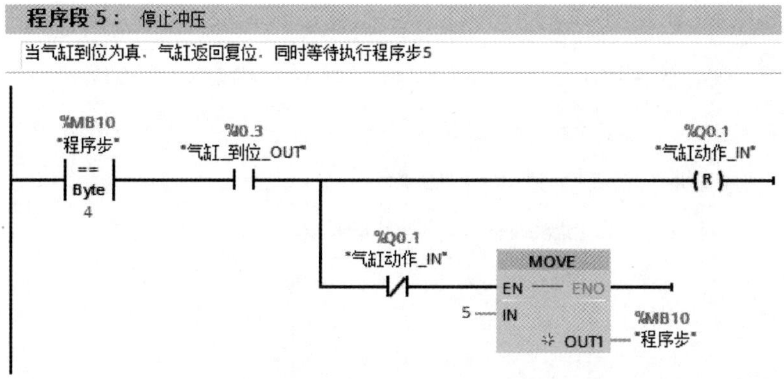

图 7-50　程序段 5：停止冲压

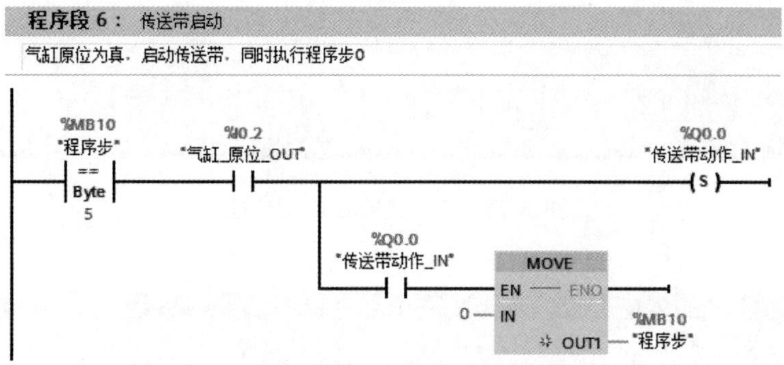

图 7-51　程序段 6：传送带启动

06　编译。单击主工具栏上的【编译】按钮，编译（可以理解为检查程序有没有错）程序并查看编译结果，如图 7-52 所示。

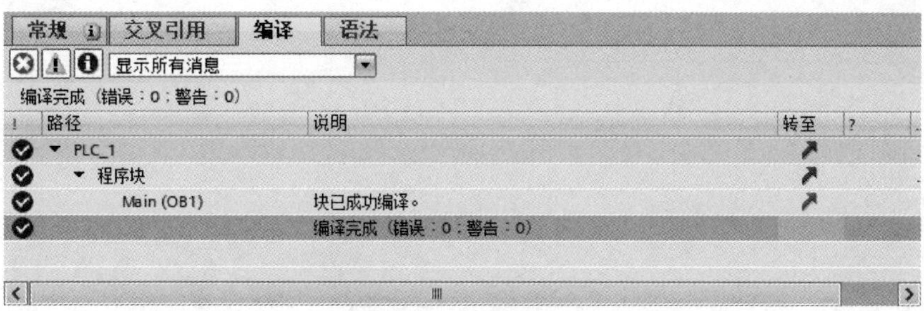

图 7-52　显示编译结果

07　下载。单击主工具栏上的【下载】按钮，系统弹出【下载预览】对话框，提示要把 TIA Portal 中的梯形图程序装载到 S7-PLCSIM V15.1 中，如图 7-53 所示。

08　单击【装载】按钮就可以进行程序的下载，显示【下载结果】对话框，选择【启动模块】，单击【完成】按钮即可将 PLC 程序下载到虚拟 PLC 之中，如图 7-54 所示。

09　返回 PLCSIM Advanced 程序，虚拟 PLC 显示绿灯，表示 PLC 程序已经成功下载到虚拟 PLC 中，此时 PLC 处于 Run 状态。

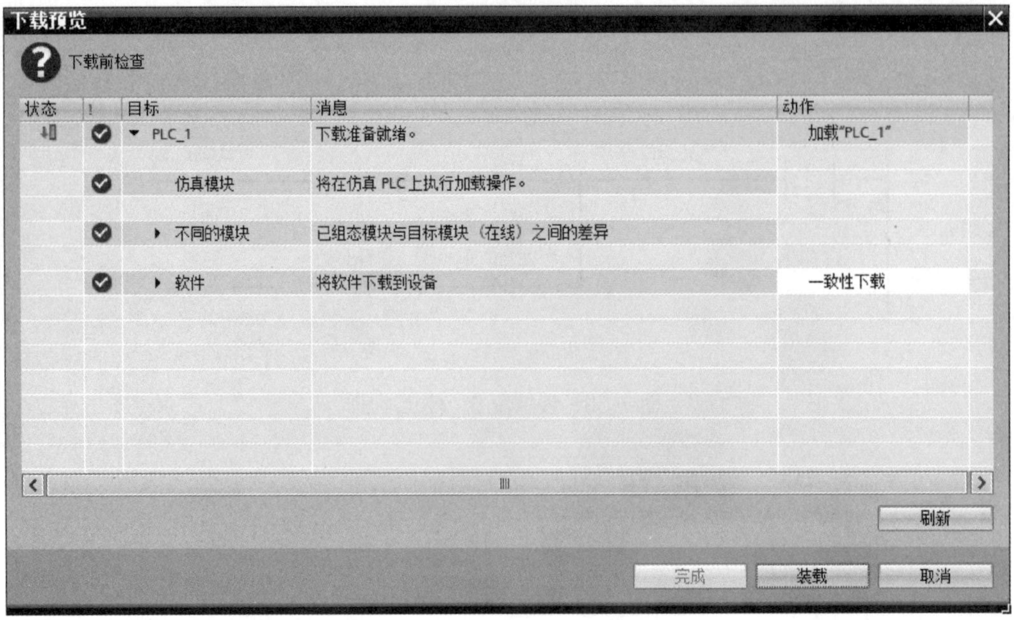

图 7-53 【下载预览】对话框

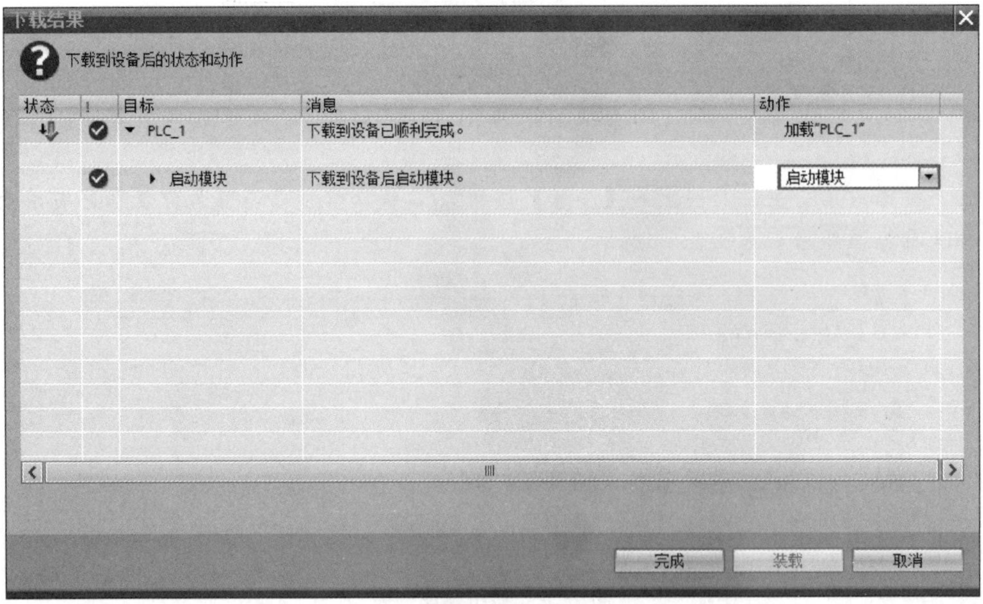

图 7-54 【下载结果】对话框

4. 外部信号配置

10 单击【主页】选项卡上【自动化】组中的【外部信号配置】，弹出【外部信号配置】对话框，选择【PLCSIM Adv】选项卡，单击【刷新注册实例】按钮，【显示】选择"IOM"，勾选【全选】复选框，列表中显示所有 PLC 变量，然后取消选择"程序步"，单击【确定】按钮完成，如图 7-55 所示。

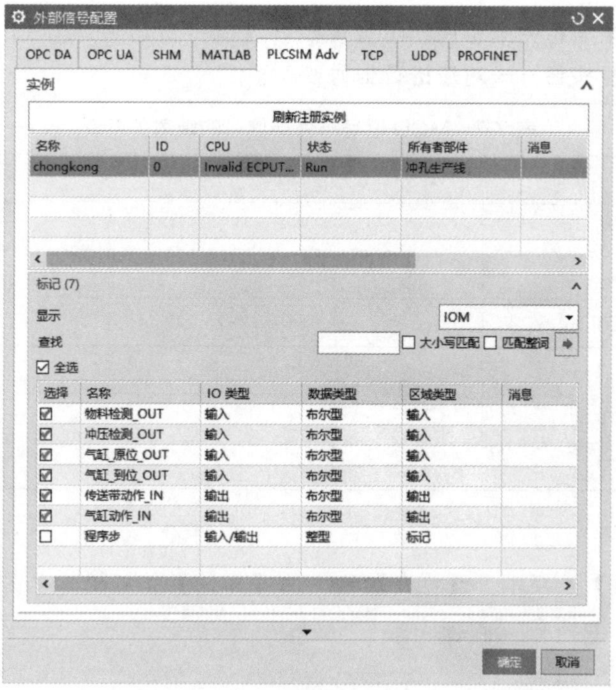

图 7-55 【外部信号配置】 对话框

5. **信号映射**

11 单击【主页】选项卡【自动化】组中的【信号映射】，弹出【信号映射】对话框，【外部信号类型】设为“PLCSIM Adv”，在【PLCSIM Adv 实例】中选择创建的虚拟 PLC，本案例为“chongkong”，单击【执行自动映射】按钮，即可完成自动映射，最后单击【确定】按钮完成，如图 7-56 所示，其映射关系如表 7-7 所示。

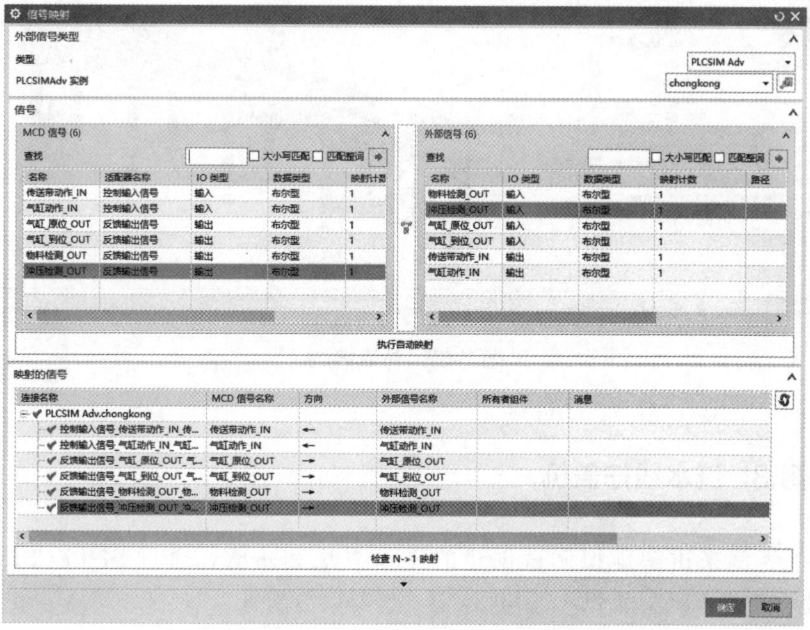

图 7-56 【信号映射】 对话框

技术要点：如果名称完全相同，可直接执行【执行自动映射】，如果名称不同，则需要通过【信号映射】按钮一一对应进行信号映射。

表 7-7　MCD 信号与外部信号的映射关系表

MCD 信号	方向	外部信号
传送带动作_IN	←	传送带动作_IN
气缸动作_IN	←	气缸动作_IN
气缸_原位_OUT	→	气缸_原位_OUT
气缸_到位_OUT	→	气缸_到位_OUT
物料检测_OUT	→	物料检测_OUT
冲压检测_OUT	→	冲压检测_OUT

6. 仿真播放

12　单击【主页】选项卡上【仿真】组中的【播放】按钮▶，在图形区显示运动过程仿真，如图 7-57 所示。

7-6

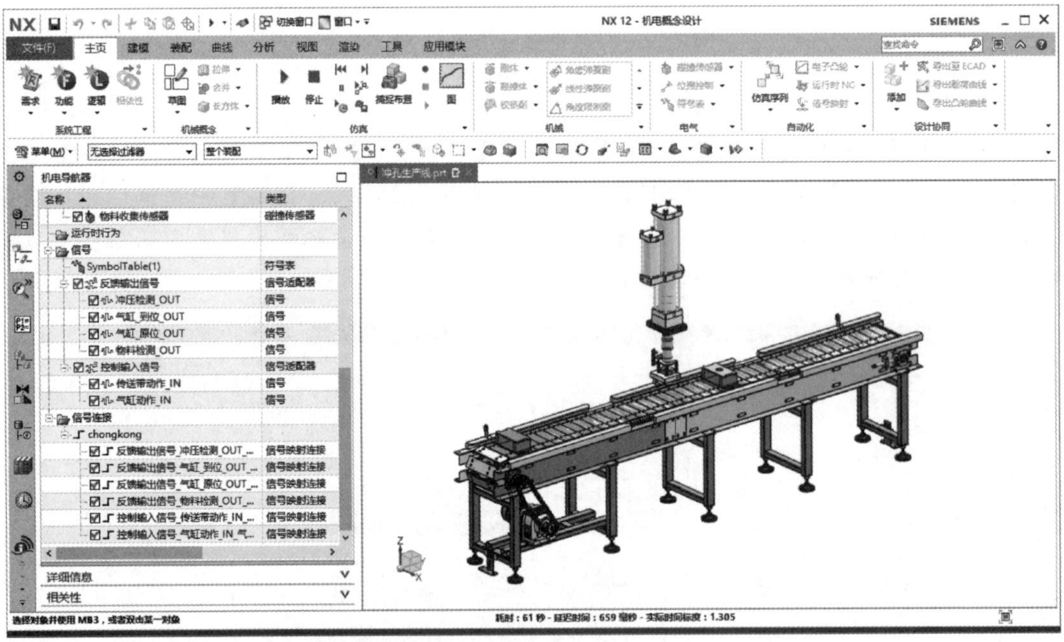

图 7-57　仿真播放

7.3.3　案例 3：流水线拧盖机

以拧盖机为例来讲解虚拟调试创建的操作方法和步骤，通过 S7-PLCSIM Advanced V2.0 软件建立虚拟 PLC，借助 NX MCD 中“外部信号配置”的“PLCSIM Adv”接口，对 MCD 模型的输入输出信号进行调试，最终实现运动过程控制，如图 7-58 所示。

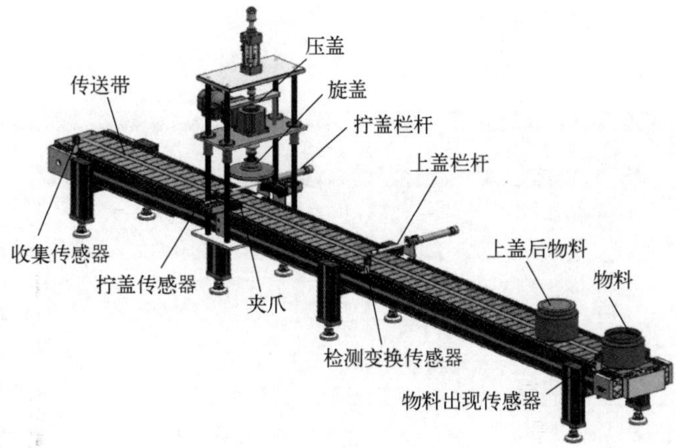

图 7-58　拧盖机模型

动作流程描述：当物料检测传感器发现有物料桶时，启动传送带；当检测传感器检测到物料桶时，上盖栏杆伸出拦截物料桶，物料桶上盖；当拧盖传感器检测到产品时，夹爪夹持物料桶并完成拧盖后，传送带重新启动；当物料收集传感器检测到物料桶时，物料桶被收集；下一个物料桶出现，循环重复上述动作。

7.3.3.1　流水线拧盖机虚拟调试的设计思路分析

使用“TIA Portal＋S7 PLCSIM Advanced＋NX MCD”冲孔生产线虚拟调试的解决方案主要分为三部分：NX MCD 配置与信号、PLC 组态及程序编写、PLC 与 NX MCD 虚拟调试。

1. NX MCD 配置与信号

首先创建机电对象，包括创建刚体、铰链副、滑动副、传输面、速度控制和位置控制，然后创建信号适配器。

最后创建控制输入信号和反馈输出信号 2 个信号适配器，把传感器和执行器中除传感器之外的其他传输面、位置控制作为参数对象创建控制输入信号；把传感器和执行器中的各种传感器（如碰撞传感器）以及运动副约束中的各种运动副作为参数对象，创建反馈输出信号，如图 7-59 所示。

(a) 控制输入信号　　(b) 反馈输出信号

图 7-59　创建信号适配器

2. 博途 TIA PLC 组态及程序编写

启动博途 Portal 15.1，首先创建 PLC 变量，然后编写程序，如图 7-60 所示。

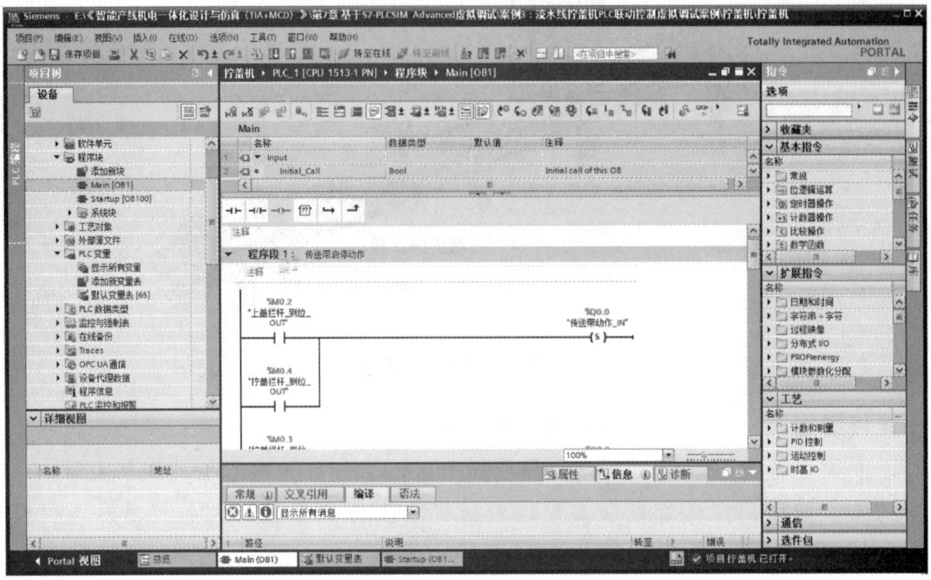

图 7-60　PLC 程序

3. 博途 TIA PLC 与 NX MCD 虚拟调试

启动 S7-PLCSIM Advanced 创建虚拟 PLC，然后在 MCD 中进行外部信号配置，完成信号映射，如图 7-61 所示。

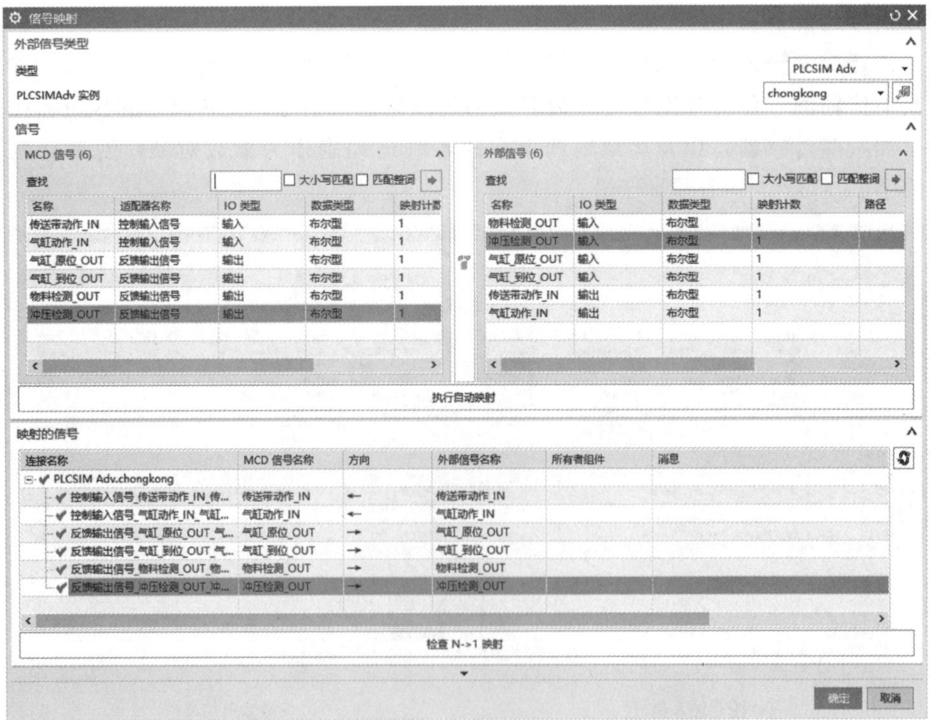

图 7-61　信号映射

7.3.3.2 流水线拧盖机虚拟调试的操作过程

操作步骤

7-7

1. 打开文件

01 启动 NX 后，在功能区单击【主页】选项卡上【标准】组中的【打开】按钮，打开素材文件“实例\第 7 章\案例 3：流水线拧盖机 PLC 联动控制虚拟调试案例\流水线拧盖机案例 . prt”，进入机电概念设计用户界面，如图 7-62 所示。

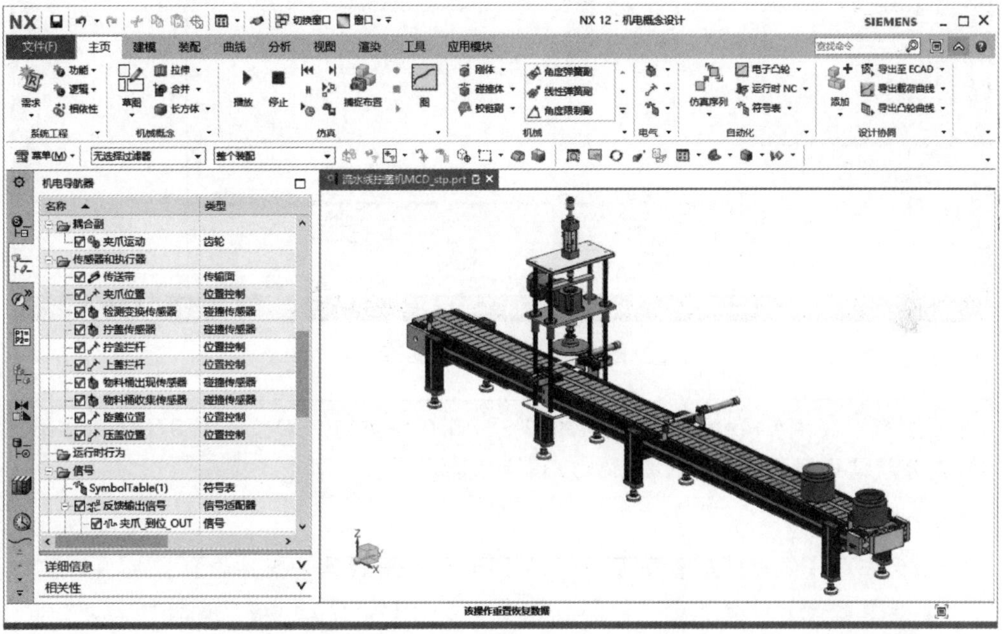

图 7-62 机电概念设计用户界面

2. 启动 S7-PLCSIM Advanced 信号连接

02 以管理员身份启动 PLCSIM Advanced 程序，显示【Control Panel】界面，选择【Online Access】模式为“PLCSIM”，单击【Start Virtual S7-1500 PLC】左侧图标，【Instance name】设为“ninggaiji”（名称不能为中文，至少三个字符），【PLC type】选为“Unspecified CPU 1500”，然后单击【Start】按钮即可启动虚拟 PLC，如图 7-63 所示。

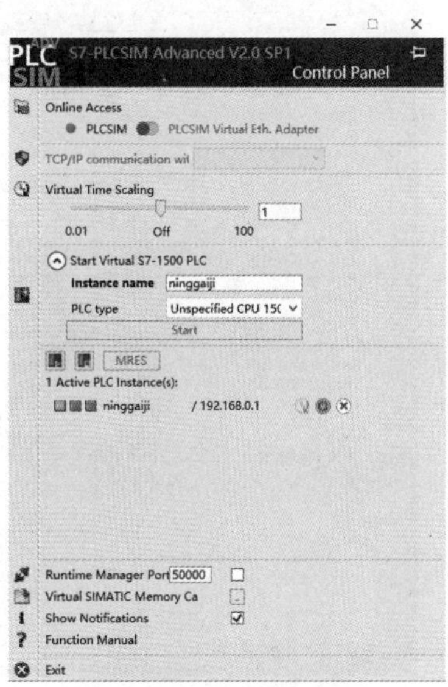

图 7-63 启动虚拟 PLC

> **技术要点：虚拟 PLC 成功启动后，PLC 显示黄灯，表示 PLC 上电并且处于 Stop 状态。**

3. 启动 Portal 并下载 PLC 程序

（1）PLC 设备组态

03 启动 Portal 后，打开素材文件“实例\第 7 章\案例 3：流水线拧盖机 PLC 联动控制虚拟调试案例\拧盖机\拧盖机.ap15_1”，如图 7-64 所示。

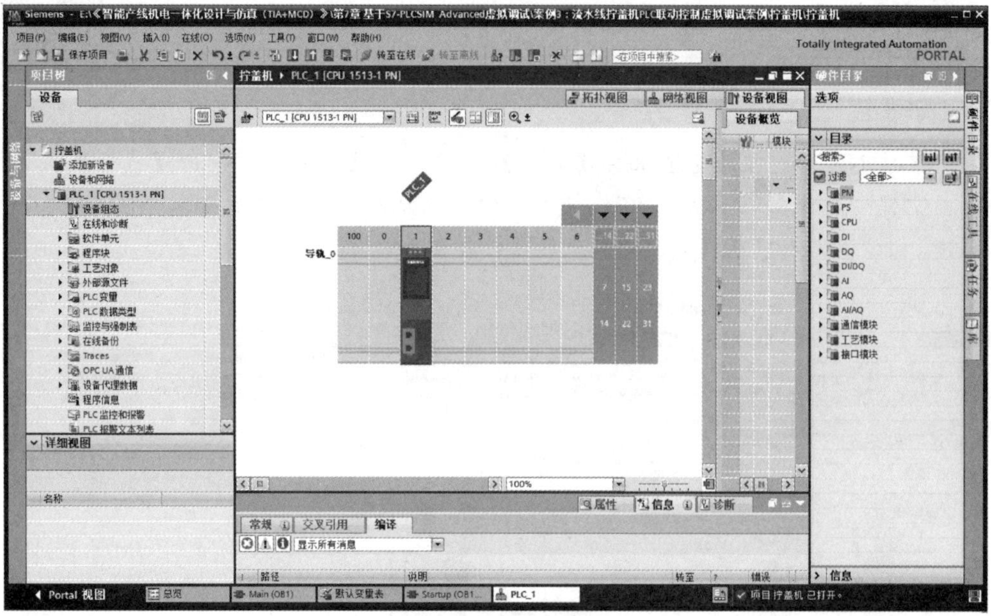

图 7-64　PLC 设备组态

技术要点：在 TIA Portal 软件中需添加 S7-1500 系列的 PLC，注意 S7-1200 暂不支持 NX MCD 外部信号配置中的 PLCSIM Adv 仿真功能。

（2）PLC 变量

04　展开左侧【项目树】中的【PLC-1】|【PLC 变量】|【默认变量表】节点，显示默认变量表界面，设置相关 I/O 分配表，如图 7-65 所示，其 I/O 分配如表 7-8 所示。

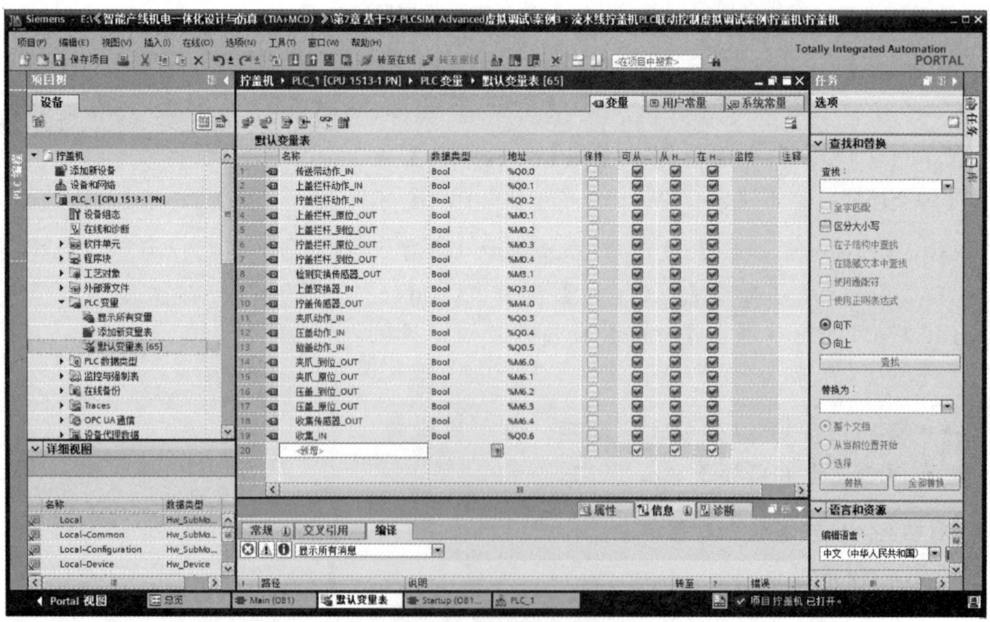

图 7-65　默认变量表

表 7-8　I/O 分配表

变量	类型	地址	变量	类型	地址
传送带动作_IN	Bool	%Q0.0	夹爪动作_IN	Bool	%Q0.3
上盖拦杆动作_IN	Bool	%Q0.1	压盖动作_IN	Bool	%Q0.4
拧盖栏杆动作_IN	Bool	%Q0.2	旋盖动作_IN	Bool	%Q0.5
上盖拦杆_原位_OUT	Bool	%M0.1	夹爪_到位_OUT	Bool	%M6.0
上盖拦杆_到位_OUT	Bool	%M0.2	夹爪_原位_OUT	Bool	%M6.1
拧盖拦杆_原位_OUT	Bool	%M0.3	压盖_到位_OUT	Bool	%M6.2
拧盖拦杆_到位_OUT	Bool	%M0.4	压盖_原位_OUT	Bool	%M6.3
检测变换传感器_OUT	Bool	%M3.1	收集传感器_OUT	Bool	%M6.4
上盖变换器_IN	Bool	%Q3.0	收集_IN	Bool	%Q0.6
拧盖传感器_OUT	Bool	%M4.0			

（3）PLC 程序

05　双击【项目树】窗口中的【程序块】|【Main】节点，打开【程序块】界面，编写PLC 程序，如图 7-66～图 7-71 所示。

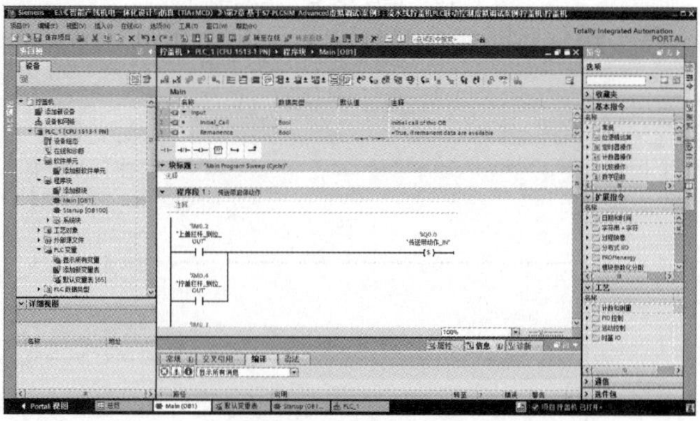

图 7-66　编写 PLC 程序

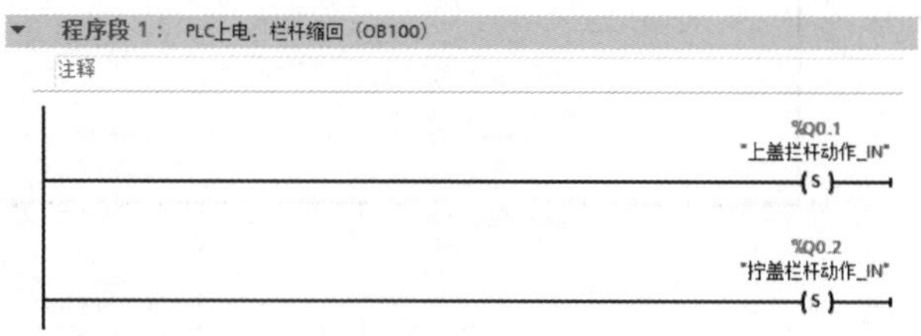

图 7-67　程序 OB100

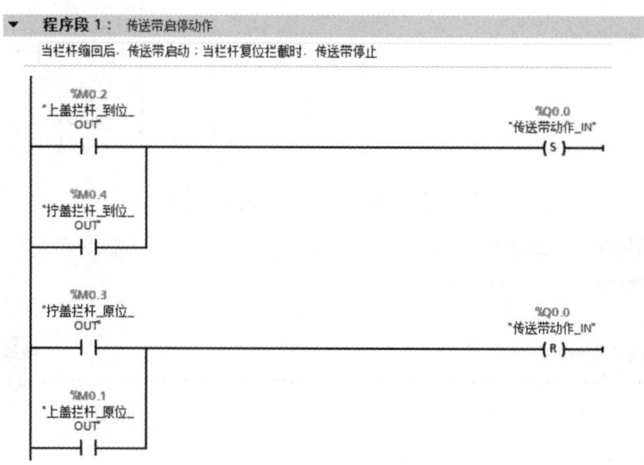

图 7-68　程序段 1：传送带启停动作

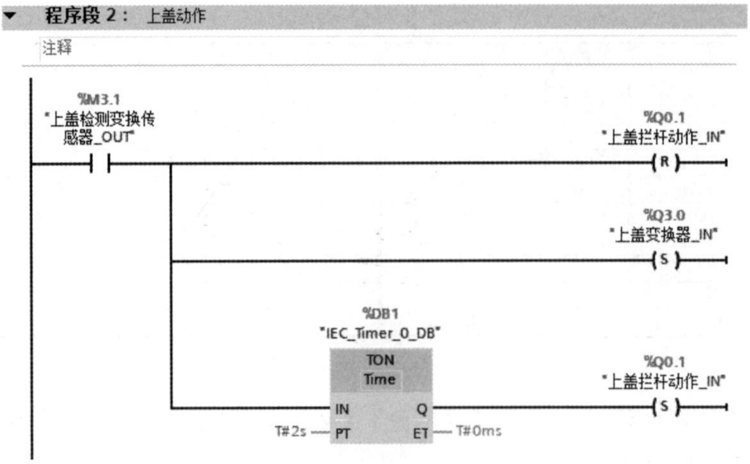

图 7-69　程序段 2：上盖动作

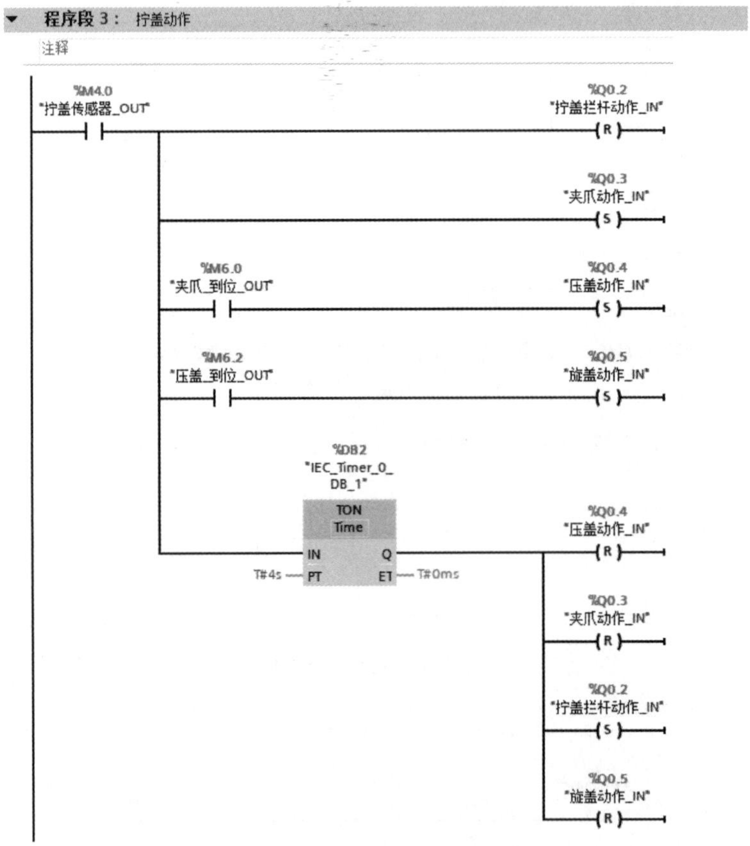

图 7-70　程序段 3：拧盖动作

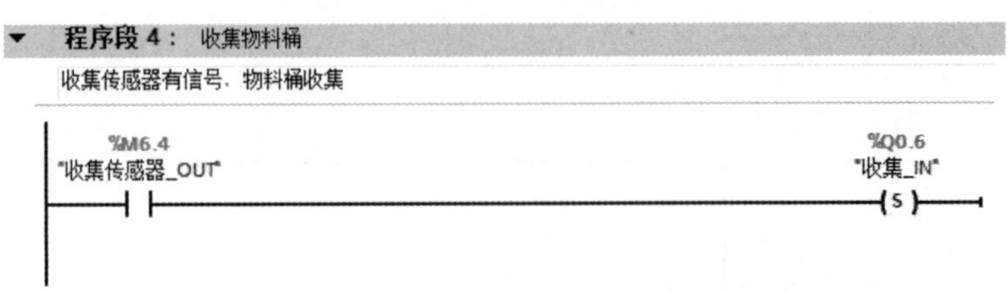

图 7-71　程序段 4：收集物料桶

06　编译。单击主工具栏上的【编译】按钮，编译（可以理解为检查程序有没有错）程序，并查看编译结果，如图 7-72 所示。

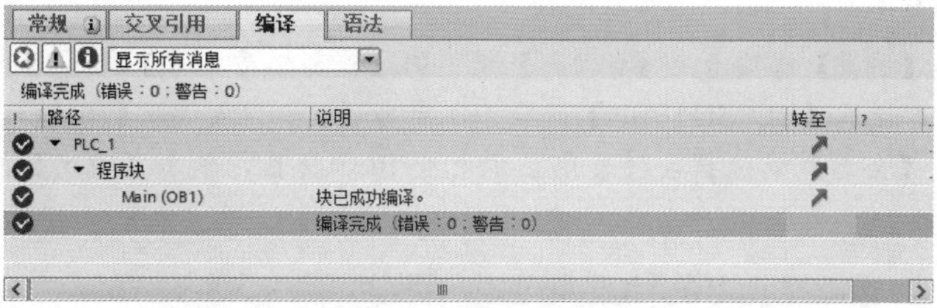

图 7-72　显示编译结果

07　下载。单击主工具栏上的【下载】按钮，系统弹出【下载预览】对话框，提示要把 TIA Portal 中的梯形图程序装载到 S7-PLCSIM V15.1 中，如图 7-73 所示。

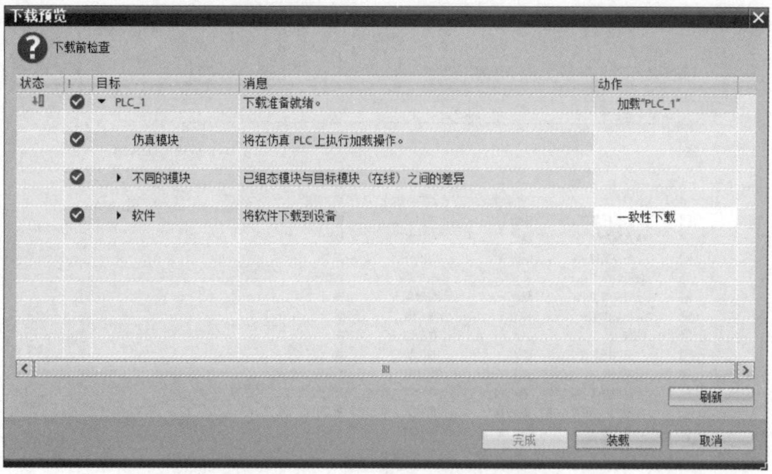

图 7-73　【下载预览】对话框

08　单击【装载】按钮就可以进行程序的下载，显示【下载结果】对话框，选择【启动模块】，单击【完成】按钮即可将 PLC 程序下载到虚拟 PLC 之中，如图 7-74 所示。

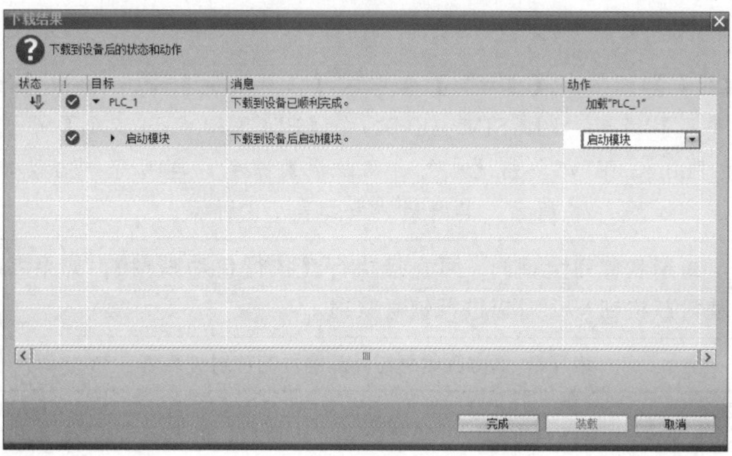

图 7-74　【下载结果】对话框

09　返回 PLCSIM Advanced 程序，虚拟 PLC 显示绿灯，表示 PLC 程序已经成功下载到虚拟 PLC 中，此时 PLC 处于 Run 状态。

4. 外部信号配置

10　单击【主页】选项卡上【自动化】组中的【外部信号配置】，弹出【外部信号配置】对话框，选择【PLCSIM Adv】选项卡，单击【刷新注册实例】按钮，【显示】选择“IOM”，勾选【全选】复选框，列表中显示所有 PLC 变量，单击【确定】按钮完成，如图 7-75 所示。

图 7-75　【外部信号配置】对话框

5. 信号映射

11　单击【主页】选项卡【自动化】组中的【信号映射】，弹出【信号映射】对话框，【外部信号类型】设为“PLCSIM Adv”，在【PLCSIM Adv 实例】中选择创建的虚拟 PLC，本案例为“ninggaiji”，单击【执行自动映射】按钮，即可完成自动映射，最后单击【确定】按钮完成，如图 7-76 所示，其映射关系如表 7-9 所示。

技术要点：如果名称完全相同，可直接执行【执行自动映射】，如果名称不同，则需要通过【信号映射】按钮一一对应进行信号映射。

表 7-9　MCD 信号与外部信号的映射关系表

MCD 信号	方向	外部信号
传送带动作_IN	←	传送带动作_IN
上盖拦杆动作_IN	←	上盖拦杆动作_IN

续表

MCD 信号	方向	外部信号
拧盖栏杆动作_IN	←	拧盖栏杆动作_IN
上盖拦杆_原位_OUT	→	上盖拦杆_原位_OUT
上盖拦杆_到位_OUT	→	上盖拦杆_到位_OUT
拧盖拦杆_原位_OUT	→	拧盖拦杆_原位_OUT
拧盖拦杆_到位_OUT	→	拧盖拦杆_到位_OUT
检测变换传感器_OUT	→	检测变换传感器_OUT
上盖变换器_IN	←	上盖变换器_IN
拧盖传感器_OUT	→	拧盖传感器_OUT
夹爪动作_IN	←	夹爪动作_IN
压盖动作_IN	←	压盖动作_IN
旋盖动作_IN	←	旋盖动作_IN
夹爪_到位_OUT	→	夹爪_到位_OUT
夹爪_原位_OUT	→	夹爪_原位_OUT
压盖_到位_OUT	→	压盖_到位_OUT
压盖_原位_OUT	→	压盖_原位_OUT
收集传感器_OUT	→	收集传感器_OUT
收集_IN	←	收集_IN

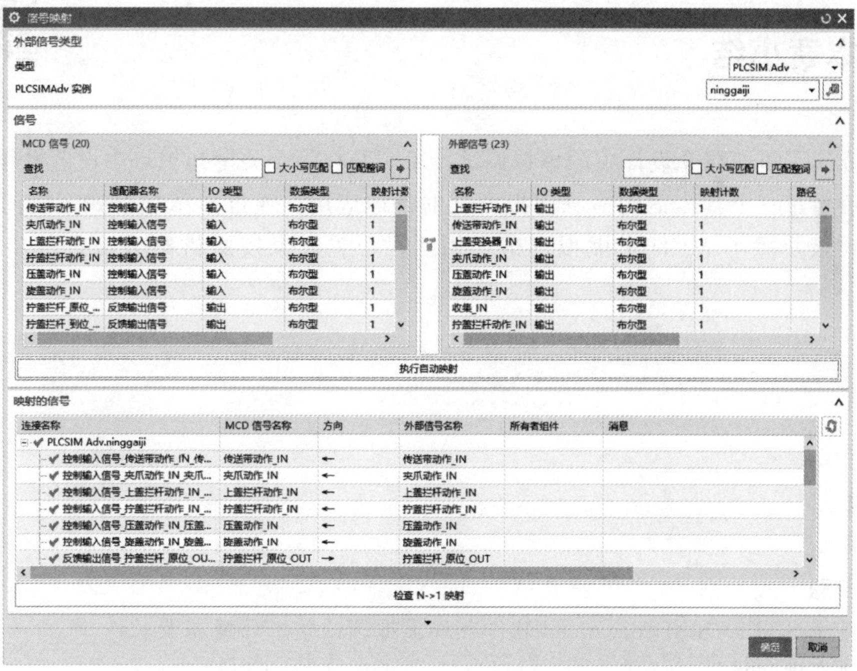

图 7-76 【信号映射】 对话框

6. 仿真播放

12 单击【主页】选项卡上【仿真】组中的【播放】按钮▶，在图形区显示运动过程，如图 7-77 所示。

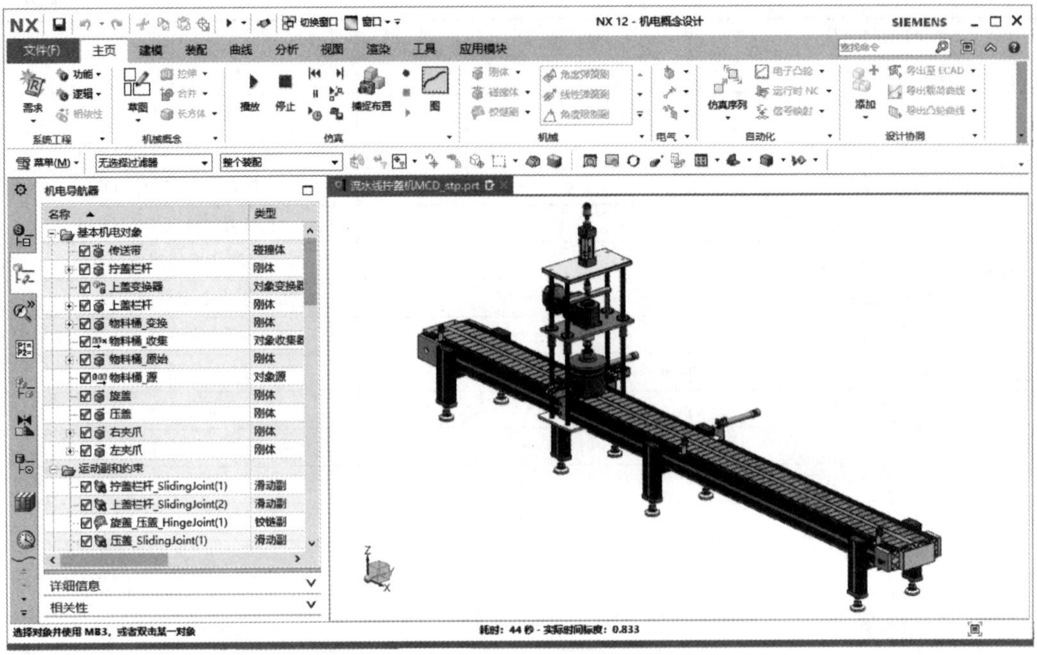

图 7-77　仿真播放

7-8

7.4　本章小结

本章介绍了机电概念设计中的虚拟调试技术，并在每个关键知识点中设置操作案例以便练习，最后通过三个具体案例演练虚拟调试的具体应用。通过本章项目式案例的学习和应用，大家应该熟悉了 MCD 中虚拟调试的用法，希望大家按照讲解方法进一步进行实例练习。

习题

理论习题

1. 填空题

（1）基于 S7-PLCSIM Advanced 软件在环虚拟调试整个环境需要软件__________在同一台计算机或者虚拟机上。

（2）外部信号配置中 MCD 支持的协议类型包括____________等。

（3）信号映射用于________________，可以指定要在 MCD 中控制哪些信号，以及要在外部控制哪些信号。

2. 简答题

（1）简述基于 S7-PLCSIM Advanced 软件在环虚拟调试信号的通信过程。

（2）举例说明自动映射与一对一映射的实际过程。

上机习题

1. 习题一

如习题图 1 所示，根据案例和视频创建物料分拣 PLC 联动控制虚拟调试。

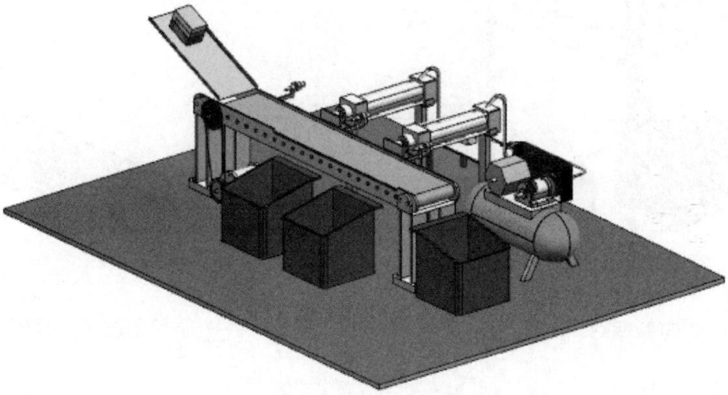

7-9

习题图 1 案例 1

动作流程描述： 当进口物料检测传感器检测到有物料后，立即启动输送电机，传送带启动；当物料 A 出现后直接输送到收集箱 A；当物料 B 检测传感器检测到 B 类物料时，气缸动作将物料推送到收集箱 B 中；当物料 C 检测传感器检测到 C 类物料时，气缸动作将物料推送到收集箱 C 中，此后重复上述循环动作。

2. 习题二

如习题图 2 所示，根据案例和视频创建按钮开关门 PLC 联动控制虚拟调试。

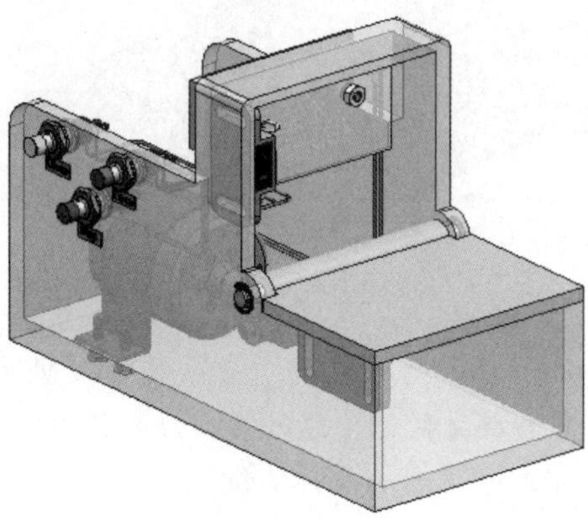

7-10

习题图 2 案例 2

动作流程描述： 当按下绿色按钮门打开，开到位传感器检测到门时，门停止打开；当按下红色按钮，门关闭，关到位传感器检测到门时，门停止关闭；当按下黄色按钮时门停止。

3. 习题三

如习题图 3 所示，根据案例和视频创建物料搬运收集 PLC 联动控制虚拟调试。

动作流程描述： 物料在传送带上移动，当检测传感器检测到物料时，机械手搬运物料到物料箱中；当机械手搬运到位时出现下一个物料，循环重复搬运物料的动作。

4. 习题四

如习题图 4 所示，根据案例和视频创建打标机 PLC 联动控制虚拟调试。

7-11

习题图 3　案例 3

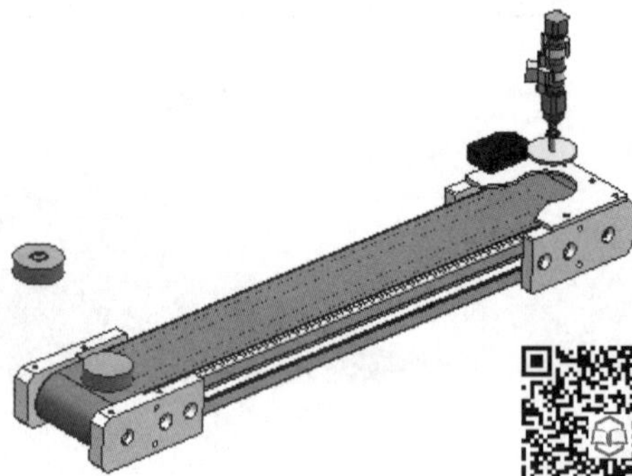

习题图 4　案例 4

7-12

动作流程描述： 物料在传送带上移动，当检测传感器检测到物料时，打标气缸下移，打标后物料被收集，此时出现下一个物料，循环重复打标机的动作。

5. 习题五

如习题图 5 所示，根据案例和视频创建吸盘搬运物料仿真序列。

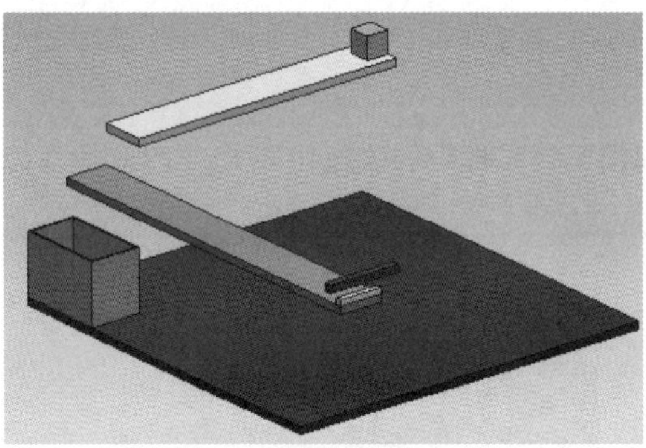

7-13

习题图 5　案例 5

动作流程描述： 传送带启动后，物料在传送带上移动，同时小车运动到传送带的另一侧，且推杆处于缩回状态；当物料触碰到传感器后，推杆伸出，将物料推入小车中，然后推杆缩回；当下一个物料到位后，循环重复推料动作。

参考文献

[1] 孟庆波.生产线数字化设计与仿真(NX MCD)[M].北京:机械工业出版社,2017.
[2] 高长银.UG NX10基础教程 机械实例版[M].北京:化学工业出版社,2018.
[3] 魏敏.机电概念设计(MCD)教学工作页[M].北京:电子工业出版社,2023.
[4] 廖强华.数字孪生——机电概念设计与仿真[M].北京:机械工业出版社,2023.